中国宫苑园林史考

[日]冈大路 著

瀛生 译

學苑出版社

图书在版编目(CIP)数据

中国宫苑园林史考:插图本/(日)冈大路著;瀛生译.－北京:学苑出版社,2008.3
ISBN978-7-5077-3020-3

Ⅰ.中… Ⅱ.①冈… ②瀛… Ⅲ.古典园林－建筑史－中国
Ⅳ.TU-098.42

中国版本图书馆CIP数据核字(2008)第012749号

出版人:孟 白
责任编辑:洪文雄
装帧设计:周 毅
出版发行:学苑出版社
社　　址:北京市丰台区南方庄2号院1号楼
邮政编码:100079
网　　址:www.book001.com
电子信箱:xueyuanyg@sina.com
xueyuan@public.bta.net.cn
销售电话:010-67674055、67605512、67678944
印　　刷:河北省三河市灵山红旗印刷厂
开　　本:710×980　1/16
版　　次:2008年3月第1版
印　　次:2008年3月第1次印刷
印　　数:3000册
定　　价:48.00元

目录

▲ 报恩寺塔　版画（摘自《中国古典风景园林图汇》）

第一章　有关园林的文献

园林经久得不到修整，将会变得树木丛生，池泉、石垣等也将淹没于自然之中，常随岁月推移而几至形迹皆无。因此，从建筑和美术等方面探求古代遗迹和遗物以撰史论，与其说是困难之事，毋宁说是不可能的。特别是中国，在建筑和美术等方面，由于历代治乱兴衰变动极大，所以明末、清初以前的遗迹已极罕见，况且园林甚易荒废，因而不能不说是更难见到。我们现在看杭州、苏州和北京残留的清代遗物，只能是追怀往日而已，至于明代以前的，则只有靠文献而别无他策。

但是这方面的文献传至今日的并不丰富，而且不是有关各时代各地方的文献同样无遗地保存着，关于某些时代某些地方的虽有相当详细的记载，而关于另外一些时代和地方的则难免甚为粗疏杂乱，这是自不待言的。况且这些并不是为了园林考证而传下来的，而是为了其他目的而撰写的，因而从庭园意义看并不中肯。因此虽说是文献，但不一定能够符合园林史考的目的。

这部《中国宫苑园林史考》就是以这些欠详尽而不很中肯的文献为基础而写成的，因此在论述正文以前，首先要使读者了解为什么以这些文献作为构成本书的基础而加以考证。为了避免过于相信以至误断事实，这是必要的。这里先简单介绍本书引用的文献。

第一节　间接文献

《古今图书集成》　研究中国园林时，第一部必读的书籍应说是《古今图书集成》。它可以说是总揽中国文物的百科全书，其中关于苑囿、园林、第宅三项各有历史记述，整理中国园林史的诸般著作中恐无出其右者。该书叙述范围虽极广泛，但是仅限于从众多书籍中摘取自古传来的文献记载，按年代加以罗列，而编纂者未能谈出任何有史论意义的话。这就是说，将时代的发展状况、建筑与一般文化的关系等等，完全交付读者自己判断。这样，了解中国历史的人还可以做到，但一般人则很难联系其时代背景和地理状况等方面而做出正确判断。

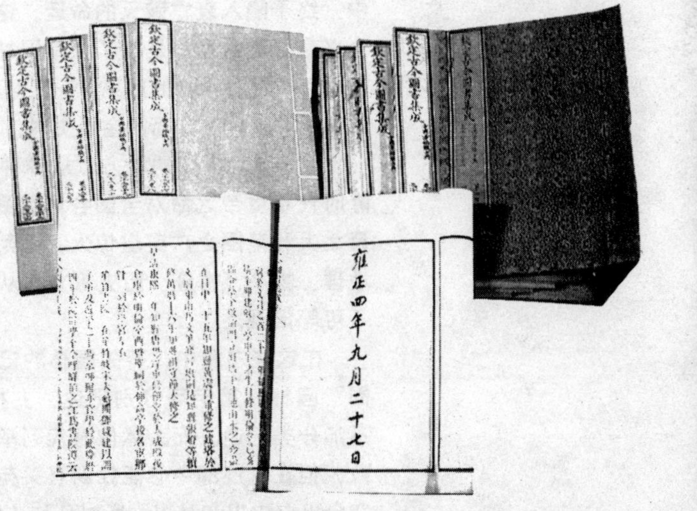

▲《古今图书集成》书影

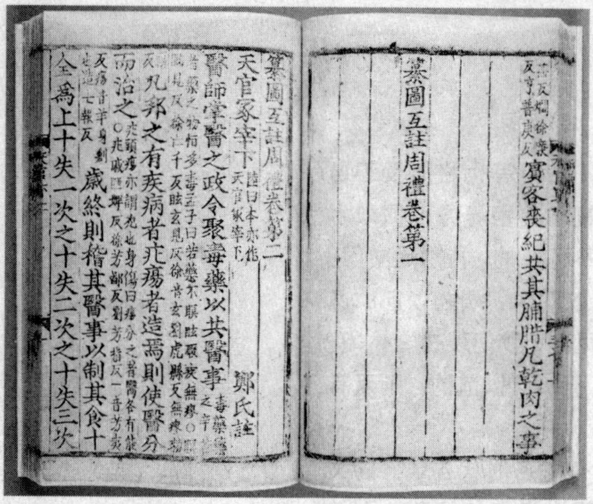

▲《周礼》书影

《诗经》《孟子》《周礼》 《诗经》即诗三百篇，它与日本的《万叶集》并称东亚最古的两大诗篇。这些诗作于殷末至周朝春秋时代六七百年之间，从地理方面看，大多作于黄河流域的陕西、河南、山东、山西等地。其中出现了“庭”字，并引用了树木的名称，由此或可片段地看出一些当时的状况，这是使人感到高兴的。

在《孟子》一书中可以发现读到苑囿的一些文句。孟子承孔子之学，游于齐、梁，晚年著《孟子》七篇，为了申述其主张的王道思想，只是常借苑囿之事以为说明而已，但我们由此可以窥见春秋战国时统治者如何看待苑囿。

《周礼》是记载周代诸般制度的书，书中记载着与苑囿有关的当时的职官。清代乾隆四十五年奉敕编的《三长物齐丛书》中列有历代职官表，包括周以后历代的职官。

▲《史记》书影

历史著作 记载古代史实的书籍中，《史记》和《十八史略》是大家熟知的。《史记》的著者是西汉时代的司马迁。《十八史略》的成书则较《史记》晚得多，是元代曾先之所著；这是集合诸种史书而编成的一部通俗的著作。除此以外，汉、魏、隋、唐、宋各代各有很好的史书，只要仔细阅读这些史籍，到处都能发现有关苑囿的一些资料。

但是这些史籍主要是记载各个时代盛衰兴亡的历史，书中之所以记述苑囿，也是为了论证兴盛衰亡之道。那时的统治者掌握了权威和财宝，必然开始营建宫殿第宅，扩建苑囿，过着奢华的生活，不久上下沉溺于荒淫颓废之中，终于陷入衰亡破灭的命运。这些史籍中特意记述园林，就是为了论证这个兴衰之道，而不是为了介绍园林。历史上称王称霸的人对于宫殿、第宅和苑囿之类都有同样的成见，一旦得了天下就开始营建这些，因此我们阅读史书常常能够发现这方面的宝贵史料。

地方志 中国的地方志从种种意义上说都是非常重要的。清朝康熙、乾隆时代奉皇帝之命对全国各地编纂了《通志》、《府志》、《县志》等书，其数量之大和范围之广实堪惊人，阅读这些书籍，就能发现其中对于各地的人文、地理、物产、古迹、历史等方面从古至今尽作详述。这些书籍极有价值，绝不可等闲视之。

在这些书籍中，有关园林的记载大多收集于古迹部内。有些通志则对苑囿、园林、第宅等分别记述，并按时代顺序罗列，实为井然有序。有些则不加分类记述，而大体依时代列举。这些著作中记载的疏详程度虽然很不一致，但在古迹部中必能找到有关苑囿和园林的一些记述。而且这些记述几乎完全出自史书和丛书，所以凡与该地有关者，事无大小全有所述。因此，涉猎其他史书、丛书、地方志类时，往往看出记述着同一事物。虽然在某些场合下

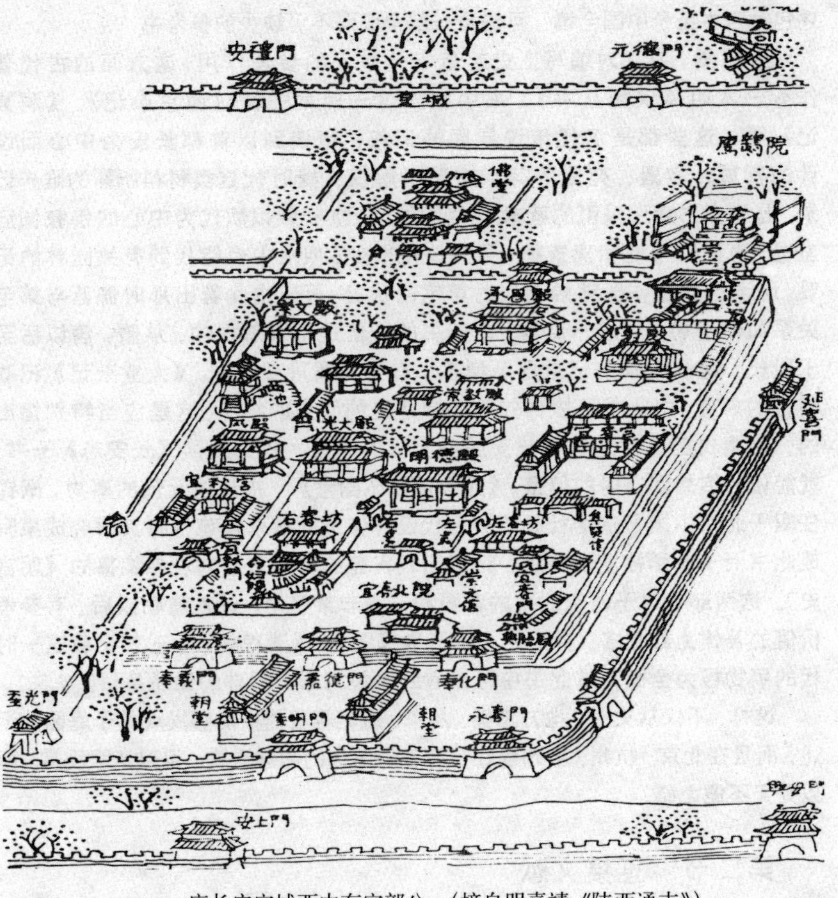

▲ 唐长安宫城西内东宫部分　（摘自明嘉靖《陕西通志》）

觉得只要精读地方志类书籍即可满足需要，但是因为地方志的记载仅限于该地区之内，所以不能对中国全境做对照比较。

《陕西通志》中详细记载着周、秦、汉、隋、唐首都的宫殿和苑囿。《河南通志》中有北宋时代苑囿的记载。《杭州府志》中谈到南宋至明、清的宫苑。除此以外，《山西通志》、《苏州府志》、《顺天府志》、《热河志》等中也都记载着各该地区这方面的状况。

有些似乎可以看作为地方志中特殊的一类，如《南宋故迹考》、《汴京遗迹志》、《历代宅京记》、《西湖志》、《平山堂图志》等等。《宅京记》中记载着各时代的帝都和宫殿，也涉及苑囿，是一部相当完备的著作，但使人感到其材料像是从其他地方志类著作中收集来的，内容大多相同。《唐土名称图会》是成书于日本的一部著作，主要是图示中国清代帝都的名胜、宫殿、苑囿等，加以日文说明，其记载参考了《顺天府志》及其他地方志类，图则使人觉得似乎是加以想像的。日本德川时代编纂这样的书籍公之于世，是件深有趣味的事。《名胜古迹大观》是进入民国时代之后而成书的一部新出版物，它以地理区分为主，记

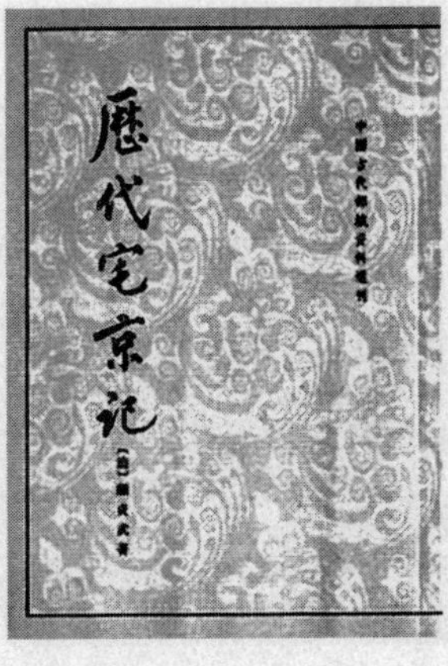

▲《历代宅京记》书影

述包括自古至今中国全境，可说是一部全面而不可缺少的参考书。

丛书类 丛书对编写正史起着十分重大的参考作用，这方面的古代著作有一本叫《汉魏丛书》。书中编入《三辅黄图》、《西京杂记》、《洞冥记》等，这些都是汉代传说异闻的记叙，也谈到以首都长安为中心而设计的都城、宫殿、苑囿等等，这是了解汉、魏时代这类材料所需的唯一记录，是许多书籍所采引的蓝本。《洛阳伽蓝记》记叙以魏代为中心的佛教伽蓝盛况，也谈到宅地和建筑物，虽然谈得很少，但从中也能找到有关园林的记载。研读这部著作能够触及当时第宅的状况，可以由此看出那时伽蓝与第宅关系如何密切，从这一点看，这部书的价值是不可忽视的。从隋、唐以后至于现代，遗留下来的记录逐渐增多，有些尚属可观之作。《大业杂记》记载隋代的事迹，由此书可以详知隋炀帝建造的西苑的样子，这是应当特别指出的。自隋代至唐代是首都长安殷盛至极的时代，我们阅读《长安志》一书，就能依稀追想到当时的情景。《元大都宫苑图考》一书记述元代的事物。阚铎任职于北京中国营造学社时研究元代设计修造的燕京宫苑，将其研究成果写成此书而于该学社发表出版。记载明代宫苑的著作有明刘若愚编纂的《明宫史》。这两部书对于研究北京的宫殿和三海非常有用。进入清朝以后，有参考价值的著作为数甚多，甚至使人难于选择取舍。《清稗类钞》一书记载这一时代的事物极为全面，从此书中可以看到有关苑囿和园林的记述条目。

这样，不仅从史书、地方志类、丛书、游记等著作中能够发现关于庭园的记述，而且在北京、杭州、苏州现在还存在着清代的园林遗物，得以亲眼观赏，所以并无不便之感。

第二节 直接文献

《洛阳名园记》和《游金陵诸园记》 在直接以园林为题材的著作中有《洛阳名园记》一书。此书作者为宋朝的李格非，书中充分反映出唐、宋时代第宅庭园的殷盛状况。此外有明代王世贞所著《游金陵诸园记》一书。《吴兴园林记》一书记叙许多雅爱吴兴山水景色的文人当时构筑第宅的情景。与此相类的著作虽然还有一些，但都属于苑囿范围的小型著作，只限于记载附属于第宅的园林。这些著作的文章都是非常华美的，但因系出自文人之手，所以文字尽是叙述各庭园的沿革并赞赏诸园的景色，如果用现代观点从造园技术的观点看，则甚觉空洞无物，毫无所得。不过对这类名园记和园林记改换观点观察时，当然都是名著。

▲《园冶注释》书影

庭园书的权威著作 日本自古传留下来的造园书有《作庭记》、《相阿弥筑山山水传》、《筑山庭造传前后编》、《露地听书》等著作，对研究造园的人提供指南。将日本庭园的实质传至现今，而且使日本庭园在西方文化盛行的现代仍能发挥其特有的价值，必须说是这些著作之赐。中国也有起类似作用的两三种造园著作，那就是明代文震亨编著的《长物志》、明代计无否编著的《园冶》、清代李渔编著的《一家言》等书。这些著作不仅讲述造园，而且谈到全面的生活样式以至于住房的建造。《园冶》一书是其中最为优秀的著作，人们又称之为“夺天工”。在《一家言》一书中载示着数十年前实际存在于中国南方的庭园样式，但是这本书在中国已经绝而不传，尚有一部流传于日本，阚铎得其钞本而出版传世。我们阅读这些著作才能领会中国关心造园的人们的心情、态度和技术，才能了解中国庭园的特点。我们探究日本庭园的根源，知道它也同建筑一样与中国大陆互有关连，能够看出其间存在着共同的性质，这并不奇怪，但是以后世的日本庭园与中国庭园相比较，仍会发现二者之间有相当大的差异。

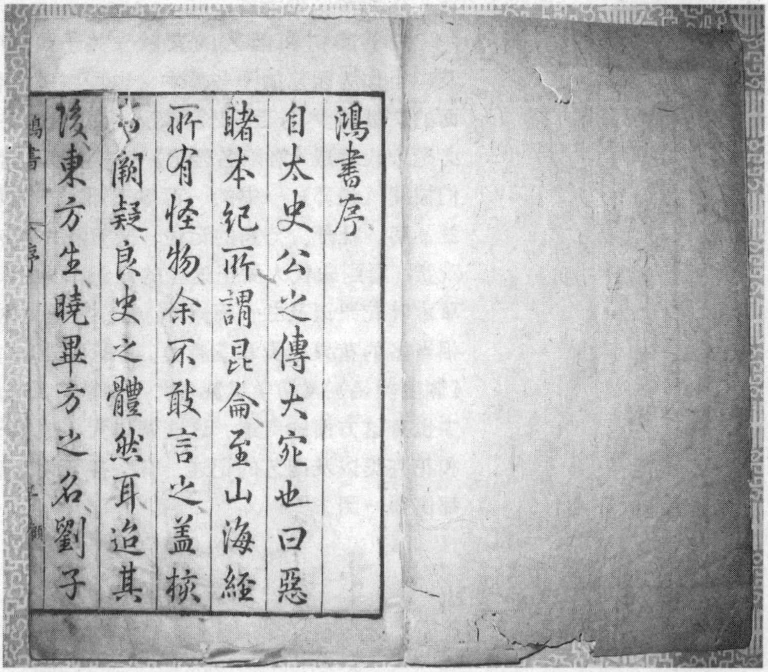
鴻書序
自太史公之傳大宛也曰惡
睹本紀所謂昆侖至山海經
所有怪物余不敢言之蓋核
[illegible]闕疑良史之體然耳迨其
後東方生曉畢方之名劉子

▲《刘氏鸿书》书影

必须举出英国人威廉·钱伯斯（William Chambers）所著的关于中国庭园的一部著作。他是建筑学家，来到中国致力于庭园的研究，于1772年发表了《东方造园论》(*A Dissertation on Oriential Gardening*)，对于当时英国造园界发生很大影响，后来又与浪漫派合流，使欧洲传统的造园法式向意料不到的途径转变。这是一部名著，遗憾的是日本尚未得到翻译此书的机会。不过我们阅读他所著的《中国建筑、家具、服装、机械、器具的设计》一书，书中有“Design of the Art of Laying Out Gardens among the Chinese”一项，对于中国庭园的论述极为深入。该书文字简练，主要方面与《园冶》和《一家言》等书所记者相类，因为它是欧洲技术人员初次接触中国风物而以惊异的眼光观察写成的，所以由于是出自第三者立场的观察反而能做出真实的适论。威廉·钱伯斯写成中国园林方面的书是在1772年，即清朝乾隆三十七年。

画论　要详细了解中国园林的实际状况，必须研究画论。中国发展起来的以自然风景为主题的庭园，不但其制作和观赏的心情如同作画和赏画一样，而且自古以来凡园林内的山石草木等的设计几乎完全出自文人及画家之手。上述英国人威廉·钱伯斯自己曾说过，他在中国研究造园艺术是同当时的著名画家交换过意见的，由此也可看出其中的情形。画论的文献相当多，由于超出本书的专业范围之外，所以这里省略不列。日本也有介绍中国画论的书，如《中国上代画论研究》、《东洋画论集成》、《林泉高致》之类的一些著作，这些都必须一读。

关于园树和园艺的文献 关于园林中应当栽植的树木和花卉之类，以及应当作为园艺的一些草木，也可以举出相当丰富的文献。晋、唐时代这方面的文献较少，一到宋代，文人们关于这方面的著作传留至今者明显增多。想必是宋代著成《洛阳名园记》一书以来，园艺方面也普及开来，呈现飞跃。我们披阅《说郛》一书的一百零三册、一百零四册、一百零五册目，看到关于兰、菊、牡丹、芍药的记述，又有花木花卉类及果树蔬菜等的分类、栽培和观赏，看到宋代人关于这些的高识卓见。《古今图书集成·草木典》中记述着草木叶花果以及兰、菊、竹、松、牡丹、木兰等。《长物志》中也记载有种类相当多的花果树类和花卉类。除此以外，《古今说部丛书》、《古今文艺丛书》、《渊鉴类函》、《初学记》、《太平御览》、《唐类函》、《刘氏鸿书》等丛书类著作中也有这方面的叙述，这些著作大多成书于宋代至明代期间，关于园林树木和花卉类以及园艺的记述，有些甚至使人感觉似乎超出今日之上，这些著作都值得一阅。

第二章　与园林有关的字义

研究中国大陆上具有鲜明特色而发展起来的宫苑和园林时，首先必须从事于文字的研究。这就是说，如果事先不彻底领会有关宫苑和园林的文字的概念，就如同不懂术语而谈论学问一般，终于不能彻底弄清，所以必须从头进行下去。

如果对于中国有关宫苑和园林的文字进行文献方面的研究，单就这方面而言，其重要性就能达到可以编出可观的历史沿革资料的程度。

庭园和公园等词纯是现代的术语，日本关于庭园的古书留传于世的只有一部《筑山庭造传》(成书于日本享保年间)，那以前的著作似乎没有。想必是到了日本明治时代翻译英语的garden和park而成庭园和公园等词，作为术语而沿用下来。现在中国各地也用庭园和公园等词，书刊文章中都这样用，它们是从日语词引入的，现代中国书刊中直接引自日语的词相当多，据此也可了解这些词的情形了。

如上所述，中国古代绝未使用过庭园和公园这两个词，而用苑囿和园林等词表示这样的意思。庭这个字当然是应用的，但它仅仅表示建筑物前面的广场的意思。庭下面加个园字，合起来构成庭园一词，以往绝不曾有过；反而是将庭字放在下面，上面加个字，构成掖庭、园庭、门庭等词，这类熟词却是有的。关于这类问题，前辈专家学者在书刊文章中常有研究结果发表，参照这些文章，就能充分理解。本书中对此按顺序逐条加以说明。

查阅《字林》、《辞源》、《康熙字典》等辞书即可大体弄懂词义，这里从这些辞书中遴选列举出来，加以简单的解释。

囿　筑垣以设境界而于其中饲养禽兽的场所称为囿。但是它并不是像现在的动物园那样集中珍禽奇兽以观赏和教育为目的，而主要是以实用为目的。大量饲养牛马之类以供军用，养禽的目的主要也是供食用，而不是为了观赏。古代于农闲时讲习武事而猎于田野，因为有毁田害民之弊，所以才划定土地，筑成垣壁而设囿。

同样是这种饲养禽兽的场所，原来称为囿，到汉代以后就改称为苑了。后来逐渐在苑中栽种蔬菜和果树之类，这仍与原来的囿的意义相同，应该视为设有垣墙的禽兽饲养场。到了后世，又以另外的含义称宫室为内苑和禁苑，对书名也应用文苑、类苑、说苑等名称了。

园　有墙者称为囿，有藩者称为园。由此可见，园是用简单的篱笆之类围起来的。就是平整土地后，四周设置轻便的围墙，以便栽植果树。此外还有完全不同的另一个含义，将历代帝王的陵墓也称为园。

圃　栽种蔬菜的土地称为圃。场圃一词的由来是春夏之季称为圃，到了秋冬收获季节平整土地而称为场，其实完全是同一土地。如果称为园圃，则指栽

▲［汉］李禹通阁道记摩崖石刻（拓本）

培果树蔬菜的场所而言。

庭 堂室阶前和门屏之内的广场称为庭，与我们所想的庭园根本不同。《玉海》一书中说“堂下至门谓之庭”。指的是建筑物前面的广场，因此庭前的台阶下面可以称为庭除。

除此以外，庭这个字与别的字配合起来有种种用法，所以有时不够明确。《说文》中有表示宫中之意，后庭或椒庭一词指后宫而言。现在使用的一些词，如家庭、径庭之类，则已经变成完全不同的另外的意思了。

掖 掖字出自肘掖的意思，表示旁边、旁侧。掖字与别的字配合起来，构成表示建筑和庭园的相当重要的词。宫殿旁边的建筑物称为掖庭，殿傍的墙垣称为掖垣，宫阙旁侧的小门称为左右掖门，这类词是大家都知道的。

复道 楼房相连的通道叫做复道。屋室与屋室相通，或连接屏垣等也通过复道。传说中有立于复道之上检阅众将列队的事。

驰道 天子所行之道谓之驰道，相当于现在所说的中道。驰道多设于禁苑及其他特殊的场所，与一般臣下的行道有所区分。

驰道两侧筑垣，以便使人看不见天子从中通过。《史记·项羽本纪》中有筑垣如街以防敌人看出辎重的记载。

宅 居托之所、居处谓之宅。宅字解作为居住处所是适切的。必须经过选择，选择吉日吉处营建住宅。所以古人得到五亩之宅，将其中的一半为田地，结庐供春夏二季居住之用；另一半在村内建宅，以备秋冬二季居住之用。

第 出自顺序、等级的意思。古代的住宅有甲乙大小的顺序等级，转用于房屋的顺序，于是形成第宅这一说法。

阁道 虽然与园林的关系较远，但也经常使用这个词。意思是天子行走的道，也有登楼之陛的意思。文献中有建造栈道、木阁，以迎王、后的记载，由此大体可以了解阁道一词。

院 以垣围起来的场所称为院，还有院子等称法，也指建筑物前面的墙和建筑物围圈的中庭而言。儒者、佛徒、道士的居所称为书院、僧院、道院。

亭 安居民众的处所，道路途中供人停留之所称为亭，也指旅馆和馆舍而言。馆旅的称法可能稍嫌夸大，秦代的制度有十里一亭之设，看来似乎是供旅人休息的处所。从这个意义转来，到了汉代，开始在苑内也设亭。当时的苑是相当大规模的，这与我们现在所见的模型庭园很不相同。我们翻阅《辞源》，注释说现在的园囿中设有许多亭，作为游人休息之所，亭实际上也是构成中国庭园风格必不可缺之物。

台　能够展望四方的高处称为台，是从四面堆土而筑成的；城门上的处所等也称为台。这个台字与其他诸字相结合，自古至今用以表示种种意思。

观　在台上筑造房屋以便远观，由这个意思而产生观这个名称。汉代在宫城的门上设观以便眺望远景，有观阙等名称，还有台观、观楼等许多叫法。

榭　在台上建造的木结构的建筑物称为榭，有“合土以为台榭”之句。榭又指收藏乐器的处所而言，这与观看事物的观不同。又有“无室曰榭”的说法，看来恐怕指的是周围无四壁的建筑物。由乐器库转而为演奏音乐的场所，或许也用于称呼演习武技的练习场。榭想必不是层楼形的建筑物，而是四面敞开的非常简单的平房。台榭一词自古就大量使用。添加台榭在风景之美中起相当重要的作用。

壁　壁就是墙，是御风寒之物，仅这样解释不能说明其含义。墙有堆土积成的，有砌砖筑成的，也有用木材造成的，所以不能断定是哪一种，但是看它与另外字的组合，则似乎可以断定它是用土、石砌起来并加以涂抹而筑成的。壁在中国园林中是相当受重视的一项，其中有照壁、迎壁、影壁等名称，屏风状立在门的入口内外。在这三种之中，影壁是壁面抹泥并加墨彩，画上天然景色峰峦林谷之类。照壁建在街门内传达室的内侧，所以它能挡住外面使不能看见里面。《辞源》里找不到迎壁这个辞条，因而难以弄清其出处，这是遗憾的。汉语中冠以迎字的词有迎将、迎春、迎晨、迎会等等，中国自古就有出门相迎的习惯，这也是迎字的用法。因此，迎壁建在从门口向外出去的地方的正面，以便从正面遮住不体面、不协调之处，确是颇得其妙。

一般都在这类照壁和迎壁上雕刻龙纹或其他纹饰，或是大字书写福、寿等吉祥词语，其构筑的位置和使用的建筑材料虽然各有不同，但它们都是门口不可缺少的装饰物，普遍地建立于住宅中。

墙　墙是垣的一种，必是用砖石砌建而成的，这是墙的特点。宫室周围筑墙，但并不限于宫室，一般的居室周围也筑墙。《诗经》中有“墙有茨”的句子，讽刺墙上生茨的状况，墙是自很古的时代就已有了的。

第三章　上古期

一般认为中国历史自今可上溯约五千年，汉族自中国西北部沿黄河逐渐向东方发展，取代了原来居住在黄河、长江流域间的苗族，在黄河沿岸生息发展而繁荣起来。但是关于这些问题多出于想像，所以必须详加深入探讨。实际出现于史实的始自三皇五帝，到了那时才开始出现统一诸酋长的帝王，统治民众，以图其安宁。

三皇是燧人氏、伏羲氏、神农氏。据说燧人氏教人用火，熟食；伏羲氏画八卦，传授渔猎畜牧之法，神农氏教导耕种，交易、医药诸法。五帝中最初的一个是黄帝，起自有熊国，其版图西至甘肃，南达长江，北入河北，东临大海；建都于涿鹿。黄帝修历法，定律吕，作乐，制文字，创货币，分州制田，到此时才开始建立国家，国家之体制开始趋于完备。根据记载，黄帝又作宫室，制冠冕衣裳，在位一百一十年，崩于荆山之阳，葬于桥南。继位的是帝颛顼高阳氏，在位七十八年。帝喾高辛氏建都于亳，在位七十年。帝尧陶唐氏为帝喾之子，建都于平阳，在位一百年而崩，禅位于舜。帝舜有虞氏建都于蒲坂，承帝尧之后，施行善政，治理黄河，奠定民族繁荣的基础。后世史学家称这五个人为五帝，认为是王道理想的化身。

大禹是颛顼的曾孙，由于治水有功和德行而受舜禅位，建都于安邑，自行俭朴，爱惜庶民，因而诸侯都敬服他。自禹以后开始实行王位世袭制，这就开始了夏代。夏朝传至十七代的桀王，淫乱无道，荒废政事，于是在夏代四百三十九年时被成汤所灭。成汤受诸侯拥戴而即王位，建都于亳，国号称为商。商代共有二十八王，历时六百四十四年。商代期间曾数次迁都，到第十八王盘庚的时候迁都于殷，改国号为殷。第二十八王纣王恣意奢侈淫乱，对人民征收重税，不纳臣谏，于是西伯发率领诸侯讨伐纣王，围杀纣王于牧野。西伯发为天子，从此进入周朝。

以上简述周朝以前的历史梗概，关于周朝以后的历史可以看到相当有根据的文献，所以可靠，而周朝以前的历史则多出于想像，大多是后人根据《易》、《墨子》、《韩非子》等书以及其他诸书中散见的记载加以想像而构成的，其中有不少是个人推断的。但是因为从前的人距离古代时间较近，所以总比我们现在的想像可信，因而是可以采取的。

上古的居室　《易经》中有一段话说："上古穴居而野处，后世圣人易之以宫室，

▼西安半坡遗址古房屋复原图（摘自杨鸿勋《建筑考古学论文集》）

上栋下宇，以待风雨。”汉族沿黄河流域进入中原的前后，苗族大多是穴居，而汉族则似乎建造木屋居住。这里所说的宫室不应看做为宫殿，而仅指居住的房屋而言。古代传说中所说的有巢氏构木为巢，伏羲氏以茨盖屋顶，黄帝时有草生于庭，以及巢于凤凰阁、游于麒麟囿等等，虽然显得有些用词过甚，但由此可以使我们想像那时木制的建筑物已经达到相当发达的程度，已经构筑前庭，居室的类型已经很完备，这样想绝不是无根据的。汉族自从神农氏教民稼穑以后，就在日常居所旁边设园圃，以为生活之资，由此而使民族发展的基础得以巩固。

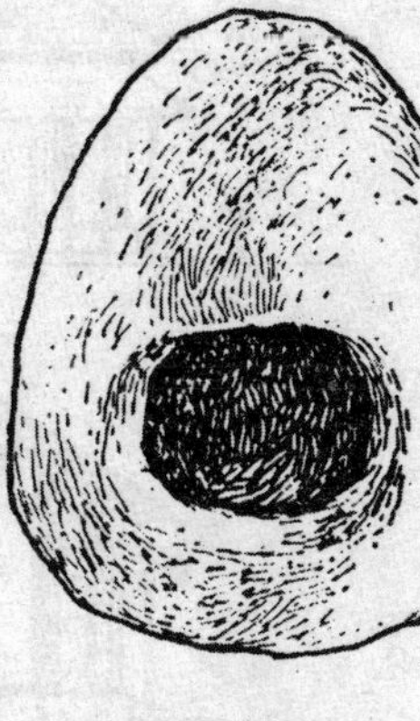

▲ 西安半坡遗址穹庐式陶屋复原图（摘自杨鸿勋《建筑考古学论文集》）

《墨子》一书中说：“尧堂高三尺，土阶三等，茅茨不剪，采椽不刊。”《史略》一书中记载着：“茆茨不剪，土阶三等。有草生于庭，十五日以前生一叶，以后日落一叶。如月以小尽，则一叶为厌不落，名曰蓂荚。观此而知旬朔。”这段记载说的是在土坛之上建造宫室，前庭生长着叫做蓂荚的历草，由此而观察历日。但是仅根据这些记载就设想尧帝自己的居室只有三尺高，建在粗糙的土阶之上，前面有三级土阶，屋前的草也不除，这样设想就太简单了。《韩非子》一书中说：“尧之王天下也，茅茨不剪，采椽不刊，粝粢之食，藜藿之羹，冬日麑裘，夏日葛衣，虽监门之服养不亏于此矣。”黄帝时代已经制出冠冕衣裳，服装的制度已经相当完备。有的记载中说尧帝时代已经施加五采，穿着分为日、月、星、辰、山、龙、宗彝、藻、火、粉米、黼、黻十二章的朝衣。穿着这样整齐完备的衣服，可是进出于土阶三等之屋，连屋前的茅草都不修剪，这是不可想像的。尧帝百年期间，定四岳及十二牧之制，天子每五年到各地方去巡狩一次，并招集诸侯，以制定颁布诸般制度律令，因此不应当是土阶三等的房屋。想必是后世史家用这样的文字形容尧帝崇尚节俭，专致力于养民的精神。

当时一般民众的居室大概多是这样的，而王宫和官署之类的特殊建筑物则可以认为是已经达到一定整齐完备的程度。况且那时的屋室已经建造在土坛之上，这一点今天看起来仍可以说是中国建筑的一大特长，这是我们必须佩服的。

夏、殷时代的建筑　夏、殷二朝都是在初期施行仁政，国家太平无事，但

▼ 盘龙城殷代宫殿复原图（摘自杨鸿勋《建筑考古学论文集》）

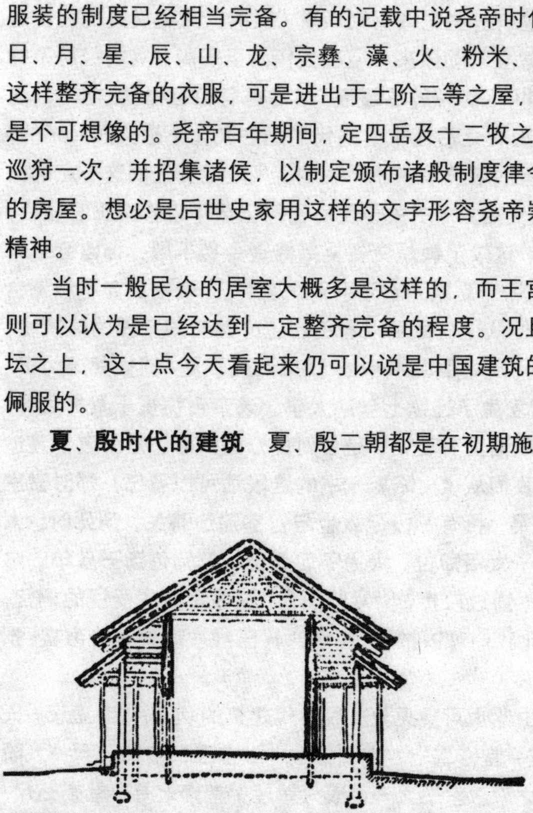

剖面

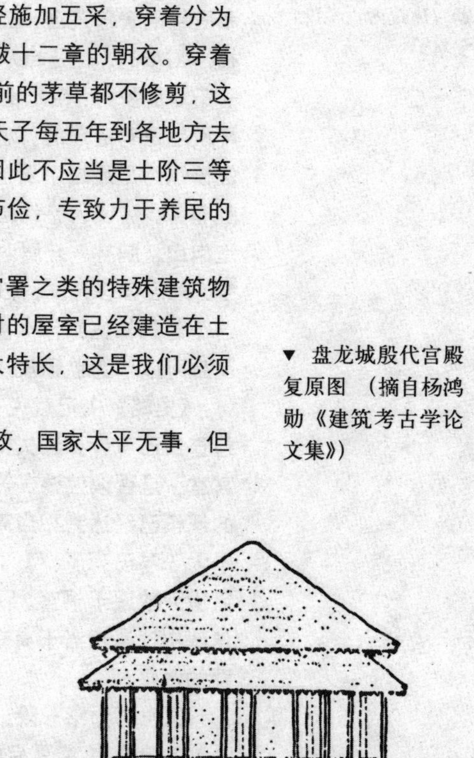

东立面

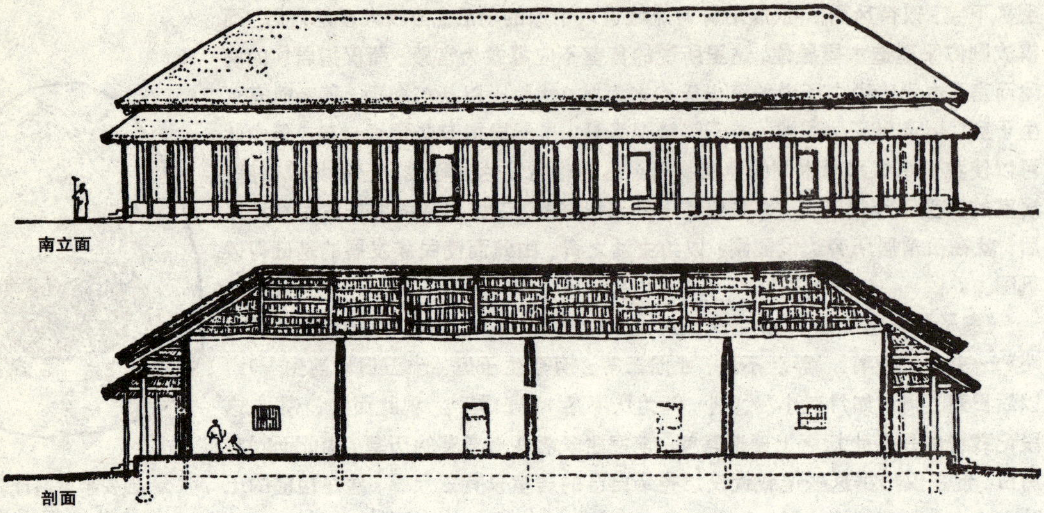

▲ 盘龙城殷代宫殿复原图（摘自杨鸿勋《建筑考古学论文集》）

是到了后期，夏桀和殷纣十分相似，都是凭借历代的权势极尽贪虐淫乐，终于招致灭亡。有关夏、殷时代的文献很少，史书中虽有一些文字叙述和形容夏桀和殷纣的奢侈荒淫，但仅靠这样一些记载而判断夏、殷时代文化发达的程度是相当困难的。但是自从大禹建立夏朝以来，经过殷代而至于周，其间经历了约一千年的岁月，在此长久的期间，纵然发展缓慢，必然也有相当程度的提高，这样设想是有道理的。继夏、殷时代之后而来的周代的灿烂文化不是突然而来的，应该认为是经过了夏、殷之世的培养孕育才产生的。只是足资证明这一点的文献非常少，使人感到遗憾。《史略》一书关于夏后氏的记载中说修造王宫瑶台，造肉山、脯林，开酒池等等。这段记载是责备夏桀修造金楼玉殿，饰以金玉珠宝，荒淫奢侈无度。《史记》说："夏桀乃召汤而囚之夏台。"现在虽弄不清夏台这个建筑物达到什么水平，但从这句话可以看出台上必然有很坚固的建筑物，而且可以作为监狱使用。汤于不久后得到释放，伐桀而灭了夏；诸侯尊汤为王。

《史略》中记载说，那时发生了连续七年的大旱。汤亲自祷祝于桑林之野，检查自己有什么过失，是否政治上有差错，是否对民众欠关心，是否过于建造宫室，是否偏信谗言等等。我们从《史略》一书的这段话可以看出，那时宫室的规模已经达到相当高的水平。再有一段记载也与宫室建造有关。汤死时，太子太丁早已死了，太丁的儿子太甲即位。太甲不明道理，把辅佐汤王多年的忠臣伊尹放逐于桐宫。后来太甲悔过自责，伊尹归于亳。这段记载中所说的桐宫，注释中说是相当于离宫。由此我们可以推想，那个时代已经发展到建造离宫、别墅的水平。

这里再介绍一段记载，由此也可窥见夏，殷时代建筑的状况。《考工记·匠人》条记载着："夏后氏世室，堂修二七，广四修一，五室三四步四三尺。九阶四旁两夹窗。白盛，门堂三之二，室三之一。殷人重屋，堂修七寻，堂崇三尺，四阿重屋。"这就是说，夏代称为世室，殷代称为重屋。虽然名称不同，但都与周代的明堂相同，都是施行政事的堂。修的意思是室的口，广的意思是宽度。步是测量单位，长度六尺为步。由此可见，那时国家政治中心执行政令的建筑物为五栋，呈㗊形排列。这里把建筑物的长度和宽度，以至于窗、壁、屋顶的形状都表示清楚了。关于这个问题，还有《考工记通》、《考工记解》等书中有注解说明。因为日本伊藤清造所著的《中国建筑》一书中对于这个问题有详细论述，所以这里不详细介绍。这里所引用的《考工记》一书是有其由来的，只因《周礼》记述周代官制，分为天官、地官、春官、夏官、秋官，冬官，共为六官，其中冬官阙佚，后世以《考工记》补此缺。因此，以这样的材料为基础，从周朝上溯到夏、殷数百年以上而进行研究，是否能够确切反映当时的实际状况，是否只是根据周朝的实际而向上推断，则是值得怀疑的，只可认为是推测。

这样，夏、殷二代一千年承三皇五帝之后，汉族文化日益发展提高，帝王施行仁政，但也常出淫暴的天子，将文化供自身淫乐之用。殷纣王多收重税，鹿台实钱，钜桥盈粟，广收珍奇狗马充于宫室，更扩展沙丘苑台，多蓄异兽珍禽于其中，聚于沙丘为戏乐，因而大失诸侯信望，终于引起西伯发杀死纣王，殷朝灭亡。

结语

1.上古时代的穴居游牧生活逐渐向着建筑房屋的时代演变，同时在屋前设前庭，与房屋相接。虽然尚未进步到开设园圃，但可想像已经开垦了相当数量的耕地。

2.在土坛上建造茅草顶的房屋，前庭中繁生着蓂荚之类的草。这一时代已经发生了代表中国建筑特点的坛和前庭。这个传统流传至今，而且这一倾向仍在继续。

3.自从殷代中期开始，农业特别发达，由于农耕稼穑的发展而导致园圃的出现，园圃设在居室邻近处。

4.由狩猎、游牧、畜牧的生活发展为懂得饲育禽兽。殷代末期，扩展沙丘苑台，广取各种禽兽饲于其中，将沙丘作为戏乐之所，开下一时代苑囿之前端。

5.夏、殷时代，建筑术逐渐发展，出现了宫室、世室、台等建筑物，并进一步发展。

6.桐宫作为房屋建筑虽无强调指出的必要，但因它是一种离宫，从这个意义看，它是此时开始出现的，所以应该提到。

第四章 周代

根据史实证明可知，中国的中原文化经夏、殷之世而进入周代，越发呈现光辉灿烂之彩，大多将这一时代划为文化的发展时代而论述，所以本书也采取同样的观点。

中国的古籍中没有周代以前的著作，最有价值的古文献《周礼》也是西周末期成书的。《诗经》是孔子选诗三百篇而编成的，成书于春秋时代；中国文献是从这个时代开始的。虽然周代的文化是继承夏、殷时代的传统而发展起来的，但留传下来的文献大多是这一时代以后之作。因此，关于周代以后的事，能够比较明确地掌握事实而进行研究。

周的始祖是舜的名臣弃的后代，于夏代末期入于戎狄之间，到了古公亶父的时候移国于岐山之下，设城，营岐阳宫，施行善政，许多人追随他，建国号称为周。到了他的孙子昌继位，仁义广厚，采纳太公望的策略，攻取密须、崇二国，定都于丰邑，营造丰宫，国势日趋兴隆昌盛。昌的儿子发继父为王，当时殷纣王暴虐太甚，于是发率领诸侯灭殷，统一了天下，这是公元前1150年前的事。发称为周武王，追谥昌为文王。接着周成王、周康王嗣立，天下太平，政绩很大，史称有唐虞之风。到了后来，王朝威信逐渐丧失，诸侯的势力强大起来，甚至有的诸侯起来企图僭称王号。第十一代的周宣王即位后，任用贤臣，使诸侯服命，史称中兴之祖。但是到了他的晚年，受戎狄的侵扰，开始失去诸侯的信望。宣王的儿子幽王继父位后，宠爱褒姒，被犬戎杀于骊山之下。这时秦襄公力战，打败犬戎，护送平王至洛邑避难。从此以后称为东周，虽然王统仍然连续未断，但是王的权威已不能行使于诸侯了。这时相当于公元前798年。

周初采取封建制度，分封诸侯。公侯的封地为大国，封地一百里。伯的封地为中国，封地七十里。子、男的封地为小国，封地定为五十里。中央政府的官制是分为天、地、春、夏、秋、冬六官，各设官六十名，并设三公三孤以充顾问。至于田制、税法、兵制、刑律、学制等等，本书不详细介绍。总之这一时代诸般制度都已确立，民众心悦诚服，这一事实是了不起的。这一切是否完全付诸实施，当然是有疑问的，不过根据记载所传，可以认为该时代某一时期能够取得相当不错的政绩。

城郭建筑的制度 根据记载可知国的大小决定城的大小，大国的城为九里，其次为七里，再次为五里。还有的记载说是各为七里、五里、三里，天子之城为十二里。虽然弄不清确数，但可以知道按国之大小、诸侯的级别而规定等级制度这一事实。城廓的高度达三丈多，掘有深濠，城门等，也和后世的相同。根据《左传》的记载可知，鲁有六门，齐有四门，郑有七门，宋有九门，邾有一门，晋有一门，陈有一门，天子则有十二门，在中央的正门上筑台(即后世的城门楼)。镐京在长安之南三十里，离开丰水二十五里之处，是周武王所建的，据说由于后来汉朝皇帝在此处开凿昆明池，致使镐城的基础湮灭而找不到了。

诸侯城廓建于诸地，其大小各不相同。

这里引用桥本增吉所著的文章中关于城廓筑造的一段论述（发表于《东洋史讲座》第一期），以便从而了解这类建筑的状况。文章中说："周朝封建诸侯的国是什么形式的呢？恐怕是模仿周朝国都的形式，而比它规模较小吧。周朝国都的形式见于《诗经·大雅·文王》篇，由后世的都城的形式也可以推测了解，城是方形的，周围筑成土墙以便防御敌人。筑土墙的方法是先拉绳以定规范，然后沿着绳积起木板，木板接连并立，在两层木板之间填土筑墙。春秋末期，韩、赵、魏三家协力攻打知伯，围其所居的晋阳城，引汾河之水淹城，采取水攻的战法。《史记·赵世家》记载这件事："三国攻晋阳岁余，引汾水灌其城，城不浸者三板。"何休注释说"八尺曰板"。但如果认为一板为八尺，那么三板当是二十四尺，既然还有这样的高度没有被水浸，而《史记》中以此形容晋阳城危在旦夕该怎样解释呢？看来这大概还是从积板填土以筑墙这件事遗留下来的。这种填土筑成的城墙似乎是四面有城门，土城墙中向北之处建造着王的屋室，是坐北朝南的，并建有宗庙，其建筑方法也同筑土墙的方法相同。就是说，王的住所和宗庙的周围也筑着土墙，其郭门称为皋门，其正门称为应门。又立封土以为祭天之所，可能还建有祭地和祭社稷的建筑物。

宫室　那时的建筑物的主要部分当然首先是宫室。其中有皋门、外朝、库门、王府、内府、宗庙、天齐、社稷、雉门、应门、治朝、路门、燕朝、六寝、六宫配列而建，所谓"天子五门，皋、库、雉、应、路；诸侯三门，皋、应、路"，指的就是这些。从这个时代开始，中国建筑方面已经显示出具备外廓和门的重要特点，从而必须考虑中庭与建筑物以及门之间的关系。《考工记》关于寝宫记载说："内有九室，九嫔居之。外有九室，九乡朝焉。九分其国以为九，九乡治之。"说明门内和门外的建筑物按顺序整齐地排列着。任启运著的《宫室考》说："天子殿屋，四注四雷。诸侯三注三雷。大夫夏屋二注二雷。士二注一雷。"这里的雷字与霤字相通，是檐的意思。这段话说明周代天子的宫室是由殷代发展起来的四注式建筑，而为臣的大夫和士的房屋则为夏代传下来的山形屋顶形建筑，各依身分而建造在坛上，从此可以大体了解当时的房屋建筑的情形。下面简略地谈谈周代的一两种重要的建筑物。

明堂　为宣明政教而建的堂称为明堂。记载说那时周公令诸侯朝于明堂，自古就有关于明堂的记述。《考工记》的注解中说："周人明堂之制，度九尺之筵，东西九筵，广八丈一尺也。南北七筵，深六丈三尺也。堂崇一筵，其

▼《三礼图》中的周王城图

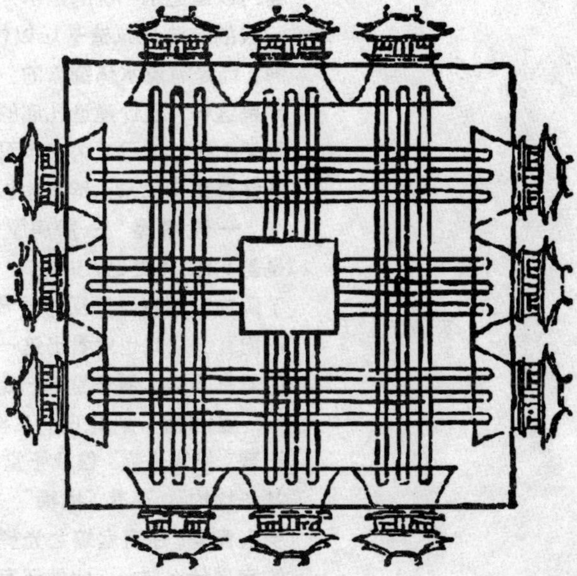

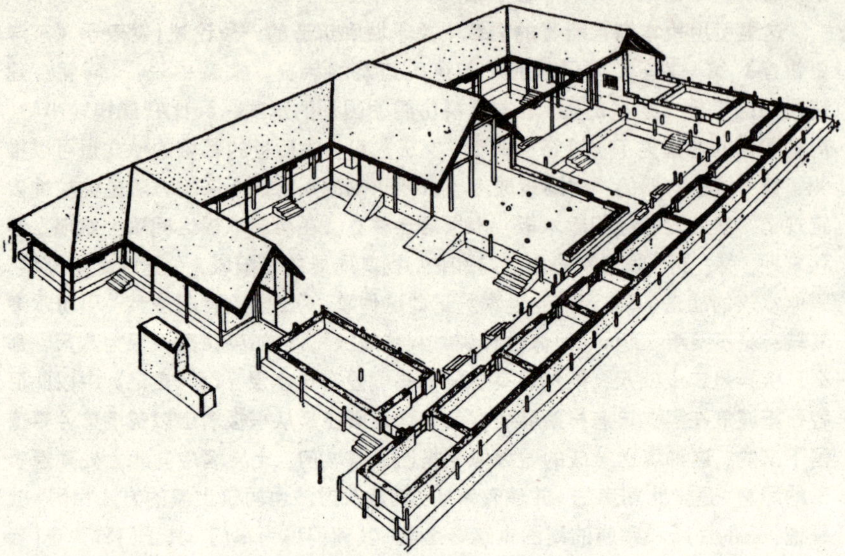

▶ 陕西凤翔西周建筑复原图（摘自杨鸿勋《建筑考古学论文集》）

基高九尺也。堂上有五室，亦像五行，与夏制同。每室二筵，则深皆一丈八尺也。”这段话说明明堂的规模，并指出它与夏制相同。虽然不十分了解它与夏制相同到何等程度，但不难想像这一制度自古以来极受重视。

辟雍 天子讲书的建筑物叫做辟雍，诸侯的称为泮宫。《三辅黄图》中说：“周文王辟雍在长安西北四十里，亦曰璧雍。如璧之圆，雍之以水。象教化流行也。”璧雍周围流水环绕，以象征教化圆满流行。环绕泮宫的水称为泮水，“东面门以南通水”说的是水只在南半边从东向西流。辟雍学宫是文教中心。那时一般的方法是筑造基坛以作为建筑物周围的基座，这里所谈的辟雍与一般不同，而是有流水环绕着的，到了后世更由此而演变成孔庙建筑的样式。近代仍然是这样，设计建造孔庙的时候，在大成门前开掘半月形或长方形的池子，并且架上桥，这已成为必不可缺的方式，这个池子称为泮池。泮宫、泮水、泮池当然有密切关系，辟雍也以这个意义而一直传至清代。

一般房屋 一般房屋大概是以藁秆茅草盖屋顶，而王宫和官署等房屋则是盖瓦的。《史记》中说：“秦军鼓噪勒兵，武安屋瓦尽震。”由此似可看出，到了周末时期房屋盖瓦为顶者可能已经相当多了。日本关野贞发现了周代的半圆形巴瓦，从此也能看出这一事实。而且中等以上的居室，习惯是在户外脱履然后登堂而坐，看来室内一定是铺着席以供坐卧。

庭和圃 研究它们在建筑方面的关系时，先理解《诗经》中所说的“俟我于著，俟我于庭，俟我于堂”的意义。关于庭园树木，《诗经》中有“桃之夭夭，其华灼灼”，还有“摽梅”、“木瓜”等等，从这些诗句可以看出桃、梅、木瓜等受人喜爱。还有庭燎之光辉煌以待君子之至的句子，由此可以想像到当时门内的庭是什么样子。此外还有漆、栗、桑、杨等等，还有折柳做成菜园围墙的话。

从此必须看到园圃方面已有种种果树花木。

灵囿、灵沼、灵台 这见于《诗经》。这个灵字是为了尊崇文王的灵德而用的。《诗经》说周文王设计建灵台，庶民集聚来动手，不日即完成了。文王行走在灵囿中，见牡鹿悠悠肥壮，白鸟翯翯飞翔；文王立于灵沼之旁，满沼游鱼跳跃。文王允许“蒭荛者”和“雉兔者”进入囿内，与民同乐。这表示灵囿是在苑囿中施行仁政，目的是极力宣扬儒家的理想。

囿本来是饲养禽兽的场所，前面已经提过，殷纣王时已经这样集饲禽兽，不过他的用心与这里所谈的周文王的用意完全不同。根据定制，天子之囿一百里，诸侯之囿四十里。文王的囿为七十里，位于长安西南约四十里的地方。囿中筑有灵台，高二丈，周围一百步。囿中有沼，称为灵沼，位于长安之西三十里处。我们可以想见，灵台与灵沼相映生辉而显现出当时纯朴和平的境地。这样的高台和台榭等建筑物是由夏、殷时代开始发展起来的，至于周代已极盛行，自周文王的灵台开始，可以指出穆王的重壁台、灵王的昆昭台、齐景公的犬台和露寝台、宋平公的平公台、庄公的匏居台、陈惠侯的凌阳台等等。这些台都有实用的意义，或是用为烽火台，或者是天文台，以及别的用途，它们对于增添风景美也是很有用的。

周代一切制度无不完备，对于囿的工作人员和管理人员的额数也有规定，这确是了不起的。《周礼·地官》中记载着“囿人中士四人，下士八人，府二人，

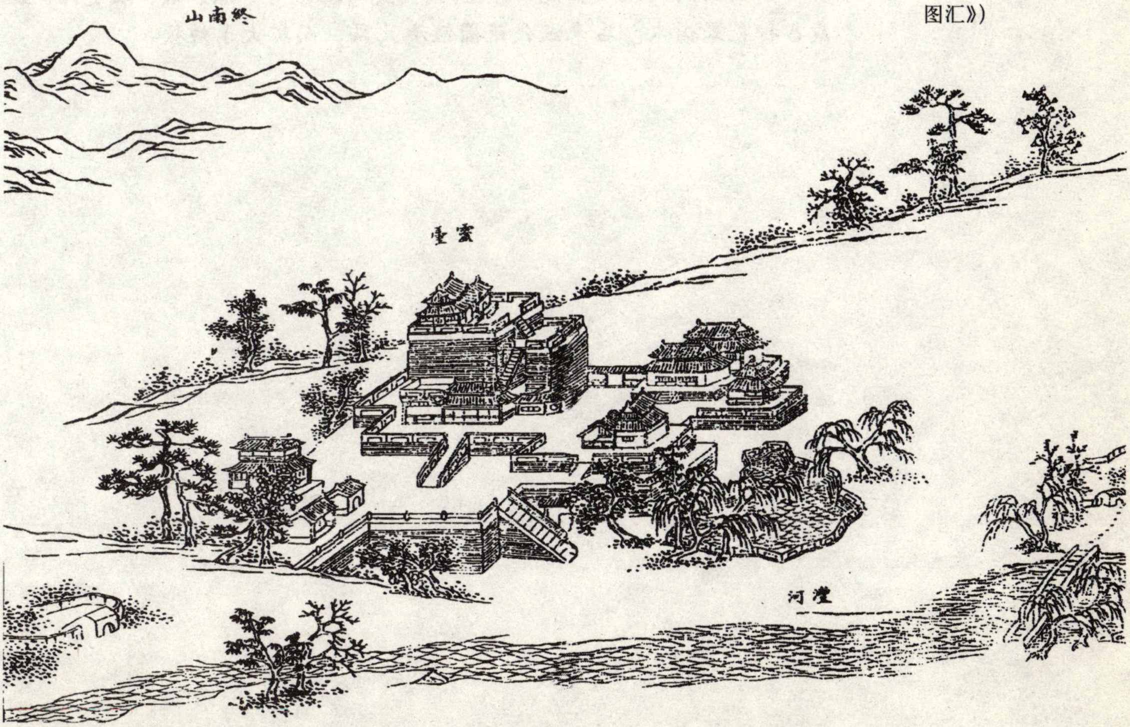

▼ 周代灵台 版画（摘自《中国古典风景园林图汇》）

胥八人，徒八十人。”这些人员的职务是管理和饲养禽兽，举凡熊、虎、孔雀、狐、凫、鹤等，诸禽百兽都有专人饲养和管理。此外，设柞氏下士八人、徒二人以管理林木，草木树林都有专人修剪管理。由此可见，自周文王以来，囿、沼、台等的设建和经营是以仁义之道为根本，正如《三辅黄图》中所说的那样，“文王作灵台，而知人之归附；作灵沼灵囿，而知鸟兽之得其所”。但是到了春秋时代，一族相伐，淫虐极甚，于是有霸者出而号令天下，他们争夺苑囿乃是必然的。庄王嬖姬姚生子颓，颓受宠爱，及至惠王即位，夺其大臣之园而为囿，因此大夫边伯等五人谋召燕卫师以伐惠王。囿的意义渐渐离开仁义之道，而成为争权夺利的目标之一。这是公元前704年左右的事。

结语

1.周代定城郭宫室之制，规定大小诸侯的级别，宫门、宫殿、明堂、辟雍等都定出等级。

2.囿、沼、台三者的融合是到了周代确立下来的。在那个时代，为王者关心民众，民众尊敬其王。王施仁政，允许民众进入苑囿，民众纯朴诚慎而不在囿中乱猎和破坏。

3.依照身份不同，而于坛上建造不同形状的房屋，屋前的前庭种植树木，燃点庭燎等物。

4.园圃周围筑墙围绕，种植梅、桃、木瓜、李、漆、桑、栗等树，盛栽各种花果树木。后来汉代苑囿继承此风，而扩大了规模。

第五章　春秋、战国和秦代

从周平王东迁至于威烈王共三百年期间称为春秋时代。周初根据封建制度而分封了一千八百个国，后来周天子的权势日衰，诸侯互相兼并，到了春秋时代初期，剩下了一百六十余国，其中大的诸侯国有十四个，称为春秋十四国。这时，戎狄族进入中原，当时势力强大的诸侯以尊王攘夷为名，纠合诸侯而号令天下，这样的诸侯称为春秋时代的霸主。春秋霸主有齐桓公、晋文公、楚庄王、秦穆公、宋襄公，还有吴王夫差和越王勾践。管仲为齐桓公实施富国强兵之策，伍子胥谏夫差，范蠡事越王，辅佐霸业。

从周威烈王到秦统一天下约二百年期间称为战国时代。周室由于内乱不绝完全丧失了权威，大小诸侯之间弱肉强食。在这个时代，齐、韩、魏、赵、秦、楚、燕称为战国七雄，它们采合纵连横或远交近攻之策从事征伐。秦国的势力逐渐强大起来，终于灭六国而统一了天下。周朝自武王建国共传三十七世，到最后一个王名叫赧，一共八百七十四年而灭。

秦始皇于战国末期灭六国而统一了天下，分全国为三十六郡，实行中央集权，力图压服民心；又大兴土木，多次四出巡狩，北筑万里长城以防匈奴；又发兵南征，以威服南方诸民族。民众受不了这样的土木和远征的负担，于是秦失去了民心，秦始皇称皇帝后十二年，东巡时死于沙丘，胡亥继其位，称二世皇帝。陈胜、吴广、刘邦、项羽相继起兵，秦代仅传二世，历时十五年，子婴只称王四十五天，秦朝灭亡。

从政治方面看，秦在长期乱世后统一全国，其事业甚为伟大；但从文化史方面看，仅仅十五年期间，在建筑方面决不会有较大的改革和变化，只能是春

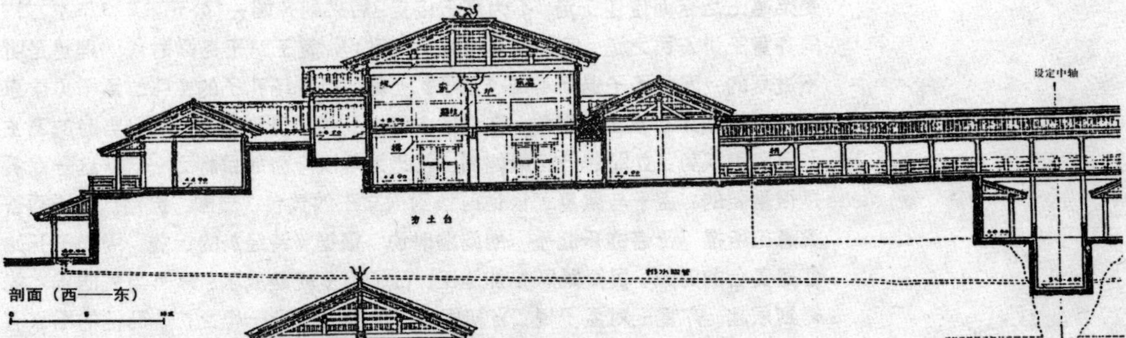

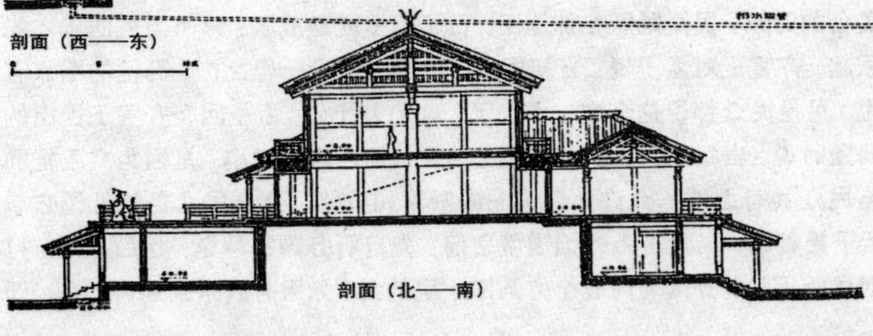

▲ 秦咸阳宫第一号遗址复原剖面图 （摘自杨鸿勋《建筑考古学论文集》）

秋战国时代发展起来的文化的延续而已。

梧桐园和鹿园 吴王夫差也是春秋时代的一个霸主，经过他与越王勾践争霸的时代即进入战国时代。这里无需论述这一时期的兴亡史，而是谈谈这个时期的园林。

《苏州府志》中记载着在吴郡有吴宫和梧桐园。那就是吴王夫差的旧园，又称为琴川。鹿园在县的西北七十里处，传说该园是吴王养鹿之所。

姑苏台 根据《述异记》的记载，吴王夫差费时三年之久，消耗了大量人力，筑成方圆五里的姑苏台。筑成后，吴王拥宫嫔数千人，日夜饮酒作乐。该书中说："夫差作天池，于池中泛青龙舟，舟中盛陈妓乐，日与西施为水嬉。"又说："吴王于宫中作海灵馆及馆娃阁，铜沟玉槛，宫之楹槛珠玉饰之。"我们虽不了解这些记载可靠的程度如何，但是可以由此看出春秋时代以后宫阁苑囿结构的宏大华丽；另一方面，当然也能想到这样的奢侈享乐要消耗大量民力财力。

孟子的园囿观 孟子生于战国时代，受教于子思的门人。孟子先到梁国，受梁惠王之召而论述王道，不为惠王接受。后来到齐国去（公元前323年左右），向齐宣王讲安民之道，但是在弱肉强食的乱世，宣王对于尧舜时代的理想是听不进耳的，因此孟子退而著成《孟子》七篇，以宣扬孔子的主张。孟子见梁惠王的时候和见齐宣王的时候，在谈话中都提到关于园囿的事，可见当时的霸主一旦取得权势，立即建造宫殿园囿，以此为争权夺势的目标之一，从这一点看是很重要的。孟子与梁惠王谈话时谈到周文王的灵台、灵囿、灵沼。孟子回答梁惠王所提"贤者亦乐此乎"的问题时说，根据《诗经》的记载，周文王开始营建灵台的时候，民众踊跃参加施工，日子不多就建成了，只有与民同乐才能得到乐趣。齐宣王对孟子说，当初周文王的囿方圆七十里之广，而他的囿只有四十里，可是民众都说这个囿过于大了，这是为什么。孟子回答齐宣王提出的这个问题时说，当初周文王的囿方圆七十里，而民众还说小，是因为文王把囿当做与民众共有之物，允许人们进囿内割草和狩猎，这样民众自然就说它小了。孟子接着说，当他进入齐国国境之前，先打听齐国的禁令，然后入境。打听的时候听人说，齐国境内有个方圆四十里的囿，如果有人杀死囿内的鹿，即

▲秦咸阳宫第一号遗址复原总体南立面及透视图　（摘自杨鸿勋《建筑考古学论文集》）

处以杀人之罪。因此齐国的这个囿简直是个陷阱，民众当然说它太大了。虽然孟子对齐宣王提出了这样严厉的批评，但仍无法挽回那个乱世的风气。

漆园　传说战国时代庄周居住的处所有漆园。庄周为河南归德城东北的人，与孟子时代相同。楚威王听说庄周贤能，意欲请他为相，他不应此任，退居而著《庄子》两篇传留于世。漆园在归德城东北的小蒙城内，庄周曾任漆园吏。传说他居于该地时梦见蝴蝶变化，遂著述庄子思想。关于漆园，所了解的仅此而已。那个时代不仅出现霸主，而且出现了诸子百家，在思想、文学、法术、兵略等诸方面各有所长，墨子、韩非、苏秦、张仪都出于这一时代。但是这些人才智虽优，而似乎缺乏财力，仅仅是享受园林情趣而已。

兽圈　关于兽圈有一段故事，这个传说出自秦灭魏的时候。秦庄襄公伐魏（约公元前225年），召魏国公子前来，可是他无故不到，却令朱亥拿着一双璧到秦王处所来，因而秦王大怒，把朱亥放在了兽圈中。朱亥瞪眼至于血溅兽面，瞪得兽不敢动。

蔡相园　位于河南卫辉，原是太公旧居，也是荆轲旧居，后为齐王旧居，见于《通志》。太公是周代名臣，荆轲是战国时代为燕国出力的人。这个园具有何等规模，现已难于察考。

咸阳故城　《三辅黄图》中有以下的记载：自秦孝公到秦始皇以至于胡亥，都建都于此地。秦孝公十二年建咸阳，筑成冀阙，迁都于此。秦始皇二十六年，迁天下富豪巨户于咸阳，达十二万户。诸庙及台苑皆在渭南，秦拆毁诸侯的宫室，都建于咸阳北方。咸阳南临渭水，自雁门以东至于泾渭，宫殿复道不断。二十七年于渭南筑信宫，更命信宫为极庙以象天极，道路自极庙通到骊山，筑甘泉前殿，筑甬道。秦始皇穷极奢侈，筑咸阳宫，自北陵营建宫殿，端门四达以制紫宫而象帝居，引渭水而灌都以象天汉，横桥渡南以法牵牛桥，宽六丈，南北二百八十步，六十八间八百五十柱，二百一十二梁。桥南北立石柱。咸阳以北至于九峻甘泉之南至于渭，东至于河，西至泾渭之交。东西八百里，南北四百里，离宫别馆相连相望，木衣绨绣，土被朱紫。终日笙歌不断，极尽奢华。

阿房宫　《三辅黄图》和《史记》都有关于阿房宫的记述。阿房宫亦称阿城。惠文王筑宫未成而死，秦始皇扩建此宫，规模之大达于三百里。秦始皇认为咸阳人多而宫庭狭小，周文王都于丰，周武王都于镐，以丰镐之间为帝王之都，于是在渭南上林苑中营造朝宫。先建前殿阿房，东西五百步，南北五十丈，其上可坐万人，其下可建五丈旗，以木兰为梁，以磁石为门。周驰建阁道，自殿下直抵南山，表南山之巅以为阙，建复道，自阿房渡渭以达咸阳。以罪人七十余万分筑阿房宫或骊山。关中建宫三百处，关外四百余所，于是在东海上的朐界立石，以为秦国的东门。《史记》中记载说，咸阳旁二百里内外有宫殿二百七十所，以复道甬道相连，设锦绣的帷帐，陈鼓乐，置美人，秦始皇游幸其间。后来项羽破咸阳城，秦王子婴投降被杀。项羽焚烧秦国宫室，火烧三个月不绝。

关于咸阳城和阿房宫的文献记载就是这些，虽然有些是出自人们的想象，但可以由此看出秦代城郭宏大，其宫殿建筑之豪华实为盛况空前。文献中记载的关内外大量宫殿的数目虽不尽可信，但宫殿很多则是没有疑问的。

结语

1.春秋时代以后，战国时代对于囿的观念，已经失去与施行仁政相关的性质，而变成霸主争权夺势的目标之一。

2.春秋战国乱世时代却呈现出文化方面自由奔放发展之势，霸主逞其权势豪奢之欲而营建宫殿园囿，中国建筑至此时代发生了一个大的转变和飞跃，不久进入汉代而达到成熟的境地。吴王夫差的姑苏台和秦始皇的阿房宫是这一时期建筑的代表，设计时考虑到殿馆、阁楼、廊道等建筑物与池沼楼台的风物相联系，相映生辉，这是周代还不曾有的一个重大进展。

3.吴王夫差建姑苏台，在池中泛青龙舟。汉代以后盛行泛舟之游。吴王夫差泛青龙舟实开此水嬉之端。

4.秦建阿房宫时，在上林苑建朝宫。必须看到，汉代诸宫殿建筑之宏伟壮大以及对上林苑极为重视，也是来源于此。

5.诗歌自周代已经很兴盛，春秋以来，诸子百家出现，当时有知识的人当会爱好第宅园林。本书所提的漆园和蔡相园是后世第宅园林的开端。

6.兽圈是设于苑囿中饲养禽兽的场所。到了汉代，各处多有这样的设施了。

第六章　汉代

秦亡以后，项羽与沛公争夺天下。后来项羽在四面楚歌中自刎而死；沛公在萧何、韩信、张良这三杰的辅佐下而成帝业，登上了皇帝之位，就是汉高祖，那是公元前202年的事。汉高祖开始时建都于洛阳，后来迁都于长安，改革诸般制度而采用周制，又鉴于秦朝过于中央集权而致孤立速亡，于是封建和郡县两种制度并用，分封同姓子弟和异姓功臣，给以国土。英明的汉高祖任用贤臣以奠定汉代的基础，用孙叔通以兴儒学，采古礼而定朝仪，使战国以来动荡不安的社会至此才得以安定下来。汉高祖在位十二年而崩，第二代孝惠帝继承帝位，经吕后之乱而至于孝文、孝景二帝。文、景二帝在位的五六十年期间，力图休养生息，国家殷富。后世称赞文景之治可与周代成康之世相比美。

汉武帝继文、景二帝数十年善政之后而登帝位，以豪雄之资而在位五十六年，实已达到汉代威势最高的境地。汉武帝在内政和外征方面留下了许多伟绩，使这一时期的文化史发出灿烂的光辉。武帝任用董仲舒兴儒学，设五经博士之官，从而促进了汉代的文化昌盛。另一方面，他相信神仙方士之说，希图寻找长生不死的药。又大兴土木，耗费民财。加以多次外征引起恶果，遂使汉代从全盛时代的顶峰开始走下坡路。汉族与北方匈奴族之间的斗争远自秦代甚至更以前就从未停止过，汉武帝为了牵制匈奴而向西域寻求同盟者，因而带来中国与西域之间的交通往来。张骞出使大月氏就在这个时期。武帝又派张骞

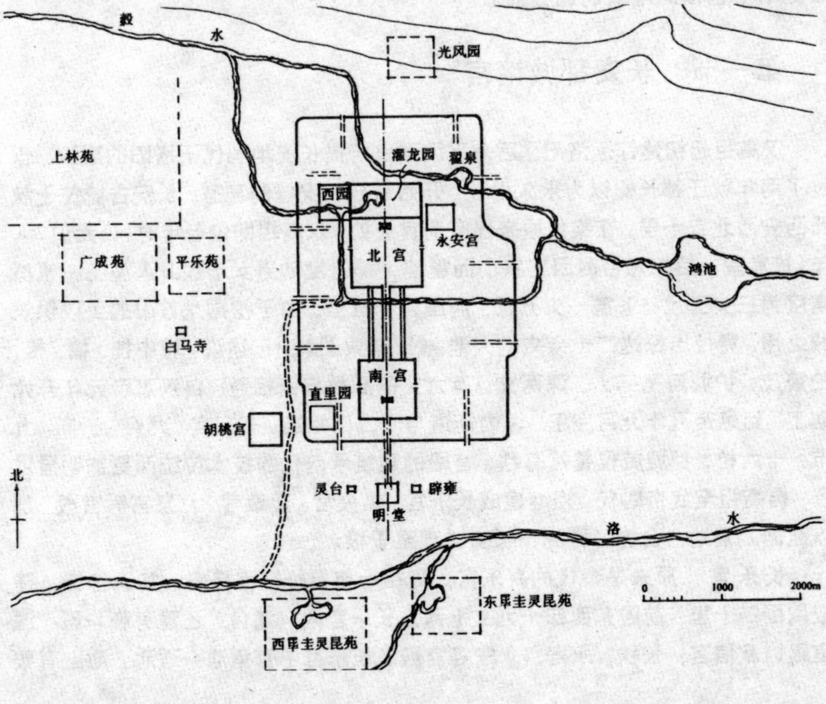

◀ 东汉洛阳宫苑分布图　（摘自周维权《中国古典园林史》）

试图向西南方的身毒扩张势力，虽然未能达到这个目的，但是进入了位于中途的阗国。又于南方征平南越、闽越，东方征服朝鲜而置四郡，今天在考古学研究中著名的朝鲜平壤的乐浪，就是这四郡中的一个。武帝到了晚年受财政拮据之迫，又发生太子反叛事件，对于以往所为深感后悔，于是废除苛政，改革政治，因而得到小康。武帝死后，昭帝幼年即位。宣帝时国势中兴，力量远达于西域，但是自元帝以后，宦官跋扈，外威专权，致使皇帝的权威衰落，终于被王莽篡夺了政权。这在史书中称为前汉；又因建都于关中，所以称为西汉。

王莽篡汉称帝十五年，被更始所灭。汉宗室刘秀原为更始的大司马，受诸将的拥戴而即帝位，改年号为建武，定都于洛阳，汉室至此达到复兴。刘秀就是光武帝，史书所说的东汉时代即由此开始。光武帝在位三十三年，晚年用心于内政。汉明帝承光武帝的遗命而奖励文学，施行善政，佛教即于此时传入中国。明帝外征西域塞外诸国，在国内发动兵士数十万修筑汴河的堤坝，做了不少大事。汉章帝为守成之君，在内政上颇有建树。章帝宠爱皇后窦氏，从而开始了外戚专权的风气。随之而来的是宦官跋扈，他们相继拥立幼帝，引起群雄蜂起，于是又陷入春秋战国那样的混乱状态。曹操、刘备、孙权相争，天下三分。建安二十五年曹操之子曹丕废汉帝而称帝，后汉自光武帝共传十二世一百九十六年而亡。

这样，汉代前后共四百余年期间，是汉民族大发展的时代。前汉以关中为中心营建宫室园囿，后汉则在洛阳一带盛建宫庭。探究汉代文化史上的遗迹有这样的东西地域之分，涉猎文献也可明显看出长安与洛阳的地域之别，因此本书也依此地域的划分而叙。

第一节　长安都城诸宫

汉高祖起初建都于洛阳，后来采纳张良所提长安地利优于洛阳的建议，仅过了两年就迁都长安以为永久之计，开始营建长安城的宫室。长安古城位于陕西西安西北二十里，在秦代原来建有离宫之处，汉高祖即位七年时（公元前200年）筑宫室，后来惠帝时因它狭小而重建。那时发动男女十数万人施工，筑城高度为三丈五尺，下宽一丈五尺，周围六十五里。由于挖掘龙首山的土以供筑城之用，竟挖出深达二十余丈的大池。《三辅黄图》中记述说，城中槐、榆、松、柏繁茂，护城河宽三丈，深两丈，有六丈的石桥与街相通。自汉惠帝元年开始动工，到惠帝五年九月完工。城内街道与十二门相连，有三宫、九府、三庙、九市、十六桥，都城威仪整然有秩。宫殿的建筑承前代的技术传统而更加明显发展，自高祖至武帝时代，相继建成长乐宫、未央宫、建章宫、甘泉宫等宫殿，加以苑囿、沼池、台榭、殿阁，长安盛观至于极点。

长乐宫　原来是秦代的兴乐宫，高祖七年自栎阳宫移来，加以修饰，建成周围二十里、前殿东西四十九丈七尺。长乐宫内有鸿台，还建有临华殿、温室殿以及信宫、长秋、永寿、永宁等宫殿。长乐宫中有鱼池、酒池，池上有秦始皇造的肉炙树，汉武帝在池中舟游。酒池之北筑台，天子在台上观看牛饮者三千人。武帝为了对羌族和胡族人夸示其豪势，用铁制的酒杯让他们饮酒，杯重举不起来，这些人只得低头而牛饮。这些记载虽不一定十分可靠，但是作为向臣民及降服者显示帝王威严的手段，在建筑宫殿的同时，帝王在宫中这样做也是可以想象的。

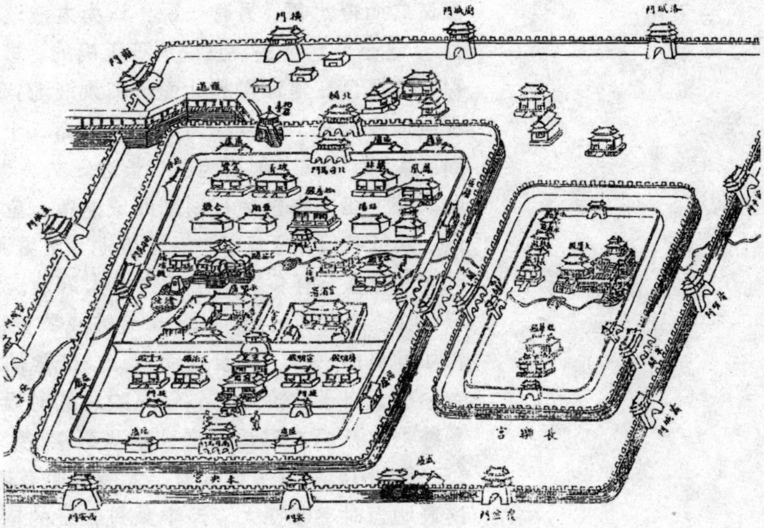

▲ 汉长安未央宫 版画（摘自《中国古典风景园林图汇》）

未央宫　位于靠近长安故城西南隅处，高祖七年由萧何营造此宫，依龙首山而建前殿，连于北阙。未央宫周围二十二里九十五步五尺，街道周围七十里，有台殿四十三座，其中三十二座在外，十一座在后宫，有十三池、六山，一池一山在后宫。门闼九十五座，配置于殿阁之间，与宫殿相映生辉，呈现出灿烂辉煌的景象。《三辅黄图》一书中关于未央宫前殿建筑的概况记载着："至孝武，以木兰为棼橑，文杏为梁柱，金铺玉户，华榱璧珰，雕楹玉起碣，重轩镂槛，青琐丹墀，左䃈右平，黄金为璧带，间以和氏珍玉，风至，其声玲珑然也。"尽管文词有修饰之处，但似乎是极其华丽的。未央宫内有宣室、麒麟、金华、承明、武台、钩弋等殿，此处略而不及详谈。未央宫的西面有沧池，因池水色苍，故名为沧池，池中筑有渐台。据说王莽在未央宫受汉兵围迫，无路可逃，终于死于此处。又有兽圈，圈上设有楼观；还设有弄田，以为催耕之所。

建章宫　柏梁殿于武帝太初元年遭火灾烧毁，勇之向武帝进言："越俗有火裁复起屋必以大，用胜服之。"于是自次年开始营建建章宫。此宫位于未央宫之西，在长安门外。武帝认为城中狭小，遂于宫的西面跨城池而建飞阁，以通于建章宫，上下构筑辇道。宫的正门称为阊阖，高二十五丈，左凤阙高二十五丈，右有神明台。门内的北面建凤阙，高二十丈，干楼相对，高五十丈，建有辇道。由建章宫前殿可以俯视未央宫，其西则为广中殿，该殿可容万人。建章宫周围三十里，东有凤阙，宫门之北建有圆阙。建章宫周围有许多殿阁，可以想象其规模大于长乐宫和未央宫。又于建章宫之西设虎圈，饲养西方之兽。还有太液池、唐中池、淋池等大小池沼，以供舟游宴乐。建章宫的规模之大，在汉代宫苑中确实居第一位。关于它的记载很多，有不少留传至今。距现在已经两千年，能保留这样详细的记载，实在是极堪珍视的。虽然这些记述也许不免夸大，但可以由此窥见当时这些苑池的盛况。

太液池　位于长安故城之西，建章宫之北，未央宫的西南，由于其水面宽广而得此名。另有一说，认为太液池的名称来自“象阴阳津液以作池也”，这是个附会的说法，是不正确的。总之是形容池水漫漫而取得这个名称。凉风台在建章宫的北面，临太液池，积木为楼。池边筑有渐台。由于水波渐浸岩石，所以称为渐台；台高二十余丈。池中筑有三座山，象征瀛洲、蓬莱、方丈。刻石为鲸，长达三丈。池的西岸有两个龟，各长六尺。除此以外，还有许多金石刻制而成的龟、鱼和珍禽异兽。池方圆大约十顷有余，象征着日出于旸谷，浴于咸池，至虞渊而日暮。昭帝始元元年(公元前86年)春季，有黄鹄落于建章宫太液池。成帝在秋日常同赵飞燕在池上游玩，以沙棠木制成船，以云母装饰成鹢首，称为云舟。又刻桐木为虬龙，雕饰如同真的一样，夹云舟而行。成帝常怕船行轻荡而使飞燕受惊，命人以金锁缆云舟于波涛之上。轻风吹过的时候，飞燕几乎随风入水，成帝遂用翠缕把飞燕的衣裾结起来，赵飞燕常说：“妾微贱何复得预结缨裾之游。”《三辅黄图》等书中记载着，太液池中有避风台，就是赵飞燕结裾的地方，这表明当时皇帝在太液池中乘舟游玩的情景。《西京杂记》一书中记载着池边的树草以及悠游于池中的禽鸟，说太液池旁有许多雕胡、紫萚、绿节之类。长安人称菰米为雕胡，称葭芦尚未放叶的嫩芽为紫萚，称菰头为绿节。更有雏凫幼雁往来于草木之间，紫龟绿鳖游于池中。池边多平沙，沙上有成群的鹈鹕、鹩鸪、䴔䴖等禽。皇帝在太液池中游乘的船还有鸣鹤舟、容兴舟、清旷舟、采菱舟、越女舟等等。太液池的西边有一个池称为孤树池，池中有洲，洲上生有一株貼树，树干粗达六十余围，望起来重合如盖。

影蛾池 武帝开凿此池以赏月色，池旁建望鹄台，以观月影映于池中，并令宫人乘舟以弄月影。由此称此池为影蛾池，也叫做眺蟾台琳池。昭帝始元元年开琳池，扩展了千步，在池的南边筑桂台，以眺望远方。琳池自东引入太液池的水。看这段记载，可以知道琳池与影蛾池是同一个池而有两个名称。《别国洞宴记》中记载着有趣的事，说池中有鼍鼋成群上岸时，看去好像连璧弄于沙岸。又记载着在池的北面设有鸣禽苑，苑中有树称为生金树，这棵树的树皮一破就生成碎屑，像金一般发出青色，所以也叫做青金树。影蛾池中有船名为游月船、触月船、鸿毛船、远月船，能载数百人，或是用青桂的枝撑舟，或是用木兰的心为楫，用练实之竹为篙，用石脉做成船的缆绳，可见这些船都是华丽至于极点

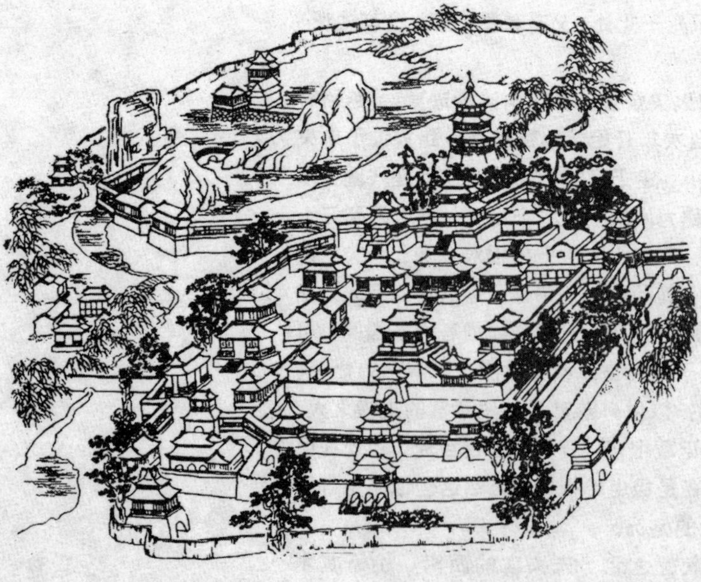

▼ 汉长安建章宫版画 （摘自《中国古典风景园林图汇》）

的。这里所说的石脉即石绵，记载说它产于脯东国，破石而得石脉，亦称石麻，可以织布，称为火浣布。建章宫旁建有奇华殿，殿中收贮着四海夷狄的器服珍宝，其中也有石脉。《三辅黄图》一书关于皇帝与宫人乘船游玩的状况也有记载，书中说，池中栽植着分茎荷，四叶之状如同骈盖。受日照时，叶就低下，称为低光荷。这种荷所结的籽实像元珠，可用做饰佩。花叶不容易凋萎，其芬馥之气可达十里。人吃了这种荷，口气总是香的，而且可以益脉治病。宫人们很喜爱它，出入游玩时总要采来在口里含嚼，或剪以为衣，或折以障日。

唐中池　只有《三辅黄图》一书中记述着唐中池在建章宫太液池的南边，周围十二里，不知其详。看来大概是淋池和唐中池引太液池的水，也供皇帝泛舟之用。

甘泉宫　秦始皇时曾建甘泉前殿通于骊山，汉代更加扩建。甘泉宫也称为云阳宫，位于淳化甘泉山，其故基原是黄帝的明庭甘泉之地。汉武帝时扩建，周围十九里，离长安三百里，可以遥望长安城。汉武帝常于五月开始在此避暑，八月回都。门外有两个铜人，其南与甘泉苑相连。根据《通志》的记述，甘泉宫有熛阙、前熛阙、应门、前殿、紫殿、泰时殿、通天台、望风台、益寿馆、延寿馆、明光宫、居室，竹宫、招仙阁、高光宫、通灵台等等许多宫殿台阁。甘泉宫内有木园，是五帝时代的园，后来俗称仙草园。《三辅黄图》对此也有详述。甘泉宫中建有这样多的宫殿台阁，而其范围只有十九里，与长乐、未央、建章诸宫相比，其规模似嫌过小。或许是汉代将前代已有的宫殿作为离宫。

第二节　汉代的上林苑

关于上林苑的简单记述散见于《史记》、《汉旧仪》、《西都赋》、《关中记》等书文中，《三辅黄图》和《西京杂记》中有比较详细的记载，今以这两部书的描述为基础而叙述。上林苑本是秦代营建阿房宫的一大苑囿，汉武帝加以扩建，建筑了许多宫殿台榭，收集奇树异草，饲养百兽。武帝原来常在长安近郊微行狩猎，北到池阳，西到黄山，南到长阳，东到宜春，驰射鹿、豕、狐、兔，手格熊罴，常损坏百姓的庄稼，百姓受害甚苦。东方朔提出谏言说，秦由于建阿房宫而使天下大乱，应当注意水利和农业。武帝听从这个谏言，遂命太中大夫于阿城以南、盩厔以东、宜春以西之地建造上林苑。武帝建元二年（前139年）开上林苑，东南至于蓝田、宜春、鼎湖、御宿、昆吾、旁南山，西至长杨五柞，北绕黄山，濒渭水而东，周袤三百里。建有离宫七十所，皆可容千乘万骑。苑中饲养诸种兽类，以供天子秋冬两季猎取。武帝开始修建上林苑的时候，群臣自远方来献名果异卉三千余种，种植在苑中，各加美名以表现奇异。上林苑内有昆明观，是汉武帝所建。除此以外，上林苑中还建有茧、平乐、远望、燕昇、观象、便门、白鹿、三爵、阳禄、阴德、鼎郊、樛木、椒唐、鱼鸟、元华、走

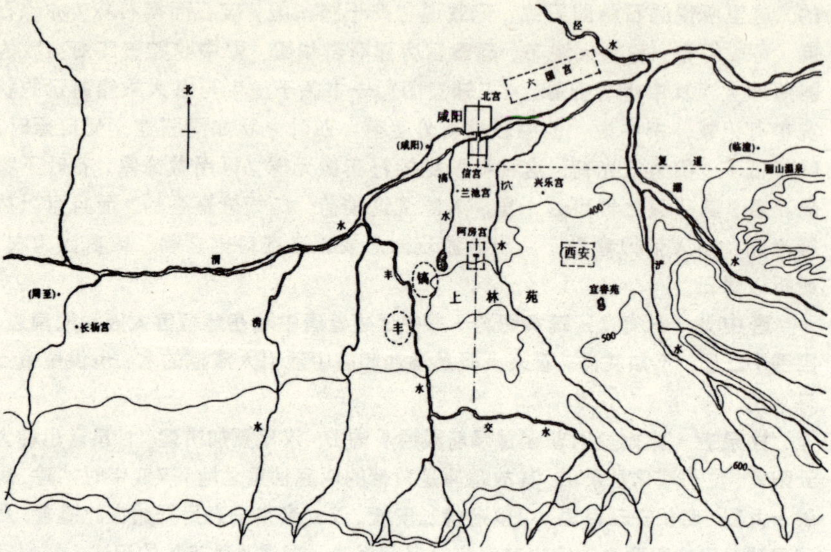

▶ 汉长安城内宫苑分布 （摘自周维权《中国古典园林史》）

马、拓、上兰、朗池、当路等观。上林苑中有六池、市郘、宫殿、鱼台、犬台、兽圈。所谓六池，指的是昆灵池、百子池、积草池、蒯池、牛首池、西陂池。此外还有犬台宫位于长安西二十八里处，建在上林苑中。还有孝宣霍皇后所建的照台宫。《关中记》说上林苑有十二门，十二宫，二十五观。《西都赋》说有离宫别馆三十六所，多有神池灵沼。虽然各文献所述的面积和宫观数目的正确程度还值得仔细研究，但由此可以大体了解上林苑的规模。

上林苑中的池沼首先应当提到百子池。汉高祖宠爱戚夫人及其所生的赵王如意，打算废太子而立如意，但由于环境的关系而未能达到这个目的，于是为了舒发心中积郁而游于百子池，命夫人击筑，高祖以《大风歌》和之*。（原文如此，似有误——编者。）七月七日来到百子池，八月四日出雕房北户；正月上辰至池边，三月于池上奏乐；在百子乐中进行种种活动。昆灵池是汉武帝开始建筑的，武帝在池中泛翔禽之舟，并亲自作歌曲，教女伶歌唱。日已西倾，凉风激水之时，女伶歌声甚为高亢，于是赋落叶哀蝉之曲。武帝在延凉室内休息的时候，梦见李夫人授以蘅芜之香，武帝惊醒而起，闻见衣冠仍然香气扑鼻，从此将延凉室改名为遗芳梦室。牛首池在上林苑中的西头。蒯池产蒯草，可以织席。西陂池和郎池都位于古城的南边。积草池中有珊瑚树，高一丈二尺，一本三柯，上面生有462个枝条，为南越王赵佗所献。这棵树称为烽火树，一到夜间常常呈现焕然之景。上林苑六池加上东陂池、当路池、犬台池、郎池，共为十池。根据《初学记》引用《三秦记》的记载，汉代的上林苑中有池十五所。承露池和昆灵池中有倒披莲、连钱荇、浮浪根菱。天泉池上建有连楼阁，道中建有紫宫。该书列出上林苑中有下列一些池沼：戟子池、龙池、鱼池、牟首池、蒯池、菌鹤池、西陂池、当路池、东陂池、太一池、牛首池、积草池、糜池、舍利池、百子池。关于上林苑的池沼数目，有的书中说是六池，有的则说是十池，还有说是十五池的。池的名称诸书所述者也不同，不知是什么缘故。或许是有的书中只提到较大的池，并未算上较小的池，而有的书则连小池也计算在内，所以数目不同。不论怎么说，我们可以想得到在上林苑中开凿着相当多的池沼，点缀着苑林景色。

昆明池 在上林苑之南，引丰水而筑成昆明池，原是为了练习水战之用，后来变成了泛舟游玩的场所。《三辅黄图》和《西京杂记》中详细地记载着昆明池的传闻异说。汉代的昆明池建于汉武帝元狩四年（公元前119年），位于长安的西南，周围十里。《西南夷传》中记载说，天子遣使到身毒国去求市竹，受阻于昆明而未能到达，于是天子想征伐昆明。昆明国有滇池，方圆三百里，因此比照着开凿一池，以练习水战，称为昆明池。《食货志》中说越意图与汉用战船进行水战，于是修建了昆明池。《三辅旧事》中记载着昆明池，说它有三百三十二顷，池中有戈船数十艘，楼船一百艘，船上立戈矛，四角皆垂幡旄葆麾。《三辅旧图》中提到上林苑中的昆明池，周围四十里。《庙记》中记载着昆明池中建豫章大船，可载万人，又于池旁建宫室。池中养鱼，供祭祀诸陵之用，剩下的给长安人食用。《三辅旧事》中又说，昆明池中建有豫章台，还有石刻的石鲸。石鲸的长度为三丈，一遇雷雨，石鲸常吼叫，鬐尾皆动。汉代祭这个石鲸以求雨，往往灵验。另有一说，甘泉宫南面有昆明池，池中建有波殿，以桂为殿柱，风一吹来，自己就放香气。又说池中有龙首船，常使宫女在池中泛舟，张凤盖，建华旗，作櫂歌，杂以鼓吹奏乐，皇帝亲临豫定观看泛舟，听音乐。《关辅古语》一书中说，昆明池中有两个石人，为牛郎织女立于池的东西两边，以为天河的象征。《西京赋》说，汉武帝开池的时候得到了黑土，问东方朔，东方朔答复说西域的胡人知道这是什么，于是询问胡人，胡人答说这个黑土是劫烧后的余灰。《三秦记》记载说，昆明池中有灵沼，名为神池，尧帝治水时曾于此停泊船只。池与白鹿原相通。白鹿原有人钓鱼，鱼拉断钓线连钩一同带着逃走了。汉武帝夜里梦见有条鱼求他把钩摘下去，第二天在池上游玩时看见一条大鱼嘴上挂着钩连着线，就摘去钩和线，把大鱼放走了。过了三天，武帝又在池上游玩，在池边上得到了一对明珠，武帝说这是那条鱼报恩来了吧。镐池在昆明池的北面，该地为周朝的故都。《庙记》中记载着，长安城西有镐池，位于昆明池之北，周围二十二里，灌溉土地三十三顷。以上谈了一些关于昆明池的种种传说和故事，谈这些传说异闻并不仅仅是为了趣味，而是认为从中可以探求汉武帝时代关于苑囿池沼的概念，因而有它的价值。

长安诸池 前面已经谈过，上林苑中除昆明池外还有许多池沼。诸书中关于长安一带的池沼也有些记载，还不十分了解这些池沼的规模和情景，这里介绍《三辅黄图》中的两三段记述。关于少府倾飞外池注释："倾飞具缯缴以射凫雁而给祭祀，故有池"。《旧图》说冰池在长安城西，西有彪池，也称为圣女泉。这是由于冰与彪这两个字音相近，所以讹传的缘故。鹤池在长安城西，盘池位于城的西北；这两个池已经荒废。

移植于上林苑内的树木 根据《三辅黄图》一书的记述，远方群臣献来的树木多达三千余种，从种类看确实很多。曾任上林令的虞渊把群臣所献草木的名称两千种告诉了《西京杂记》一书的著者，该书著者把这两千种草木的名称记了下来，借给邻人去看，不料被邻人遗失了，后来只好凭记忆默写出来。这个记载对于研究古代果树和各种异树具有文献价值，这里照列出来。

梨十种：紫梨、青梨、㯪芳梨（核小）、大谷梨、细叶梨、缥叶梨、金叶梨（出琅玡）、瀚海梨（出瀚海北，耐寒不枯）、东王梨（出中海）、紫条梨。枣七种：弱枝枣、玉门枣、棠枣、青华枣、梬枣、赤心枣、西王枣（出昆仑山）。栗四种：侯榛栗、瑰栗、峄阳枣。桃十种：秦桃、榹桃、缃核桃、金城桃、绮叶桃、紫文桃、霜桃（霜下可食）、胡桃（出西域）、樱桃、含桃。李十五种：紫李、绿李、朱李、黄李、青绮李、青房李、同心李、车下李、含枝李、金枝李、颜渊李（出鲁）、羌李、燕李、蛮李、侯李。柰三种：白柰、紫柰（花紫色）、绿柰（花绿色）。查三种：蛮查、羌查、猴查。椑三种：青椑、赤叶椑、乌椑。棠四种：赤棠、北棠、青棠、沙棠。梅七种：朱梅、紫叶梅、紫华梅，同心梅、丽枝梅、燕梅、猴梅。杏二种：文杏、蓬莱杏。桐三种：椅桐、梧桐、荆桐。林檎十株，枇杷十株，橙十株，安石榴十株，白银树十株，黄银树十株，槐六百四十株，千年长生树十株，万年长生树十株，扶老木十株，守宫槐十株，金明树二十株，摇风树十株，鸣风树十株，琉璃树十株，池离树十株，离娄树十株，白俞、栂社、栂桂、蜀漆树十株，枏四株，枞七株，栝十株，楔四株，枫四株。

汉武帝多年不断四出征伐，征服四方而扬其国威的同时，各地争相献上珍宝异物。那个时代修筑道路以便交通往来全靠车马和船舶，途中的困难必然是难以想象的，《三辅黄图》中记载着上林苑中移植树木的运输困难和损失。扶荔宫在上林苑之西，汉武帝元鼎六年破南越时开始修建，将得到的奇草异木种植在宫中。种植了菖蒲一百棵，山姜十棵，甘蕉十二棵，留求子十棵，桂一百棵，密香指甲花一百棵，龙眼、荔枝、槟榔、橄榄、千岁子、甘橘各一百棵。这些花木由于南北地区气候不宜大多枯死。从交趾移植一百多棵荔枝于庭院中，一棵也没活，但仍然连年继续不断移植。数年后偶有一棵稍见茂盛，但终未开花结实，皇帝很珍爱它。这棵树终于枯萎而死，守吏数十人获罪被杀，后来不再种植了。命令每年岁贡荔枝果实，运送者在途中疲劳不堪，给民众带来极大祸患。后汉安帝时，交趾郡守力陈其弊，遂停止了荔枝之贡。由此可见，以极大牺牲而自南方向上林苑移植的果树由于气候风土不适而不能生长繁茂，终于失败。我们从这段记载可以了解当时气候热的地区的果树栽培状况，这一点很有价值。

上林苑的管理 由上述可知，上林苑的规模极为宏大。帝王计划营建宫殿时必要建造苑囿，因为苑囿的管理非常复杂，所以需用大量人员。关于这些人员的职称也留有相当详细的记载。《汉旧仪》中记载着："上林苑有令有尉，簿记禽兽名数。又有上林诏狱，主治苑中禽兽，官馆之事属水冲"。《百官表》的记述更为详尽："水冲都尉于武帝元鼎二年始置。上林苑有五丞属官，上林、均输、御羞、禁圃、辑濯、钟官技巧六厩、办铜九官有令丞。冲官水司空都水农仓，甘泉上林都水七官长丞皆属。上林有八丞十二尉，均输有四丞，御羞有两丞，都水有三丞，禁圃有两尉，甘泉上林有四尉。成帝建始二年裁技巧六厩官。王莽改水冲都尉日予虞。初御羞、上林、冲官及铸钱皆属少府。"对于这些官职需要做专门研究，这里置而不谈。关于上林苑的状况，除去从文献看到一些记载外，无法想像当时的情景，但是可以了解当时对上林苑已经以完整的制度进行管理经营，可知汉代的上林苑并非一朝一夕突然而生出来的。

第三节 长安诸苑

除上林苑外，以都城长安为中心在其周围附近还有许多苑囿，这些苑囿的规模当然远不及上林苑，但这些也是为皇子诸王以及皇帝郊游而建的苑囿和离宫。在《三辅黄图》和《陕西通志》以及其他书籍中都有记述，因此这里介绍长安诸苑。

甘泉苑 汉武帝时所建，位于淳化以北的车盘岭，缘山谷而行，至云阳三百八十一里，向西进入扶风境，周围五百二十里。苑中建有宫殿台阁一百余所，有仙人观、石阙观、封峦观、鳷鹊观。

御宿苑 位于长安城南的御宿川，是汉武帝时修建的离宫别馆。由于禁止人们出入和住宿，所以称为御宿。苑内种植着栗树和梨树，为防止采梨时落地而损坏，因而事先用布袋把梨盛起来。这个苑内产的梨称为含消梨。

思贤苑 这是孝文帝为皇子修建的苑，时常在苑中宴请宾客。苑中建有堂室六所，客馆都是广庑高轩，设置的屏风帏褥等物十分华丽。

情望苑 武帝立皇子据为太子时为他修建了情望苑，为了他接待宾客。《汉书》中记载说情望苑位于长安城南社门外五里，留有遗址。

西效苑 位于汉代西效，林麓薮泽连亘，周围筑有围墙四百里，建有离宫别馆三百余所。

游乐苑 建在游乐原上，也叫做游乐园。位于咸宁南八里，社陵的西北。武帝之后称为西汉中兴之祖的宣帝神爵二年(公元前60年)春天兴建，地基最高，四望宽敞，苑中建有一座庙，称为游乐庙。《西京杂记》中有一段记载使我们可以想见游乐苑的风光。记载说："玫瑰树自生于游乐苑，树下有苜蓿。苜蓿一名怀风，时人或亦谓之光风。风在其间常萧萧然，日照其有光采，故名苜蓿为怀风，茂陵人亦谓之连枝草。"

宜春下苑 位于京城东南隅。

梨园 位于淳化城。《云阳宫记》中记载着云阳军箱坂下有梨园，种植各种梨树，一片青翠茂密，望之如车盖一般。

黄山苑 只见于《汉书·外戚传》霍云围猎于黄山苑中的记载。

御羞苑 武帝元鼎二年初修建。御羞的地名见于蓝田。该地土地肥沃，可贡的御物甚多。这个记载见于《贾志》。

昭祥苑 《洞冥记》中记述说："北及元坂，去空同十七万里。日月不至其地而自明。有紫河万里，中有寒荷，霜下方香茂。北于溃阳之山，有兔如鼠能飞，毛色光如漆。以脑和丹，食即不死。帝放兔于昭祥苑，苑在甘泉宫之西，周十里。万国来献异物，皆集此中。"以上是《洞冥记》中的一段记载。汉武帝先是提倡儒学，晚年则信神仙之说，遣方士求不死之药。这段记载很有趣味，当然不免有夸大的描写。

三十六苑 《汉仪注》中记载说："太仆牧师诸苑三十六所分布北边西边，以郎为苑监，宦官奴婢三万人。养马三十万匹。养鸟兽者通名为苑，故谓牧马处为苑。"那时为了军事目的似乎非常重视养马，看来为了养马要付出很大代价。虽不知三十万这个数目是否准确，但可以想象总是差不多的。

第四节 睢阳的苑囿

河南归德一地自古就是诸王封地，后世的归德城就是周朝宋国的故城。周武王灭商后，封微子于宋，就是这个地方。旧睢阳县在归德城拱阳门外，是汉代所建。梁孝王所筑的梁园位于睢阳城东二十里处，一名兔园，又称东园。梁孝王名武，是汉文帝的儿子，汉景帝的同母弟。他甚受太后喜爱，赏赐不计其数。受封为梁王，修建了曜华宫，又建成了一些宫观，相连达到数十里。

梁园 方圆三百里，苑中筑有吹台，又建复道，自宫殿建平台相连及于二十里；这段记载见于《汴京遗迹志》。《西京杂记》中记述说："梁孝王好营宫室苑囿，筑兔园曜华之宫。园中有百灵山，山有肤寸石、落猿岩、栖龙岫。又有雁池，池间有鹤洲凫渚。其诸宫观相延亙数十里，奇果，异树、瑰禽、怪兽毕备。王与宫人宾客弋钓其中"。汉代除去属于皇室的苑囿外，皇族也有这样的建设，这也或许是特殊的。但是在长安以外的地方构筑这样的苑囿，不但是有趣的事，而且如果与洛阳的袁广汉园联系起来研究，完全也可领会假山和池旁洲渚在这一时代的园林构筑上占有相当重要的地位。

湜园 位于河南彰德湛县西北。根据《通志》的记载，汉武帝堵塞瓠子河，取湛园的竹子做楗。寇恂伐湛园之竹做箭百余万，指的就是这个地方。虽然这里所说的园字是否指园林而言尚不可知，但可以想象大概是军用竹的产地而得此美称。

第五节 洛阳都城的苑囿

河南的洛阳在洛水之北，昔日周公营建洛邑，以为诸侯的蕃屏。汉高祖即帝位之初，曾一度建都于洛阳。汉高祖五年五月于洛阳南宫置酒，谈到周武王克商后迁九鼎于洛阳的事。洛阳是自古有来由的地方，对长安而称为东都，后来幽王被犬戎杀死，平王东迁才定洛阳为国都。洛阳北距黄河二十里，南连洛水，依邙山以为屏障。地居天下之中心。后汉光武帝因长安遭王莽之乱而荒废，遂迁都洛阳，于是营建宏大的宫阙。东汉的威势远不及西汉，而且不少人不忍离开远自周、秦、汉以来久已繁荣的关中之地，因此东汉时代的洛阳在总的规模方面比不上长安。自光武帝下传十二帝，佛教传入中国，出现了寺院建筑。洛阳建都期一百九十六年，在《后汉书》及地志类诸书中留有大量记载。

洛阳城廓　洛阳城东西七里，南北十余里。洛河穿城而过，贯通东西。南宫建于河阴，北宫建于河阳，相去七里。筑有复道三道，中道为鸾御，两旁二道列侍卫仪仗；汉高祖在复道上可遥遥望见诸将在沙上对谈。复道隔洛河连通南宫与北宫。南宫建于光武帝建武十四年(38年)，正殿称为崇德殿。魏改建后，称为太极殿，宫内有许多门阙、殿、观、台、榭相连。北宫于明帝永平二年(59年)开始动工，至永平八年冬季完工，其正殿称为德阳殿。其中所建殿观名称此处略而不谈，北宫与南宫相对而呈盛观。《洛阳县志·土地记》提到洛阳城有东西南北门，街路四通，并十分详细地记载着前后左右列置的街坊，还有台榭、寺院、居宅、亭观、园池等等。其中当然有不少是东汉时代所建，而且还有许多魏、晋时代的建筑物，因此，笼统地讲会把时代弄混。所以把城门名称列出，并注明时代。

南城三门中，当中一门在汉代称为平城门，魏、晋时代称为平昌门。东边的一门称为开阳门。西边的一门在汉代和魏、晋都称为津阳门，亦称小苑门或宜阳门。东城三门中，当中一门在汉代称为东中门，魏、晋时代称为东阳门。北边的一门在汉代称为上东门，魏、晋时代称为建春门。南边的一门在汉代称为望京门，魏、晋时代称为清明门。北城有二门：东边的一门在汉代称为穀门，魏、晋时代称为广莫门。西边的一门在汉代称为大夏门，魏、晋时代亦同此称。西城有四门：南中一门在汉代称为雍门，魏、晋时代称为西阳门。南边一门在汉代称为广阳门，魏时亦称此名，晋时称为西明门。北中一门在汉代称为上西门，魏、晋时代称为阊阖门。再北的一门在魏代称为承明门。

芙蓉园　位于洛阳，汉朝所建。《述异记》中记载说长沙定王故宫中有蓼园，也就是真定王的故园。长沙定王是汉武帝之弟。光武帝是这个长沙定王之孙。

濯龙园　汉明帝时于城西建白马寺，广阳门外西南方有濯龙园。园内建有濯龙殿、濯龙池，由此向南与津阳门相通，其门有高阳寺，后来成为魏高阳王雍的住宅。汉明帝幸濯龙时，诸才人请求把皇后请来。明帝笑着说："此家不好乐，虽来亦无欢。"这事见于《马后传》，由此也可想见这个园的规模。

西苑　《顺帝本纪》中记载着阳嘉元年(159年)在西苑兴建宫殿并加以装饰。西苑位于西城雍门。

显阳苑　《桓帝本纪》记述说延熹二年秋七月(159年)建显阳苑，设苑丞。此事也见于《通志》。

广城苑、平乐苑、上林苑　皆位于城外。根据《通志》，这些苑建于汉代。《洛阳县志》中有一段记载："上西门外，御道之南有融觉寺，寺西一里许有大觉寺。又西三里，渠北有平乐苑，亦称平乐观。西北有上林苑。又西七里为晋所建之长分桥，谷水注于城下。”

东罼圭苑、西罼圭苑 皆在南城之外。前者位于开阳门外，周围一千五百步，苑中有鱼梁台。后者位于津阳门外，周围三千三百步。《灵帝本纪》中记载着光和三年(180年)建罼圭灵昆苑。《后汉书·杨震传》中有一段话:“灵帝欲作罼圭灵昆苑，震谏曰:‘先帝之制左开鸿池右作上林，不奢不约以合礼。今猥规郊域之地以为苑囿，废田园驱居人而蓄禽兽，殆非所以保赤子之义。令域外之苑已有五六，可逞情意。宜为夏禹卑宫太王露台之意，以慰下民之劳。’奏上，帝欲止，问于侍中，侍中之人曰:‘昔文王之囿百里，人以为小。齐宣之囿七十里，人以为大。今与百姓共无害于政也。’帝悦，遂筑苑”。后汉末年，外戚擅权，宦官跋扈，皇帝的权力逐渐减弱。光武以来在全国培养出来的名节之士奋起而直谏，引起前后二次党锢之狱。桓帝死后，皇后临朝执政，灵帝不理朝政，于是群雄割据四方，汉室失去了民心，加速了汉朝的灭亡。灵帝计划修筑罼圭苑灵昆的时候，开始也采纳忠臣的直谏。但后误听奸佞内侍的话，想着文王之囿而欣然筑造苑囿。如果真能施行王道而与民共之，东汉或许不至于陷入那样的惨境；其实正与所说的相反。

西园 西园在城西的承明门内御道以北，东连禁掖。园内建有万金堂，这个堂建于中平二年(185年)。《县志》里记载着这里还建有裸游馆和千间园。《拾遗记》中记载着灵帝游于裸游馆，在馆中开长夜舟游之宴的事，从这段述叙可以详细了解那个时代的苑囿构筑的状况，因此虽嫌繁冗仍介绍如下。《拾遗记》叙述说:“献帝初平三年(192年)游于西园。起裸游馆千间，采绿苔被堦，引渠水以绕砌，周流澄徹，乘船游漾，命宫人乘之，选玉色轻体者，使执篙檝摇漾渠中。其水清澄，盛暑时使舟覆没，视宫人之玉色者。又奏招商之歌，以来凉气。(中略)渠中植莲大如盖，长一丈，南国所献。其叶夜舒昼卷，有一茎丛生四莲者，名曰夜舒莲。亦曰月出则舒也，故曰望舒荷。帝盛夏避暑于裸游馆，长安饮宴。帝嗟曰:“万岁若如斯，上仙也。”宫人年二十七以上、三十六以下者，解其上衣，惟著内服，或共裸浴。煮西域所献之茵墀香以为汤，宫人以之浴浣。以余汁流渠中，名曰流香渠。又使内竖于馆北为驴鸣。又作鸡鸣堂，蓄多鸡，每醉逮天晓，内侍竞作鸡鸣以乱真声。又以炬烛投殿前，帝乃惊悟。及董卓破京师，散其美人，焚其宫殿。”《通志》说西园是汉代桓灵二帝卖官之地，似乎其规模不太大，但由此可以想见当时的宫苑完全沉浸在颓废淫靡之中。

南园 《通志》说南园在城西，是与西园同时构筑的。但是南园不见于《洛阳县志》，不了解它的规模究竟如何。

光风园 《洛阳县志》中记载说:“大夏门外有万亭，亭东宣武场也。每岁农隙甲士习战，千乘万骑胥会于此。场西即贾充故宅。东北有光风园，园内有苜蓿。又邙山、骆驼岭去城四里，岭前即古之方泽池也。历代率相不远。”由这段话看，城北大概是练武之所，但不了解光风园到底是从什么时候开始有的。

袁广汉园 茂陵富民袁广汉家财富有，僮仆八九百人。在邙山下筑园，就是袁广汉园。这个园东西四里，南北五里，激流注入园中。园内构石为山，高十余丈，连延数里。养着各种珍禽异兽，如白鹦鹉、紫鸳鸯,犛牛、青兕等等。积沙为洲屿，激水为波涛。江鸥海鹤在其间产卵孵雏。奇树异草无不栽植。房屋相连不断，尽是重阁长廊。后来广汉因罪被杀，园被没收归为国有，鸟兽草木皆移入上林苑。这一段记载在《三辅黄图》和《西京杂记》中都有引用，是相当著名的。由此可以了解当时不仅有宫苑，而且富人也营建园林。读了这段记载，可以看出那一时代的园林构筑的状况，因而十分可贵。《陕西通志》中也有这样的叙述，说是在北邙山下筑园，一定是在洛阳。因为这个园没收入官后才将鸟兽草木移入上林苑，大概是由于这个缘故所以记入《陕西通志》一书中。长安与洛阳之间的距离类似于现在沈阳与大连间的距离，鸟兽草木之类迁运这样的距离恐怕是可能的。况且当时远自南方、西方异域都能来献奇树异草，这样距离的搬运是不奇怪的。

张骞苜蓿园　《述异记》中有张骞苜蓿园："骞园在洛中。苜蓿本胡菜，骞始于西域得之"。

梁冀园　《梁冀传》记载着梁冀园在"城西北。采土筑山，十里九坂，以象二崤"。

以上是洛阳诸园。

结语

1.进入汉代后，囿改称为苑，沼改称为池，用字有所改变。

2.汉代苑池发展趋势的一个代表是建章宫的太液池。经过战国时代逐渐发展起来的宫殿建筑与苑池相结合而发达，成为帝王和皇族常居游幸所不可缺的处所。自未央、长乐诸宫至于御宿、思贤、情望、乐游诸苑，帝王和诸王的苑林相继建成。战国时代开始改进的宫苑规划至此时几乎已经达到成熟的程度。

汉代统一全国并四方征伐，前后四百年间文化大发展，绝非列国混战的战国时代所能比拟的。因此，汉代宫苑建设在雄伟豪壮的气魄中表现出完美的风貌。雄伟尽管雄伟，但以汉代国威而论，决不是出自暴举之余。我们看看前一时代的姑苏台和阿房宫之类的建筑，它们与当时的国势不相称，而是穷极奢侈的淫乐之所，与汉代的宫苑不能相提并论。

3.汉代苑池的另一方面的代表是上林苑和昆明池，它们是狩猎习武和演习水战之所，拥有广大面积的土地。在囿中狩猎自周代就已开始，但从未见过那个时代以此练武的文字记载。可是上林苑中"离宫七十所，皆容千乘万骑"，这可以看做屯兵驻军的处所。再者，周代以来的沼池绝不是为了练习水战而设的，但是汉武帝为了征伐昆明而作昆明池，直到清朝仍沿袭此意。

由此可见，上林苑和昆明池大体上应当看做水陆讲武之所，其中建有许多殿、观、台、阁，时常楼船相连，呈现盛观。而且不可忽视另外一点，那就是“养鱼以给诸陵之祭祀”。

此外还有养马用的三十六苑，它们与上林苑同为当时军备上不可缺少的设施。我们考虑汉代外征的国威，自可了解在这个意义上发展苑池是理所当然的。

4.列述汉代苑池的特点如下：

营建苑池的时候，在池中建瀛洲、蓬莱、方丈三山，筑台与殿阁相连，池边设平沙，洲渚之上多积岩岫，以招引禽类，池面覆盖有繁茂的水草。这样在池中乘船而为水嬉燕游。我们考察中国自远古经由战国而发展起来的苑池构筑时，可以看出其样式形体到了汉代几乎已经达到完全成熟。虽然这一时代还没有出现“假山”这个词，但可认为兔园和袁广汉园实已开其前驱。

太液池和昆明池旁有石人和石刻的鲸、龟、鱼以及奇禽异兽之类，这些从汉代建筑雕刻术的发达上看是非常精巧的，中国苑池的这一特长在汉代已经出现了。可见中国苑池园林的特点在汉代已经形成了规模。

5.关于上林苑中树木的记载实堪惊人。草木名称多达两千种，虽不知确否，但从上林苑的规模考虑，应该说实际上数量确实很大。从汉代势力所及的四面八方各地搜集来大量树木，看园林树木也能看到汉代文化的成就。

6.昭祥苑是专为饲养禽兽而大规模修建的，这是从苑囿和兽圈发展而来的另一种形式。此外，建章宫西设有虎圈，上林苑中也有虎圈；影娥池北建鸣禽苑。还有一事本应在前面讲述，现补在这里，就是关于斗鸡的事。关于斗鸡的叙述见于《列子》和《左传》，养鸡而以斗鸡为游戏，如与兽圈联系起来考虑，似可察觉其间多少有些关系。

7.根据文献所述，汉代的苑池几乎完全属于帝王和皇族，尚未普及到一般庶民。虽然茂陵富户袁广汉筑了一个园，但不久即被没收入官而成为官园。汉代初期，封刘姓子弟于全国各要地，那个时代诸王的势力在文化方面也有表现，营建苑池主要是这一阶层的人所做的。在日本也是这样，庭园史的一般发展趋势总是由皇族至于贵族，再进而至于民众。自汉代开始，苑池已经从帝王囿沼向前更进一步而发展到皇族，可以说是经过了第一阶段而向前跨进了一步。

8.时代一进入末世总是这样，不陷于荒淫即陷于优柔，最后终告灭亡。到了后汉末期，帝王不致力于经世安民，而一味追求游乐，西园为桓、灵二帝卖官之所，灵帝不纳贤臣之谏而建罼圭灵昆苑，这些事载诸史册。帝王违背了苑囿所具备的行王道施仁政的意义，实为憾事。

第七章　三国、两晋、南北朝时代

至于后汉末世，贤臣渐次凋零，宦官专横跋扈日甚一日，于是引起黄巾起兵。那时宦官外戚不知所措，曹操、刘备、孙权在平定黄巾后逐渐扩张势力，终于形成三国鼎足之势。刘备为汉室宗亲，任用诸葛亮、关羽等名臣而争霸天下，虽未得中原，但建立蜀汉，都于成都，谥昭烈帝。孙权在后八年建国，称为吴，都于秣陵(现在的南京)。曹操占据北方，势力最为强大。曹操死后，其子曹丕废汉献帝而即帝位，就是魏文帝。魏建都于洛阳。

魏国大将司马氏乘蜀汉疲弊之机而击之，又转而灭吴。司马炎废魏帝而登帝位，建国称晋，都于洛阳，这就是西晋世祖武帝。自魏文帝即位约经六十年天下才告统一。晋武帝鉴于曹魏皇帝孤立无援而速亡，遂分封诸王于各地。又因简单地认定已经天下太平无事而不注意武备，以致灭吴后未过二十年就发生了内乱。这时，匈奴、羯、鲜卑、氐、羌等居于北方和西方塞内外诸族，自四方进入中原，晋惠帝愚弱无能，一筹莫展，西晋朝遂以五十二年而灭亡。当时匈奴族最强大，自西晋末以来共一百余年间，中国北方极为混乱，不少小国时兴时亡；这些族史称五族，建立的国家称为十六国。

西晋就这样被匈奴所灭而亡了。宗室琅琊王司马睿居于建康，受群臣拥立而即帝位，就是东晋元帝(元帝建武元年为317年)。东晋共传十一世，历时一百零四年。这个期间，靠着忠臣名将的支持而称雄于南方，但终未能北进中原，不过在淝水打败了当时北方最强大的前秦大军，由此而得以偏安江左。后来国政逐渐废弛，发生了桓玄谋反事件。建武将军刘裕讨平叛乱，从而权势大增，遂推翻了东晋政权而建立了宋(时在420年)。从此称为南朝，皇帝被杀被废者甚多。宋历时五十九年，齐二十三年，梁五十五年，陈三十二年。这期间以建康为中心，几经兴衰，倾向文事而轻视武功，在文化方面形成特色。吴、东晋和宋、齐、梁、陈称为六朝。

称雄北方的前秦苻坚自淝水之战失败后，被羌族的姚苌所杀。姚苌据长安，建立后秦，与后燕同为一时之强。

▼ 赤壁山　版画
(摘自《中国古典风景园林图汇》)

互相攻伐的结果，终于被后魏统一了。魏是鲜卑族拓跋部建立的国家，兴起于北方而统治中原。鲜卑族于东晋第三代至第九代期间居于云中，至拓跋珪时逐渐强大起来，势力日增，灭了后燕而迁都平城。拓跋珪称帝，就是魏道武帝；那时是东晋第十代(386 年)。魏第一代道武帝谥太祖，至第三代太武帝才统一了中国北部，自西晋末经过一百二十年才停止了五胡诸国的纷争，形成了北方的魏与南方的宋相对峙的局面。魏太武帝靠武力立国，第六代孝文帝爱慕汉族文化，于是迁都洛阳，并废弃鲜卑族故俗。因此同族之间发生意见分歧，致使纲纪紊乱，到第九代时分裂为东魏和西魏。东魏建都于邺，仅一代就被北齐夺去了政权。西魏建都于长安，传了三代，最后将政权让给了北周。这时南朝的陈灭了梁，与北方的北齐、北周形成鼎足三分的状态。北魏，北齐，北周共历时一百三十七年，史称北朝。

第一节　邺都的苑园

邺都　位于河南省彰德府临漳县一带。邺都北城在邺镇之东，邺都南城在邺镇东南。《三国志》中记载说汉建安十三年建元武池，以练习水军。

邺都北城　东西七里，南北五里。原为春秋时齐桓公所建，汉于该地设魏郡；建都城则是自曹操开始的。共有七座城门。南面三门，东面一门，西面一门，北面二门；其规模大体如此。宫内建有文昌殿，太武殿、听政殿，还有其他堂，楼、台等建筑物。石虎在邺城建太武殿，并建东西宫(336 年)。太武殿的高度为二丈八尺，以文石施彩，下穿伏室，其中置卫士五百人。东西七十

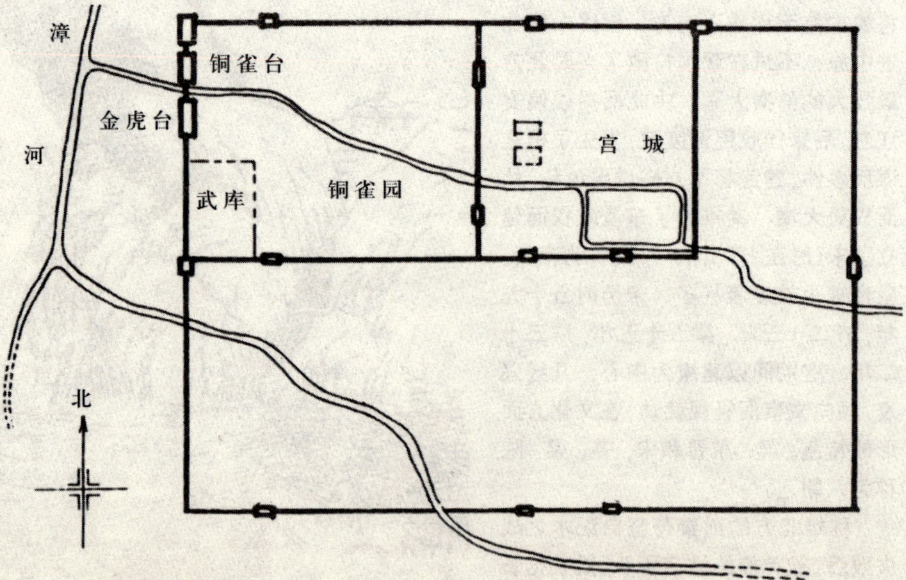

▲ 曹魏邺城示意图

五步，南北六十五步。殿覆漆瓦，金铛、银楹、金柱、珠帘，玉壁等，穷极技巧。又于显阳殿后建造灵风台九殿，选士庶之女以充之。这段记载见于《晋书》。石虎字季龙，灭后赵而称帝，他是一个暴虐的君主。石虎于建武八年(342年)又在长安和洛阳大兴土木，兴建宫室台观等建筑物，据说使役四十万人之多。鲜卑族出身建立燕的慕容氏于光寿元年(357年)迁都于邺，筑铜雀台。邺都苑林也许比不上关中和洛阳，但应注意它是北方民族兴起后发展起来的都城。

铜爵园 建于宫内文昌殿之西，其中有鱼池堂、皇兰渚，石濑。左右修有驰道。西有三台，是曹魏所建。这三台是铜雀台、金凤台、冰井台，台上建有屋、室，殿，有阁道相通，与园内景色相映。

元武苑 在邺城西北，是曹操建的。引新河水进入苑内。苑中有鱼梁、钓台、竹园，栽种着葡萄及其他诸种果树。

芳林园 位于北城外，也是曹操所建。后来为了避王讳而改名华林园。后赵石虎于建武十四年重修此园。

灵芝园 曹操受封于邺，遂于邺郡东建芳林园，西建灵芝园。黄初二年(221年)甘露降于园中。

灵芝池 位于城西三里，黄初三年曹丕所开凿。有黄初四年鹈鹕集于池的传说，这可能是把洛阳的事误传为邺都了。

华林苑 石虎称帝时有一沙门说胡运将衰，晋将复兴，所以应当役晋人以厌其气。于是命尚书张群发近郡男女十六万及车万乘，运土筑造华林苑(347年)。周围数十里，筑长墙连亘数十里。夜间燃点蜡烛，建起三观四门；三门通于漳水，皆造铁门。暴风大雨时死者数万人。凿开北城引水入华林园，城崩压死数百人。此事见于《晋书》。

又过了二百年左右，到了南北朝末期，北齐时改修华林园。《历代宅京记》中记载着当时的状况。《邺中记》中记载说，齐武成时(北齐第四代，561年)增饰华林园如神仙居所，因而改称仙都苑。《北史·魏收传》中记载说，武成于华林园中作玄洲苑，备山水台观之美。苑中封土为五岳，五岳间分流四渎为四海，汇为大海，通船之行及二十五里。海池中作水殿。其中岳嵩山之北有平顶山，东西有轻云楼架云阁十六间。南有峨嵋山，山东头有鹦鹉楼，其西有鸳鸯楼。北岳之南有元武楼，楼北有九曲山，山下有金花池，池西有三松岭，次南有凌云城，西有阶道日通天坛。大海之北有飞鸾殿，其南有御宿堂，其中有紫微殿。宜风观、千秋楼在七盘山上。又有游龙观、大海观、万福堂、流霞殿、修竹浦、连璧洲、靡芜岛、三休山。西海有望秋观、临春观，隔水望海。池中又有万岁楼。北海中有密作堂、贫儿村、高阳王思宗城，以上皆在仙都苑中。以上是见于《历代宅京记》中的记载。书中更详记殿观的大小和周围的景象。武成之子后主纬昏愚无道，在贫儿村中与妃嫔游戏欢乐。又作街市，摆列许多货物，命胡妃坐在店中卖酒。命宫人在其中交易，往来无禁，三日而罢。到了幼主桓即位，北齐不久就灭亡了。

桑梓苑 《晋书》中记载着永和三年(347年)石虎亲耕桑梓园中的藉田。园中种着许多桑树，所以称为此名。

龙腾苑 《晋书》中记述燕慕容熙大筑龙腾苑的事，叙述当时的状况："广袤十余里，役徒二万人。苑内起景云山，其广五百步，峰高十七丈。又起逍遥宫，甘露殿。连房数百，观阁相交。凿天河渠，引水入宫。又为其昭仪苻氏凿曲光海、清凉池。盛暑士卒亦不得休息，渴死者大半。熙游城南，止于大树之下。如有人呼曰：大王且止。熙恶此，伐其树，乃有蛇之长丈余者自树中出。"慕容熙是北燕第三代皇帝，君临中原，增长了骄气，大兴土木，修建宫殿苑林，不悟节制之道。其文化也如同骤雨一过而不留痕迹一般。

邺都南城 在邺镇东南三里处，东西南北面有十一门。宫内建有太极殿、照阳殿、含光殿，凉风殿，堂阁配列。南城内外有以下苑林。

游豫园 周围十二里，内抱葛履山，其上作台。《邺都故事》中记载说："齐文宣天保七年，于铜雀台之西，当漳水之南筑此园，以为射马之所。"

清风园 《邺都故事》中记述着："宫无蔬菜，赊买于民，负钱三百万。盖此园乃蔬圃也。"

第二节 洛阳的苑园

曹操都于邺，但那个时代战争不息，大部时间于戎马倥偬中度过。及至曹丕为帝，迁都于洛阳，兴建宫殿苑园。明帝继其后，其人性本骄奢，好营土木，于是大加修建。他奖励经学，制定律令，防御外敌，使吴、蜀不得侵入。洛阳的文化在这一期间呈现光辉，而被后继的晋代所继承。

洛阳宫 曹丕于黄初元年(220年)十二月开始营建洛阳宫。黄初二年建成陵云台，三年开灵芝池，四年开天渊池，七年春三月筑成九华台。明帝太和元年营建宗朝。青龙三年(235年)大修洛阳宫，建昭阳太极殿，筑总章观，因此妨碍了百姓的农耕。虽有忠直敢言之臣极力规劝，但是他不肯采纳谏言，只是不加怪罪而已。总章观的高度达到十数丈，观上建有翔凤。

北魏第六代皇帝孝文帝自平城迁都于洛阳(494年)后，由于洛阳久已经营，所以并未新建苑囿。后来魏的国势日趋衰落，分为东西两部分，也就无力经营苑林了。《魏书·世宗本纪》中记述世宗时的事："永平四年(511年)夏五月己亥迭代京之铜龙置天渊池。"《茹皓传》中记载着："皓性微工巧，多所兴立。于天渊池西为山，采掘北邙及南山佳石，徒竹汝颍罗莳其间。经构楼馆列上下。树草栽木颇有野致。世宗心悦之，以时临幸。"北魏修建苑林之风不盛，但是建明堂、修佛寺、筑佛塔等则是很兴盛的。

芳林园 景初元年(237年)营建芳林园。园中开陂池，以为楫櫂越歌之乐。帝更增崇宫殿，雕饰观阁，凿太行石英，采谷城文石，在芳林园中建景阳山。在太极殿之北建照阳殿。铸造黄龙、凤凰以及各种奇伟之兽，以装饰金墉陵云台、陵霄阁。百役繁兴，驱使数万人。公卿以下至于学生不用力，于是文帝亲自掘土以率，公卿众官皆负土而筑成山。在山上栽植松、竹以及各种树木花草，又捕来各种禽兽放养在山中。景初元年从长安移铜人承露于此处，搬运途中把盘摔破了，声闻数十里，因此将那个铜人留置霸城，而用大量的铜另铸新的铜人。以上记述见于《历代宅京记》，叙述有些夸大之辞，但是由此大体可以看出当时的状况。《古今图书集成·苑囿部》中也有类似于此的叙述，这里从略。《拾遗记》中有一段话："魏明帝即位之二年起灵禽之园。远方之国所献异鸟殊兽皆畜于此园也。昆明国贡嗽金鸟，人云其国去燃州九千里，出此鸟。"自周代、汉代已有在苑囿中饲养禽兽的传统，后来沿袭下来，其娱乐的性质比古代增强了。

流杯沟 关于流杯的文字记载最初见于这个时代。《历代宅京记》有一段关于流杯的话："《宋书·礼志》曰：魏明帝时于天渊池南设流杯沟，燕群臣。"又说："陆机云：天泉池南之石沟引御沟之水，池西积石为禊堂，本水流杯饮酒，亦不言曲水。"可见石沟流杯饮酒开创于魏都洛阳的时代，但还没有称作曲水。

华林园 位于洛阳城东北隅，魏明帝所建，齐王芳改园名为巩林。这个记载见于《河南通志》。《史略》中有一段话："西晋孝惠皇帝时天下大饥，帝曰：何不食肉糜？于华林园闻蛙鸣，帝曰：彼之鸣者，为官乎？为私乎？"

金谷园 位于城西十三里之金谷涧中。有金水自太白原南流经此谷。晋石崇因川阜而造园馆，其中有清水、茂树、众果、竹栢、药草蔽翳。西北角筑金墉城。这段记载见于《历代宅京记》。这是石崇营建的别墅。

洛阳诸园 自东汉以来逐渐兴盛起来的不仅是园林，而且在都城内外营建寺院和第宅，常有舍第宅而为寺院者。读《洛阳县志》和《洛阳伽蓝记》等书，大体可以了解这方面的状况。当然也包括有关苑林的叙述。

这里举出《洛阳县志·土地记》中的几段记述："谷门内御道东即步广里，

▼慧因寺 清版画（摘自《中国历代风景园林图汇》）

河南尹署太仓之旧地也。道西芳林园，后改华林园，园内之南对北宫之后门曰千秋门。园东引翼泉，西通谷水，注园内大海中，海即汉时天渊池。魏时筑九华台、章台观，各高十余丈。元魏孝文时于台上作清凉殿。”又记载说：“大夏门、御道东即华林园也。园西北陬际城，魏明帝命公卿负土起土山处名景阳山。南对千秋门。西门有金市，市东有总章观，高十余丈，其上置翔凤，亦临大夏门御道，道西即汉之西园也。园内有黄金堂，更有裸游馆、千间园，园内有八校尉署。大夏门外有万寿亭，亭东为宣武场，每岁农隙，甲士习战。千乘万骑胥会于此。场西即贾充故宅，东北有光风园，园内有苜蓿。又邙山、骆驼岭去城四里，岭前即古之方泽地也。历代率相不远。”又记载说：“上西门外，御道南有融觉寺，寺西一里许有大觉寺。又西三里，渠北有平乐园，亦曰平乐观。西北有上林苑。又西七里为晋所建之长分桥。”此外又有记述：“广阳门外西南即濯龙园也。园内有濯龙殿，又有濯龙池。再南连津阳门，界有高阳寺，后改崇虚寺，为魏高阳王雍故宅。”又记载说：“承明门内御道北即西园也。东连禁掖，出门而北，依大城行半里许即金墉也，有元魏所建之光极门。城内有光极殿，城东有芳蔬园。”以上所举的仅仅是一小部分而已，我们只从这些叙述就能想见当时洛阳的景况。

下面从《洛阳伽蓝记》中摘出几段记载，看看当时洛阳的状况。据说当时洛阳建有佛教寺院一千三百六十七所，全国共建有寺庙三万所以上。虽然北周武帝禁止道教和佛教，寺庙遭受很大破坏，但宗教势力恢复后，又出现了盛况。《洛阳伽蓝记》一书是后魏杨衒之所著，这里仅举出其中一小部分记述，谈的是与寺院有关的园林，还有当时的人舍宅为寺的记载。

西游园　《洛阳伽蓝记》关于瑶光寺的一条内有这样的话：“千秋门内，御道北有西游园。园中有凌云台，即是魏文帝所筑。台上有八角井，高祖于井北造凉风观，登之远望目极洛川。台下有碧海、曲海。台东有宣慈观，去地十丈，观东有灵芝钓台，台累木为之，出海中，去地二十丈。风生户牖，云起栋梁，丹楹，刻桷，图写列仙。刻石为鲸鱼，背负钓台，既如自地踊出，又似自空飞下。钓台之南有宣光殿，北有嘉福殿，西有九龙殿，殿前九龙吐水而成一海。凡四殿皆有风阁，向灵芝台往来。三伏月，皇帝在灵芝台以避暑。”

王翊之宅　《洛阳伽蓝记》“昭仪尼寺”条中有记载说：“昭仪寺有池，池南有愿会寺，中书舍人王翊舍宅所立。”

五宅　《洛阳伽蓝记》“正始寺”条中记载着：“正始寺在东阳门外、御道之南，所谓敬义里也。敬义里之南有昭德里，其中有尚书仆射游肇、御史尉李彪、兵部尚书崔休、幽州刺史常景、司农张伦等五宅。彪、景出自儒生，居室俭素。唯伦最为豪侈，斋宇光丽，服玩精奇，车马出入逾邦君，园林、山池之美，诸王莫及。伦造景阳山，有如自然。其中重岩复岭相属，深谿洞壑逦迤连接。高林巨树足以蔽亏日月。悬葛垂萝，能出入风烟。崎岖石路似壅而通，峥嵘涧道盘而复直。是以山情野性之士游以忘归云云”。这些记载所谈的都不是寺庙本身。

怀宅　该书关于平等寺一条记载说："平等寺，广平武穆王怀舍宅所立。在青阳门外二里，御道之北，所谓孝敬里也。堂宇宏美，林木萧然、平台、复道，独显当世。"

高阳王雍宅　该书关于高阳王寺一条记载说："高阳王寺，高阳王雍之宅也。在津阳门外三里，御道之西。雍为尔朱荣所害，舍宅以为寺。正光中，雍为丞相，贵极人臣，富兼山海，居止第宅匹帝宫。白壁丹楹，窈窕连亘，飞檐反宇，长远周通。童仆六千，妓女五百，汉晋以来，诸王之豪侈未之有也。其竹林鱼池侔禁苑，芳草如积，珍木连阴。雍嗜口味，厚自奉养，一食必以数万钱。"

怿宅　冲觉寺太傅清河王怿舍宅所立也。在西明门外一里，御道北。怿于亲王中最有名行，辅翼孝明帝，势倾人主。第宅丰大，逾高阳王之宅。西北有楼，出凌云台，仰临朝市，极目京师。古诗所谓'西北有高楼，上与浮云齐'者也。楼下有儒林馆、迎宾堂，形制并如清暑殿。土山之钓台冠当世。斜峰入牖，曲沼环堂。树响飞嘤，阶丛花药。怿爱宾客，重文藻，海内才子莫不辐辏，府僚臣佐并选隽民。至清晨骋望美景，南台珍羞，具设琴笙并奏。愧梁王兔苑之游，惭陈思雀台之燕。正光初，元义秉权，闭太后于后宫，怿下省而薨。"

淮王宅　法云寺之北有尚书令临淮王的第宅。《洛阳伽蓝记》中也有记载："性爱林泉，又重宾客。春风扇扬，花树如锦。至晨食于南馆，夜游于后园。寮客成群，俊民满席。丝桐发响，羽觞流行。诗赋并陈，清言乍起。"

以上是从《洛阳伽蓝记》的记述中摘引的一部分，叙述这些第宅在舍为寺院以前的最况，由此可以看出这个时代第宅园林的状况。但是这些第宅变成寺院以后，其园林受到何等程度的保存，以及这些园林是否随宅一同划入寺院，只有靠想像而已，这是否要结合僧尼的生活方式考虑。僧尼或许不同于王族富人那样豪奢，而是从另一方面，即从雅静的意义而喜好自然风致的林泉景色。

第三节　云中的苑园

云中位于山西大同附近的崞县西南七十里处。

北魏第一代太祖皇帝继西晋末年混乱之后而统一北方，其势力逐渐强大，东有高勾丽西有西域诸国皆来朝贡。魏在云中修建的宫殿苑园具有相当大的规模。这里摘引一些记载。

《魏书·太祖本纪》中谈到修建城池园林的事："登国六年起河南宫。天兴元年一月起天文殿，二年于南台之阴起鹿苑，北距长城，东包白登，西山属之广轮数十里。凿渠引武川之水注之苑中，疏为三沟，分流宫城内外；又穿鸿雁池。作天华殿、京师之十二门、西武库、太庙。其三年春三月，穿城南之渠通城内，东北作鱼池。太宗永兴五年，穿鱼池于北苑。泰常元年，起蓬台于北苑。三年冬，筑宫于西苑。其六年春三月，发京师六千余人筑苑，自旧苑起，东包白登，周围四十余里。其七年秋九月，筑平城外郭，周围三十二里。"《高宗本纪》中记载着："兴安二年，发京师五千人穿天渊池。太和元年，于北苑起永乐游观殿，穿神渊池。其十七年春三月，改作后宫，幸永兴园，徙御宣武堂。"

第四节　建康的苑园

吴国宫苑　建康位于江宁上元之地，相当于后来的南京。原来称为秣陵，自从孙权于此地建都后改称为建康。吴曾一度迁都于武昌，但到了孙权之孙孙皓时，于宝鼎元年冬十二月将国都迁回建康。二年夏六月，建起显明宫，孙皓移居于该宫中。孙权所建的太初宫方三百丈，孙皓所建的昭明宫方五百丈，后改名为显明宫。显明宫位于太初宫的东边。《江表传》中记载说："皓营新宫，二千石以下皆自入山，督摄伐木。又破坏诸宫，大开园囿，起土山楼观，穷极技巧，工役之费以亿万计。陆凯固谏不从。"孙皓的奢侈骄淫遂为晋所乘，最后降于晋，被封为归命侯，吴国灭亡。

东晋宫苑　《晋书·元帝本纪》中记载着："建武元年春三月，立宗庙社稷于建康。"《成帝本纪》中记载着："咸和四年春正月，苏硕攻台城，焚太极东堂秘阁皆尽。二月，以建平园为宫。"《宋书·礼志》中记载着："咸和八年正月，于覆舟山南立北郊。"以后又修建了新宫、东宫、永安宫等等，又建立了南郊。

宋的宫苑　宋第三代文帝时，由于檀道济辅佐而得小康达三十年，后来遭受北魏进攻。文帝元嘉十五年(438年)新建东宫。二十年，于台城东西开万春、千秋二门，二十三年筑北堤，于乐游苑北修元武湖，于华林园内筑景阳山。乐游苑在覆舟山南。元嘉十一年禊饮于乐游苑。范蔚宗《乐游苑应诏诗序》写道："苑在宫城北三里，晋之芍药园也。"《南史·陈纪》中记述："太建四年幸乐游苑采甘露，今城北土桥南小教场即其地也。"《南朝宫苑记》提到："乐游苑当覆舟山南北，连山筑台观，苑内起正阳、林光等殿。"其位置在上元县城东北八里处。

《宋书·何尚之传》中记载着："尚之迁散骑常侍。是岁造元武湖，上欲于湖中立方丈、蓬莱、瀛洲三神山，尚之固谏乃止。时又造华林园，并盛暑役人工。尚之又谏，宜加休息。上不许曰：小人常自暴背，此不足为劳。以往兴盛时期的帝王愿意大加营建宫殿苑园，以当时宋国的权势和财才而论是做不到的。孝建元年(454年)春正月建正光殿。大明三年(459年)秋九月，于元武湖北建立上林苑。不知这个上林苑的规模如何，自然是比不上汉代的上林苑，而只是模仿其名称而已。这也如同华林园这个名称见于各地一样。

齐的宫苑　萧道成代帝而即帝位，国号称齐。《齐武帝本纪》中记载说，永明五年(487年)于孙陵冈建商飚馆，大家称它为九日台。冬十九建立新林苑。《南齐书·文惠太子传》有一段记述："太子风韵甚和，性颇奢丽，宫内殿堂皆雕饰精绮过上宫。开拓元圃园，使台城北堑与其中之楼观塔宇等。多聚奇石，极山水之妙。若上宫望见，乃于傍门列修竹，内施高障。造游墙数百间，诸施机巧，宜应障蔽，须臾成立；若应毁撤，应手迁徙。”从这段文字记载看，是建立高的类似屏风之物，使能自由活动，而使园林风致显示变化。且不评论其善恶，只言其设计之妙，可以说是具有南方罕见的特色。《南齐书》中还记载说：“明帝建武二年夏，于阅代堂起芳乐苑。以石皆涂以五采，跨池水立紫阁。诸楼观壁上画男女私亵之像。种好树美竹，天时盛暑时未经及日便萎枯。于是征求民家，望树便取，毁撤墙屋以移致之。朝栽暮拔，道路相继。花药杂草，亦复皆然。又于苑中立市，太宫每旦进酒肉杂肴，令宫人屠酸潘氏为市，帝为市魁，争者执罚，就潘氏决判。”从这段话看，山石以颜料涂色施彩，壁面上画男女私亵之像，夏天园里的树木枯死，天天从民间征取，不断换栽，是非常暴虐的。是否真如这段记载所叙述的那样，还值得考虑，不过这样苑林的建法过于技巧，反而丧失自然。这是柔弱之徒所赝作的园林，只可满足其奢欲而已。再说帝王亲自开市做生意，忘却自身的尊严，使游乐之风蔓延国中，而不考虑对民众发生不良影响。邺都北齐华林园中也同样开市做买卖，这与古时“文王之囿方七十里，蒭荛者往焉，雉兔者往焉”相比，虽然仍称为苑囿，但其根本观念则相去天渊，古代苑囿的意义已完全丧失了。

梁的宫苑　关于梁代的宫苑，在《梁书·武帝本纪》中有记载。天监四年(505年)春二月在秣陵建兴里筑建兴苑，太清元年秋九月癸卯建成王游苑。《昭明太子传》中也有关于苑林的记述：“性爱山水，穿筑元圃，更立亭馆，与朝士名素者游其中。尝泛舟后池。番禺侯轨盛称，此中宜奏女乐。太子不答，咏左思招隐诗曰：何必丝与竹，山水有清音。侯惭而止。”昭明太子虽未登帝位，但他是梁武帝之子，几乎拥有与皇帝相同的权势，喜好营建宫馆苑园，集朝野之士而行风雅之事。

《梁书》关于南平王伟的记载也谈到有关苑林的事。齐时将青溪宫改为芳林苑，天监初年，皇帝将该苑赐给伟为住宅。伟又加以增修，种植嘉树珍果，穷极雕丽。时常与宾客游于其中，命从事中郎萧子范作记。看来伟也像昭明太子一样喜好苑林之乐。

湘东苑　《诸宫故事》中记述着湘东王的苑池：“湘东王于子城中造湘东苑。穿池构山，长数百丈，浦缘岸植莲，杂以奇木。其上有通波阁，跨水为之。南有芙蓉堂，东有禊饮堂，后有隐士亭，亭北有正武堂，堂前有射堋马埒。其西有乡射堂，堂置行堋，移种可得。东南有连理堂，堂榡生连理。太清初生此连理，当时以为湘东践祚之瑞。北有映月亭、修竹堂、临水斋，斋前有高山，山有石洞，潜行委宛二百步。山上有云阳楼，楼极高峻，远近皆见之。”湘东王是昭明太子的弟弟，原先居住在江陵之地。侯景杀死其父梁武帝和简文帝，他征伐侯景，而成为梁元帝，即梁第三代皇帝。因即帝位于江陵之地，所以在该地建湘东苑。这虽不是建康的苑园，但作为梁代苑园之一而在此叙述。从这些文字记载看，其苑园的营筑方法比北方苑林富有雅趣，而且更加巧致。

元帝攻西魏，败而被杀。其丞相陈霸先伐侯景有功，遂登帝位，建立了南朝第四个朝代，国号为陈。陈国势微弱，在苑园方面没有特别记述。

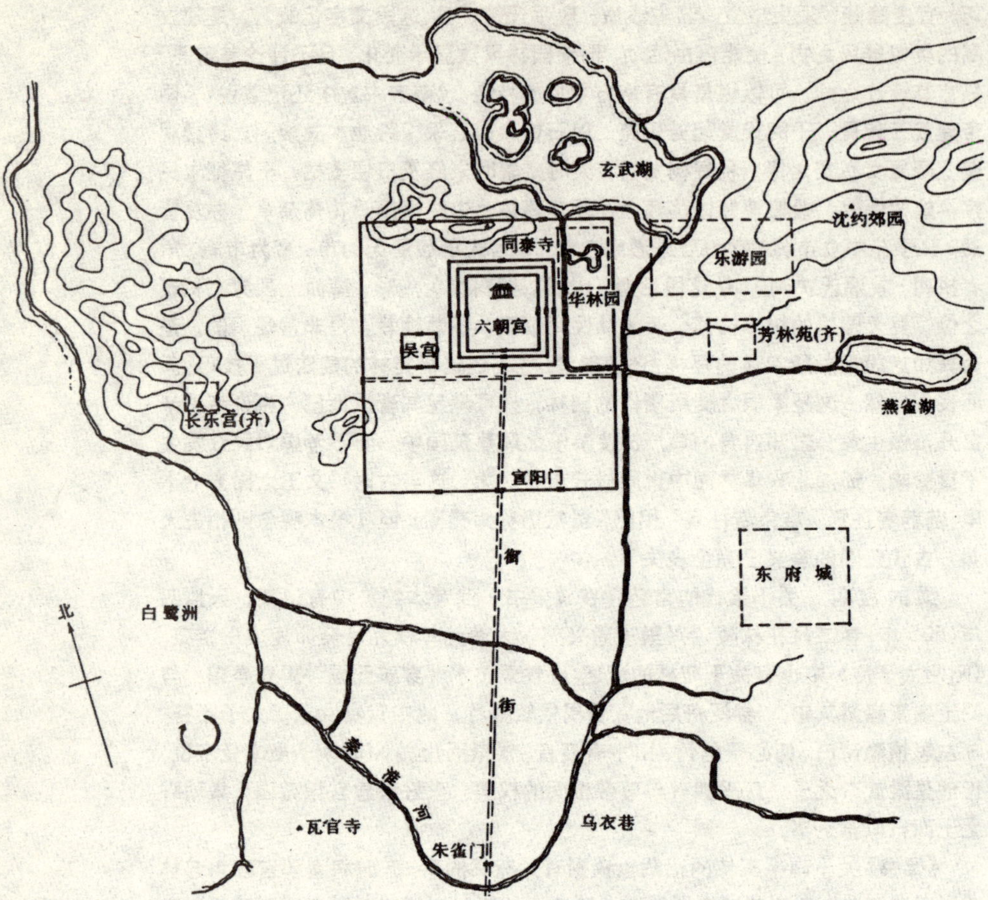

▲ 东晋、南朝建康宫苑分布图 （摘自周维权《中国古典园林史》）

桂林苑　位于上元县北，落星山之阳。一名桃林园。原来是齐太祖的旧宅，在废府城的东边，秦淮大路以北。

别苑　位于上元县冶城，一名西园。太元时代立寺，以冶城为名。元兴三年(403年)，以寺为别苑。

上林苑　位于上元县鸡笼山之东，归善寺的后边。宋大明三年(459年)建，最初称为西苑，梁时改名为上林苑。其地有古池，俗称为马塘，也叫做饮马池。苑的西边有望宫台。

青林苑　位于上元县篱门亭路枕后湖。

芳林苑　位于上元县古湘宫寺前。《寰宇记》记载着芳林苑亦名桃花苑，是齐高帝改青溪宫而建成的。永明五年曾在此处禊饮。

方山苑　位于上元县方山之侧。齐武帝于此处筑园。

博望苑　位于上元县城东，是齐文惠太子建立的。当初太子的旧苑实际上就是博望苑的余基。

芳乐苑　位于上元县建康子城之北，南齐所筑。

北苑　位于上元县城北，南齐所筑。

南苑　位于江宁瓦官寺东北，是宋代的苑园，梁时改名建兴。

娄湖苑　在江宁新亭光宅寺。齐武帝永明元年(483年)望气者说娄湖有王气，于是"帝乃筑青溪旧宫，作娄湖苑以压之"。

灵邱苑　位于江宁新林界，为齐武帝建立的。梁天监时期(502—519年)以该地为法王寺。

江潭苑　位于江宁城西南新林，是梁大同九年(543年)建的，亦称王游苑。以上记载见于《江宁府志》。看来都是在宫城周围之地营建苑园，间或也行阅武较射的事。

谢公墅　位于上元县土山。唐代的温庭筠写有谢公墅的诗。

王骞墅　位于上元县钟山。《南史》说王骞墅有八十余顷。

华林园　位于上元县台城内，原是吴时旧宫。苑中有天地渊。《世说》有一段话谈到华林园："晋简文帝在华林园谓左右曰：会心处不必在远。翛然林木便有濠濮间之趣，觉鸟兽禽鱼自来相亲。"

东篱门园　位于上元县东府篱门内，即在乌榜村旁。《南史》中提到这个园。

沈约郊园　位于上元县钟山下。

古东园　位于上元县东冶亭的旁边。东有一堂，称为钟山堂，因为由此可将钟山盛景一览无遗。有两个亭。南面的一亭称为见墩亭，因为能看见谢安旧墩。北面的一亭称为章移亭。谢安与清谈之徒寓于会稽，以山水文籍自娱。四十多岁的时候，应桓温之请而出仕，辅佐孝武帝执政，使东晋的国势一时甚盛。

元圃　位于上元县台城之北，是齐文惠太子建立的。《舆地志》记载说："圃内有明月观、宛转廊、徘徊桥。"《梁书》中有一段话说："昭明太子立馆于圃中以延朝士。番愚侯轨盛称宜奏女乐。太子不答，惟咏左思招隐诗：何必丝与竹，山水有清音。轨大惭。"

燕雀湖　位于上元县城东二里，昭明之墓的旁边。湖周围二里，流入青溪。

覆杯池　位于上元县东北古台城中。晋元帝以酒废政，王导谏之。帝覆杯于池中，因以为戒。因此称为覆杯池。

善泉池　位于上元县东北台城东，一名九曲池，为梁昭明太子所凿。

芙蓉池　位于上元县西。唐李德裕写过《游金陵芙蓉池记》。

这里稍谈谈流杯曲水。

东晋第三代皇帝成帝的时候，咸和四年(329年)春正月，苏硕攻台城，太极东堂秘阁被火烧尽。二月遂以建平园为宫。五年秋筑造新宫，开始修缮苑城。《礼志》中谈到海西公于钟川立流杯曲水，延请众官。《历代宅京记》中也有类似的记载。魏时原来只用流杯二字，到了东晋时代，在建康的时候开始加上曲水二字。《字源》关于曲水流觞解释说："曲折水流中泛杯而饮。三月三日之酒宴。晋永和九年三月三日，王羲之集文人于会稽山阴之兰亭为此游。其序曰：此地有崇山峻岭茂林修竹，又有清流湍激，映带左右，引以为流觞曲水"。王羲之也是东晋时代极负盛名的人。原来在中国北方发展起来的文化移入南方，变得更加技巧和艳丽。我们看这个现象感到很有兴趣。

查阅一些古书，以便探究曲水流觞一词的来源。书中的记载大体如下。

《晋书·束皙传》关于曲水有一段话："武帝问尚书郎挚虞曰：三日曲水其义何指？对曰：汉章帝时，平原徐肇以三月初生三女，至三日俱亡。一村以为怪，乃相携于水滨盥洗，遂因流水以泛觞饮之。曲水之宴起于此。帝曰：若如所谈便非好事。尚书郎束皙曰：仲治小生不足以知此，臣请说其始。昔周公城洛邑，因流水以泛卮，故逸诗曰：羽觞随波。秦昭王以三日置酒河曲，见金人奉水心之剑曰：君制有西夏，乃霸于诸侯。因此立为曲水。帝大悦。"但也有人不同意束皙的说法，认为："束皙之说虽似有理，又一时之附会不足信。郑国俗三月上巳日采兰于水上，祓除不祥，事见《诗经·郑风》。暮春浴于沂，出于《论语》"。

从这些话看，可知自古就对曲水有种种研究，想作出解释，但未得出令人满意的说法。曲水流觞与园林构筑发生联系实始自六朝时代，这个看法似乎是妥当的。而且朝鲜庆州的新罗古宫城内建有鲍石亭（建于中国唐代），再转而传入日本。日本显宗帝时代有"幸后苑设曲水宴"的记载。在中国直至后世的园林建筑中仍占重要地位。

第五节　长安的苑园

长安本是周、秦、汉以来都城所在之地，但自东汉以至于南北朝时代，它已不是文化中心，只是到了南北朝后期西魏和北周建都该地。因此只存其名，园林方面几乎没有值得特别介绍的。

后秦时姚苌据长安历经三世，共三十三年而亡。此时有个逍遥园。《长安志》中记载着："姚兴常于逍遥园引诸沙门听番僧鸠摩罗什演讲佛经。起逍遥宫殿，庭左右有楼阁，高百尺，相去四十丈。"又说："澄元寺在逍遥园中，鸠摩罗什演经所。"这也表示苑园与寺院有关联。

《陕西通志》中关于华林园记载说："庚子山有华林园，徐树谷《马射赋》曰：周明帝纪，武成二年三月于芳林园会群公列将乡大夫及突厥使者，各赐钱帛有差。园在长安明也。《魏志》曰：芳林园避少帝讳改曰华林园。"邺都也有芳林园，同一名称而在各地，或是记载传说混淆了地方，因此不得确知，不过华林园总是个常用的名称。

结语

1. 园这个字自从后汉建都洛阳的时代就已时常使用。到了六朝时代，这个园字用得特别多起来了。与皇宫和离宫关系密切的一般还称为苑，即使是这样的苑也时常有别名使用园字。

2.到了三国、南北朝时代，苑园完全失去了当初汉代作为练习水陆战法之所的意义，已不再有那般雄伟豪壮之气。起山凿池，修建楼馆亭堂，植树养禽，铸造兽类等等，一切设计施工都是单纯为了兴趣。

3.苑园中已经没有大规模的水陆习战之所。虽然洛阳大夏门外设有宣武场，但似乎不值得特别注意。邺都游豫园有射马之所，湘东苑中也有乡射堂和行堋，看来是在苑园中把比赛射箭当做一种武技看待。

4.这一时代的苑园中，举出好的有邺都的华林园和洛阳的芳林园，还有江陵的湘东苑等等。特别是湘东园为这一时代的代表作，这个园的设计者多半是梁昭明太子那样能文善诗而且极富趣味的人。

5.以建康为中心的南方文化自进入六朝时代才开始发展起来。北方黄河流域与长江以南诸地气候风土各异，因而影响人们的风俗习惯，甚至性格气质。北方地区寒暑之差明显，而且甚为干燥，人们性格刚毅豪壮。南方地区几乎不知寒冷，而且树木花卉之类极为繁茂，湖沼风光随处可见。因此，对于苑园的喜好也特别发达，这是自然的。况且人们性格温和，爱好文学之风很盛，因而苑园设计自然是趋于巧致。这一时代的绘画也开始分为南北两宗，园林方面也是如此，是在地理因素和风土人情的影响下发展起来的。

洛阳天渊池南有流杯石沟，到了建康以后变成了曲水流觞。南齐宫苑中建有游墙百间，山石涂以五彩。这些使人觉得过于造作，但由此可以看出这一时代苑林的意义。

6.南齐的芳乐园中在苑内开市做买卖，皇帝做市魁。北齐武成在邺都华林园内设贫儿村，后主纬在村中作市，使胡妃坐于店中卖酒。这些现象是到了南北朝末期才开始出现的。这并不是使苑园大众化，而是使它俗化，丧失了苑园的威仪和秩序，而把它当成了交易场所。中国的店铺街市进入苑园中，一方面使人觉得实在不成趣味，但也许是由于追求里巷气息和土地风光所致吧。日本造园也采取渔家和山村的风光，这只是另一方面的趣味，这样做是不该非议的。

7.三国、六朝时代的帝王不断互相争权夺势，一旦取得了权势，必然兴建宫殿苑园，逞其奢欲而过骄奢享乐的生活。如汉代规模的豪壮雄伟的苑园虽不多见，但也相继出现各种程度的建筑物。而且是不问趣味之高低，什么都做做看，例如南齐的新林苑和芳乐苑就属于这一类。这种倾向自西汉末年的西园等处开始，至三国六朝时代而形成。因此，将原来的样式加以异状的转变，一种强有力的动机推动着这个转变的发展。经过战国至于汉代是一个转变期，这与三国六朝发生的这个转变几乎具有相同的意义。自两晋至于南北朝，文学和艺术发展昌盛，昭明太子和湘东王之类风雅之士为苑林营建提出了中肯的设计，并继续向下一时代发展下去。

8.自三国六朝时代至于隋唐时代,有不少人舍宅为寺。由这一点看,当时的第宅与寺院建筑有不可分割的关系,似乎有些第宅保持原状而不加改建就可以供寺院使用。如果从苑园方面看,这个时代有苑园的第宅仍只是少数王侯贵人,他们舍宅为寺也仅限于舍出第宅中的高级部分或其他某一部分,而不会把它全部交给寺院。这样的时候,第宅的庭院当然不作为苑园处理,而另算在外。

9.必须注意绘画美术,因为它与园林构筑有最密切的关系。自西晋至于六朝是盛行清谈的时代,知识分子和一部分人脱离俗界,以酒为友,自由谈论,带有喜爱山水自然景色的倾向。及至后来东晋迁都江南,汉族文化逐渐南移,在明媚的景色中育成的山水画从而发展起来。那个时代的顾恺之和谢安等人都擅画山水。宋的陆探微和梁的张僧繇等人最为著名。齐的谢赫最擅长于画论,提出六法:气韵生动、骨法用笔、应物象形、随类赋彩、经营位置、传模移写。

这里对此六法不加解释,而是说山水画的创作思想于这个时代已经形成完备的体系。因为园林同样也是处理山水景色的,所以绝不可能不以山水画为参考。从这个观点看,这一时代的苑园构筑的特点已失去周、汉时代那种豪壮雄伟之气,而大量吸收了山水画的特色。本章中的叙述明显地表现出这一点。

10.魏明帝亲自运土而百官从之。南齐明帝营建芳乐苑,树木萎枯就向民间征用,如书中所记的那样“朝栽暮拔,道路相继”。这类暴虐行为固然什么时代都有,不过沉溺于苑园享乐就显示出时代的末日。

第八章　隋代

南北朝对立期间也有兴衰交替。北周武帝乘北齐后主纬昏愚之机而伐之，统一了东魏和西魏的领土。武帝死后，静帝年幼，于是外戚杨坚受禅而登帝位。南朝的陈后主叔宝耽于奢侈游惰，武备废弛，很容易地被杨坚所灭。这样，自汉末以来纷争不绝的中原终于统一。杨坚即隋文帝。隋文帝定都长安，勤俭行事，考虑民众的生活，在位二十年。他为人很好猜疑，先废长子勇，立次子广，后来后悔而打算废广立勇。杨广杀死其父文帝而即帝位，就是隋炀帝。

隋炀帝性豪奢，一意孤行，不纳谏言。除去首都长安外，还经营洛阳为东都，建显仁宫，开凿西苑，华丽至极。又在山西太原和汾阳修建晋阳宫和汾阳宫。隋炀帝所做的大事业中应举运河的开凿。自洛阳的西苑引谷、洛二水以达于黄河，向东前进而入于汴河，通入泗水而达于淮河。又发民十万，开邗沟而入长江。沟的宽度约四十步，沟旁筑御路，栽植柳树。自长安至江都筑离宫四十余所，由于督役过急，致使十分之四五的人死于苦役。大业四年，于东北方开永济渠，达于白河，溯河而上可达现在北京一带。这个工程所役男丁不够用，遂征发妇女参加工事。后来于大业六年开南运河，自京口通到杭州，约八百余里之长。隋炀帝几乎每年巡游。其游幸江都的时候，皇帝乘龙舟四重，高达四十五尺，长二百尺。上重有正殿、内殿、朝殿，中重有房一百二十间，皆饰以金玉。皇后乘翔螭舟。另外有浮景九艘，余数千艘，供后宫、诸王，公主、百

◀ 谢公古墩　清版画
（摘自《中国古典风景园林图汇》）

官、僧尼、道士、蕃客乘用。共用挽士八万余人。又有兵士所乘的船数千艘。舳舻相接二百余里，所过州县自五百里以内贡献食物。

隋炀帝又北巡，接受突厥、吐谷浑入贡。征发男丁一百余万人修筑长城。接受西域诸国朝见。南平林邑，东伐流求；总之在表面上显出大国的姿态。后来又往东征伐高丽，全军遭到覆没，只得讲和。由于这样浪费民力和财力，引起群雄蜂起，四处起兵反对暴政。隋炀帝命其子代王侑留守都城长安，自己则沿运河四处巡游，荒淫至于极点。后来李渊反叛，炀帝正在江都，无心北归。群臣推举宇文化及为主，宣布炀帝罪状而缢杀之。那时是隋大业十四年(618年)。自隋文帝统一全国至隋亡还不满三十年，此后即进入唐代。这就如同当初春秋战国世乱至极出现秦的统一，但秦于统一全国后不久即遭灭亡，而出现了汉代。隋统一后不久即亡，出现唐代，正与秦统一后不久，迅即灭亡而出现汉代完全相似。

隋炀帝虽有豪雄之资，但其施政暴虐过甚。自南北朝以来，帝王一旦取得权势，紧接着必然追求享乐，这已成了个规律；隋代也离不开这个规律。炀帝四出征伐，又大兴土木，因而迅即灭亡。他开凿运河，挥霍民财，乘船巡游，穷极奢欲，受后世史家谴责。但也不可不看到开运河带来的影响。由于开凿运河而将南方富饶之地出产的粮食及其他诸物漕运至洛阳和长安，同时使北方文化随着南北航运而与南方文化相接近，使二者脉络相通，形成文化交流。从文化发展的状况看，魏晋时代发展起来的北方文化与六朝时代具有地理特色的南方文化，到了隋代形成一次大结合，这是南北文化的一次大团圆，从而导致唐代文化的繁荣。因此隋代文化是值得重视的。

第一节　长安的宫苑

隋代的长安城　隋文帝开皇二年(582年)命高颎和宇文恺在汉城东南龙首原一带探察地势，筑新城称为大兴城；隋代经营长安城是自此开始的。新都的地形是南据终南山的子午谷，北对渭水，东挖浐、灞二水。营建仅九个月，新都就建成竣工了。这个新都的皇城的规模如下：东西五里，一百一十五步；南北三里，一百四十步。其规模如此。自从西汉以至于宋、齐、梁，陈诸朝各代，都是民众的住宅与宫阙二者相间并立，历代都城内宫殿与民居无不如此配列。但是隋代长安城皇城内只置官府，不许百姓入居皇城之内。正如《长安志》所说的那样："公私有辨，风俗齐肃，实隋文之新意也。"这就是说，隋文帝鉴于以往都城内总是民居与宫阙官署混杂相间，甚为不便，所以加以区分，禁止平常人居住在皇城之内，皇城内只建宫阙、官署、卫府之类。

大兴宫的正殿为大兴殿，还建有中华殿、照阳门、建春门、大兴门、临光殿，以及其他一些宫殿。假设隋朝能长期延续，其宫殿苑林等当会达到十分可观的程度，但是隋炀帝将洛阳定为国都，其注意力倾注于东方，因此长安方面留下的隋代遗物甚少，只能举出下列两处苑囿而已。

大兴苑　《长安志》记载说大兴苑建于隋开皇元年(581年)。《贾志》说："在宫城之北，即唐之禁苑也。"不了解这个苑的内容如何，总之可以说这个大兴苑是唐代禁苑的前身。

芙蓉园　即古时的曲江。文帝不喜观曲江这个名称，改名为芙蓉园。因为其水中芙蓉甚为繁茂，所以得到这个名称。《陕西通志》中记载说芙蓉园"在京城东南隅。青林重复，缘城弥漫，盖帝城之胜境。驾时幸此"。

第二节　洛阳的宫苑

隋代的洛阳城　在叙述隋、唐的都城时，必须知道其建都位置不同于上代的变迁。洛水在后世洛阳县治之南二里，伊水在县南十五里，东西流向。浐水出自谷城山，向南流，到达县城东南而入于洛水。涧水在县城之西七里，发源于新安县南方的白石山，与谷水合流向南，一同进入洛水。

古代周武王在此地定鼎，是在涧水之东，浐水之西，所谓王城即称为陕郿，为朝会之所。又于浐水之东卜地营建城邑，称为成周，是为下城。自周平王以下历经十二代王，皆以王城为都。周敬王迁都于成周。到了周赧王又迁回到王城。从那以后，东汉、魏、晋、后魏的都城皆在这个成周之地，距王城四十

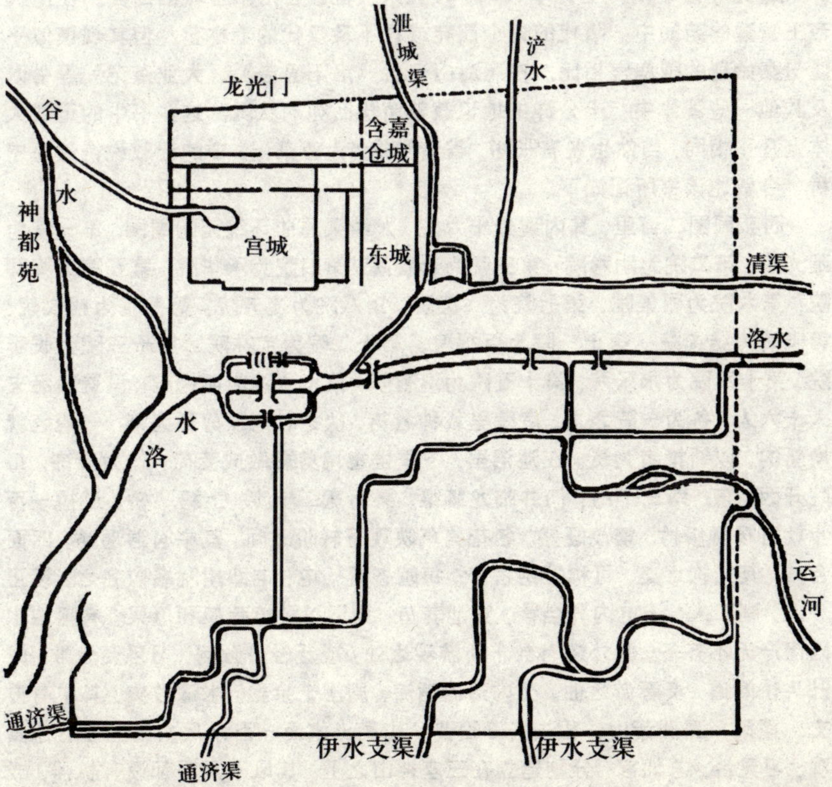

◀ 隋、唐洛阳城示意图

里。以上见于唐代的《西京城坊考》一书。

隋炀帝来到洛阳，登北邙山而望伊阙，很欣赏那个地方，于是在那里营建都城。在原来的成周之西十八里，旧王城之东五里的地方筑京城，称为新城。唐代称为东都；五代梁时称为西都，后改为东都。《洛阳县志》记载说，大城（京城）周围七十三里一百五十步，西距王城，东越浐水，南跨洛河，北至于邙坂。高城的高度为四十七尺，东西五里二百步，南北七里，城南各有东西两重，北有三重。隋大业元年春三月，命杨素营建东京宫室，五月建筑西苑。于阜涧营建显仁宫，采集海内各种奇禽异兽和花草树木饲养和种植在园中。又将全国富商大贾数万徙至东都。开凿通济渠，自西苑引谷洛之水而达于黄河，引黄河水入汴，船只可以进入泗水，然后驶入淮河。又征发民工开刊沟以通长江，沿江筑御道，道旁种植柳树，自长安至江都之间设离宫四十余所。又派人到江南去制造龙舟和各类杂船数万艘，以备游幸之用。从这些记述可以看出当时的状况。

隋代的洛阳新都到了唐代几次反复改变名称，称为洛阳宫、东都、神都、东京等等，但始终保持着原来的规模，未有改变。隋代的西苑到了唐代改称为神都苑，并加以改建。隋代的都城和宫城在讲唐代宫庭苑囿的章节内详述，此处略而不谈。

西苑 建于隋大业元年(605年)五月，位置在洛阳宫城的西面。在历代帝王营建的苑囿中，隋代的这个西苑或许不及汉代的上林苑，但其规模似乎能与秦始皇的阿房宫相比。在《海山记》、《洛阳县志》、《大业杂记》等书以及其他一些著作中，十分详细地记载着隋代西苑的状况。这些书中的记载大体上几乎相同，当然也各有长短。著者觉得《大业杂记》中的记载说得最为中肯，今叙述该书所记如下。

西苑周围二百里，其内建造十六院，龙鳞渠屈曲环绕苑的周围。第一院为延光院，第二院为明彩院，第三院为合香院，第四院为承华院，第五院为凝晖院，第六院为丽景院，第七院为飞英院，第八院为流芳院，第九院为耀仪院，第十院为结绮院，第十一院为百福院，第十二院为宝林院，第十三院为长春院，第十四院为永乐院，第十五院为清暑院，第十六院为明德院。设置四品夫人十六人，各为一院之主。庭院里栽种名花，秋冬时则以剪彩为饰；一褪色就换新的，以新艳者为贵。在池沼里，冬季里也用剪彩做成芰荷，作为装饰。每院开西、东、南三个门，门并临龙鳞渠，渠面宽二十步，上跨飞桥。过桥一百步就有杨柳修竹，繁茂旺盛，名花美草映现于轩阶之间。其中有逍遥亭，四面合成，其结构之美，可称冠绝古今。每院各置一屯，屯即用院名以名之。设正一人，副二人，于屯内养刍豢，穿池养鱼，为园以种植蔬菜和瓜果，肴膳中水陆诸产无不齐备。此外还有数十所游观之处，或泛轻舟画舸，习采菱之歌；或升飞桥阁道，奏春游之曲。苑内造山凿海，周围十余里，水深数丈，其中有方丈、蓬莱，瀛洲诸山，相去各三百步，山高出水面一百余尺。山上建有通真观、习灵台、总仙宫，分别建立在三座神山之上。其风亭月观都设有机器，或

▲ 辋川别业图局部版画（摘自《中国古典风景园林图汇》）

起或灭，有如神变一般。海北有龙鳞渠，屈曲围绕十六院，然后注入海中。东边有曲水池，其间有曲水殿，为上巳禊饮之所。每年秋天八月，月明之夜，帝引宫人三五十人，后有骑从，开阊阖门而进入西苑，奏清夜游之曲。

以上是略述《大业杂记》中的记载。《海山记》中也有这十六院的名称，但与《大业杂记》所述者不同。《海山记》中的十六院的名称和顺序是：景明、迎晖、栖鸾、晨光、明霞、翠华、文安、积珍、影纹、仪凤、仁智、清修、宝林、和明、绮阴、降阳。十六院的名称都是皇帝亲自拟定的。选出宫中佳丽貌美而性格谨慎安厚的人置于院中，每选一院，帝常临幸。又开凿五湖，每个湖四方十里。东湖称为翠光湖，南湖称为迎阳湖，西湖称为金光湖，北湖称为洁水湖，中湖称为广明湖。湖中堆积土石以成山，构筑亭殿，屈曲环绕，华丽至极。又开凿北海，周围四十里，海中有三山，仿效蓬莱、方丈、瀛洲，上面都建有台榭回廊，水深数丈，开沟与五湖相通。海北的沟通行龙凤舸。帝多于东湖泛舟，因而制成湖上之曲。大业六年，后苑中草木禽兽繁息茂盛，桃蹊李径，翠阴交合，金猿青鹿动辄成群。自大内开为御道，直通西苑。夹道种植长松高柳，帝多幸苑中，常来常往。侍御多夹道而宿，帝往往中夜即幸。

从以上引述的记载可以看出隋炀帝喜欢西苑，日夜率宫女侍臣数千骑游幸，作清夜游之曲，于马上演奏。其豪游盛况由此可以想见。这样，这时的苑囿与古代苑囿已经是不同意义之物，已经成为帝王游乐的场所了。

会通苑　一名芳华苑。周围一百二十六里。唐的东都苑就是隋的会通苑。此苑北距邙山，西至孝水，伊洛支渠会于其间。天后时改名为神都。以上的记载见于《洛阳县志》。记载的位置表明这个苑与西苑同在宫城的西方。参考种种记载，大体所指位置相同。西苑这个名称是泛指西方之苑的意思。会通苑周围一百二十里，西苑周围二百里。《两京城坊考》中记载说："隋旧苑方二百二十九里一百三十八步，唐太宗嫌其广，毁之以赐居人。”唐代的神都苑将在下章介绍。

毗陵郡的宫苑 《大业杂记》中另有一段记载：“十二年春正月又勒毗陵郡通守路道德，集郡兵近数百人，郡东南置宫苑，周十二里，其中有离宫十六所，其流觞曲水别有凉殿四所，环以清流。”不了解这里所说的离宫是什么规模的，但至少可以知道当时有为集兵士而设离宫的做法。这里所说的离宫也许是指一组宫殿而言。由此还可以看出，流觞曲水已经普及到设置于殿阁之间的程度了。

萤苑 位于江宁扬州甘泉县。隋大业年间，皇帝游幸江都，大索萤火虫数斛，夜里出游的时候把萤火虫放出去，光遍岩谷。由此而得萤苑这个名称。唐代杜牧的诗中有“秋风放萤苑”之句。

随园 位于江宁扬州甘泉县大仪乡，一名上林苑。唐代杜牧的诗中有“红霞一抹广陵春”的句子，指的就是这个随园。

关于以上所述的萤苑和随园的记载见于《江宁府志》。

结语

1.三国、六朝时代是汉族与进入中原的胡族互争权势的时代。从文化史方面看，各种思潮流派各以奔腾之势波澜壮阔地向着自己的目标前进。汉族在南方风土中培育而成的文化由于隋代的统一而得与北方文化融合，并达到浑然一体之境。洛阳的西园充分表现出这一点，剪彩、飞桥这类都是从南方移入的技巧。

2.洛阳西园有十六院相连，这些院皆临龙鳞渠而建，可以说是集合邸宅而成的一种苑园。从其规模和内容看，可以看出受南方影响很大，住宅与园林之间的关系已经很接近了。

3.在隋代洛阳西园的记载中最初看见飞桥一词，以前从未见过。这是由于受南方影响而来的。飞桥的飞字，意思是高高隆起。这里所说的飞桥就是中国南方风景中的拱桥。

第九章　唐代

隋炀帝大兴土木，四出远征，沿运河巡游，其苛敛豪奢引起强烈的反对，于是群雄纷起，割据四方。当时李渊镇守山西一带，防突厥入侵。李渊次子世民果敢有断，劝其父起兵反隋，又得突厥之助，遂攻取了长安。隋炀帝正在江都游乐，被宇文化及所杀。李渊受恭帝禅而即帝位，消灭了宇文化及，统一全国。李渊就是唐高祖。

李渊立其长子建成为太子，封次子世民为秦公。建成妒忌世民武功而屡想加害，反而被世民所杀。世民为太子，后来即帝位，就是唐太宗。太宗年号为贞观。唐太宗执政后力图安民济世，先放出宫女三千人，力行节俭，反对奢侈，奖励文学和武事，制定律令，任用文武双全德才兼优的名臣，于是四海升平，国威震于四方，史书中所称的贞观之治，指的就是这一时代。太宗执政二十二年，死后其子高宗为帝。高宗执政之初，由于还有太宗时代的旧臣辅佐国政，所以尚能太平无事。但因高宗为人柔弱，引起后妃争夺权势。武后因高宗病弱而代他执政达二十五年之久。高宗死后，立中宗、睿宗为帝。后来武后杀死唐宗室数百人，自称圣神皇帝，改国号为周。武后聪明敏锐，深通经史文学，听从贤臣狄仁杰的忠言，始终保持国威不坠，周的威力达于突厥、西域、吐蕃诸地。武后年八十二岁而死。武后年老体弱后，武氏族人起而作乱。狄仁杰推荐的宰相张柬之讨平诸武，拥立中宗复登帝位，恢复国号为唐。中宗皇后韦氏干预朝政，独断专横，睿宗之子李隆基起兵讨平韦氏之徒，遂即帝位，就是唐朝第六代皇帝玄宗。

玄宗在位四十三年，励精图治，任用贤臣；严禁奢侈，轻收赋税，奖励学艺；于边境设置十个节度使，以控制四方。玄宗时代唐朝的威势大振，史称开元之治，与贞观之治并称。后来贤臣逐渐死亡，及至开元二十四年李林甫任宰相，为人柔佞多狡，献媚于妃嫔。那时玄宗也倦于勤勉，而趋向于奢侈享乐，宠爱杨贵妃，政治逐渐废弛，原来最应受重视的节度使也渐受轻视。于是营州胡人安禄山起兵，率契丹兵十五万攻陷洛阳和长安。玄宗逃奔蜀地，据说他到达成都时从者仅剩下一千三百人了。郭子仪、李光弼等人率领勤王军，平安太守颜真卿等人起义兵，终于打败了安禄山军，收复了长安和洛阳二都，但是自从安史之乱以后，唐的边防受到极大破坏，国力大坠。从此以后，节度使逐渐扩大势力而成为军阀。唐朝受到内忧外患，宦官祸国，种种灾难俱至。宪宗虽有英武之资，但仍莫展一筹。加以财政困难日甚，民众负重难堪，因而产生起兵反抗之念。王仙芝起兵于直隶，黄巢继之而起。朱全忠杀死昭宗，暂时立哀帝，不久自立为帝，改国号为梁。这样唐代共传二十世，历二百九十年而亡（那时是907年）。

朱全忠称帝，是为后梁太祖。梁的势力仅仅及于黄河流域，即中原的范围之内，仅历二世而亡。梁以后，后唐、后晋、后汉、后周诸朝相继而兴。唐朝灭亡后五十三年期间，中原有这五个国家相继兴亡。其他诸地处于群雄割据的状态，各自为政，统治一方。这称为五代十国。

第一节　首都长安的宫殿

远自周朝，历经秦汉，继至隋唐，汉族文化发展至于高峰。长安一地总是繁荣发展的地理中心。从地理学方面看，长安一带的气候是摄氏35度至零下4度，降雨量适度。该地沃野千里，南方控有高地，浐水、灞水、丰水等发源于此高地而注入渭水，渭水向东流，于潼关与黄河合流。渡渭水而北，又是连续不断的高地，汉、唐时代的陵墓多在该处，因而留下不少遗迹。再往东去，远方有潼关、函谷关，要塞坚固，为良好的屏障。长安是个理想的深得地利之处，不愧于天府之国的称号。

京城　唐代的长安城沿袭隋文帝所建大兴城之制，几乎未做变更。城内有一百零六坊和二市。市就是商业贸易之区，开设着大商店，出售金银珠玉以及彩缬锦帛等物。出售饮料食品的小店则开设在坊间，分散而设。坊间有佛寺、道观、邸宅之类。城东南一带靠近曲江有一片未经整理的地区，界划也不明确。那里有池塘绿柳，成为民众闲游散步的好地方。隋文帝喜爱该地的风景，改建为芙蓉园(见前章所述)。唐玄宗开元年间大加疏凿，又开黄渠，引来浐水，临水建殿阁楼榭，种植百花树木，烟水风景明媚至极。城南有许多名胜以曲为名。其中的韦曲、杜曲将在下面叙述。

唐高祖武德元年(618年)夏五月，将隋代的大兴殿改为太极殿，改昭阳门为顺天门。秋七月庚申下诏废除隋代一切离宫游幸之所。长安城最初称为京城，后来称为西京、中京等名称，到了唐肃宗元年(756年)改名为上都。京城的南方直通子午谷，后倚龙首山，左临灞河岸，右达澧水滨。京城是隋文帝开皇二年设置的。唐代的京城东西十八里一百一十五步，南北十五里一百七十步，周围六十七里。城中南北通十四条街，东西通十一条街，街间列置诸坊。京城的南面有三个门：明德门、启夏门、安化门。东面有三个门：通化门、春明门、延兴门。西面有三个门：开远门、金光门、延平门。

皇城　皇城位于京城中，东西五里一百一十五步，南北三里一百四十步。南面有三个门：朱雀门、安上门、含光门。东面有两个门：延喜门、景风门。西面有两个门：安福门、顺义门。皇城中，左有宗庙，右有社稷，百僚廨署列于其间，形成官衙僚署区。计有六省、九寺、一台、四监，十八卫。

宫城　位于皇城之北。宫城东西四里，南北二里二百七十步，周围十三里一百八十步。宫城的南边就是皇城，北至于苑，东边就是东宫，西边建有掖庭宫，其中的正殿称为太极宫，就是隋代的大兴宫。这些总起来叫做西内。其南面有五个门：承天门、长乐门、永安门、永春门、广运门。东面有一个门，称为凤皇门，这个门在隋代称为建春门，后来改名叫做通训门。西面有两个门：通明门、嘉猷门。北面有两个门：元武门、安礼门。

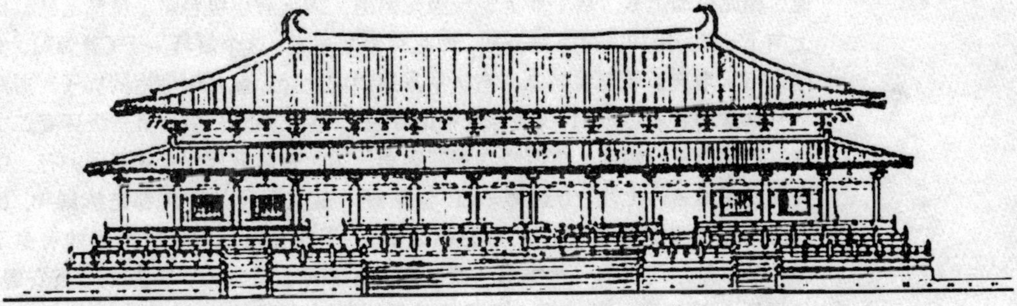

▲ 唐长安城大明宫含元殿外观立面复原图 （摘自杨鸿勋《建筑考古学论文集》）

入承天门向北有嘉德门和太极门，至于太极殿，殿的左右有门下省、史馆、弘文馆、中书省、舍人院等等，凡馆殿都设门划分，出入必得经门，而不得随便出入。这里略而不详谈诸门的名称，只列出主要的殿阁如下。太极殿居于正北，建有两仪殿。其东为万春殿、立政殿、大吉殿、武德殿。其西为千秋殿、百福殿、承庆殿。两仪殿的正北有甘露殿，其东有神龙殿，其西有安仁殿。甘露殿的正北有延嘉殿，又有元武门。宫城内园林池沼诸景东西延亘极盛。

由以上所述可知，宫城位于元武门内的西方。有三个池沼，一个位于咸池殿的东面，一个位于望云亭的西面，再有一个位于望云亭的北面，能望见景福台的景致。在宫城内，东北方除有海池外，还建有凝阴殿和球场亭子。绕行过去，在城的东北隅建有紫云阁，其南有山水池，紫云阁的西边有千步廊。当时称以上的海池为四海池，池沼与宫城内的殿阁相映。此外还有许多殿门，此处略而不加详述。另外还建有孔庙和佛光寺。

东宫 接连宫城太极殿的一个区域建有东宫，这是皇子、皇孙居住的地方。东宫南北的长度与宫城相同，宽度不足一里。南面的门称为嘉福门。东宫的正殿称为嘉德殿，也叫做显德殿。武德九年，太宗在此殿即帝位。其正北方有崇教殿、丽正殿、光天殿、承恩殿。承恩殿的左右有宜春宫，宜春宫的北边为北苑。

掖庭宫 接连宫城，与千步廊相邻的西侧建掖庭宫。其东西的宽度达一里。有西门、嘉猷门。宫中有众艺台，是教育宫人学习艺术的处所。宫的西南有内侍省。以上的资料摘自《唐两京城坊考》一书。

大明宫 位于禁苑的东隅，相当于旧太极宫后苑内的射殿的位置。此宫据龙首山，在汉代未央宫的东边，居于天然高地之上，含元殿等殿建于距平地四丈的高处。此宫南北五里，东西三里，是唐代贞观八年营建的。原来称为永安宫，次年改名为大明宫，后来于神龙元年（707年）恢复了含元殿的名称，是太上皇避暑的处所。唐高宗于龙朔二年得了风痹病，命司农少卿梁孝仁修缮此宫，改名为蓬莱宫。南面有五门：丹凤门、望仙门、延政门、建福门、兴安门。东面有二门：太和门、银台门。西面有二门：日营门、九仙门。北面有三门：元武门、银汉门、凌霄门。

含元殿是丹凤门内的正殿，位于龙首山的东山麓。阶上高度距平地四十余尺，南距丹凤门四百步，东西宽度为五百步。殿前筑龙尾道（是筑于殿前的甬道，循此道而上殿。自下而上筑成陂陀斜道，道上有小级台阶，逶迤七转，自上向下一望，宛如龙尾下垂一般，因此称为龙尾道。这个解释见于《辞源》)。龙尾道自平地典折转延共转七个弯，从丹凤门向北望，像龙尾垂地的样子，道两垠栏都是用青石做成的。《通志》中记载说："含元殿阶三级，第一级可高二丈许，每间出一石螭头。东西鳞次第二级第三级，各高五尺，莲花石项亦存。级两面龙尾道各六七步，方达第一级，皆花砖。"莲花石项和花砖都是雕刻物，由此可见这个建筑使用相当大量的雕刻品。列于含元殿后方左右两侧的有宣政殿、中书院、门下省、紫宸殿、蓬莱殿、含凉殿、浴堂殿、金銮殿、长安殿、仙居殿、麟德殿、学士院、翰林院等等，厅前台阶用花砖砌成行道。

日本人足立喜六曾实地调查含元殿的遗迹。根据他的调查报告，这个遗迹位于西安城北门东北三华里的龙首原最高处。其东西为二百七十一日尺，南北一百四十一日尺。西南角有黑色大理石的圆柱础石，柱础基底部为方形，上部为圆形，直径三尺六寸。东南角和东北角有瓦石堆积，殿的前面明显地保存着龙尾道的形迹。东南方存在着翔鸾阁的遗迹，西南方保留着栖凤阁的残迹。这两个阁的遗迹比含元殿的遗址大约高出十尺，呈圆锥形凸起状。由这个调查报告也可以得知含元殿是大明宫的正殿，其建筑规模是相当大的。殿的前面有龙尾道屈曲七转而下，道的两旁筑有青石栏干。日本的吉备真备入唐的时候，则天武后曾在麟德殿设宴接待。

太液池位于含元殿的后边，又名蓬莱池。池内建有太液亭，穆宗在位时命侍讲常入亭讲《毛诗》和《尚书》，并将《尚书》中所记述的君臣的事迹纂集成书而刊于太液池，以备观览。《长安志》一书中记载此事。太液池中建有蓬莱山。

日本人足立喜六进行实地踏查，其调查报告写成《长安史迹研究》一文。这里摘引这一调查报告中关于太液池的一段记载。太液池是位于大明宫后边的苑池，其规模极为宏大，开凿池沼，堆筑岛山，并于岛山之上营建楼阁亭台，这确实可以说是当时构筑苑池的规范式的定法。

足立喜六的调查报告《长安史迹研究》一文关于太液池记载着："在含元殿的西北一华里(大约为日本的五町)处，有一个叫做孙家凹的村，村的南边有个直径为日本三町多的圆形低洼之地。《咸宁县志》中也曾指出，这里是唐代太液池(又称蓬莱池)的遗迹。其南岸高地上并列着一些地物，可以认为是珠镜殿、郁仪殿、拾翠殿的遗迹，零乱散置着大量唐代的砖瓦。另外三方是低平的田圃。在太液池的中央有个高台，其四边为一百三十日尺，高度为三十日尺。台上建有一个小庙，它的东面有个药王洞。其东面有一小石碑，建于清代乾隆四十二年十月，石碑上刻着《重修药王洞观音大士殿记》。记文写道：'余乡之药王洞观音大士殿，自康熙十年岁次辛亥创修治，其池基盖大唐蓬莱殿后太液池畔台榭旧址也。'如果真是如此，那么这个台地就是唐朝太液池中蓬莱山上所建蓬莱亭的地方，该处是唐穆宗命儒臣讲《毛诗》和《尚书》之地，也是唐穆宗命人编纂《尚书》中所述有关君臣的事迹以备群臣观览之地。总而言之，这一带是大明宫的园池。禁苑中的西内苑、九仙门及右银台门就在这一带地方，但是找不到它们的遗迹。”

南内的兴庆宫位于皇城的东南，外郭城的东垣之外。唐玄宗在位时，于开元初年建此以为离宫。到了开元十四年，取永嘉及胜业坊之半而增广扩建，设为临朝施政的处所。开元二十年筑成夹城。划入芙蓉园，自大明宫而东，夹罗城复道，经通化门，磴道潜通而达此宫。经春明门、延喜门而进入曲江的芙蓉园，这是外人所不得而知的。这段记载见于《长安志》。宫的西边有兴庆门，其内的正殿是兴庆殿，它的南边有南薰殿和龙堂，此外有长庆殿、大同殿、交泰殿、新射殿、翰林院等等。

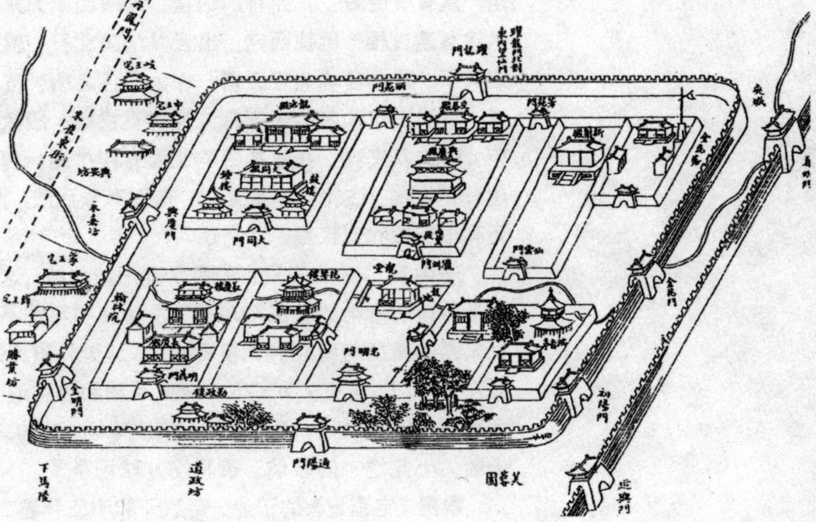

▲ 唐南内图　版画（摘自《中国历代风景园林图汇》）

龙堂的后边有龙池，就是隆庆池、兴庆池、景龙池等沼池。隆庆坊的旧宅中有一口井，井中的泉水突然涌出而形成一池，广袤十数丈，常有云龙或黄龙自其中而出，腾飞于景云之中，乡里众人都移居他处，于是成为龙池，临龙池建有龙堂。韦元旦有《兴庆池侍宴应制诗》，反映玄宗即位后于该处举行宴会的情景。诗是这样的：“沧池漭沆帝城边，殊胜昆明凿汉年。夹岸旌旗疏辇道，中流箫鼓振楼船。云蜂四起迎宸幄，水树千重入御筵。宴乐已深鱼藻咏，承恩更欲奏甘泉。”

在交泰殿的西边，相当于池的东北处，建有沉香亭。开元中宫内始种木芍药，共得四棵，玄宗命移植于兴庆池东的沉香殿前。这里所说的木芍药就是牡丹。到了唐代，观赏牡丹已渐呈盛况。

第二节　首都长安的苑园

都城长安的苑池有四处。第一处是南内苑，即兴庆宫的苑池。已在前面讲过了，这里从略不谈。第二处是西内苑，或称西苑，位于西内宫城的北边，也称为北苑。第三处是东内苑，也称为东苑，宫内即大明宫的东南隅。第四处是禁苑，位于长安城的北方，拥有广大的面积，是继承隋代大兴苑而建成的。

西内苑　南北一里，东西与宫城的宽度相等。虽然面积呈狭长形，但是因为其东边与大明宫相接连，所以其全宽度不一定只是一里。有以下一些苑门。东有日营门，西有月营门，北有重元门，南门就是宫城的定武门。入定武门向北走，建有观德殿，其西有广达楼，再向西则为永庆殿，其东北方有冰井台，西边建有通过楼，再往西走，出云龙门向北行，就是大安宫。唐太宗为秦王时克定天下，建此宫称为宏义宫，作为居住之所，宫中多有山村景色，太宗甚为喜爱。贞观三年改名为大安宫。建有垂拱殿、戢武殿、翠华殿等等。再往西出了苑，即进入夹城，在冰井台的北面有樱桃园，内有拾翠殿、看花殿。园的西边建有祥云楼，往北到达重元门。东面有歌武殿，西面有翠华殿。除这些殿以外，还有永安殿和宝庆殿。

东内苑　南北二里，东西尽有一坊之地。这些记载见于《唐两京城坊考》，但是与该书所附的绘图相对照，发现文字与图不一致，这是很奇怪的。也许是把东西的宽度与南北的宽度弄错了，这里只照原来的记载介绍。南有延政门，北有左银台门，东有太和门，中有龙首殿和龙首池，渠水自南而来，注入此池中。太和九年毁银台门，填龙首池，筑成球场。池的东边有灵符应圣院、承晖殿、看乐殿、小儿坊、内教坊、御马坊、球场亭子。

根据《宅京记》的记述，宪宗元和十三年春二月，下诏六军修缮麟德殿，疏浚龙首池，建承晖殿，雕饰绮焕，移植佛寺的花木到殿前。宪宗因天旱而亲自求雨，到龙首池祈祷，有赤蛇自地而出，一时云雾四布，下起了大雨。记载中谈到了这个传说。

禁苑　包括东内苑和西内苑。自东向北转，占有广大的面积，这个苑园称为禁苑。这是唐代唯一的苑园。在《通志》、《历代宅京记》和《唐两京城坊考》等书中都有记述。

▼ 唐东内图　版画（摘自《中国历代风景园林图汇》）

东西二十七里，南北二十三里，周围一百二十里。东接灞水，西临长安故城，也就是汉代的咸阳城。北枕渭水，南连京城，苑西就是太仓以北之地。东西十三里和南北十三里的地方也归入苑内。苑中四面均设有监。南面有太乐监，北面有旧宅监。东监和西监分别掌管宫中花草树木的种植，以及园圃的修缮。并设有苑总监，总领一切这些事务，都隶属于司农寺。南面有三门，当中的门称为景曜门，东边的门称为芳林门，西边的门称为光化门。东面有二门，南边的门称为光泰门，北边的门称为昭远门。西面有二门，南边的门称为延秋门，北边的门称为元武门。北面有三门，当中的门称为启运门，东边的门称为饮马门，西边的门称为永泰门。以上的记载见于《长安志》一书。《雍录》中记述说唐大内有三苑。西内苑、东内苑和禁苑皆在两宫的北边，西内苑及西内在太极宫之北，东内苑则包在大明宫的东面和北面。两内苑北门之外才是禁苑的南门。根据《陕西通志》的记载，认为两内苑北门之外才是禁苑南门的说法是不对的。《长安志》认为所谓禁苑是个总的名称，说内苑在禁苑中如同说宫城在京城内一样，所以说内苑在苑北启运门南，是说在禁苑景曜门以北启运门之南。因为东内苑是后来建成的，所以加个东字以示区别。又记载说取禁苑中的射殿之地作为大明宫之基。虽然东苑位于大明宫的东面，实际上属于禁苑之内。因此，《长安志》中记述说禁苑东接灞水，西与长安故城相连。将内苑与东内苑并列于禁苑之内，是因为三苑不可分开的缘故。由上述诸书的记载可以看出，关于禁苑的名称和范围有各种各样的议论和说法，这是很有趣味的。

再看《宅京记》中有这样的话："禽兽蔬果莫不毓焉。若祠禴蒸尝四时之荐，蛮夷戎狄九宾之享，则以蒐狩以为储供焉。"可见凡是祭祀所用的供物，各族人朝贡来京时举行宴会，都从禁苑中采猎蔬果禽兽以供应用。苑中共有宫亭二十四所，它们的规模自然是大小不同，下面举出主要的几处略加介绍。

鱼藻宫　《唐书·顺宗本纪》中记载说："禁苑池中有山。山上建鱼藻宫，在大明宫北。顺宗为太子尝侍宴鱼藻宫。张水嬉彩舰，宫人为棹歌，众乐间发。德宗甚欢，顾太子曰：今日如何?太子诵诗好乐，慌无以对。"《雍大记》说："鱼藻池深一丈，在禁苑中。贞元十三年诏更淘四尺，引灞河天濠之水涨之，鱼藻宫在后。穆宗以观竞渡。"《雍录》说："王建宫词曰：鱼藻宫中锁翠娥，先皇行处不曾过，而今池底休铺锦，菱角鸡头积渐多。先皇德宗也。池底张锦，引水被之，使透见其光艳，德宗亦已奢矣。"在池底铺锦，过于奢侈了。

南望春亭、北望春亭　《雍录》中记载着："在禁苑东南高原上，旧记多云，望春宫其东正临浐水。天宝元年常坚因古迹堰渭水绝浐灞为潭，东注永丰仓下以便漕运，名广运潭。未几浐灞二水沙泥冲壅，潭不可漕，付之司农掌为捕鱼之所。"这也见于《通志》。

春坛亭　《长安志》中记载说："在苑之东，皇后祈先蚕之所。"

青门亭　《长安志》中记载说："去宫城十三里，在长安故城东，即邵种瓜之所。"

樱桃园　在禁苑的南边，还有东西葡萄园。这见于《贾志》。

临渭亭　《长安志》和《旧唐书·中宗本纪》中都谈到临渭亭。禁苑内苑中有临渭亭，景龙四年四月帝幸临渭亭修禊饮。

桃园亭　距离宫城四里，隶旧宅监所领。这个记载见于《长安志》。

咸宜宫、未央宫　禁苑内苑中有咸宜宫和未央宫，这两个都是汉代的旧宫，距离宫城二十一里。唐代在其旧址的基础上修复增建。宫的旁边有未央池和汉武库，樗里子墓在宫侧。《长安志》提到未央宫，武宗于会昌元年游猎而至未央宫之地，看见这个宫的旧址，下诏令人加以修缮，建殿舍二百四十九间，建成正殿称为通光殿，东边的一个亭称为诏芳亭，西边的一个亭称为凝思亭。

梨园 位于光化门之北，光化门是禁苑南面西边第一门，在芳林门和景曜门的西边。《雍录》中有梨园的记载，谈到唐中宗使学士自芳林门而入，集会于梨园。梨园在太极宫之西、禁苑之内。开元二年，在蓬莱宫设置教坊，玄宗亲自指教法曲，学习的人称为梨园弟子。到了天宝年间，改为东宫宜春北苑，命宫女数百人为梨园弟子。

南昌国亭、北昌国亭、流杯亭 在未央宫的北边，汉代的旧址。隶属于旧宅监所领。关于这三个亭的记载见于《长安志》。

坡头亭、栖园亭、月坡亭、球场亭子、青城桥、新鳞桥、栖云桥、凝碧桥、上阳宫、正兴亭、元沼亭、神皐亭、七架亭、明水园，以上这些建筑物均见于《长安志》。该书中虽然提到这些建筑物的名称，但并未明确说明它们的位置。《唐两京城坊考》一书中有更多的记载。该书谈到在鱼藻宫的东边有九曲宫和九曲池，在梨园附近有葡萄园。此外还记载着建有昭德宫、飞龙院、骥德殿、虎园、白华殿、会昌殿、西楼等等，禁苑内的宫殿亭阁的状况就是这样的。

洁绿池 根据《宅京记》的记载，洁绿池似乎位于北面内苑之中。贞观二十年秋七月，宴五品以上人员于飞霜殿。这个飞霜殿位于元武门的北边（元武门是大明宫的北面的门）。该处地形高而宽敞，楼阁三层，轩栏相连。凿池引水而为洁绿池，遍栽白杨槐柳，树阴相接蔽日，夏天也不觉暑热。这个池的水也与凝碧池的水相通。

由上述这些记载可以了解唐代都城长安城的状况。唐代的长安以皇城为中心，其北建有太极宫，东有南内兴庆宫，东北方建有东内大明宫，禁苑地带自东往北环绕着这些宫殿建筑物。因为唐代是一切制度充分完备的时代，所以与之相应的建筑物必然很多，也是十分齐全的。但是唐代宫苑内的池泉规模不大，这是因为唐太宗主张去华就实，反对淫乐，所以不大修园林。从唐代宫苑规模之小，也可以看出太宗的这个用心。唐代长安的苑囿称为禁苑，内苑由东向北向西延伸，向咸阳故城开展，占有广大的土地面积。但是虽然其土地面积广阔，但没有汉代上林苑那样的豪壮，也不像秦代阿房和隋代西苑那样不顾一切的穷极奢侈，而是建设得非常朴实。

第三节 唐代离宫——华清宫

谈唐代的离宫，首先必须举出华清宫。华清宫位于临潼县南边骊山之麓。山麓有温泉涌出，因此华清宫又称骊山宫，又称温泉宫。现在流传着许多有关唐玄宗游幸的故事，是以华清宫为中心的。下面根据《通志》和《宅京记》的记载，略作简单的介绍。

泉有三处，其中的一处在皇堂石井的后面，是北周时代宇文护所建，后来隋文帝又修造了屋宇，并栽种了松柏树千余株。贞观十八年营建宫殿，名为温泉宫。玄宗天宝六年改名为华清宫。宫中有汤井，凿成一池，环山列建宫室，并

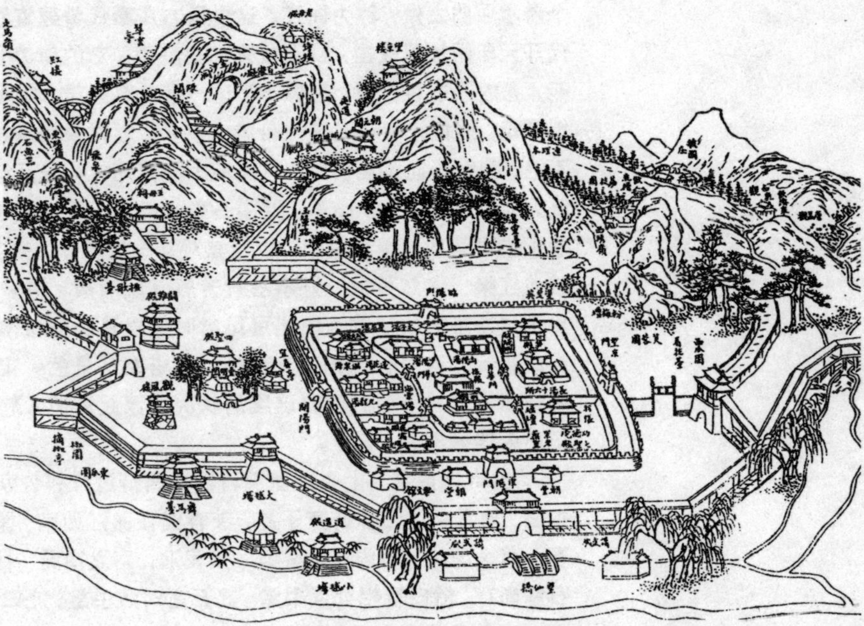

▲ 唐华清宫图　版画（摘自《中国古典风景园林图汇》）

建有罗城，还设置了百司和十宅。温泉位于骊山，与帝都密通，秦、汉、隋、唐等朝代的皇帝都曾到此游幸。唐玄宗特别奢侈，又在山上兴建宫殿，设百司庶府。建筑不仅包括骊山一山，而且筑成缭墙把山外的地方也包拢进去。观风殿建有复道，可以潜通大明宫。其中建有飞霜殿、御汤九龙殿、玉女殿、长汤，芙蓉汤、七圣殿、四圣殿、长成殿、老君殿、明珠殿、观风殿等等。在瑶光楼的南边有小汤，小汤的西边就是梨园。在这些建筑物中还有椒园、东瓜园、西瓜园等等。在芙蓉园内建有观花台。宫人各有自己的寓所。皇帝于十月到那里去，直到过年才返回。为了避寒游幸，皇帝率领百官到华清宫去。在华清宫中似乎并未特别建成苑园之类，应当看成是在骊山的风景中建设的一所华丽的离宫。

骊山位于距临潼县南门三华里多的地方，现在有温泉旅馆，游人非常多。

从文献记载看，除去华清宫以外，还在各地各处建有宫殿。这些宫殿的规模自然是远远赶不上华清宫，这里没有必要详加介绍，只列出它们的名称如下：通义宫、太清宫、望春宫、翠微宫、望贤宫、万金宫、龙跃宫、游龙宫、九成宫、永安宫、玉华宫、仁智宫、兴德宫、庆善宫、神台宫、琼岳宫等等。在《通志》中，关于这些宫各有一些记载，这里从略。

第四节　长安的胜地

有唐一代三百年期间，长安实在是东亚文化的中心，发出光辉异彩。唐代的学术和制度以及文化诸方面对后世影响甚大。到了唐代，已看不见秦、隋诸代穷极淫奢的痕迹，而在长安近郊，特别是在长安城南乐游原胜地，开凿池沼，建筑第宅和僧寺，自曲江、芙蓉池一带地方已成为都城人士行游之地。唐代文人多在此处寻求吟诗的题材。必须注意这是从帝王贵族的苑囿转向民众的第一步，这个发展趋向是不可忽视的。

曲江　长安城朱雀街东第五街，皇城东第三街升道坊龙华尼寺的南边，有个流水屈曲之处，称为曲江。这个地方在秦代曾建宜春苑，汉代建乐游园。唐代开元年间加以疏凿，从而成为一处胜境。它的南边有紫云楼、彩霞亭、芙蓉苑。它的西边有杏园、慈恩寺。这一带花草繁茂，烟水明媚，都中的人常到该地游玩。唐僖宗中和时这一带游人甚多，彩幄翠帱满布于堤岸，鲜车健马往来不绝。皇帝于此赐宴群臣，京兆府大陈筵席，长安万年两县互相竞争，锦绣珍玩无所不施，大会于山亭。池中备彩舟数只，只有宰相、三使、北省官和翰林学士方可乘船，倾动皇州，以为盛观。一到夏季，则见菰蒲葱翠，柳阴四合，碧波红渠，湛然可爱。好事者赏芳辰，玩清景，联骑携觞，叠叠不绝。以上见于《通志》的记载。由此可见当时这里是长安城南的胜地，都中人士时常在此游玩。这里有苑林，有寺庙，宝塔助其景色，实为清游佳所。宋代的张礼在《说郛》中谈到当时这里的状况，读起来使人想见往昔的情景。兹录其记述大体如下：

"出寺涉黄渠，上杏园望芙蓉园。西行过杜祁公家庙。杏园与慈恩寺南北相值。唐之新进士多游宴于此。芙蓉园在曲江西南，隋之离宫也，与秦园皆宜春下苑之地也。园内有池，谓之芙蓉池。唐之南苑，杜祁公家庙咸通。八年建石室尚存，俗曰杜相公读书堂，其石室曰藏书龛。注曰：石室奉安神主之室也。寺本隋之无漏寺也。唐贞观十一年，高宗在春宫为文德皇后立为慈恩。永徽三年，沙门玄奘起塔，初为五层之砖表土心，效西域之窣堵波，即袁宏汉记之所谓浮图祠也。长安之澄襟院遍觉太师智慧之塔院也。院引北岩泉水，架竹落庭，注石盆中，莹沏可挹，使人不觉顿忘俗意。西望三会，寺边有大塚，世传为周穆王陵。北有池，旧与昆明池相通，唐为放生池。有台，俗曰迦叶佛说法台。"由这段记载可以看出其大体的状况。

杜甫有《哀江头》一诗，录之如下：

少陵野老吞声哭，春日潜行曲江曲。江头宫殿锁千门，细柳新蒲为谁绿。忆昔霓旌下南苑，苑中万物生颜色。昭阳殿里第一人，同辇随君侍君侧。辇前才人带弓箭，白马嚼啮黄金勒。翻身向天仰射云，一箭正堕双飞翼。明眸皓齿今何在，血污游魂归不得。清渭东流剑阁深，去往彼此无消息。人生有情泪沾臆，江水江花岂终极。黄昏胡骑尘满城，欲往城南望南北。

安禄山起兵攻陷长安城，玄宗逃往蜀地，肃宗即位。杜甫是少陵原即社曲地方的人，在这次事件后眼见乱后情景而作此诗。江头就是曲江池，南苑指的是芙蓉苑。池边翠柳繁茂，花卉似锦，一片菰蒲芙蓉，湛然可爱。回想玄宗与杨贵妃昔日游幸的景况，感唐室遭祸而发爱国之情。除去这首诗以外，描写曲江胜境的诗还有一些，如《曲江对酒》、《曲江对雨》以及《曲江陪郑八丈南史饮》等等。这些诗都是追思唐代繁荣盛世，感于世道渐趋衰乱，藉诗而抒发心中郁郁之情。

杜甫的《曲江对酒》一诗如下：

苑外江头坐不归，水晶宫殿转霏微。桃花细逐杨花落，黄鸟时兼白鸟飞。纵饮久摒人共弃，懒朝真与世相违。吏情更觉沧州远，老大徒伤未拂衣。

九曲池　位于长安城之西，兴庆池的西边。《雍大记》记载说："唐宁王山池院也。引兴庆之水，西流疏凿屈曲连环而为九曲池。上筑土为基，叠石为山，植松柏。有落猿岩、栖龙岫，奇石、异木、珍禽、怪兽毕有。又有鹤洲仙渚，殿宇相连，左沧浪，右临漪。王与宫人宾客宴饮弋钓其中。"

何将军山林　《马志》说："今谓之塔坡少陵原，乃樊川之北原也。自司马起至此而尽。其高三百尺，在杜城东，韦曲之西。山林久废。上有寺，浮图亦废。俗呼为塔坡。"

杏园　曲江池的西边就是杏园。

韦曲　位于咸宁县南二十里的樊川。《雍胜略》说韦曲在长安城南少陵原的西端，是唐代韦安石的别业，是个游玩的胜地。杜甫的诗句"韦曲花无赖，家家恼杀人"说的就是韦曲这个地方。

杜曲　根据《雍胜略》的记载："在咸宁县南三十里，樊川北岸高地。韦曲东十里，少陵原东南端有南杜北杜。杜固谓之南杜，杜曲谓之北杜。按二曲名胜之地，韦杜二家历代之显官也，故唐人语曰：城南韦杜去天五尺。"根据《贾志》的记载："唐岐公佑之郊居山水形胜，以草木花坞为极胜。佑以太保致仕，昆仲与时贤游纵其间。"

这个地方距离终南山二十里，樊川和御宿二水流于其间，芳草繁茂，极富风光雅趣。有许多唐代显贵的别宅，又是都城长安人士喜爱游乐之所。现在仍然是花木美景极胜之地，暮春时节花开灿烂，红白满目。雅客策马，老叟曳杖，悠游其间。唐代文化隆盛，风雅之士探胜地，赏风光，这种爱好对于园林构筑发生很大的影响。

第五节　长安的园池

唐代国威保持三百年之久，在首都长安虽然也曾发生过争夺皇位的乱事，但是没有战国时代和南北朝那样激烈的战乱。长安城内各坊间多有寺院和道观，达官显宦多营建第宅和园池。当时有识之士出而奔走国事，退而享受园池清趣，大多寄情于诗赋，这成为一时风尚。因此，长安城内外渐次出现了大量的园池第宅。再有安乐、太平、长宁等公主一时权势极大，这些公主营建园林第宅无不极尽豪奢。

定昆池　《雍大记》中谈到"定昆池本安乐公主之西庄也。在京城延平门外。景龙初命司农卿赵履温为公主疏园植果，中列台榭。又勑将作监少监杨务廉引水作沼者延十数里，时号定昆池。《通典》曰："安乐公主恃宠请昆明池，中宗不与，公主怒，自以家财穿池，号曰定昆。景龙中中宗幸焉。"《唐书·安乐公主传》中说："安乐公主，中宗最幼女也，帝迁房陵生主。中宗即位之二年闰正月丙午，制太平、长乐、安乐、宜城、新都、定安、金城七公主并开斋，使置官属，此宫闱权势倾内外之始。长乐以下六公主皆中宗女，就中安乐最有宠，骄横专恣无不至。(中略)时请昆明池，欲大营园囿，亦不许。乃更请民田，凿一大池，累石象华山，引水于天津，欲胜昆明池，命名定昆池。其平生所系裾值钱一亿，所织花卉鸟兽皆如粟粒。”景龙三年十一月，中宗幸公主新宅，大宴群臣，饮酒的时候，沈佺期和苏颋奉命作诗。他们献媚公主，迎合其心意，受后人评论为无耻文人。

《侍宴安乐公主新宅》应制诗如下：

皇家贵主好神仙，别业初开云汉边。山出尽如鸣凤岭，池成不让饮龙川。妆楼翠幌教春住，舞阁金铺借日悬。敬从乘舆来此地，称觞献寿乐钧天。骎骎羽骑历城池，帝女楼台向晚披。露洒旌旗云外出，风回岩岫雨中移。当轩半落天河水，绕径金低月树枝。箫鼓宸游陪宴日，和鸣双凤喜来仪。

太平公主南庄 根据《唐书》的记载，太平公主是则天武后所生的。这个公主性沉敏而多权略。武后以为像自己，所以特别喜爱。中宗在世的时候，韦后和安乐公主都怕此人。睿宗与之议政，玄宗与之共诛韦氏，当时称为一方女杰，胜过安乐公主，专横至极。神龙时(中宗初年)开府，置官属，睿宗即位后，其权势震天下。在长安城南乐游原建造观池，就是这个太平公主南庄。初春季节，风和日丽的日子，睿宗行幸其园，命苏颋和李邕赋诗。由这些诗中可以了解当时园林的概况。

《奉和初春幸太平公主南庄》应制诗如下：

主第山门起灞川，宸游风景入初年。凤凰楼下高天仗，乌鹊桥头敞御筵。往往花间逢彩石，时时竹里见红泉。今朝扈跸平阳馆，不羡乘槎云汉边。传闻银汉支机石，复见金舆出紫微。织女桥边乌鹊起，仙人楼上凤凰飞。流风入座飘歌扇，瀑水当阶溅舞衣。今日还同犯牛斗，乘槎共泛海潮归。

长宁公主东庄 长宁公主是中宗之女，降嫁杨慎。在长安建造第宅，右属都城，左临大道。筑山浚池，增饰崇丽。帝后曾数次临幸置酒赋诗。《唐书》中有此记载。所谓东庄，意思是位于东边的一所别庄。李峤有一首诗写侍宴长宁公主东庄。

《长宁公主东庄侍宴》诗如下：

别业临青甸，鸣鹓降紫霄。长筵鸾鹭集，仙管凤凰调。树接南山近，烟含北渚遥。承恩咸已醉，恋赏未还镳。

苏氏别业 苏氏不知其名，其别业大概是位于长安郊外。祖咏有一首诗如下：

别业居幽处，到来生隐心。南山当户牖，澧水映园林。竹覆经冬雪，庭昏未夕阴。寥寥人境外，闲坐听春禽。

袁氏别业 袁氏不知其为何许人，贺知章有诗记其林泉风致，其诗如下：

主人不相识，偶坐为林泉。莫谩愁沽酒，囊中自有钱。

司勋刘郎中别业 任司勋郎中之职的刘某人的别业在乡下，亲友时常来此游乐宴会。祖咏有一首诗写这个别业。

《清明宴司勋刘郎中别业》诗如下：

田家复近臣，行乐不违亲。霁日园林好，清明烟火新。以文常会友，惟德自成邻。池照窗阴晚，杯香药味春。栏前花覆地，竹外鸟窥人。何必桃源里，深居作隐沦。

度支亭子　位于永达坊。《辇下岁时记》中说新进士牡丹宴在永达亭子。

家令寺园　位于昌明坊。贞观年间，日南王入朝。太宗下诏在该处营建第宅。不久日南王回国去了，第宅遂废，恢复为园。

马璘池亭　位于崇贤坊。马璘死后，池亭归宫。贞元以后，多于此处赐群臣宴。

郭子仪园　位于大安坊。后来成为岐阳公主的别馆。郭子仪曾任节度使，对抗安禄山。

韦嗣立卢　东山之侧有一所别业。韦嗣立在骊山凤凰鹦鹉谷构筑别卢。重崖洞壑，飞瀑泉水，风景极佳。中宗临幸，改为清虚原幽栖谷，拜韦嗣立为逍遥公。

王维别墅　位于辋川蓝田县西南二十里。该地景色奇胜，有华子岗、欹湖、竹里馆、柳浪、茱萸沜、辛夷坞等等。王维与裴迪游于其中，赋诗相酬对。聚远楼东有庑，庑南有楼台，绕以朱栏。周围栽植玉兰，环绕成行。王维在开元、天宝时代很有名，晚年在终南山麓辋川之地营建别墅，死后赠秘书监。他擅长诗文，又是书画家，有许多吟咏辋川山水胜境之作。在王维所作的诗中，屡次提到终南山，兹介绍一首如下：

太乙近天都，连山到海隅。白云回望合，青霭入看无。分野中峰变，阴晴众壑殊。欲投人处宿，隔水问樵夫。

李茂贞园　位于凤翔城东北五里之处。唐代光启年间，李茂贞于凤翔任节度使之职时建成此园。园内植修竹万竿，内有竹阁，从傍引水灌入深林中。苏轼有诗写此园，其诗如下：

朝游北城东，回首见修竹。下有朱门家，破墙围古屋。

永宁园　位于永宁坊。根据《长安志》的记载，曾赐永宁园与安禄山为邸，又赐永穆公主为游燕之地。

奉诚园　司徒侍中马燧宅在安邑里，献旧宅而为奉诚园。此事见于《长安志》。

裴向竹园　位于新昌坊。元和年中，宰相武元冲遇害，有人告发说凶手藏匿在新昌坊内裴向的竹园里。

凤翔府园　有古槐一株。故老传说昭宗手扶这棵树使朱全忠结韈，四顾无人应声，所以至今称为手托槐。

第六节　唐代洛阳的轮廓

唐代建都于长安，文化发展极为繁盛。同时对于洛阳这一古都也未轻视。因为隋炀帝倾尽国力营建洛阳，极尽奢华之能事，对这个洛阳城如果一旦弃之不顾，是不忍心的。自唐代至于五代，洛阳对长安而言称为东都。在贞观和开元年间，洛阳呈现最大盛况，而且直到宋代一直保持着繁荣状态。

外郭城 东京城是隋朝大业元年筑成的，也称为罗郭城。到了唐朝长寿二年(693年)，李昭德增修了这个城。隋代的外城只有短墙，李昭德着手增修，后来改名叫做金城。该城周围五十二里。南面有三个门：定鼎门、长夏门、厚载门。东南有三个门：上东门、建春门、永通门。北面有两个门：安喜门、徽安门。城内纵横各有十条街相通，有一百一十三坊，三市。当皇城端门之南渡过天津桥而通的南北大街称为定鼎街。在《洛阳县志》和《唐两京城坊考》中，关于洛阳城外郭城有十分详细的记载，这里略而不详加介绍。

宫城 位于皇城之北，隋代时称宫城为紫微城，到了唐太宗贞观六年，改名称为洛阳宫，后来武后光宅元年(684年)改称为太初宫。东西四里一百八十八步，南北二里八十五步，周围十三里二百四十一步，其高度为四丈八尺。城中有两个隔城。位于东南隅的隔城是皇太子居住的处所，位于西北隅的隔城是众皇子与公主居住的处所。城北有两个隔城，北边的称为圆璧城，南边的称为曜仪城。宫的正殿称为含元殿，就是隋代的乾阳殿，其北为贞观殿，再北边的是徽献殿，在这个殿的北边为陶光园。东西有数里，南北有长廊，就是宫殿的北面，园中有一条东西向的渠，由东向西通至苑中。天子日常上朝之所称为宜政殿，其北为仁寿殿，还有观文殿。临波阁北临一池，池内有二洲，在东洲上建有登春阁，西洲上建有丽绮阁。进入明德门向北行，有文思殿、庄敬殿、飞香殿、袭芳殿、大仪殿、丽春台、流析殿、宏徽殿等等，进而至于陶光园。进长乐门而北，有中书省、史馆、集贤殿、集仙殿、亿岁殿等等，往北行即达于九洲池。九洲池屈曲而象东海九洲。这个池的面积有十顷，其水深达丈余，池中鱼泳，池上鸟翔，池周罗植各种花卉草木，在池的周围一带，建有瑶光殿、琉璃亭、一柱观、花光院、山斋院、翔龙院、神居院、望景台等等。

根据以上所述的记载可以看出，在宫城内，在殿阁的北面建有陶光园、二洲、九洲，这些都是宫城内的园林。陶光园、二洲、九洲等宫城内的园林自东向西伸延。城郭内西侧建有百戏堂、映日台、观象台、德昌殿、饮羽殿、洛城殿等等，可见其风景是十分佳美的。

皇城 位于宫城之南。在隋朝的时候，这个皇城有几个名称，称为太微城，又叫做南城，还称做宝城。皇城东西五里十七步，南北三里二百九十八步，周围十三里二百五十步，高度为三丈七尺。皇城是官衙厅署会聚的城郭，此处略而不加详细介绍。

东城 这个东城本是隋朝时建成的，其东西四里一百九十七步，南北一里二百三十步，高度为三丈五尺。城中有两条南北街，三条东西街。这个东城也是官衙厅署聚集的城郭，此处也不详细介绍。

上阳宫 位于禁苑之东，与皇城的西南隅相连接，南临洛水，是上元时(760年)建成的。上元时司农卿韦机建造成上阳宫，大历末年常居于此宫听政。上阳宫的正殿的名称叫做观风殿，建有洛日楼、仙居殿、麟趾殿、甘露殿、丽春殿、芬芳殿、上阳殿等等。除这些殿以外，上阳宫中还建有其他一些亭台堂舍，其西面与禁苑相连接。上阳宫不是官衙所在的城郭，而是帝王平日居住的处所。

第七节　洛阳的苑园

神都苑　唐朝时代的东都苑就是隋朝时代的会通苑，除此名称外还叫做上林苑。武德初年(618年)改名为芳华苑，到了武后执政的时期改称为神都苑。神都苑东抵宫城，西至于孝水，北负邙山。谷水和洛水会流于其间。周围一百二十六里，东面十七里，南面三十九里，西面五十里，北面二十四里。其东北面即是皇城。垣墙的高度为一丈九尺，东面有四个门，南面有三个门，西面有五个门，北面有五个门。

苑内最西边的建筑物称为合璧宫，东边有凝碧池。这个池的东西为五里，南北为三里，文献中记载说有个凝碧亭，安禄山进入东都的时候，曾在凝碧池大宴其群臣众将。根据《通鉴》的记载："大业元年筑西苑，周二百里。其内为海，周十余里。为蓬莱、方丈、瀛洲诸山，出水百余尺。台观殿阁罗络山上。唐改海为凝碧池，隋炀帝之积翠池盖凝碧池也。"

龙鳞宫位于苑内中央。隋朝时代有龙鳞渠，屈曲绕流而注于海，在渠的沿岸建有十六院。所谓宫门临渠者就是指龙鳞宫而言的。这十六院都建于河的北面。

在合璧宫的东南方，与之以水相隔者是明德宫，这个宫在隋朝时代称为显仁宫。此宫南依南山，北临洛水。宫北建有射堂、官马坊。合璧宫的东边为黄女宫，其三面临洛水，在水深处有潭，称为黄女湾，由此而称此宫为黄女宫。黄女宫的正南方，有芳树亭与之以水相隔。

苑内的西北方建有高山宫，是司农卿韦机建造的。贞观十一年，谷洛二水泛滥成灾，于是废飞山宫之元圃院，赐给遭受水灾的人家；因此使人怀疑高山宫是否即飞山宫。

苑的东北隅为宿羽宫，是韦机所建。其南临大池，水流盘屈。武后曾在宿羽台设宴招待突厥使者。苑的东南隅有望春宫、冷泉宫、积翠宫，都是隋朝时代所建的。冷泉宫由于有泉极冷而得名，积翠宫这个名称是由积翠池而得来的。谷水和洛水会流于西苑之中，唐太宗开元二十四年，为防此二水泛滥，于是筑成三道陂堤以为预防的设施，这三个陂称为积翠、月陂、上阳。除上述这些建筑物以外，还有青城宫、金谷亭、凌波宫等等。

在隋朝时代和唐朝初年，苑内建有朝阳宫、栖云宫、景华宫，建有成务殿、大顺殿、文华殿、春林殿、春和殿。建有华渚堂、翠阜堂、流芳堂、清风堂、崇兰堂、丽景堂、鲜云堂。还有一些亭：回流亭、流星亭、露华亭、飞香亭、芝田亭、长塘亭、芳洲亭、翠阜亭、芳林亭、飞华亭、留春亭、澄秋亭、洛浦亭。这些建筑物都是隋炀帝建造的，到了武德和贞观时代以后大多渐渐毁废。唐太宗贞观四年(630年)夏季动员士兵修治洛阳城的时候，见宫中凿池起山，崇饰雕丽，甚为奢华，太宗怒而下令急速拆毁。从这段话看，可以了解唐太宗崇俭的本意。

唐高宗显庆年间(660年左右)，司农卿韦机受诏管理东都营田园苑事务。高宗对韦机说："两都是朕东西二宅也。今之宫馆为隋代所造，经岁既淹，渐皆颓毁，欲修造之，费财力如何?"韦机奏答说："臣任司农已十年，今贮钱见三千万贯。供葺理可不劳而就。"于是高宗非常喜悦，在苑中建造宿羽、高山二宫，因为是建于东都禁苑之内，所以其制度极为壮丽。又将洛水的中桥从立德西街移到长夏通衢，因而废利涉桥，公私无不称便。高宗登上洛水岸边的高地上，向远处眺望，见那一带地方风景甚为佳美，于是又下诏，命令韦机在那个地方建造上阳宫。

宫临洛水，建有长廊延亘一里。这个宫建成后，皇帝迁入其中。尚书左仆射刘仁轨对侍御史狄仁杰说："古之陂池台榭皆在深宫重城之内而不欲外人见之者，恐伤百姓之心也。韦宏机之列岸修廊作于埤堞之外，万方朝谒之时无不觌之，此岂致君于尧舜之意哉。"这种带有讽刺意味的谏言反映出当时一些人的看法，因而很有趣味。

以上所述是参考《唐两京城坊考》的记载而介绍的。下面从《历代帝王宅京记》一书中摘取一些记载，略加介绍唐、五代时代的园林状况。文献记载中也谈到这类禁苑的监理办法如何。显德三年修建东都，始废洛阳宫总监，改设青城宫监，以监理东都苑北面。设明德宫监，以监理东都苑南面。设洛阳农圃监，以监理东都苑东面。设食货监，以监理东都苑西面。设置这四监，以管理苑中一切事务。由此可以看出，在禁苑监理方面有十分完备的制度，这是值得注意的。

后梁建都于汴，后唐将国都迁回洛阳，仍旧使用原来的宫城。有一年天气暑热的时候，曾打算在禁中选择一个地高凉爽的处所建造一座楼。这样的计划竟然受到宦官和臣僚的议论，认为是过于勉强。由此可见当时国力衰竭已极。文献中所见到的记载，只有后梁第二世皇帝明宗长兴四年(930年)命名新园为永芳园，命名新殿为和庆殿。

在《洛阳县志》中有些关于唐、五代时期诸园苑的记述，摘要介绍如下。

唐榆柳园　也叫做西御园。后梁太祖开平四年(910年)于榆林讲武就在此处。

狮子园　位于修行坊，也称为东御园。

富春园　位于城东。元稹和白居易两位诗人都写过诗谈到这个园。

太平公主园　位于积善坊。根据《通志》的记载，见于"京洛朝市图"。

西杏园　是唐朝时代建的。在《梁纪》中有关于西杏园的记载，太祖开平三年曾在此处讲武。

会节园　位于城内会节坊。开元年间，车驾幸会节园。景德初年在此饮射。

洛阳之地，北有邙山绵亘及于四百里，有东汉皇帝诸陵，还有唐、宋等代名臣之墓不少，《一统志》中关于这些有记载。唐代刘廷芝有诗描写当时洛阳富贵家子弟继承祖上的财产，在洛阳市上竞显奢华，恣意为欢作乐的状态。他的诗中写道："公子王孙芳树下，清歌妙舞落花前。光禄池台开锦绣，将军楼阁画神仙。"诗中写的是青年贵族子弟春天行乐的事。看来洛阳之春是非常美丽的，天津桥下阳春水畔饮酒作乐，有"洛阳城东桃李花。飞来飞去落谁家"之句。当时的洛阳虽非首都，但似乎是像日本京都的地位那样，有识之士大多在该地构筑宅邸。根据《洛阳名园记》的记载，唐朝时代贞观、开元年间，东都洛阳有公卿大臣的宅邸千余。该地皇家苑囿以外，公卿们营建的园林非常多，而且很盛。这种状态一直到宋朝时代仍然如此。《洛阳名园记》绝不是文人信笔写成的突然出现之物，而一定是经过园林发展的历程之后才达到这个地步。《洛阳名园记》是记载唐、宋时代洛阳名园的唯一一部书，本应在此处介绍其一部分，但是为了叙述方便起见，将在讲宋代园林时介绍，这里暂时不谈。

第八节　经由朝鲜而对日本的影响

新罗的宫殿和苑池　在唐朝时代，朝鲜半岛上的高丽、百济、新罗三个国家互相攻伐，唐朝设立安东都护府以处理该地的事务。这三个国家中，新罗在武烈王春秋时期(654年，唐高宗永徽五年)国势最为强大。新罗向唐朝入贡，并输入文物，因而其工艺美术异常发达。日本关野贞博士在《东洋讲座》中介绍了当时庆州城的宫殿和苑池，这里摘引其一段叙述以供参考。

就如同唐朝长安城的宏大壮丽促进了日本平城平安城的营建一样，唐朝长安城对于新罗也发生了极大的影响。文武王完成其统一朝鲜半岛的大业时，修建宫阙，制定内外诸门的额号，又在宫内凿池造山，种植花草树木，饲养奇禽异兽，这表示其宫殿建筑的规模已经逐渐趋于宏壮。现在在月城的北边有个池叫做雁鸭池，积石为山，以象巫山十二峰，池中有一个一个的小岛屿，仍看得出当初的苑池的遗迹，表现出颇具情趣。

鲍石亭在庆州之南大约有一里地的地方，在南山西麓，溪流之旁，疎林中有鲍石亭的遗址。这是新罗别宫所在之处。传说当年宪康王在这里观看南山神舞。根据史书的记载，景哀王与妃嫔在这里寻欢取乐，后来正在沉于淫乐之中时，突然被百济的甄萱所灭，遂遭惨祸。这是历史上著名的事件。这个鲍石亭有当时的曲水的遗迹，狭窄的石沟环绕而呈鲍鱼的形状，从其一端引入溪流，水从另一端流出去。现在在嵩山山麓遗有一个宋朝时代崇福宫的曲水遗址，就是泛觞亭的遗址，与鲍石亭异曲同工。因为没有唐朝时代的遗址，所以这个鲍石亭应说是个贵重的资料。

渤海东京城遗址　渤海于高句丽灭亡后建国，于睿宗、玄宗之时从唐朝大量输入文物，交流极盛。渤海与日本国也有交通来往。宁古塔的东京城实际上就是当时渤海的上京龙泉府的遗址。日本人于昭和时代曾两次组织调查团到该地踏查发掘。根据调查团成员村田博士的谈话，在宫城内也发现了苑池的遗迹，发现建有岛山，山上建有楼阁，调查时看到了遗址。这也如同朝鲜新罗的苑池遗迹一样，也是从唐朝引入的，属于唐代的体系。关于东京城的研究现在还未见发表，看来与唐代的长安城和洛阳城相比较而研究。一定是极有趣味的。

宁乐及平安期 日本国自从推古时代开始与中国隋朝相来往，经过宁乐和平安二朝，派遣遣唐使到中国，将唐代的中国文化传至日本。在这一期间，唐朝全部全盛时期延绵几达三百年之久，日本引入了唐朝的诸般制度、文物和建筑艺术，同时还有来自朝鲜百济的归化人，使日本国的文化全面地接受到大陆的影响，从而发生了一个重大变化。

从园林方面看，日本推古天皇二十年的时候，有个从百济来的名叫路子工的人归化于日本，他在南庭构筑了须弥山形的山和吴桥。苏我的马子在飞鸟河畔建造了中国式的庭院，开凿池沼，建造中岛，模仿须弥山形。这些都见于文献记载。日本天智天皇元年(662 年)，建造了滋贺花园。日本天武天皇建造了净见原的宫御苑。日本持统天皇建造了藤原宫御苑等等。桓武天皇计划营建平安都城的时候，模仿周文王的灵囿而建成神泉苑。在平安京城近郊一带建成了一些离宫和别院，其中有嵯峨院、云林院、亨了院、河原院等等。这些在日本园林史中都有记载。由此可见，那时日本人对于园林的观念完全承继来自大陆的传统，只是由于日本特有的风土气候与中国不同，又由于使用日本的花草树木和假山石材种类与中国的不同，所以使日本园林具有自己的特色。关于日本园林史兹不详谈。

宫殿式建筑的对象 这里简单谈谈日本藤原时代发展起来的宫殿式建筑的林泉。在日本与唐朝交往渐趋疏淡的时候，这种宫殿式建筑在日本发展兴盛起来。这种建筑样式是将建算物并列于南北方向的轴线上，并建有“渡殿”(廊子)和“钓殿”(类似于一种亭子)。这无疑地是从唐代建筑风格学来的，稍加一些改变而成。《太平御览》卷二百七十五有一段话：“流杯殿东西廊殿南头两边皆有亭子，以间山池。此殿上作漆渠九曲，从陶光园引水入渠。隋炀帝常于此为曲水之饮。在东都。”由这段话可以看出，在东西廊殿(相当于日本宫殿式建筑中的“渡殿”)的南头两边均设有亭子，在其间建有山池，殿上有木造漆涂的桥，从北边的陶光园引水入渠。从这段文字记载看，它完全符合日本藤原时代宫殿式建筑的规格。虽然这并不是唐朝时代一般住居普遍采用的建筑形式，但它被采用于流杯殿的建筑物群，因而由于某种机会而传入日本。这种建筑方式一经试用于日本建有林泉的建筑中，即能使人感到对于林泉的陶醉，于是在日本普及开来。这样的想法是非常合乎道理的。在池中筑岛山，架桥，从而使林木泉石之景受到增饰，这正是唐代园林构筑的手法，这种手法影响了日本的造园。

结语

1.进入这一时代以来，苑这个字的使用范围变得非常狭窄，只限于应用于内苑、禁苑之类属于帝王的苑囿。皇族以下至于一般人只用园字，而不用苑字。这是当时发展的趋势。因此对于这一时代以后的园林一般称为园池是适当的。

园林这个词见于诗中。例如“澧水映园林”和“霁日园林好”等等，这是自从进入唐朝时代以后才开始应用于一般的诗文中的。特别是第宅园林一词，从那个时代以后已成为普通常用的词，日本语所称的庭园，其意义与汉语的园林一词的意义大体相当。

诗中有“偶坐为林泉”之句。林泉的意思是林木泉石，或者是山林泉石。《辞源》等书注释林泉一词为退隐之所的意思。这个词在唐代以前是未出现过的，进入唐朝时代才有这个词。这一点是必须注意的。

关于别墅和别业这两个词的意义，《辞源》解释别墅为园亭游息之处，解释别业为另在他处所置的田园。在《晋书·谢安传》中出现了别墅一词。自从唐朝时代以来，这两个词几乎以相同的意义而普遍应用起来了。

2. 日本的足立喜六先生从日本明治三十九年至四十三年曾任教于中国西安的陕西高等学堂，于授课余暇时实地踏查长安的史迹。其调查研究的结果，于日本昭和八年十二月以《长安史迹之研究》为题出版于《东洋文库》中。因为唐代文化几乎全部荟萃于长安之地，所以要研究该时代的事物时，除必须涉猎文献外，还必须阅读这部《长安史迹之研究》。

这部书的著者足立喜六先生在该书的著者释语中列出了实测和考证所用的尺寸对照表，把中国古制、日制、公制三者加以对照，这对于阅读文献具有很大的参考价值，今摘录其对照表如下：

中国古制		日制	公制
	汉1尺	7寸6分	0.230米
	汉1步(6尺)	4尺5寸6分	1.381米
	汉1里(300步)	1368尺(3町48间)	414.50米
唐	大尺1尺	8寸3分5厘	0.252米
	小尺1尺	1尺	0.302米
唐1步	小尺6尺	4尺9寸9分	1.514米
	大尺5尺	5尺	1.515米
唐1里	小程（300步）	1499尺（4町9间5尺）	454.5米
	大程（360步）	1800尺（5町）	545.5米
	清1尺	1尺4寸2厘	0.316米
	清1里(1800尺)	1875尺(5町12间4尺)	568.4米

3. 中国国都的设计，自周代开始就在都城中心建筑宫阙，这已成惯例。但是隋文帝营建的大兴城则与这个习惯的方式不同，在都城的北侧

营建宫阙，宫阙南面建皇城、市、坊，继而是民家。唐朝的长安城完全是以隋朝的大兴城为基础而发展起来的，宫阙建于都城的北方，因而街坊的配置极有顺序，北面一带连续着都是禁苑，其设计十分得体，可以说是城市设计方面的一个大的进步。北魏建设首都洛阳时，东魏建设首都邺城时，在都城营建计划的考察中已经进行了这样的尝试。营建大兴城的总裁高颎以及掌管实施计划的宇文恺等人，就是从北魏和东魏的这个设计中受到启发，况且他们都是出身于北方民族的人，学识高深，敢于突破汉族文化习惯的拘束，果断地提出这样的新设计而付诸实施。到了唐代以后，在研究都城设计方面恢复了汉族旧有的传统的方式，而采取都城中央营建宫阙的制度。到了明代，中国都城一般是南部极为热闹杂乱，而北部则非常冷静，使人感到都城内的机能失去平衡。日本那波利贞博士有一篇题为《从中国首都计划史上看唐代的长安城》的论文，发表于《东洋史论丛》中。这篇论文谈到了中国都城建设的问题，是值得参考的好资料。

4.在园林发展的过程中，唐代以前的六朝时代由于接受了南方风物而增添了巧致的新气息，这在前章已经谈过了。自隋代至于唐代，恢复以北方的长安和洛阳为根据地，唐朝的升平景象大约延续三百年之久，于是恢复了北方文化特有的本色。在那个时代，在文学方面出了王维、李白、杜甫、韩愈、柳宗元、白居易以及其他许多大文豪，在兴隆的文运中经受洗练，文学坚实地发展起来。在佛教方面，出现了玄奘等高僧。佛教在唐武宗时虽曾一度遭受打击，但那决不是说由于当时的世风陷于淫糜颓废所致。应该认识到汉族创造的文化和文运到了唐代实际上已经达到了顶峰。

有唐一代的园池设计与前代不同之处，就在于以前的时代设计园池总是以追求淫乐和贪图享受为目的，而唐代则与此不同，唐代的园池设计具备高尚的趣味。这个倾向是必须重视的。在这一时代的有关园池的文献中有许多诗歌文章介绍，但从来见过六朝时代“苑内设市，帝躬为市魁”或“朝栽暮拔，道路相继”之类的记载。唐代的社会风貌总地说一直是北方式的质朴的风气。

5.唐代的宫城(皇城)之内不设较大规模的园池，而是在建筑物的前后或建筑物之间配以小规模的园池，建回廊，筑亭台，使人漫步其间而赏泉林之胜，并由此而使建筑物的格局得到调协，以维持其风致。华清宫建于胜景之地的骊山山麓，因此在其境内没有必要另外加设山池，仅仅供人享受其林泉和花园而已。进入本时代以后，园池构筑日趋洗练，这样的格调流传于后世而成为造园的规范。

作为帝王游幸的园池，另外在大明宫的北面有个太液池，相当于禁苑内的鱼藻宫和其他池沼之类。

6.大明宫北的太液池中有一个称为蓬莱山的中岛,构成佳美的风致。在古代朝鲜新罗的古宫城中也有积石堆砌而成的岛山。在渤海东京城的王宫遗迹中也有园池，池中有岛山，岛山上建有楼阁，其基址仍存。

由前代发展而来的山水画的园池风格，到了这一时代已趋成熟，这已经成为唐代园池构筑的一项规范，并且成功地遥渡大海而传到日本。

7.属于宫城之内的苑池一般总是建在宫城内诸殿阁群北边背后,汉代建章宫内的太液池也是建于这样的位置。在唐朝时代的长安宫城里,大明宫内的太液池同样也是位于北方。因为宫域的正门和正殿都是朝向正南方的,所以苑池建于它们的北方是理所当然的。至于这样的做法是否也通用于一般邸宅，这还是个问题，但是如果考虑到能够构筑园池的邸宅必然首先是具备相当规模的,那么就可以认为这种做法也是通用的。

8.关于牡丹可以举出沉香亭北的著名的故事。赏玩牡丹不仅限于长安一地，而且也不是始自唐代，但是进入唐朝以后，赏牡丹呈现空前盛况。以牡丹出名的处所有晋昌坊慈恩寺、延康坊西明寺，除此以外，还有永寿寺、正宗寺亭子、永泰寺、度支部亭子等许多处所。这在诗人文士的诗文中有所反映。日本的石田幹之助有一篇论文题为《唐都长安的牡丹鉴赏》，收在《东洋史论丛》中，这篇文章描写当时的文人们鉴赏牡丹的情景。

9.大明宫的含元殿内建有龙尾道。记载中提到该建筑物使用青石垠栏、石螭头、莲花石顶、花砖级等物，这与远自西域输入的佛教工艺美术有几分关系。自从六朝时代以后，直到唐代，这已经融合交织于中国的园池构建之中，呈现出一种特色。这使人可以看出，在以自然风致为主的园池中，建筑形式的部分更加充实了。

10.在关于禁苑的记载中,唐代已经没有汉代那样把禁苑作为演习水陆战阵之所的记述了。唐朝时代建于长安城的禁苑或作为获取禽兽蔬果之处，或作为水嬉燕游之所，或在其中驰马射猎，或在其中排张飨宴；设置禁苑的目的就是为了这些。在禁苑内建置宫亭凡二十四处，总之都是枢要之所，苑内的风景即以这些处所为中心而形成。

11.在文献记述中，提到鱼藻宫池底铺锦。这是个很奇特的事。这可以说是来自南方的技巧，或是例外的做法，绝不是北方的作风。

12.在唐代的初期,建园筑池一事大多行之于公主和皇族之中,或行于豪富之家。到了唐代中期以后，节度使和达官贵人也在第宅中营建园池，此风渐盛。再有长安城曲江的风光使长安人士陶醉，营建于韦曲、杜曲地方的第宅促进了园池的兴盛。在唐代文化发展的同时，园池建设的风气也在知识阶层人士之间普遍起来。

13.自从隋朝时代至于唐朝时代，首都长安是佛教兴盛的地方。根据《长安志》的记载，唐朝京城长安城有“僧寺六十四，尼寺二十七，道士观十，女观六，波斯寺二，胡天祠四”。唐武宗为了消灭佛教而调查全国的佛教寺庙，调查结果查知全国共有佛寺四千六百所，兰若(僧庵)四万所；共有僧尼二十六万零五百人。根据这个记载，详阅《长安志》一书，发现舍宅为寺的几乎四十余处，这当然是皇族显官等人把自己的第宅舍为寺院，同时也说明那个时代多么容易地把住宅改建成寺院。可以认为，那个时代的佛教寺院建筑就是在皇族显官的第宅建筑物中加上依西域窣塔婆法而建的浮图，那时的佛寺就是这样由第宅加建浮图而成的。

慈恩寺建于大明宫的正南方，大雁塔耸立其间。唐高宗天天早晚从含元殿看着礼拜，他说这可续曲江而增风致。大雁塔是用砖石砌建的浮图。庄严寺即木塔寺，建有木浮图(《长安志》记载说这个木浮图的高度为三百三十尺。不知实际高度的多少)，是大业七年建成的。由此可见那个时代的浮图有木造的和砖石造的两种。

现在在日本实际上可以看到流传至今的唐代建筑的佛寺伽蓝，自法隆寺开始，有法轮寺、法起寺、药师寺、当麻寺、唐招提寺等佛寺，这些寺院都是仿照唐代式样而建的。特别是像唐招提寺那样的建筑物，房屋为平屋式，建有走廊相通，在寺的西边开凿池子。从这些看起来，虽然并没有特别确实的证据，但可以认为就是唐代舍宅为寺的一所伽蓝的样子。通过这种伽蓝的样子，使我们进一步得以想见唐代第宅的大体面貌；这样想绝不是没有道理的。日本大冈实先生有一篇论文发表在日本昭和九年的《建筑杂志》第48辑第584号，这篇论文谈到唐招提寺的伽蓝配置的问题。

14.这一时代开始出现关于鞠场和球场亭子殿等的文字记载。自从汉朝时代以后，苑池内的游玩中已有水嬉燕游的记载，但是把鞠球之类的运动作为游戏，则是唐代的特点之一。射箭活动仍然继续以前时代的习惯做法，有时在苑内设有演射之场。

15.日本与中国的文化交流开始于中国隋朝时代。日本宇多天皇宽平六年(唐昭宗在位期间，895年)，当时的留学僧中瓘上书，向天皇报告：唐国衰弊，国内乱离，因此而停止派菅原道真遣唐。从那时以后，日本与唐的来往完全断绝了。在日本与中国唐朝互相交通来往的三百年中，日本派遣了吉备真备、阿部仲麿、慈觉大师、弘法大师等大学者和高僧到中国，日本吸收了唐代的全部文化。况且是在唐朝文化全盛时期，将正处于蓬勃发展中的文化传入了日本。在唐朝末期出现乱离淫乐以前就同中国断绝来往，这确实是日本的贤明之策。正因如此，日本未曾受到以后时代在中国发生的战乱的恶影响，而出现了文化灿烂的藤原时代，在建筑、工艺、造园等许多方面，日本的特点得以发展，其原因完全建立于此。

第十章　宋、辽、金时代

五代之世，中国中原地区有后梁、后唐、后晋、后汉、后周诸朝相继兴亡，而在中国北部、西部、南部则有十多个小国攻伐战乱，纷乱的局面延持八九十年之久。民众盼望太平治世，甚至后唐明宗也曾表示希望说："已非其器，愿天早生圣人以安天下。"五代最后一个朝代后周的皇帝世宗虽抱有为之才，但不得成功而死，他的儿子恭帝幼年即位，受到契丹的攻略，归德节度使赵匡胤担当防卫之任。那时恭帝年龄仅仅八岁，在国家遇到危急时一筹莫展。赵匡胤领兵进入当时的国都汴京的时候，受众将拥戴而称帝，建立了新王朝——宋朝，赵匡胤谥太祖。宋朝建都于汴京。五代时期的混乱局面至此而告终结。

宋太祖平定了诸国，鉴于唐末以来节度使掌握大权而形成军阀，于是为了消灭这一祸根而任用文职官员，将兵马财政大权逐渐收归中央掌管。他的国政方针总地说是采取温和性质的政策，反对唐末五代时期的寡廉鲜耻之风，反对不顾节操的思想行为，努力提倡节义廉耻之德。继宋太祖之后而登帝位的宋太宗也非常重视治平之道，注意关怀民间疾苦。因此，虽然宋朝兵力不强，屡受北方强族的攻伐，但仍然能够保持宋朝延续长达三百二十年之久。

辽为契丹族，建国于五代之世，到了辽圣宗时开始大举伐宋。宋真宗为了避其锐锋而打算逃到金陵去，但是宰相寇准力劝真宗皇帝亲征，一时士气大振，于是击败了辽的进攻。但是由于真宗的意向趋于退让，于是为了息事宁人而订立了合约，约定宋每年向辽赠送绢银，这就是史书上所说的澶渊之盟。订立了澶渊之盟以后大约四十年期间，宋、辽和平相处，并未发生争端。宋缩减军备，乐享太平。辽则攻取了今辽宁一带和朝鲜北部，势力日益强大。到了辽兴宗即位时期，又意图大举伐宋。宋在当时正苦于处理西夏用兵问题，北部边防薄弱，于是增加了向辽赠送绢银的数量，多赠岁币以免辽的进攻，以求相安无事。宋仁宗在位的时代，虽仍遭受西夏和辽的进攻，但还是采取和亲之策以避免干戈。宋仁宗为人恭俭，关心民众，奖励学术，当时贤臣名儒辈出，提倡"先天下之忧而忧、后天下之乐而乐"的范仲淹就生于这一时代。但是由于废皇后郭氏而引起权臣争利夺势，兵力衰弱，外交无能，财政困乏，致使国家陷入多事多难之境。续英宗之后，神宗即帝位，为了富国强兵，一雪多年的屈辱，遂任用王安石，实施新政。但是其结果反而带来损伤民力的后果，实际上未能取得预期的效果。神宗在位二十年而死。到了哲宗的时代，任用司马光为宰相，废止新法而复采旧制。从那时以后，新法和旧法的拥护者形成两派势力，一进一退，互有消长，一直延续到徽宗的时代。徽宗任用新法派的蔡京为宰相。蔡京任宰相职务二十年之久，专致力于设法使国库充实，但不考虑民力，并且劝徽宗行奢侈之事，大兴土木，利用运河将南方所产珍花奇石运到汴京，施加强迫征发漕运，这就是史书中所说的花石纲。徽宗自己笃信道教，崇爱道士，又擅长绘画，特别精于画花鸟。总之此人多才多艺，广富趣味，但是将政事完全废弃。

金出自女真族，建国于宋徽宗的时代。金太祖攻陷了辽的东京，进而威迫上京。宋徽宗与金通好，约定宋自南方攻打辽的南京，金自北方攻打辽的中京，结果把辽灭了。辽时，加上大同府合称五京，共有州军城一百五十六所，以及二百零九县。辽共传九帝，凡二百一十年；这一大国至此而亡，时为宋徽宗宣和元年(1119年)。在这次战争中，宋被辽击败，实由金一国之力灭辽，因此金轻视宋的国力，意图南下侵宋。徽宗在国家危难之际让位于其子，就是宋钦宗。宋虽赠送大量金银并割让大片土地给金以求和好，但不为金所容，金终于起兵围困了宋京汴京。金破汴京后，掠了城中的金银珠宝，并将徽钦二帝俘获，送到了会宁。宋臣立康王即帝位，就是高宗，改年号为建炎。

建炎元年(1127年)，高宗离开汴京到达江苏扬州，至此宋国开始南渡。后来高宗为了避金人追击而迁至杭州，又迁到江宁，后来回到杭州，建立临安府。在那以后，又迁往越州。在金军追击之下而逃至明州(宁波)。建炎四年迁至温州，后又返回越州。后来金人也不敢渡过长江攻打宋国，但是宋的四京汴京、洛阳、应天、大名完全落入金人之手。宋自迁至江浙一带以后，虽然一时出了岳飞，韩世忠等忠勇报国之士，但当时的政策总以妥协为主，所以忠勇之士失去发愤之志。高宗虽曾一度进至苏州，但后来又退归临安，并在临安建都。建都后开始营建宫殿，人们喜爱西湖的山明水秀，宋臣大多喜欢这个地方。高宗以后，孝宗即帝位，同时在金的方面是世宗即帝位，双方都任用贤臣，施行善政，以发展国力。虽然宋无力扭转多年来对金所处的劣势，但是其兴盛的文化得到继续发展；朱熹就是生于这个时代的人。后来历光宗、宁宗、理宗诸世，宋的国势日趋衰败。那时北方出现了比金更强大的蒙古，宋朝末年虽然出了文天祥那样的忠烈之士，但仍无法挽回其灭亡的命运，终于灭亡了(1280年)。

宋代园林的飞跃发展恰恰构成现代园林构筑的基础。为了说明这个问题，必须了解时代变迁的大体状况，因此才在这里加以介绍。如果把辽，金与宋一并进行文化史方面的论述，讲解更详尽，并将园林的发展加以对比，当然或许产生更深的趣味，但是这样一来将会讲述过多而嫌篇幅冗长，所以这里仅述其大略，下面即进入有关园林的正论。

第一节　汴京的宫苑

汴京　汴京就是河南开封。在唐朝时代，汴州对洛阳而言称为东都，亦称东京。后梁太祖的时代，升汴州为开封府，建成建昌宫。晋高祖将汴州的行宫改名为大宁宫。旧城周围二十里一百五十五步，即相当于汴州城。经过后汉到五代最后一代后周的皇帝世宗时，曾补修开封府。但那里仍然不是帝都的建筑制度。唐朝建中二年(781年)，节度使李勉重新修筑此城，国初时代称为阙城，亦称里城。新城是周世宗显德二年(955年)四月下诏另建的。新城周围四十八里二百二十三步，称为外城，又称为罗城。根据《宋史·地理志》的

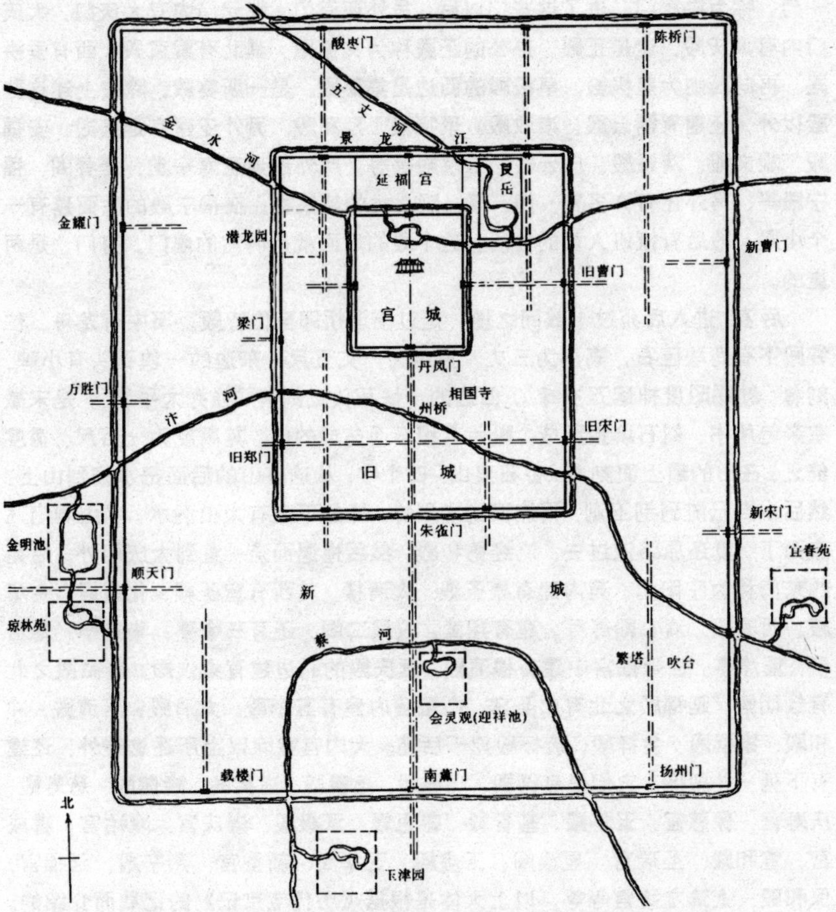

▲ 北宋东京城平面示意图　（摘自周维权《中国古典园林史》）

记载，旧城周围的里数仍如以前。东面有二门：望春门、丽景门。南面有三门：朱雀门、保康门、崇明门。西面有二门：宜秋门、阊阖门。北面有三门：景龙门、安远门、天波门。新城周围五十里一百六十五步。南面有三门：南薰门、宣化门、安上门。东面有二门：朝阳门、含辉门。西面有二门：顺天门、金辉门。北面有四门：通天门、长景门、永泰门、安肃门。除去这些门以外，还有几个汴河的水门。还有濠沟环绕，称为护龙河，其宽度十余丈，濠的内外两侧栽植杨柳树。

宋的大内宫室　宋以周之旧都为首都。建隆三年(961 年)扩展皇城的东北隅，命令有司画洛阳宫殿的图样，按此而修建，这样才把皇宫修建得壮丽起来。宋太宗雍熙三年(986 年)计划扩展宫城，下诏命令殿前指挥使刘延翰等人经营这项工程，但由于居民大多不愿拆迁而停止了这个计划。宫城周围五里。南面有三门：乾元门、左掖门、右掖门。东门为东华门，西门为西华门。北面有一门，称为拱宸门。进了这些门以后，另外还有门。乾元门内有大庆门，大庆门内有大庆殿，这是正殿。办公的正殿称为文德殿，其北有紫宸殿，西有垂拱殿，再向西则为皇极殿。皇极殿的西边是集英殿，是一所宴殿。除去上述这些殿以外，还建有需云殿、崇政殿、景福殿、延和殿。另外还建有延庆殿、安福殿、观文殿、清景殿、庆云殿、玉京殿等等。此外还建有寿宁堂、延春阁、福宁殿等，另外还有许多宫、门、楼，观之类的建筑物。在福宁殿的后面建有一个小殿，殿后有值班人员的住所，这个殿的后面就是内宫的墙门。有门，是两重的。

后苑 进入后苑过十数间之地，走过小溪桥即至仁智殿。溪中有龙舟。仁智殿下有两块巨石，高度为三丈，宽度为一丈五尺。东边的一块石头有小碑，刻着"敕赐昭度神运万岁峰"。西边的一块石头上刻着"独秀太平岩"，是宋徽宗亲笔所书，刻石填金而成。殿后有积石而垒成的山，其高度为一百尺，宽度倍之。在山的最上面刻着"香石泉山"四个字。从这座山的后面把水扬到山上，然后水自己流到荆玉涧，再流而到涌翠峰。峰的下面有太山洞水，水由洞门飞流而下，复还原路流过去，流经德和殿，然后迤逦而流，直到大庆门外。后苑的东门称为宁阳门。苑内建有崇圣殿、太清楼。其西有宜圣殿、化成殿、金华殿、西凉殿、清心殿等等。建有翔鸾、仪凤二阁，还有三个亭：华景亭、翠若亭、瑶津亭。在延福宫中建有穆清殿。延庆殿的北边建有柔仪殿。崇徽殿之北有钦明殿。延福殿之北有广圣宫。广圣宫内建有五个殿：太清殿、玉清殿、冲和殿、集福殿、会祥殿。流杯殿建于后苑。大内宫室除以上所述这些外，还建有下列一些殿阁，它们是慈德殿、观稼殿、延羲殿，迩英阁、隆儒殿、慈寿殿，庆寿宫、保慈宫、玉华殿、基春殿、睿思殿、承极殿、崇庆宫、隆祐宫、睿成宫、宣和殿、圣瑞宫、显谟阁、玉虚殿、玉华阁、新蚕宫、燕宁殿、延福宫、保和殿、上清宝箓宫等等。以上大体是根据《历代宅京记》的记载而介绍的。在这些宫殿楼阁之间的空地上，建有园林，修阁造亭，栽种大片竹林，引水流于其下，开凿圆地而成海，跨海建二亭，架石梁以登。又疏泉而成湖，湖中筑堤，建亭相接。在堤上筑梁以通于湖，又在梁上建茅亭，遍种名花异草，其幽胜宛如天然生成的一般。这是文献记载中描写的园林状况。从这个记载看，那里的园林似乎是规模很小的，建造得极尽技巧。

万岁山艮岳 这是宋徽宗在极度奢侈之下建造成的，也是宋朝时代假山园林中非常精美的一处。在各种文献中可以看到有关艮岳风景的种种叙述，皇帝也亲自撰写文章大加称赞。我们这里不评论宋徽宗建艮岳的是非功过，而是读这些文献时觉得可以由此而领会宋代园林构造的特点。从这些文献中摘录一段话，介绍于下。

艮岳寿山位于汴旧城(里城)的东北隅。宋徽宗原来没有子嗣，后来听道士的话，在京城的东北隅建成冈阜数仞，从那以后，后宫生子逐渐多起来，宋徽宗非常喜欢。因此，命令户部侍郎孟揆在上清宝箓宫的东边筑山，模仿余杭的凤凰山的样子，称为万岁山，后来改名称为艮岳。这是宋徽宗政和七年

(1117年)的事。这座山的周围十余里，其最高的一峰高度为九十步，峰上建有介亭。分为东西二岭，紧与南山相接。在山的东边，建有萼绿华堂书馆、八仙馆、紫石岩、真蹬揽秀轩、龙吟堂。在山的南边，寿山两峰并峙，有雁池噰噰亭。在山的西边，建有药寮、西庄、巢云亭、白龙沜、濯龙峡；还建有三个亭：蟠秀亭、练光亭、跨云亭。其下有平地，开凿成大方沼。在沼中筑有两个洲，在东边的洲上建亭，称为芦渚浮阳亭；在西边的洲上建亭，称为梅渚雪浪亭。西流而为凤池，东出而为雁池。其中分为二馆，东边的称为流碧馆，西边的称为环山馆。建有巢凤阁和三秀堂。东池的后面有挥雪亭，从亭后沿磴道而上，就达到介亭。介亭的左边建有极目亭和萧森亭；介亭的右边建有丽雪亭。从北面半山上可以俯望景龙江。引北江的上流注于山涧，往西行则有漱琼轩。如果从山石之间向前走，则可到炼丹凝真观和园山亭。由此向下眺望江际，可以看见高阳酒肆和清斯阁。北岸建有胜筠庵、蹑云台、消闲馆、飞岭亭。其支流另建为山庄，形成回溪。又在南山之外筑小山，横亘二里，称为芙蓉城，修建得极为巧妙。此外在景龙江外诸馆舍尤为精致，在北边，靠瑶华宫之地凿成大池，名为曲江池。池中筑堂，称为蓬壶。在西边，自天波门桥引水一直向西，差不多有半里之远，江流折向南方，再向北折，再向南折，通过阊阖门，建复道，通到茂德帝的姬宅，北折经过四五里，这属于龙德宫。宣和四年，宋徽宗亲自撰写了《艮岳记》。因为山在国之艮位，所以称为艮岳。岳的正门称为阳华门，所以也称为阳华宫。早先有个叫做朱勔的人从太湖采取石头，高度和宽度都有数丈，用大船运载，用千余人牵挽拉船，凿开城墙，拆断桥梁，毁堰折墙，经过几个月才运到。恰好那时取得燕地，因而赐号为昭功敷庆神运石，立于万岁山，在石旁种了两株桧树。这两株桧树中，有一株呈天矫之状，命名为朝日升龙之桧；另一株桧树呈滬蹇之状，命名为卧云伏龙之桧。皆以玉牌填金写字书名。岩叫做玉京独秀太平岩，峰叫做庆云万态奇峰。又建了一座绛霄楼，其势极为高峻，极尽工艺之巧。后来宦官们又不断增建，山林岩壑日益高深，亭榭楼阁不可胜纪。四方各地所产的花草竹木和各样奇石尽皆萃集于此，珍禽异兽无所不有。宣和五年，有灵芝产于艮岳的万寿峰，于是改名称寿岳，又称寿山。那时蔡京的儿子蔡攸受宋徽宗宠爱，时常来见皇帝，对皇帝说："人主当以四海为家，太平为娱，岂徒自劳苦哉。"于是徽宗时常微行出游，命令把苑囿多设村居野店，每遇夜静秋风一起，禽兽的啼叫声响四彻，宛如居于山林陂泽之间。有识者知为不祥之兆。宋徽宗晚年惊虑苑囿太多使国力支持不住，说了几次表示不高兴的话，由此才稍稍停止。后来金人再来，围城日久，钦宗下令尽取山禽水鸟十余万只投放在汴河中。拆毁房屋，取木材当燃料。凿石为炮，伐竹为篱。又把苑囿中的大鹿数千头悉数杀死，供卫士食用。根据以上所介绍的记载，可知宋代繁华至于极点的苑园寿岳，也只是随着宋徽宗的灭亡而烟消云散于一旦之间了。

关于运石于艮岳的情景，在《古今图书集成》中有一段引自《癸辛杂识》的记载，从这段话可以窥见宋代花石纲的大体状况，今转引于下："艮岳之取石也，其大而穿透者远必虑有损折。近闻汴京父老云，其方法乃先以胶泥实填众窍，其外复以麻筋杂泥固济之，使成圆混，日晒则极坚实。始用大木为车致舟中直俟抵京。然后浸之水中，泥土旋去，则省人力无他虑。此法甚奇，前所未闻。又云，万岁山大洞数十，其洞中皆筑以雄黄及卢甘石。雄黄则辟蛇虺，卢甘石则天阴也，能云雾滃郁如致深山穷谷。后有经官折卖而回者，回知之因请买之，得雄黄凡数千钧，卢甘石数万斤也。"

《名胜古迹大观》中关于艮岳有下面的记载："艮岳在开封县城内之东北隅，初名凤凰山，后改名曰寿山。宋徽宗筑。奇峰怪石，古木异卉，亭榭池馆，均一时极胜。后为金兵所毁。元时重修之，不能复其旧观。今花木枯谢，惟怪石尚存。"艮岳到了后世已经完全归于荒废，当时的面貌已经完全不复存在了。以上是文献记述。

第二节　汴京城的园池

宋朝时代北部边防困难，常受侵犯，由于支付岁币而使财政困乏，国家艰困。但是从文化方面看，则继唐代之后而发展极为隆盛。宋朝虽然处于多事多难的困境中，但终于能够延续三百余年之久，可以认为主要是靠文化之力。南宋时代以朱熹为首的有识之士，无不品德端正而且长于诗文。在北宋时代，有王安石、司马光、苏轼、黄庭坚、秦观、欧阳修等知名之士，南宋时代则除朱熹外还有杨万里、范成大、陆游等名人。我们只要从这些名家的诗文中寻找关于宋代园林的记述，就能看出当时的情景。翻阅《汴京遗迹志》卷八，可以看到有关汴京园林胜地的记载非常多。根据这些记载，即可了解宋代园林的风格。

芳林园　位于固子门里的东北方。宋太宗在晋邸的时候，宋太祖将这个地方赐给他营建园林。太祖死后，太宗继承帝位。太宗称这个地方为潜龙园。园内有池沼。淳化三年(992年)皇帝来池边游幸，对近臣们说：当初为京尹的时候，闲暇时常常到池上来饮酒，现在池边的树已然长成乔木了。说着又对教坊使郭守忠说：从前你们作为乐童跟随我身边，现在也已经白头发了。光阴怎么过得这样快呀！于是登上水心亭演习弓箭。凡是中的者，皇帝亲自斟酒满杯，命一饮而尽，喝得群臣都醉了。后来扩展重修了这个园，称为芳林园。芳林园后遭金兵拆毁。现已不知其所在了。

琼林苑　位于城西的郑门外，俗称为青城。宋朝时代建此园，作为饮宴进士的处所。琼林苑与金明池南北相对。苑中松柏森列，百花芬郁。在这个苑的东南隅有华觜冈，是政和年间开始修建的。华觜冈的高度数十丈，冈上建有横观层楼，金碧相射。在楼的下方，有锦石缠道，宝砌池塘，柳锁虹桥，花萦凤舸。除此以外，还建有明池、梅亭、牡丹亭等等。建筑物甚多，不可胜数。

迎春苑　位于丽景门外的东北方，从前称为东御苑。迎春苑是宋朝初年饮宴进士的处所。宋朝时代每年在这个苑内迎春。后来改为富国仓。

宜春苑　有两处宜春园。一个位于固子门外，宋朝人称它为西御园。另一个位于丽景门外，称为东御苑。

王安石有一首诗描写宜春苑，录之如下：

宜春旧台沼，日暮一登临。解带行苍鲜，移鞍坐绿阴。树疏啼鸟远，水静落花深。无复增修事，君王惜费金。

牧苑　位于陈桥的东北。宋朝时代这里是牧养马驼牛羊的处所。

以上这些苑囿都被金、元兵所毁，现在已经找不到它们的旧址了。

蓬池　位于城东。在春秋时代，这里是宋国的蓬泽。这个池弥漫达阔，向南到达尉氏地界。池下有温泉。

金明池　位于城西郑门外的西北方。池的周围有九里余。五代周世宗显德四年的时候，打算攻伐南唐，因而开凿这个池，以练习水战。到了宋朝，太宗曾于太平兴国七年(982年)到这个池观看水战演习。宋徽宗政和年间，在池中建殿宇。池门之内，沿南岸向西一百余步的地方，建有临水殿，向北一百余步的地方，建有仙桥。仙桥建成朱漆栏楯，下排雁柱，桥的中央部隆起而呈飞虹状。在桥的尽头处，殿正建在池中。池的四岸建有石甃，南面有高台，台上建有横观，其宽度为一百丈左右，名称为宝津楼。宝津楼的南边有宴殿，宴殿的

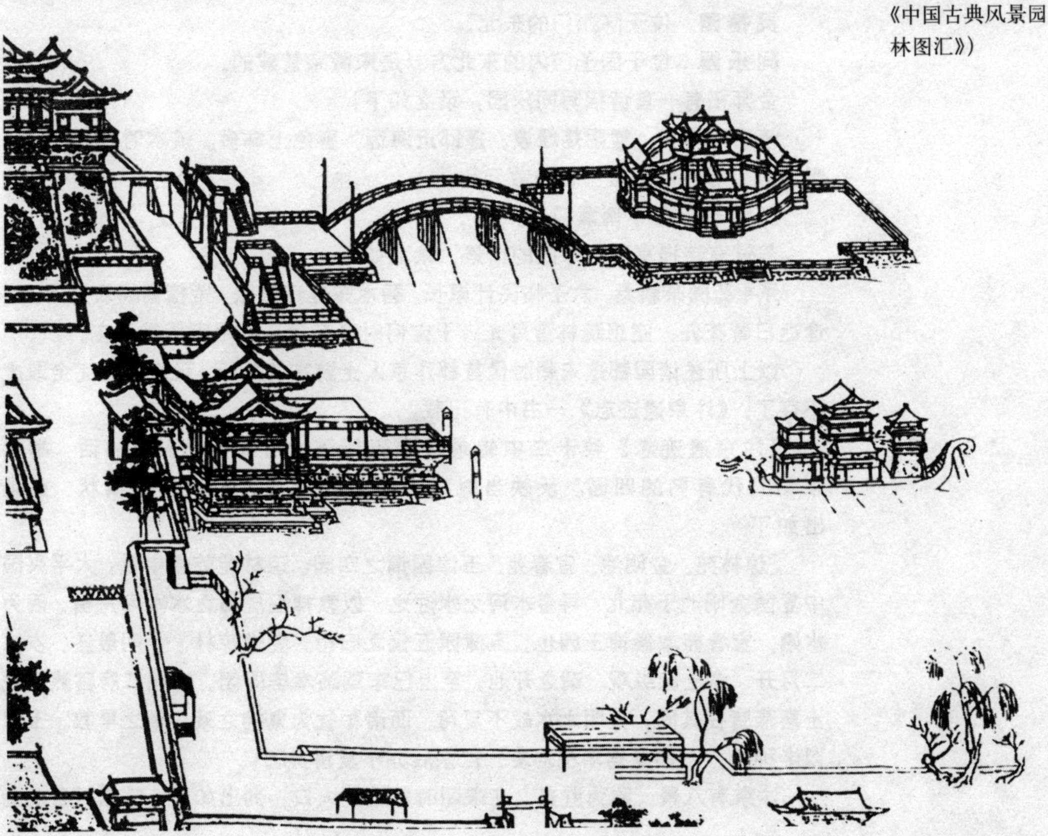

▼ 宋金明池夺标图版画（摘自《中国古典风景园林图汇》）

西边有射殿。它的南面有横街牙道柳径，是首都人士击球的场所。皇帝车驾临幸此处，观看骑射百戏。后来这个池被金兵毁了。

李昭玘有诗描写春天游金明池的情景，录之如下：

日有江湖思，坐无车马尘。横桥自照水，啼鸟不惊人。辇路晴飞絮，宫墙暗锁春。多情老园吏，溷地喜相亲。

方池圆池 位于南薰门外玉津园的旁边。是宋朝皇帝临幸游赏之所。

迎祥池 位于普济水门西，是宋真宗时开凿的。

莲花池 有两个莲花池。一个池在城北的时和保，另一个池在城西的永安保。

凝碧池 位于陈州门里繁台的东南。在唐朝时代是牧泽，宋真宗的时候改建为池。

下松园 位于城西郑门外。

药朵园、养种园 这两个园都位于城西的水门外。

一文佛园 位于城的西南方。

马季良园 位于里城外西南方。

景初园 位于城南的凤城冈。

奉灵园 位于陈州门内的西北方。

灵禧园 位于陈州门的东北。

同乐园 位于固子门内的东北方。是宋徽宗营建的。

金师拓有一首诗描写同乐园，录之如下：

晴日明华构，繁阴荡绿波。蓬邱沧海远，春色上林多。流水时虽逝，迁莺暖自歌。可怜欢乐极，征鼓散云和。

玉津园 位于南薰门外。

苏轼有诗描写游玉津园的情景，录之如下：

承平苑囿杂耕桑，六圣临民计虑长。碧水东连还旧派，紫檀南峙表连冈。不逢迟日莺花乱，空想疏林雪月光。于亩何时窥帝籍，斜阳寂历锁云庄。

以上所述诸园都是宋朝时代首都汴京人士游赏的处所，现在已经完全毁废不存了。《汴京遗迹志》一书中有记载。

《汴京遗迹志》卷十二中转录叶少蕴所著《石林燕语》中的话，举出宋朝时代有名的四园，反映当时皇帝游幸和首都人士清游的情状，兹录出如下：

"琼林苑、金明池、宜春苑、玉津园谓之四园。琼林苑乾德中置。太平兴国中复凿金明池于苑北，导金水河之水注之，以教神卫虎翼之水军习舟楫，因为水嬉。宜春苑本秦悼王园也。玉津园五代之旧也。金惟琼林、金明最盛。岁以二月开，命士庶纵观，谓之开池。至上巳车驾临幸毕即闭。岁赐二府宫燕及进士喜燕皆在其间。金明之水战不复习，而诸军犹为鬼神之戏，谓之旱教。玉津以半种麦，每仲夏驾幸观刈麦，仁宗后亦不复讲矣"。

汴京有八景，称为胜景，在宋朝时代脍炙人口，列出如下：铁塔行云、金池过雨、州桥明月、大河涛声、繁台春晓、汴水秋风，隋堤烟柳、相国霜钟。另外还有八胜，列出如下：艮岳春云、夷山夕照、金梁晓月、资圣薰风、百冈冬雪、吹台秋雨、宴台瑞霭、牧苑新晴。从这些名称看，其文字已经表达出景色之美，可以说同时反映出四季的变化。

汴京城自从宋太祖定都以来，经过了一百六十余年，遭到金兵焚毁而成灰烬。宋代文化继承唐代之后，到了宋徽宗奢华至于极点时，文化的发展也达到了兴盛的顶峰。在那个时代里，营建了万岁山艮岳，以及都城内外的一些园池，但是就其构建的规模而论，总地说是比不上唐代长安、洛阳的苑林，不过总是具备了相当程度的形式。

第三节　关于宋代的洛阳及《洛阳名园记》

洛阳地方园池甚多。宋朝的李格非（李文叔）写了一部《洛阳名园记》传留后世，这可以说是为中国园林的研究建立了光明的灯塔，仔细阅读这部著作，使我们十分详细地了解宋朝时代园林构筑的兴盛状况。但是《洛阳名园记》中讲述的园林并非全是建于宋朝一个时代，有些则属于隋唐时代之物。洛阳这个城市在唐朝和宋朝虽然不是国都，但是它从隋代以来已经是个地位很重的城市，到了后唐时，李存勖曾一度建都洛阳。洛阳一地在几个朝代多为别都或离都，受到格外的重视。不少有识之士以及功成名就的人，打算安居读书写作而选择地点构筑第宅时，大多愿意定居于洛阳。自隋代以后，洛阳虽不似首都那样豪华，但是洛阳的园林经过这些文人动笔描写而大传于后世。了解洛阳城经历唐代而进入宋代以后的状况如何，是为了证明《洛阳名园记》的记载所必需的，这可以参考《宋史·地理志》。

宋朝时代的洛阳对汴京而言，称为西京。唐、宋时代诸皇帝的山陵以及名臣的坟墓有不少是在洛阳的。洛阳宫城的周围九里三百步。城南面有三个门，称为五凤楼、兴教门、光政门。东门称为苍龙门，西门称为金虎门，北门称为拱宸门。在这些门的里面还各有门。正殿称为太极殿，殿前建日月之楼，有日华门和月华门。太极殿的后面建有一些殿，计有武德殿、文明殿、垂拱殿、天福殿、太清殿、思政殿、延春殿、广寿殿、明德殿、天和殿、崇徽殿、金銮殿、寿昌殿、玉华殿、长寿殿、甘露殿、乾阳殿、善兴殿、射弓殿、含光殿、讲武殿等等，由廊门互相连通。在讲武殿的北面又有殿，与内园相对。还有长春殿、淑景亭、十字亭、九江池、砌台、娑罗亭。在营城的东边和西边有夹城，各有三里多，东面有二门，南面和北面各有一门，西面有三门。宫室一共有九千九百九十余区。夹城之内和内城的北部，都是左右禁军所驻之所。皇城周围十八里二百五十八步。南面有三门，东面有一门，西面有三门，北面有一门。皇城内设诸司衙署。京城周围五十二里九十六步，是隋朝大业元年筑成的，到了唐朝长寿二年加以增修。皇城南面有三门，东面有三门，西面有一门，北面有二门。宋朝政和元年重修大内，六年九月完工，徽宗命诸陵有司预谒，以为西幸之备。因为一千间殿阁涂用真漆，所以增加工程费用。涂漆需用骨灰打底子，使灰的价钱日益增高，于是将城外四郊的坟墓尽皆发掘，挖取死人骨头烧成灰，以供上漆打底子用。记载中这样说，虽然不知所说的究竟是真是假，但是宋徽宗的时代为了防御辽、金的入侵，加以皇帝奢侈无度，所以给民众带来极大祸害。洛阳自隋、唐以来久已是一座极负盛名的城市，到了宋徽宗时代，竟在战争中遭到金兵的惨重破坏，再也看不见昔日的面貌了。

阅读《洛阳名园记》一书，我们可以看出，中国园林的发展自从唐代以后发生了一个转变。在唐朝时代以前，园林都是王侯及其有关诸贵族所营建的。到了唐朝和宋朝时代，一般的有识之士和文人雅士们在洛阳营建园林，园林的爱好和营建趋于普及，这个趋势明显起来，这一点是很重要的。读了这部著作所得的收获还不止于此，读了它，我们自己宛如在园林中曳杖运步一般，得以追思当时通行的园林构筑的实质及其变化的奥妙，得以体会唐宋之世文人学士观赏园林的高尚意境。因此，《洛阳名园记》是一部宝贵的著作。考虑如果摘要介绍这部著作也许反而会失去其主旨，所以虽然不免烦冗，仍照录全文而不做摘录。

富郑公园　洛阳地方园池很多，自隋、唐时代的旧园沿至今日的，只有富郑公园离城最近，而且景物最胜。游这个园的人自其第宅向东去，出探春亭，登四景堂，即可全面浏览一园的胜景。向南渡，过津桥，上方流亭，望看紫筑堂。返回向右走，在花木中盘旋行走一百余步，走过荫樾亭和赏幽台，到重波轩而止。一直向北走即到土筠洞。由此进入大竹中。凡是所谓洞，均是斩竹丈许，引流穿之，而于其上为径。横为洞者有一个，称为土筠。纵为洞者有三个，称为水筠、石筠、榭筠。经过四洞的北方，有五个亭子，错列于竹中，这五个亭子称为丛玉亭、披风亭、漪岚亭、夹竹亭、兼山亭。稍往南走有梅台，再往南走则有天光台，台高出竹木的梢。沿着洞的南面向东走，就回到卧云堂。卧云堂与四景堂一南一北，相并而立。左右两座山背压通流，如果坐在那里，即可拥有一园之胜。郑公办理政事回来，一归第宅，就谢绝一切宾客，自己在此园中休息，这样几乎二十年之久。这个园里的亭榭花木皆出自其本人亲自设计，所以"逶迤冲直，闿爽深密，皆曲有奥思"。

董氏西园　董氏西园中的亭台花木不成行列，因为它是不断增修而成的，每年增添景物，每月都有增建。一进南门，则有三座堂相望而建，稍位于西边的一座堂位于大池之间。过了小桥，有一个高台。再向西去，在一堂竹环中有石，芙蓉之水自其花间涌出。打开轩窗，四面甚为宽敞，在盛夏炎热的季节也不见日晒。清风忽而吹来，留而不去。幽禽静鸣，各夸得意。这样的山林之景，在洛阳城中就能得到了。有一条小路与池相通，池的南面有堂，面对高亭。堂虽然并不宽大，但是屈曲甚深，游人到这个地方往往迷失道路，这是否从前所说的迷楼之类的地方？（《古今诗话》中说："炀帝时，新宫既成，帝幸之，曰：使真仙游此，亦当自迷。乃名迷楼。"）

董氏东园　董氏是洛阳城中财产最富的人家。元丰年间，县官亏少钱粮，尽将董氏田宅籍没入宫，从此洛阳城内的这两个园荒芜而无人修治；不过东园的规模尚堪观赏。一进北门，有栝树可达十围，所结子实像松子，而且香甜。过去以后，有堂室可以住人。董氏兴盛的时候，每当载歌舞游，醉而不能回去，就在这里居住数十日。南面有破屋遗址，只有流杯、寸碧二亭尚保完整。西边有大池，池中建一堂，称为含碧水，四面向池中喷泄而出，朝夕如飞瀑一般，但是池水不溢。洛阳人饮酒大醉的时候，一走进这个堂内即醒，所以俗呼之为醒酒池。

环溪　环溪王开府宅，其园甚为雅洁华美。靠着亭的南面有个池，池水向左右分流，向北流过凉榭，池水又合流而成大池。因为池水如环状，所以称为环溪。在榭的南边建有多景楼，登楼向南方望去，则可望见龙门、大谷、翠献等奇景。榭的北边建有风月台，由此北望，则可望见隋唐时的宫阙楼殿，千门万户，岧峣璀璨，延绵十余里。可以说凡左太冲尽十余年之力而赋者，尽可一览无遗。西面有锦厅秀野台。园中栽植松桧花木千株，皆分门别类而列。园中有岛隝，可以张幄。其宏大壮丽在洛阳可属第一。

刘氏园　刘给事园凉堂高卑，制度适宜。懂建筑的人看见说：近年来的建筑物都趋向于峻立，所以居者不便，而且易于损坏，只有这个堂建造得正合规律。园的西南方有个台，这一带建得非常精致。周围十多丈，有楼有堂，廊庑环绕，四周有栏干，栽着各种树木，花卉吐艳，景致非常好。洛阳人称之为刘氏小景。现在分成了两个园，比不上别的园了。

▼ 莲性寺 清版画
（摘自《中国古典风景园林图汇》）

▲ 趣园 清版画
(摘自《中国古典风景园林图汇》)

丛春园 是时任门下侍郎安公从尹岑寂氏手中买来的。园中乔木森然，各种树木如桐梓桧柏等，都是按行按列栽种着。大亭有个业春亭，高亭有个先春亭。业春亭高出于荼蘼架之上，向北可以望见洛水。洛水自西方汹涌奔激地向东流，天津桥是用石头叠砌而成的，从正面迎着水流，承受奔涛。桥下以大石铺底，水流争相喷出，形成霜雪似的一层，其声响在数里以外即可听见。《洛阳名园记》的作者说他本人曾于冬天的夜里登上丛春亭，久久地静听洛水奔流的响声，觉得清冽侵人骨髓，不可在那里停留，于是走开了。

天王院花园子 洛阳的花有许多种类，只有牡丹称为花王。凡是园子都种植牡丹，而只有这一处称为花院。其原因就是这里的亭池中栽种牡丹数十万棵，凡是城里靠着卖花为生的人都以此处为家。一到花开时节，他们就张幄列幕，开设市肆，在其中奏乐，这时城中男女老少从早到晚前来游玩。花开季节一过，这里又变成一片废墟，只剩下破墙残灶之类而已。现在牡丹滋生日益繁盛，而且姚黄魏紫一枝价值千钱，娥黄更买不到。

归仁园 归仁是坊名，归仁园占满这一坊之地，宽一里有余。园的北部种着牡丹和芍药千株，园子的当中种着竹子百亩，园的南面栽种着桃树和李树。这个园可远远地望见唐朝宰相牛僧孺的园子。七里桧是园中的古树。这个园现归中书李侍郎所有，在园中建了亭子。洛阳城方五十余里，城中有不少大的园池，其中最大的就是这个园。《通志》中记载说：唐朝宰相牛僧孺建一园，宋朝宰相李昉在园内建亭。

苗师园 节度使苗侯做了高官以后，打算选择国中最好的地方定居，得洛阳河南园，宅又号最佳处。后来得了唐朝开元、天宝年间的宰相王溥的园子，于是施工构筑。这是个古老的园子，其中的景物极为苍老。加意修饰，想使它超出诸园之上。园内旧有两棵七叶树，二树对峙，高度达一百尺，春夏季时望之如同两座山似的。后来在树的北边建堂，种竹万余竿，都达到二三围，疎筠琅玕好像碧玉之椽。后来在竹林的南边建了一个亭子，其东有水，水是从伊水流来的，可以浮泛载重十石的船。后来建一亭，沿溪有七棵大松树，引水环绕而流，池里适合栽种莲荇。又建一水轩，设板出于水上而与轩相对，建有桥亭，其规模甚为豪华。虽然如此，仍不及王丞相故园那样极尽精美。水的东方为龙图阁赵氏；在其间大规模构筑第宅园池。稍向北去的地方称为郏鄏，七丞相第、文潞公程丞相宅建于该地，旁边皆有池亭，只有赵韩王的园子可与诸园并列。

赵韩王园　这是国初奉皇帝的诏命而营建的，所以其设计和制作几乎与皇宫不相上下。韩王在太师任上归第后一百天死去，子孙皆住家京师，所以

◀ 白鹤峰　清版画（摘自《中国古典风景园林图汇》）

没有人到这个故园中去，平常总是锁着。这个园里有高亭大榭，种满了各种花草树木。

李氏仁丰园 有花木一百余种。洛阳擅长于繁殖花卉的良工巧匠，把各种颜色的花互相嫁接，培养出奇花异草，夺造化之妙；而且一年一年地不断增加新的类型。桃、李、梅、杏、莲等各有数十种，牡丹和芍药则在一百种以上。又从远地收集紫兰、茉莉、琼花、山茶等花卉。这些花很不易栽种，但只要一种在洛阳，就能与土产无异。因此，洛阳的园圃中有千余种花木。位于甘露院东面的李氏园加工修整得十分精致，而且种植着洛阳所有的花木。园中建有五个亭：四并亭、迎翠亭、濯缨亭，观德亭、超然亭。

松岛 松、柏、枞、杉、桧、栝都是良好的树木，而在洛阳则专爱栝而敬松。松岛上有数百年的松树。在东南隅有双松，尤为奇特。在唐朝时代，该地是袁象先园，到了宋朝时代，归李文定公丞相所有；后来成为吴氏园，已经传了三代。园内的亭榭池沼修整得十分精美，各种建筑物的周围种植着竹子和树木。园的南面筑台，园的北面建堂，东北面称为道院。再往东有个池子，池的前边和后边，紧靠着池旁建有亭子。亭的东面由大渠从外边引入园内，清泉细流通往各处，各处都有小水。虽然别的州郡也有松树，而洛阳的松树特别有名气。

东园 文潞公的东园本来是个药圃。东城的水泛滥很大很广，乘舟而游就好像泛于江湖之上一样。有两个堂建于水中，一个叫做渊映堂，另一个叫

▼ 冶春诗社　版画（摘自《中国古典风景园林图汇》）

▲ 西园曲水　版画（摘自《中国古典风景园林图汇》）

做濯水堂。在药圃与二堂间列水石，其西离开宅院有一里多路。潞公官居太师，年九十多岁的时候还时常策杖游于园中。

紫金台张氏园　位于城东偏北。张氏园也是处于水流环绕之中，而且极富竹木，建有四个亭子。《河图志》中所说的"黄帝坐于元扈台"以及郭璞所说"在洛汭"或许就是这个地方。

水北胡氏园　水北的胡氏二园相距十余步，位于邙山的山麓，浐水从其旁边流过。在岸边开凿两个土室，深度有一百余尺，坚固完整，就如同塑砌而成的一样。一打开轩窗，即见前方临水。如果浅水轻流，则发出呜漱之声；如果水流湍瀑，则发出奔驶之响。都是非常可爱的。建有台榭，栽植花木，这些都在两个土室的东边。登览徜徉俯瞰，得见景色如天授地设者一般，其巧致不是人力所能做到的。洛阳只有这个园能达到如此精美。不过园中亭台的名称都不足道，一提这些名称反而乱其实际。就以其台而论，有个台称为望月台。四望可及一百余里，颍、伊诸水绕洛而流于其间。园中林木荟蔚，烟云掩映，高楼曲榭时隐时现，真可以说画家极费思索也难画出来。有个庵，庵内栽有松桧藤葛，打开旁窗就望见望月台；从松桧树间攀开藤葛就能看见。这个庵称为学古庵。由此可见，这个园内的建筑物的名称与其实际不相符合。这里提到的望月台和学古庵就是这类名实不符的例子。

大字寺园　这是唐朝的白乐天的园子。白乐天曾说他自己有第宅在履道坊。宅地五亩，有十亩园子，有一个水池，种着千竿竹子。这话说的就是这个园。后来张氏得其一半，建成会隐园。园中之水和竹在洛阳称为第一。如果拿着图察看，则可以指出某堂有某水，某亭有某水，某水某木至今犹存，但是那些堂、那些亭之类，则已看不见遗迹了。园中尚存许多白乐天的石刻。

独乐园 司马温公在洛阳自号迂叟，称其园为独乐园。这个独乐园很狭小，比不上别的园子，其中有十几个读书堂。亭子很小，可以玩水种竹。轩堂更小，称为见山轩。台高不过寻丈，称为钓鱼台。庵叫做采药庵。司马温公亲自写了序。关于诸亭台的诗有不少流传于世。人们景仰司马温公的人品，而不在于喜爱这个园子。

湖园 洛阳人说，园圃之胜有六点是不能兼备的。务宏大者少幽邃，胜人力者少苍古，多水泉者难眺望。能够兼备这六个优点者只有湖园这一处而已。这就是兼六之名的出处。《洛阳名园记》的著者说他自己曾游于湖园，因而相信这个说法。这里在唐朝时代原来是裴晋公宅园，园中有湖，湖中有堂，称为百花洲。名称是旧称，堂则是新堂。湖的北面有个大堂，称为四并堂。这个名称虽不特殊，实际却是有余。建有一亭，名叫迎晖亭，截然而立于湖的右侧。横池而过，披开林莽，沿小径而行，然后就走到梅台知止庵。从竹径往这里看，感觉超然。登上梅台，则见环翠亭修然而立。由此前行，则见渺渺重邃，花草极为茂盛。继续前进，前面有翠樾轩，据池亭之胜。其大致如上所述。至于园内百花争艳，树木林阴，池水宁静，鱼跃鸟鸣，蜂蝶飞舞等等，虽然四季各有不同，但景物美好总是长年不断的；这一切记不胜记。

吕文穆园 伊水与洛水由东南方分开而注入南城河中。在这两条河中，伊水特别清澈，所以营建园池喜欢得到伊水。如果处于伊河上游，则全年不会受到枯涸之害。这个吕文穆园就处于伊水上游，树木甚盛，竹林繁茂。园中有三座亭，其中有一亭建于池中，两个亭建于池外。跨池建桥相通。

此外，洛阳还有别的园池，特别值得提的是大隐庄的梅杨，还有侍郎园的流杯和师子园。梅是一种早梅，香而且大，据说是从大庾岭移到这里来的梅树。流杯的水流得很急，但是不溅往别处。师子不是石头的，这是它的奇异之处，入地数十尺。考察其地，可能是武后天枢销铄未尽之物。除这些以外，还有嘉猷会节恭安等溪园，都是隋朝和唐朝时代的官园，已经荒废而变成耕地，种着桑麻之类。园虽已废而无存，但宫殿池沼以及当时的盛会仍成为习俗而传下来，老年人还能认出它们的遗址。注意盛衰之道的人们游于此处，则可观看事物变化之无常，时光飞速即逝，引起很大的感慨。

以上是引自《洛阳名园记》中的记载。

阅读清朝康熙、乾隆时代皇帝敕命编纂的《通志》、《县志》之类的书籍，发现这些书中记载着关于园林和第宅的史料。这些第宅与园林构筑有着极为密切的关系，但是这类书籍中的叙述总是按着固定的方式进行，就是说总是着重谈论第宅主人的事迹和沿革，而从中难以看出关于第宅园林构筑的重要内容，因此在这些书籍中找不到上述各章节所叙述的资料。翻看《河南通志》中关于河南府的部分中，列举宋朝时代以前者共三十种。在开封府、归德府、彰德府、卫辉府等部分中，也各有一些这类的记述。但是翻阅《洛阳县志》则完全是另一种状况。书中先列出园，然后则列出庄、轩、斋、洞石，分门别类而列。不但

▲ 山近轩　清版画（摘自《中国古典风景园林图汇》）

这种叙述方法是其他诸书中所没有的，而且有助于深入了解洛阳的园林。因此，在介绍了《洛阳名园记》之后，特将《洛阳县志》的记载简单谈谈。

庄　周太平庄在县南十里左右之处，本是苏秦的故里。唐午桥庄在县南十二里的地方，原来是晋公庄。平泉庄是李相国的住宅，离洛阳城三十里。平泉庄内种植的花木以及修建的台榭就像神仙洞府一般。有个虚槛，前面引来泉水，萦回穿凿，象征巴峡洞庭十三峰，直到海门为止，处处隐现云霞、龙凤、草木之形。宋司马庄位于县东南二十里的地方，或许就是独乐园的旧址。相公庄在吕文穆公故里，位于县东南三十五里处。白莲庄即钱文僖的旧庄。在《六一居士集》中有记载。明白鹿庄在县的东北边三十里之处，位于邙山上。史书中记载说魏世祖太平真君八年有人自洛州来献白鹿，或许就是从这个地方得到的。象庄在县的东北方二十五里之处，庄的南边有一个石像，其大如大房一般，大概是汉代皇帝陵墓的遗物。

轩　宋朝时代的重波轩在富郑公园内。竹轩在西京一僧寺的院子后面，有竹林。文潞公非常喜爱此处。寺里的僧人请求文潞公给此处题一匾额。文潞公回家去好几天，总想不出一个佳名。后来过了半年之久，才题其名为竹园。词虽质朴，但十分确切。翠樾轩在湖园内。

斋　梁萧斋和宋六有斋，从略。

庵　宋花庵是司马温公营建的，位于廨舍的东边。钓鱼庵在独乐园内。学古庵在胡氏园内。知止庵在湖园内。明澹然庵在瀍水西，是邑人刘赞所建的。

洞　古金像洞是伊阙的西岩，在《唐枢游记》中有记载。双塔洞有东岩洞和门石塔二所。莲花洞的西岩洞顶是莲花宝，方圆有一丈多。锣鼓洞在西岩旁有飞泉，风一吹就发出响声。宾阳洞又叫做铎鼓洞，两山上有石佛，别处没有这样大的。石经洞在东岩上下四面刻着佛书，有亿万字之多。以上这些洞都在伊阙。丁宗洞在北邙山上。翠云洞在翠云峰上，有玉皇阁。大隐洞在履道坊。宋竹节洞是郭从义的住宅，是匠师蔡奇建造的；据说聪明人穿通此洞即可成为神人。金风仙姑洞在县的东北方三里之处，位于邙山之上。孙仙姑洞在风仙姑洞的南边。相传孙仙姑是马丹阳之妻。黄花洞在水泉口，其深不可测。三井洞在县的东北。明天中洞在刘赞澹然庵的后边。

洞虽与园林不同，而是另外一种形式，但它是天然风景中最受人喜爱的一种。在大规模的园林中也包括洞，在这个意义上这里将它列出。

石　古凤落石在龙门西山石壁上。虎托石在龙门东山的悬崖上，一块石头脱离开，但是不坠落。晋香炉石在宜秋里。交禖石如同文竹叶一般。北魏缁石在太极殿下，有一石牌，是太和年间立的。御坐石在华林园内，在堂上有方湖，石立于湖中。唐八公石、琅玡石、仙人迹石、鹿迹石都在《平泉草木记》中有记载。礼星石在平泉庄，其纵横有一丈多长，石上有文斗极象。狮子石在平泉庄，高度为三尺，穿孔的样子好像狮子，有头和尾，有眼有鼻。罗浮石在平泉庄，是番禺连师遗留下的。醒酒石用水一浇就出现林木纹，自然天成，亦称婆娑石。牛氏石是唐文宗开成年间牛僧孺留守东都时在归仁里的住宅中建成的，有大量很好的石头，按甲乙丙丁四级列等，在石上刻着牛氏石的字样。天竺石、太湖石是白居易所置，他从杭州得来两块天竺石，又得了五块太湖石，安置在自己的住宅里的池中。磐石在白居易的住宅中，他写道："太和九年山客赠余磐石。时属炎热，爱坐其上，而铭曰：质凝云白，文析烟碧。"宋落星石在三教塔，在旧志中有记载。

进入这个时代以后，继洞之后而对石的玩赏兴盛起来，这一事实在前面已经谈过。特别值得注意的是到这一时代开始出现了有关石头的文字记述。

第四节　南宋临安的宫苑和园池

宋朝自高宗南渡以后，于建炎三年(1129年)升杭州为临安府。绍兴二年(1132年)曾因淫雨而使城墙毁坏。到了绍兴八年，定都于临安。绍兴二十八年，增修内城及东南的外城。

临安城　旧城有十三门。东面的门是便门、候潮门、保安门、新门、崇新门、东青门、艮山门。西面的门是钱湖门、清波门、丰豫门、钱塘门。南面的门是嘉会门。北面的门是余杭门。有五个水门，它们是：保安、南水、北水、天宗、余杭。内城的城门是南丽正门、北和宁门、东华门、西华门。

临安的宫殿　最初在绍兴元年十一月，下诏命令守臣计划建造内宫，原为三百间，后来减为二百间。宋朝的皇宫中只用红白二种颜色装饰，仁宗时将殿阁的栏楯撤去，只是红绿两种颜色采饰。建炎年间，高宗到杭州的时候，命令内臣杨公弼和徐康国，力求节约，不得华饰，以遵守祖制。建造的外朝正殿有文德殿、紫宸殿、大庆殿、明堂殿、集英殿、垂拱殿；内朝正殿有崇政殿、延和殿，福宁殿、复古殿、选德殿、缉熙殿、熙明殿、勤政殿、嘉明殿、膺福殿、明华殿、清燕殿、庆瑞殿，此外还有其他十数殿。宫则可举出德寿宫、慈福宫、寿康宫、慈寿宫、重华宫、东宫、隆祐宫、升阳宫、瑞圣宫等等。

南宋时代，宋与金长期战争，国力十分衰竭，所以常以节约为宗旨。建筑物力求规模小而简素，例如垂拱殿和崇政殿等殿，虽然是大殿，但其高度和宽度仅仅同大郡衙署的厅堂相似，其陛阶等也就像普通人家的居室一般。这虽然显得是修辞描写的缘故，但使我们可以认为南宋的宫殿是历代宫殿中相当窄小的。

大内诸苑　值得一谈的只有很少几处。南内苑中有聚远楼、香远堂、清深堂、松菊三径、梅坡、月榭、清妍亭、清新堂、万岁堂、芙蓉冈、载忻堂、欣欣亭、临赋亭、灿锦堂、至乐堂、清旷堂、半绽红亭、泻碧亭等等。北内苑中有大池，引西湖之水而注入池内，在池上叠石而成山，以象征飞来峰。苑内建有冷泉堂、冷香亭、芙蓉石、文香馆、静乐堂、浣溪亭、绛华堂、俯翠亭，蟠松、旱船、清华堂等，配列其间。翻阅《南宋古迹考》一书，有下列的记载："德寿宫在望仙桥东。高宗倦勤，即于秦桧旧地筑新宫。绍兴三十二年六月丙子行内禅礼毕，遂移仗居焉。都人称为北大内。凿大池，续竹览者数里，引湖水注之，其上叠石为山，以象飞来峰。有堂，名冷泉。楼名聚远。分四地为四时游览之所。"由这段记载看，大内的苑中凿池，引来西湖的水注于池中，也不过如此而已。而且只有极少数几处亭馆，看不出很豪奢的样子。

临安之都即余杭之地，附近的景色秀丽，自古已有定评。在东京汴京城，于景龙门之侧筑土山，称为艮岳，据说其根据也是象征余杭的凤凰山。根据书史记载可以知道，余杭的凤凰山位于临安府丽正门的正面，到了山的尽头，就是嘉会门所在之地。山势自西北而来，犹如龙飞凤舞一般掀腾而至，一直达到凤凰山而止。从此分为左右两翼。大内在山的左掖，后面被山包围着。第二包是相府，第三包是太庙，第四包是执政府，包尽之处就是朝天门。端诚殿在山的右掖，后面被山包围着，第二包是郊坛，第三包是易安斋，第四包是马院。东南方面即是大江。西方是西湖，北方是平湖。地险且壮，实在是一个都会。《南宋古迹考》一书中关于余杭的叙述大体如上所述。临安的地势背负凤凰山，靠着山明水秀的西湖，周围一带的景色全是在北方看不到的胜景。当时人士赏玩其风月，致使西湖形成文化与园林构筑的中心，从而开拓文化发展的新局面。到了南宋末年，皇帝威信坠落，贾似道一类人在西湖葛岭营建第邸，自己享乐。权臣专横至南宋末期国家日趋衰败。

如以上所述，在临安府周围一带地方建有一些园林。南宋国力衰弱，以其宫殿与园林相比较，园林的规模是超过宫殿的。特别是山明水秀的西湖以其翠峰碧水影响园林构筑，致使园林得到很大的发展，这是必然的。在《南宋古迹考》一书中，将这些园林置于外御园项内加以叙述。

玉津园 位于嘉会门南四里的地方，在洋泮桥的旁边。玉津园这个名称是沿用东都的旧园名。宋绍兴十四年，金使开始来贺，于园中设宴。绍兴十九年正月，高宗初次临幸。乾道二年(1166年)二月，孝宗带领皇子以及管军臣僚等人在园中比赛射箭，孝宗亲发四矢，皆中的。

聚景园 在清波门外，旧名称为西园。孝宗在北宫休养，拓圃于西湖之东。清波门外是南门，涌金门外为北门，流福坊的水口为水门。亭宇的匾额全是孝宗亲笔所写。

富景园 在新门外，俗名东花园。《咸淳志》中记载说："富景园之规制略仿湖山。升仙桥在园前。德寿宫后之圃有池，名百花。今园前民家尚存大池。"《游览志》中记载说："东花园地多名园。高孝两朝前幸东园阅市。今至孔雀园，有茉莉园。"

五柳园 位于新门外金刚寺北。

屏山园 位于钱湖门外南新路口。因为此园面对南屏，所以叫做屏山园。

真珠园 位于雷峰的前边。《武林旧事》中记载说："真珠泉、高寒堂、杏堂水心亭，有御港。"

集芳园 位于葛岭。前临湖水，后据山冈。

延祥园 位于孤山的四圣延祥观。

玉壶园 位于钱塘门外的南漪堂的后面。从玉壶轩的旧名。

下笠御 《临安志》中记载说："枕流亭在下笠御园，内有无竭泉。"

庆乐园 《武林旧事》中记载说："在长桥。光宗初赐韩佗胄，名南园。后复归前名庆乐。"《梦粱录》中记载说："内有十样，亭榭之工巧无二。射圃、走马廊、流杯池，山洞堂宇丽也。装点野店村庄，时景观者不倦。"

梅冈园、梅木园 这两个园都是北山路的御园。

樱桃园 位于瑞石山太庙的旁边。宋朝时代在这个园里采樱桃，送到太庙去上供。

秀邸园 位于钱塘门的九曲城的下面。绍定三年创建秀王府，理宗亲笔书写了择胜和爱闲两个匾额。因此秀邸园也叫做择胜园。

胜景园 位于长桥，也就是庆乐园。理宗在淳祐年间赐给嗣荣王，改名为胜景园。

小水乐园 《武林旧事》中记载说："福邸园也。"

赵翼王园 位于方家峪。《西湖游览志》中记载说："园中层叠巧石以为洞，曲引流泉灌之。水石奇胜，花竹繁鲜。旁有仙人棋台。"

谢太后府园 园中有眉寿堂、百花堂、一碧万顷堂。湖山清观皆宏丽特甚。又架船亭水中。每元夕，馆皆垂水晶帘，放灯上下辉映。士女纵观达晓。娃童辈往往拾得遗簪坠珥。

万花小隐园 位于北山。

谢府新园 位于惠照齐宫的西边。原来是中常侍甘氏的园子，后来归谢氏所有。

除这些园外，还有杨太后府梅坡园、董嗣果梅坡园、慈明殿园、水月园、琼花园等等。

第五节 燕京的宫苑

燕京之地相当于现在的北京一带。其地沿黄河流域，左负辽海，后拥居庸长城，临视六合，实为形胜之地。辽、金自北方进取中原，建都于燕京是理所当然的。在远古的尧、舜时代，这个地方称为幽州。夏、殷时代称为冀州。到了周朝时代，这一地区又恢复了幽州这个名称，建置燕国于此地。汉朝初年也是燕国之地，设置涿郡。汉元狩年间改称为幽州。从那以后，广阳、范阳以及幽、燕等名称反复应用。

辽太宗会同元年(937年)，升幽州为南京，又称为燕京。辽圣京开泰元年(1012年)，改幽都府为析津府。宋徽宗宣和年间改名称为燕山府。辽代的燕京城方三十六里，城墙的高度为三丈，宽度为一丈五尺，建有敌楼战橹。有八门，东面的门为安东门、迎春门；南面的门为开阳门、丹凤门；西面的门为显西门、清音门；北面的门为通天门、拱辰门。南部称为大内，内门称为宣教门，另外还有三门。楼阁球场在门之南。东面是永平馆。皇城的西门称为显西门，门虽设，但是不开。西城的最高处有凉殿，东北隅建有燕角楼。重熙五年壬戌，皇帝下诏命令修建宫阙官署，大内建筑得极其壮丽。后来历代增修各宫有十座，各有门户。它们是洪义宫、永兴宫、积庆宫、延昌宫、章敏宫、长宁宫、崇德宫、兴圣宫、敦睦宫、文忠王府。除去这些以外，还建有喜宁殿、仁政殿、洪武殿、大安殿、清凉殿，长春宫、永昌宫、太和宫、延庆宫、延和宫、五凤楼、迎月楼、五花楼、天膳堂、乾文阁、凤凰门、果园。

金太祖天会三年(1125年)，攻取了燕山府，仍用辽代宫阙，筑内外四城。每城各三里，前后各有一门。楼橹墉堑等一切与边城相同。每一城内建立仓廒甲仗库，各穿复道而通于内城。天德三年(1151年)，开始设计燕京宫殿的规划，送呈皇帝审查。该年三月命令张养浩等人增修燕京城门十三座。东面的门称为施仁门、宣曜门、阳春门。南面的门称为景风门、丰宜门、端礼门。西面的门称为丽泽门、灏华门，彰义门。北面的门称为会城门、通元门、崇智门、光泰门。于是定燕京为中都府，称为大兴，作为京邑。城的周围二十七里，楼壁高

▲万松山房　清版画（摘自《中国古典风景园林图汇》）

度为四十尺。后来到了卫绍王的时代，蒙古军来攻打燕京城，由于城内守备坚固，所以蒙古军未攻破城池。

金太祖来到燕京的时候，看见大殿动摇，于是在城东的紫村建寨，而未营建宫室。到了熙宗的时候，命令卢彦伦营建燕京的宫室。熙宗奢侈不行仁义，遂被太祖之孙海陵王完颜亮所杀。完颜亮自立为帝。他学习经史，喜爱汉族风俗习惯，认为上京会宁府远处北方，地方荒僻不宜，于是迁都于辽的南京之地，即大兴府。这是在宋绍兴二十一年，金天德三年（1151 年）。自从迁都燕京后过了十年，海陵王又将国都迁至汴京，并以六十万大军进攻南京。海陵王暴虐无道，不修内政，终于未得好结果。

海陵王计划迁都于燕京时，事先派遣画工描画汴京宫室规模制度的图样，凡一切阔狭修短，尽皆按实际描画成图。命令梁汉臣为正使，孔彦舟为副使，按照图样营建。运一件木料的运费即达二十万，挽一辆车即用五百人。自从天德四年开始，到贞元元年止，共使役民工八十万人，兵士四十万人。动工营建数年之间，死者不可胜计。宫殿皆用黄金五彩装饰。屏扆牕牖等物都是从汴京拆下来用辇运到燕京的。《揽辔录》中有一段记载："初汴中宫匠有名燕用者，制作精巧，凡所造，下刻其名。及用于燕，名已先兆之。恢丽闳侈劳费以亿万计。贞元四年，金主亮始率文武百官驾幸焉。金之皇城周九里三十步，自龙津桥北曰宣阳门，过门则有文楼、武楼。其东西有来宁馆、会同馆。正中千步廊，东西相对各二百间。内城正南门曰应天门，楼高八丈。门内有左右翔龙门及日华、月华门，前曰大安殿。其正北列三门，中曰粹英，寿康宫为母后所居。其北有数门楼。内城常朝之所有仁政殿，殿九重，凡三十有六，楼阁倍之。正中位曰皇帝正位，后曰皇后正位。位东曰内省，西曰十六位，妃嫔居之。大安殿北为东宫，有承华殿。西至玉华门，曰同乐园、瑶池、蓬瀛、柳庄、杏村尽在是。琼林苑有横翠殿，宁德宫有瑶光台、瑶光楼。城北离宫有大宁宫。后更为寿宁宫，又更为寿安宫。明昌二年（1191 年）更为万宁宫，宫在琼华岛，上为广寒殿，妆台在焉。”根据《金史·地理志》和高士奇所著《金鳌退食笔记》的记载，琼华岛大概是采用了宋朝汴京艮岳的石头。金人将这些石头从汴京载运到燕京，每运一块石头折合若干粮食，所以俗名叫做折粮石。《尧山堂外纪》中记载着：“章宗为李宸妃建梳妆台于都城东北隅，今禁中琼华岛妆台本金之故物，误为辽萧后梳妆台。”《析津志》中说：“妆台在金故宫西，寿安酒楼北。”葛逻禄迺贤所著《金台集》中有一首《妆台诗》，录之如下：

废苑莺花尽，荒台燕麦生。韶华如逝水，粉黛忆倾城。野菊金钿小，秋潭玉镜清。谁怜旧时月，曾向日边明。

除去以上所述者外，还在各种书籍中见有蓬莱院、香阁、瑞云楼、瑞光楼等名称，可见建有相当数量的一些苑园。

后园　金章宗明昌六年十二月，幸后园阅军器。

东园　根据《金史·章宗本纪》的记载，泰和七年（1207 年）正月，皇帝到东园射柳。

南园　根据《金史·章宗本纪》的记载，显宗死后停放在南园熙春殿内，世宗从上京来，未入园门先到熙春殿祭奠。

西园　根据《金史·章宗本纪》的记载，承安二年（1197 年）三月，皇帝幸西园阅军器。

熙春园　《金史·章宗本纪》中记载着皇帝于明昌三年幸熙春园。

广乐园　根据《金史·世宗本纪》的记载，大定三年（1163 年）五月重五，皇帝幸广乐园射柳。

东明园　根据《大金国志》的记载，承安三年，皇帝在东明园赏菊的时候，看见屏上挂着一幅画，画着宣和艮岳，于是问内侍。余琬答道：宣和帝从东南方运花石以筑艮岳，因而使国家灭亡。先帝画这幅艮岳图是引以为戒的意思。宸妃听了余琬的话，生气说：宣和亡国并不是由于石头的缘故，而是因为他任用童贯和梁师成才亡国的。宸妃说这话是讥讽余琬。宸妃郑氏，是南宋华原郡王居中的曾孙女。

南苑　《金史·刘颋传》中有一段记载说，在南苑内有一块唐朝的石碑，写着贞元十年御史大夫刘怦葬于该地。皇帝看见说：苑中不宜有墓。于是赐给刘颋三百贯钱，命他改葬于别的地方。

西苑　《金史·章宗本纪》中记载着，明昌元年三月，皇帝于西苑击球，五月在西苑拜天、射柳、击球。

北苑 《金史·章宗本纪》中记载说，明昌五年四月朔，皇帝幸北苑。

芳苑 《金史·章宗本纪》中记载说，泰和二年正月，皇帝幸芳园观灯。

环秀亭 《金史·章宗本纪》中记载说，承安元年六月，皇帝幸环秀亭观稼。

城南的行宫中有一座建春宫。《金史·章宗本纪》中记载说，皇帝于承安元年二月幸南都行宫。

在《大金国志》一书中关于燕京的宫苑记载说："燕京宫阙雄丽为古今之冠。"《使蒙日录》中记载说："贞祐初为乱兵所焚，月余不绝。"《日下旧闻考》中记载说："以地理揆之，金之大内当在今广宁右安门外。"由这些记述可以知道，光绪时代的《顺天府志》中的记载可以说明辽金时代的燕京的大致状况。

第六节　江苏太湖周围的园林

江苏太湖周围土地肥沃，风景秀丽，自古即为人所重视。其中特别是苏州，地居太湖之东，春秋时代吴国建都于该地。到了秦朝，苏州改名为会稽郡。汉荆王刘贾曾都于该地。到了隋朝，改名为苏州。苏州城周围四十五里，共有六门。苏州地势平坦，运河环城而流。

太湖就是古代的震泽，又有笠泽、五湖等名称。其周围六百八十余里，湖中有大小岛屿六十七个，其中以东西二洞庭山最著名，民家多营果园，更兼有水石之胜，实为一幅天然图画。在太湖周围，有许多河流湖泊屈曲相连，在东南方有淀山湖、新阳江、福山港等等在其间交织连络，喜好景色的人称之为洞天福地。

唐朝诗人白居易有《泛太湖》诗一首，录之如下：

烟渚云帆处处通，飘然人似入虚空。玉杯浅酌迎新匝，金管徐吟曲未终。黄夹缬林寒有叶，碧琉璃水净无风。避旗飞鹭翩翻白，惊鼓跳鱼泼剌红。涧雪压多松偃蹇，岩泉滴久石玲珑。

尚湖 位于常熟县西南四里之处，湖旁有山岩映带，颇为奇胜。相传太公尚曾于此湖钓鱼，所以称为尚湖。

虎邱 位于吴县城西北七里之处。另有个名称叫做虎阜，又称为海涌峰。吴王阖闾葬在这里。虎邱下有剑池，相传为吴王试剑之地。其旁摩崖为颜鲁公所书"虎邱剑池"四个大字。除去这些景致以外，还有千人石、白莲池、憨泉，顽石、点头石、五十三穿等名胜。山巅有虎邱寺，寺后有虎邱塔。宋代的苏轼有游虎邱寺诗。

鄧尉山 位于吴县城西南六十里。灵岩山在吴县西三十里。天平山在吴县西南二十五里之处。

南园 位于吴县城内府学的旁边。宋朝的王禹偁任县令的职务时，曾会同宾客在这个地方饮酒至醉。诗中谈到南园曾有"他年我若功成后，乞与南园作醉乡"之句。

乐园　在吴县城内，本是宋朝朱长文的故居。乐园中，有高冈清池，乔松古桧，风景非常佳美。这里就是吴越广陵王的金谷园的旧址。

寒山寺　位于吴县之西十里处的枫桥的旁边。唐代的张继有《枫桥夜泊》诗一首，录之如下：

月落乌啼霜满天，江枫渔火对愁眠。姑苏城外寒山寺，夜半钟声到客船。

虎邱和寒山寺等等地方，是现代人们到中国江浙一带旅游时必到之处。对于这些名胜有大量介绍，因此这里不详谈。这些名胜并不当做园林看待，而是作为姑苏城外景色中的名胜古迹，这样看才能认识其价值。虽然不能认为现存的寒山寺一定就是唐宋时代留传下来的，但其近旁有些林泉。虎邱的岩石颇富泉石之姿，其山刻有"虎邱剑池"四个大字。这一切都足以引起今日的游人兴怀古之幽思。

下面谈谈镇江一地的宋代园林。镇江的西南方多山，其山最高大的是茅山。东北面坡陀起伏，将长荡湖包围在当中，扬子江经由其北而流过。金山位于丹徒县西门外五里之处。又因为山在江中，所以称为浮玉山。焦山位于丹徒县城东九里之处，旧的名称叫做樵山。由于汉代的焦先曾隐居于这个山中，所以称为焦山。焦山孤耸于江中，与金山并峙。焦山上建有清朝的行宫。还有自然庵、松寥阁、夕阳楼、文昌阁、观音阁等等，是个有很多名胜的地方。

西园　位于镇江丹徒县的西方。这本是宋代韩世忠的故园。其中的名胜有飞盖亭、传觞亭、凌云台、留仙洞等等。

▼ 寒山寺　清版画（摘自《中国古典风景园林图汇》）

研山园 位于镇江丹徒县城内的东南隅。本是宋代米芾的故宅。岳珂就着这个地方筑了这个园子，园中建有致爽轩、宝晋斋。

以上是从《中国名胜大观》一书中摘引出来的资料。苏州一带的风景的特点与北方不同，北方干旱，而这里地处水乡，因而湿润。在古迹方面可以举出的有富于胜景的虎邱和寒山寺之类的名胜，联系到宋代文化，兴建园林是理所当然的。自宋代以后，到了元、明、清时代，这一带地方更加发展而达到极为殷盛。因此太湖周围已经绝不仅限于上述诸地，太仓、常州以及其他许多地方也已发展兴盛起来，这是必须提到的。但是由于这些地方的园林大多与宋代以后的诸代有关，而这里谈的只是宋代园林，因此介绍太湖周围的园林虽嫌过简，而将留在以后的章节中讲述。

《吴兴园林记》 这部书是宋朝人周密所著的(此人也是《浩然斋雅谈》一书的著者)。当时的士大夫在太湖周围一带地方构筑了许多园林，因此这部园林记中所谈的绝不能包括那时的全部状况。但尽管如此，能有这样一部园林记传留后世，确是令人非常高兴的。这部书与《洛阳名园记》互相呼应，是记载宋代园林的一部重要著作。我们阅读这部书，见其内容的写法与《洛阳名园记》一样，也是一个一个地记录每个园子。下面引用这部书中的记载，读者如果想看原书全文，可以阅读《古今图书集成》和《说郛》。《吴兴园林记》的序文中写道："吴兴山水清远，昇平之日，士大夫多居之。其后秀安僖王府第在焉，尤为盛观。……园林多胜，倪文节《经钼堂杂志》尝纪当时园圃之盛。余生也晚，未及尽见。而所见者亦有出文节之后。今将城内外常所经游者摭列于后，亦可想像昨梦也。"

下面介绍《吴兴园林记》一书中记载的吴兴园林。由此可以了解太湖周围园林的状况。

南沈尚书园 沈德和尚书的园子在南城，其地大约有一百余亩，园中栽种着大量果树，其中尤以林檎最为茂盛。这个园内建有聚芝堂、藏书室。堂前开凿大池，几乎有十亩之广。池中筑有小山，称为蓬莱。在池的南边，竖立着三块大的太湖石，各高数丈，秀润奇峭，在当时很出名。后来贾师宪意图取得这石头，于是招募强壮有力的民工数百人，以大木搭成大架，用大绳把石头吊起，经悬空而吊出城外，用大船连起来载运。渡江涉河而将石头拉到越第。运输途中，有好几个民工死伤。后来贾官败被抄了家，出卖他家中的各项物件，只剩下这些石头停放在泥沙之中。恰好有个王子才喜爱这些石头，请示得到官方批准他购买，于是招募工人迁运，不知花费了多少钱财。过了没有多久，有人检举他盗卖，因而他被官府逮捕，受审问追查几乎半年，花费的钱多过购买和迁运石头的十倍之多，又把石头运还原处。这石头真可以说是石妖。

北沈尚书园 沈宾王尚书园正在城北的奉胜门外。园内有五个池，三面皆是水，极有野意。后来又名曰自足。建有灵寿书院、怡老堂、溪山亭、对湖台，尽看太湖诸山水。曾有人评论天下山水之美，特以吴兴为第一，这实在不是过甚的评语。

章参政嘉林园　《吴兴园林记》的著者说他自己的外祖文庄公居住在城南，后面靠着南城。有地数十亩，原有潜溪阁，本来是当初沈晦岩清臣的故园。园内有嘉林堂、怀苏书院，相传坡翁多游于此。城外有别业大约二顷，栽种着桑林果树甚为繁茂。有城南书院。其地即为郡志所载的南园。园后来荒废了，卖给民间。李宝谟得了一半，李氏之后归了牟存斋。

牟瑞明园　原本是郡志中所载的南园，后来归李宝谟所有，李氏之后又归牟存斋所有。园中建有硕果轩、元祐学堂、芳菲二亭、万鹤亭、双杏亭、桴舫斋。前面有大溪流过，称为南漪小隐。

赵府北园　原来是安僖故物，后来归赵德勤观文所有，他的儿子春谷文曜修缮居住。有东浦书院、桃花流水、薰风池阁、东风第一梅等等。前面靠着临湖门内，后面靠着城。眺望城上，所有胜景尽在眼中。

丁氏园　丁总领园在奉胜门内，后面靠着城，前面临着溪流。这里本是万元亨的南园，杨氏水云乡将两个园合而为一。后面有假山和砌台。每到春天，城中的人来这里游玩。郡守每年劝农回来时必在此处举行宴会。

莲花庄　位于月河的西边。四面完全是水，荷花盛开的时节，如同锦云百顷，这是城中所看不到的。原来是莫氏的产业，后来归赵氏所有了。

赵氏菊坡园　面对大溪，建有长堤画桥，两岸栽有数百株蓉柳，树影映入水中，如同铺陈锦绣一般。其中亭宇非常多，中岛上种着菊花多达百种，成为菊坡。一水相望，则可见其宅院，原来是曾氏的极目亭，最能观览之胜，人称八面曾家，后来叫做天开图画。

程氏园　程文简尚书园在城东，宅的后面靠着东城水濠。有至游堂、鸥鹭堂、芙蓉泾。

丁氏西园　是丁葆光的故居，在清源门内。前面临着苕水筑成一山，当时的名士洪庆善、王元渤、俞居易、芮国器、刘行简、曾天隐等人都作诗吟咏这个园的景致。临着苕水建一亭茅亭，也称为丁家庵。

倪氏园　是倪文节尚书的住所，月河就是那个地方，有园池。

赵氏南园　赵府三园位于南城之下，与其第相连。地势宽阔，气象宏大，后有射圃崇楼之类的建筑物，非常壮观。

叶氏园　石林右丞相族孙名溥字克斋，营建了这个园子。位于城东，园中竹石之类胜景很多。

李氏南园　李凤山参政本是蜀人，后来居住在霅，于是创建遨游之地。园中有杰阁，称为怀岷，是穆陵御笔。

王氏园　王子寿使君居住于月家之间，其规模虽然不大，但是屈折可爱。建有南山堂，临水建有三角亭，苕水和霅水汇合于该处。苕水清澈，霅水混浊。两条水流于其间，丝毫不相混合。事物的道理有不可理解的。

赵氏园　端肃和王之家的后面靠着颜鲁公的池子，依城而曲折。建有善庆堂，是最好的风景。

赵氏清华园　是新安郡王的家，其背后靠着城。有秫田二顷。建有清华堂，前面有大池，池水静而深，甚是可爱。

俞氏园 是俞子清侍郎临湖门的住所，俞氏晚年享受园池之乐。园中的假山奇态甲天下。

赵氏瑶阜 是兰坡都承旨的别业。离城很近，景物颇幽。后边有石洞，曾将其家法书刊石收藏于洞内，称为瑶阜帖。

赵氏兰泽园 这个园也是近世所修建的，地势很宽大，其中有墓葬之地，还建有大的寺庙。园中牡丹特别繁盛。过了不久，某有势力的人将寺庙拆毁了。

赵氏绣谷园 原来是秀邸，后来归赵忠惠家所有。有一堂靠着山，称为霅川图画，由此可以完全看清全城的景色，也是一个奇观。

赵氏小隐园 位于北山法华寺的后面，有流杯亭，是引来山涧的泉水而筑成的，很有古意。园内的梅花和竹子极好。

赵氏蜃洞 近来为赵忠惠所有。这个洞的深度不可测知，据说当初曾有蜃住在洞中。

赵氏苏湾园 是菊坡所建，离南关三里。地近碧浪湖，浮玉山在园的前面。这个园的景物非常美。山旁建有一亭，名为雄跨亭。登亭而望，可以看见太湖诸山。

毕氏园 是毕最遇承宜所建，正靠着迎禧门。城的三面皆是溪，其南面则有丘山。这个园也归赵忠惠家所有。

倪氏玉湖园 倪文节的别墅在岘山之旁。将浮玉山与碧浪湖这两个名称合起来而形成玉湖园这个名称。园中有藏书楼。这个园极富野趣。

章氏水竹坞 是章南乡北山的别业。有水竹之胜。

韩氏园 距离南关不到三里。园中有太湖互峰，各高数十尺。韩氏全盛时，役使壮夫千百名将石头移至此处。

叶氏石林 左丞叶少蕴的故居在下山之隅，旧时有个名称叫做万石环。正堂称为兼山堂，傍有石林精舍。有净乐庵、爱日轩、跻云轩、碧琳池。还有富居、真意、知止诸亭。其邻复有朱氏有怡云庵、涵空桥、玉涧。遍栽杨梅。一到盛夏之际，十余里之间北山树上长满红色的果实，是闽地的荔枝。这个园在霅地是最古的，后来荒废，没于蔓草丛中，再也看不到踪影了。

刘氏园 在北山德本村，原是富民刘思所建，后来也归赵忠惠所有了。

钱氏园 此园在毗山，离城五里。随着山而筑园，嵓洞秀奇，十分可爱。由此向下俯视太湖，好像用手可揽一般。这里有钱氏的住所，建有一堂，称为石居堂。

程氏园 是文简年的别业。该地离城数里，称为河口。园内建有藏书楼，贮存着万卷藏书。

孟子园 位于河口。孟无庵的第二子做了赵忠惠的女婿，居住在霅地，于是创建了这个园子。此园营建极为高明，共建有楼阁亭宇十余所。

以上是从《吴兴园林记》一书的记述中录出的。太湖周围一带地区的土地和气候等自然条件十分优越，太湖石受人喜爱，而构成园林景致。不过从《吴兴园林记》的记载看，与《洛阳名园记》的记载比较起来，吴兴园林不及洛阳园林。洛阳园林在规模之大以及加工精美等方面都比吴兴的强，这是不足怪的。同时对比吴兴与洛阳两地的园林，自然能够看出南方特色与北方特色的差异。

第七节 宋代各地的园林

宋太祖建国以来，征服了十国，消灭了湖北荆州的荆南、江苏金陵的南唐、浙江杭州的吴越、广东广州的南汉、太原的北汉等等，这才使全国趋于统一的形势。自唐朝末年至于五代十国共八九十年期间，众节度使拥兵作乱，战争无宁日，民众受尽涂炭之苦。宋太祖有鉴于此，与宰相赵普商议，决定逐渐削减节度使的权力，遇到他们之中有人死亡，有人升迁或退休的机会，就撤消节度使的职位，另行任用文臣为知州。设置通判于全国各州，以治理民政并主管军务。由于采取了这样的措施，而得以将兵权和财权归于中央政府掌握。也正是由于这个缘故，所以有宋一代各地营建的园林不是地方掌权者所建，而是由中央选派的文官所建成的。这些文臣大多擅长文笔，能够详加记载。因此这个时代的园林不是奢侈豪华至极之物，而是表露出高尚情操的第宅园林。这样发展而来的园林不但是景胜之地，而且是多数士大夫的住所，有大量记载留传于后世。欧阳修任扬州牧的时候，喜爱蜀冈的美景，于是在大明寺的坤隅构筑一堂。自那以后，该地即被认为景胜之地，成了一处名胜。正如《吴兴园林记》一书中所记述的那样，吴兴之地由于有太湖景色，于是许多士大夫在该地营建第宅。由此也可以看出宋代园林的发展状况。我们阅读地方志和县志之类的书籍中的记载，几乎看到各地都有宋代以后在这个意义上形成的园林。宋代的学术发展十分兴盛，当时握有权力的文臣在各地营建园林别墅，形成风气。关于汴京、洛阳和临安的园林概况已在前面介绍过了。如果将其他诸地的园林总起来在这里加以介绍，有些地方的园林是很有趣味的，但是难以简单扼要地谈清楚，所以这里介绍一些主要地方的状况，以便了解宋代园林的普遍特点和倾向。

竹园 位于河南怀庆府城，原来的崇教乡是宋朝大中祥符年间设置的。

泌园 位于河南怀庆府城东北三十里之处，在泌水的北岸。金朝时代，众官在此处宴游。石图本仍然存在。

隐园 位于河南济源县。有唐代元和年的记。

窦氏园 位于河南济源县。宋代的王岩叟有诗记此园。

相公园 位于河南汝宁府信阳州。是宋朝的范纯仁所建。宋朝时建此园栽种花木，作为燕游之地。后人称之为相公园。

婆娑园 位于河南汝州府郏县的西方。宋朝人崔鹥曾居住在这个地方，这里又名石牛庄。

田于秋园 位于河南灵宝县的南边。

以上是从《河南通志》中摘出的。

白氏庄 位于陕西长安。宋朝人白序字圣均，自称白侍郎，营建此庄。庄中有挥金堂、顺牛堂、疑梦室、醉吟庵、翠屏阁、林泉亭、辛夷亭、岩桂亭。当时的士大夫来此庄游赏，都有诗文题云咏。后来到了金朝，此庄成为石氏的园亭。疏通泉水，建成方池曲槛，有四银亭和八银亭。正大七年，赵尚书游于此园，作诗留念。后来故中书为陕西四川宣抚使。在襄山杨忠肃公祠内有碑尚存。

姚氏山亭 宋代嘉祐年间，苏轼自仙游潭回来到了黑水，看见居民姚氏的山亭很高，觉得可爱，于是到亭上休息，赋诗一首。

御花园 在渭南县花园村。文献记载说这是宋太后所置，碑阴刻着曹皇后庄等字样。

飞盖园 位于延安府的南边。是宋朝人庞籍游赏的地方。

以上这些是从《陕西通志》中摘出来的。

裴晋公湖园 位于山西闻喜县。文献中记载着，这个湖园在县东四十里的董泽之间。园圃之胜不能兼备者有六个优点，而这个湖园能兼而有之。根据考证可知，午桥庄绿野皆在东都，湖园在故里。

独乐园 位于山西夏县。根据文献记载，独乐园在县西兰十里之处。《名臣录》中记载说，司马光居于洛，其兄司马旦居于夏县。两处的园林都很美好。司马光每年去看视其兄司马旦一次，司马旦有暇时也到洛阳来看望其弟司马光。又记载说司马寒食之日到洄澜庄，有诗刻于石，该处是一所别墅。

乐安庄南北二园 位于山西永济县。根据文献记载，这个园在东关古城的东北隅，是宋朝枢密直学士薛俅致仕归家后营建的，因其封郡之名而称此园为乐安。有南北两个园子，堂的名称是北边的堂称为逸老，东边的堂称为三径，西边的堂称为无无。此外还建有一台，称为明月台。

东园 位于翼城县内。根据文献记载，东园在县治之北，是宋朝宣和年间县令向淙所建。邑人丁产师写了一篇文章为此园作记。园内有静乐轩。其南有亭，称为锦江亭。其北有台，称为邀月台。稍向北面，建有叠翠亭。再往北还有一亭，称为五柳亭。

南园 位于绛州。根据文献记载，这里建有无邪堂和怪轩。金朝正隆二年，观察韩子瑞写了一篇文章，为南园作记。

成趣园 金代元好问有麻长官成趣园诗。

以上是从《山西通志》中摘引的。

泛觞亭曲水 在河南登封县嵩岳南麓，有宋代崇福宫内所设泛觞亭的遗址。看它残余的柱子，呈正方形平面状。日本关野博士进行了调查，亭柱的础石的宽度为日本尺十五尺五寸。其中建造着石造的曲水流渠。

下面从《江宁府志》中摘引几段材料。

万花园 位于江宁扬州江都县堡城之内。这是宋朝端平十三年制使赵葵所建。

壶春园 位于江都大市的东边。宋代《宝祐志》中所说东酒库内有佳丽楼，是该郡的名胜，指的就是这个园子。

梅园 位于扬州仪征县西十五里之处。园中有王意亭，是宋朝嘉定年间郡守吴机建造的。

东园　位于仪征县东的翼城之内。这是宋朝皇祐年间侍御许元建造的。其中建有澄虚阁、清讌堂、共乐堂、拂云亭等等。宋朝的欧阳修写过一篇《真州东园记》。

陈公园　位于江宁池州铜陵县东的鳌首山。园内有两个池。宋朝的苏轼和黄庭坚曾到这个园里游赏。

叶公园　位于铜陵县东五十里的叶山之下。宋朝王安石曾游此园。

流觞濑　位于九华山百丈潭之上。有石渠。唐朝的李昭象曾在此与宾客泛觞。

芙蓉园　位于海州如皋县的南边一里的地方。宋朝人史声曾经侍奉他的父亲逸叟在这个园内居住。

第八节　宋代的花卉园艺

中国的花卉园艺的发展，溯其根源远在周朝、汉朝时代。园树与果树加在一起，已经达到相当大的数量。王宫内自不待言，一般民众也对于花卉园艺深为爱好，成为一项趣味。其发展规模大有可观，诗歌和绘画对于花卉有大量的描写。特别是自从唐、宋时代以来，出现了许多有关花卉的文献。如果详细介绍这些，将涉及极广的范围，而不是这本史考的篇幅所能容纳的。对于这些资料，必须进行专门的研究。但是由于编写这本史考时，为了深切认识中国园林的特点，必须观察中国各时代的花卉园艺究竟发达到何等程度，所以才谈谈有关的一些材料。不过这里只能简要地加以介绍，仅限于摘出文献目录而已，只供作为参考之用。

在园林树木方面，周朝时代已经设置管理园圃的人员，任用专人掌管树木的栽植和修整，在园圃内种植梅、枫、木瓜、木李等树木。到了汉朝时代，这方面更有发展，远自南方和西方异域之地移植果树异草。这在前面的章节中也经有了叙述。从那以后，继续不断引进各种园林树木，广为栽植。

《初学记》　这部书是唐朝时代的徐坚等人编著的，书中关于果树和树木记载着许多种类，其中有李、柰、桃、樱桃、枣、栗、梨、柑、橘、梅、石榴以及松、柏、槐、柳、桐、竹等等。对于这些树木有若干记述。

《唐类函》　是唐代人所编著的一部类书。这部书可以视为秦、汉以来至于唐朝时代的一部文化史著作。其一八〇卷为五谷部，一八一卷为药菜部。自一八二卷至一八四卷为果部，其中记载着李、桃、梅、梨、柑、橘、柚、樱桃、石榴、柿、楂、柰，枣、杏、栗、胡桃、林檎、枇杷、木瓜、杜梨、芋、杨梅、葡萄，荔枝、芭蕉、甘蔗、瓜、甘藷、沙棠、椰、燕薁、椇、蒟子、枳椇、椹、杂果等等。该书一八五卷和一八六卷为草部，其中记载着芝、兰、蕙、菊、杜若、蘼芜、郁金、迷迭、芸香、霍香、鹿葱、蜀葵、蔷薇、蓝、檖火、卷舒、萱、芙蕖、菱、蒲、萍、苔、菰、荻、蓍、茅、蓬、艾、藤等等。该书一八七卷至一八九卷为木部，其中记载着松、柏、槐、桑、榆、桐、杨、柳、柽、椒、梓、桂、枫、豫章、无患、朱树、君子、枞、桧、柟、柞、楸、栎、梏、灵寿、女贞、长生、木槿、椤、木兰、夫栘、棣、若木、杉、并榈、荆、棘、竹等等。种类很多，占很大篇幅，兹不详细介绍。这方面的文献是相当丰富的。

《说郛》 这部书第一〇三册至一〇五册中，有晋、唐、宋代诸家所作的记载，对于各种花木的种类和栽培等当时的研究叙述甚为详细。

《王氏兰谱》 宋朝的王贵学编著。关于品第之等、灌溉之候、分析之法、泥沙之宜以及紫兰、白兰等，都分别列为项目，讲述合理的栽培方法极为详尽。

《菊谱》 宋朝的范成大编著。列出的项目有龙脑、新罗、都胜、御爱、玉球、王铃、金万铃、大金铃、银台、棣棠、蜂铃、鹅毛、球子、夏金铃、秋金铃、金钱，邓州黄、蔷薇、黄二色、甘菊、酴醾、玉盆、邓州白、白菊、银盆、顺圣、浅紫、夏万铃、秋万铃、绣球、荔枝、垂丝、粉红、杨妃、合蝉、红二色、桃花、叙遗、补意、拾遗。

《洛阳牡丹记》 宋朝欧阳修编著，在花品叙第一部分内叙述下列项目，它们是姚黄、魏紫、细叶、寿安、鞓红、牛家黄、潜溪绯、左花、献来红、叶底紫、鹤翎红、添色红、倒晕檀心、朱砂红、九蕊真珠、延州红、多叶紫、粗叶寿安、丹州红、莲花萼、一百五、鹿胎花、一擫红、玉板白。在花释名第二部分内，对于采花之法、插花之法、浇花之法、养花之法、鉴花之法有极为详细的论述。

《洛阳牡丹记》 鄞江周氏编。

《陈州牡丹记》 宋朝张邦基编。

《天彭牡丹记》 宋朝陆游著。

《牡丹荣辱记》 愚叟邱璩著。

《扬州芍药谱》 宋朝王观著。分为下列项目：冠群芳、赛群芳、宝妆成、尽天工、浇妆新、点妆红、叠香英、积娇红、醉西施、道妆成、掬爱瑗、素妆残、试梅装、浅装勺、醉娇红、拟香英、妒娇红、缕金囊、怨春红、妒鹅黄、蘸金香、试浓妆、宿殷妆、取次妆、聚香丝、簇红丝、效殷妆、会三英、合欢芳、拟绣鞴、银含稜、御叙黄、黄楼子、袁黄冠子、峡石黄冠子、鲍黄冠子、杨花冠子、湖缬、黾池红、后论。

《梅谱》 宋朝范成大编。书中列出下列项目：江梅、早梅花、官城梅花、消梅花、古梅、重叶梅、绿萼梅、百叶缃梅、红梅、鸳鸯梅、蜡梅。

《梅品》 宋朝张功甫编。

《花经》 宋朝张翊编。

《花九锡》 唐朝罗虬编。

《洛阳花木记》 鄞江周氏编。这部书中的牡丹之部内列出下列诸项：千叶黄花其别十、千叶红花其别三十四、千叶紫花其别十、千叶绯花一、千叶白花其别四、多叶红花其别三十二、多叶紫花其别十四、多叶黄花其别三、多叶白花一。

芍药：千叶黄花其别十六、千叶红花其别十六、千叶紫花其别六、千叶白花二、千叶桃花一。

杂花三十二品。桃之别三十、梅之别六、杏之别十六、梨之别二十七、李之别二十七、樱桃之别十一、石榴之别九、林檎之别六、木瓜之别五、柰之别十、刺花三十七种、草花八十九种、水花十九种、蔓花六种。

又另立项目讲解四时变接法、接花法、栽花法、种祖子法、打剥花法、分芍药法。书中所讲这些方法在现在仍然适用。

《魏王花木志》　这部书中讲述下列项目：思惟树、紫菜、木莲、山茶、溪荪、朱槿、菁根、孟娘菜、牡桂、黄辛、紫藤花、郁树、庐橘、楮子、石南、茶叶。

《桂海花木志》　宋朝范成大编。书中讲述上元红、白鹤花、南山茶、红豆蔻花、泡花、红蕉花、枸那花、史君子花、水西花、里梅花。

《楚辞芳草谱》　宋朝谢翱编。书中讲述江离、薰草、菌，兰、蕙、杜若、蘼芜、卷施、葈、菊、荃、薜荔、款冬、艾、蒌、莎、匏、蓼、茨、菱、蘋、萍。

《南方草木状》　晋代谯国嵇含编。书中讲述南越交阯的各种植物。这本书中列出加以讲解的植物分为草类、木类、果类、竹类共四大类，分别列出如下。

草类：甘蔗、耶悉茗花、茉莉花、豆蔻花、山姜花、鹤草、甘藷，水莲、水蕉、蒟酱、菖蒲、留求子、诸蔗、草麴、芒茅、肥马草、冬叶、蒲葵、乞力伽木、赪桐、水葱、芜菁、茄、绰菜、蕹、冶葛、吉利草、良耀草、蕙。

木类：枫、枫香树、薰陆香、榕树、益智子、桂、朱槿、指甲花、桄榔树、河梨勒树、苏枋、水松、刺桐、棹、杉、荆、紫藤、榼藤密香纸、抱香履。

果类：槟榔树、荔枝树、椰树、杨梅、橘、柑、橄榄、龙眼、海枣、千岁子、五歛子、枸橼子、海梧子、庵摩勒、石栗、人面子。

竹类：云邱竹、簻筹竹，石林竹、思摩竹、箪竹、越王竹。

《园林草木疏》　宋朝王方庆编。

《桐谱》　宋朝陈翥编。

《竹谱》　晋朝戴凯之编。

《续竹谱》　元朝刘美之编。

《荔枝谱》　莆阳蔡襄编。

《橘录》　延安韩彦直编。

《打枣谱》　元朝柳贯编。

《菌谱》　宋朝陈仁玉编。

《蔬食谱》 宋朝陈达叟编。

《筍谱》 吴僧赞宁编。

《荀草纪事》 宋朝林洪编。

《药谱》 唐朝侯宁极编。

《药谱》 晋朝李当之编。

《何首乌录》 唐朝李翱编。

《彰明附子记》 东蜀杨天惠编。

《种树书》 郭橐驼编著。书中讲述树木、竹、果树、谷类、菜，花卉的栽培方法。

《太平御览》 宋太宗于太平兴国二年下诏，命令编纂类书，包括诸般一切事物尽皆收录。太平兴国八年编成了这部《太平御览》。《太平御览》比《唐类函》大，是一部大型类书，书中的各项目也较《唐类函》更为详细。阅读该书果木草花之部，其第九五三卷为松，第九五四卷为柏和槐，第九五五卷为桑，第九五六卷为榆、桐、杨柳，第九五七卷为桂、杉、枫、豫樟，第九五八卷为楠、桧、柞、檀、柘、杞、梓、楸、枞、椒、木兰、筒、甘棠、棁，栎、橡，第九五九卷为楛、灵寿、樗、荆、棘、君子、长生、万年、黄蘖、支子、无患、栟榈，第九六〇卷为皂荚、辛夷、茱萸、谷、莺、合欢、白银、枕、桄榔、榱栝、莎木、木绵、杬、橄朴、榎、栾、文木、柖、平仲、君迁，古度、柜、具多、射十、时好、摩厨、榕、夫漏、都桶、都咸、千岁、慎火、胜火、播移，第九六一卷为交让、建木、若木、舟木、蓂灵、迷谷、帝休、雒常、返魂、如何、仙树、枪、机、木鹿、椵、椋、橝、繁弥、杋梁、乙木、求郁卫、男青、寻木、玉树、疏麻，構、榔玕、芦头、榱，梁棠、帝屋，第九六二卷为竹，第九六三卷为竹三十二种，第九六四卷为果、栗，第九六五卷为枣，第九六六卷为柑、橘，第九六七卷为桃，第九六八卷为杏、李，第九六九卷为梨、楂、樱桃，第九七〇卷为梅、石榴，榡，第九七一卷为柿、橙、林檎、槐、枇杷、槟榔、豆蔻、胡桃、荔枝，第九七二卷为葡萄、橄榄、椰、杨梅、沙棠、枸橼、益智、桷子、檖，第九七三卷为龙眼、桓栌、余甘，蒟子、木瓜、刘郁、杜梨、楩、枣、榛、柚、椵、椹，第九七四卷为枳椇、探，蒳、威木、槱木、枕、棪、杨桃、杨榣、冬熟、猴闼、关桃、土翁、狗槽、鸡桔、猴愬、多南、王核、三廉、鬼目、甘蔗、甘藷、芜荑、廉姜，第九七五卷为甘蕉、扶留、芋、菱、茨、莲、藕。第九七六卷和第九七七卷为菜部。第九七八、九七九、九八〇卷为菜茄部。自第九九四卷至第一千卷为百卉部，讲述花卉一百一十种。

结语

1.在本书中讲述关于都城的问题，虽然稍嫌超出了题目之外，但是为了认识和了解宫城、皇城、京城的实际，必须先对于都城的构成进行研究。日本加藤繁先生是斯学权威，他有一篇文章题为《关于宋代都市的发展》，发表于《东洋史论丛》中。现在摘引这篇文章中的一段话，介绍于下，以供研究汴京以及宋代诸城时作为参考之用。

这篇文章中有一段话写道："城墙是甃甓而建成的，有的一重，有的二重，有的三重。但是常有完全没有城墙之处。如果是二重的，则里面的通常称为子城，也叫做牙城，或称为小城；外面的称为罗城，有时也叫做大城。不论是二重的或是三重的，最里面的城墙内，亦即子城之内，建有该城的最重要的建筑物，例如皇宫，或是州厅、县厅之类。在子城的外面，穿过第二、三重城墙，建有居民住宅、佛寺；子城内放不下的官署也建在此处。子城几乎没有位于罗城的中央的，而是多位于罗城内偏南或偏北。也有的子城位于罗城内的一个角隅。

宋朝设置四京，以开封、河南、应天、大名四府为四京。四京中有的城是建成三重城墙的。东京开封府建有三重城墙，最里面的一城称为皇城，或称大内。当中的称为旧城，又称为内城，又叫里城。最外面的称为新城，又叫做外城。宋代东京城内的皇城是扩建唐代汴州城的子城而成的。其旧城是唐代汴州城的罗城。其新城则是周世宋新建的罗城。这在《宋史·地理志》、《东京梦华录》、《事林广记》等书中有记载，根据这些记载即可了解宋代东京城的状况。宋朝的南京应天府和金朝的中都燕山府城的城墙是建成三重的，这从《事林广记》应天府及燕山府图可以看出。南宋都城临安仍依旧制，罗城周围七十里，十分宽广，城墙只有二重。府城州城的城墙大多是二重的。"

2.宋代的苑池和园林中，建有流杯殿、流杯池、宴殿、射殿、射圃、走马廊、球场、山洞堂宇、野店村庄、仙人棋台等等，具有特色，不过其规模有大有小，并不完全一致。宋代园林中大多建有流杯殿之类的建筑物，看来那时盛行流杯，在汴京大内的后苑中也建有流杯殿。

艮岳那样大规模的园池中饲养着大量的飞禽走兽，但在小规模的园林中则不太重视禽兽的饲养。在园林中，庄、轩、斋等等是根据需要而建的建筑物，必须注意它们随着后世第宅园林的发展而兴盛的状况。

3.在宋朝首都汴京大内中，殿阁后面设有后苑。这个后苑虽然不如唐代禁苑那样规模宏大，但是它作为大内诸宫众殿的延续部分，建筑得相当整齐完备。应当看到这里存在着宋代园林的特色。

湖中筑堤，建亭与之相接，又在堤上筑梁，以通于湖中，更于梁上建造茅亭。这样的景致见于汴京的后苑中。自从宋朝时代初年，才开始出现关于湖中有堤的记载。在西湖中建成苏堤那样大的建筑，有其实际应用上的价值。为了疏通湖水而将堤切断，造桥以通渡，桥上建造亭子，形成堤岸风景，这个特色流传至今日，其开创是从宋代已经开端了的。在洛阳的苗师园内也建有桥亭。

汉朝时代的上林苑内曾有西陂池、东陂池，只见有此名称，但不祥细了解其实际状况。在唐朝时代洛阳的神都苑内有三陂，称为积翠、月陂、上阳。从先建堤是为了实用目的，到了宋代才开始有了风景的性质。

4.在宋代的艮岳中设有对居野店之景，南北朝时代邺都的华林园中设贫儿村，开市售物，这两件事可以结合起来考虑。文献记载说这是不祥之兆，但是在景色佳美的山湾中出现闾巷，却能显现出自然之美，这是不应轻视的。当然这里有雅俗之分，风雅朴素与粗俗恶饰是不一样的。

5.在后苑内凿成圆池，引水造海。艮岳中在关下的平地上凿大方池，只见于文献记载，不得知其详细状况。但是从此可以看出，进入宋代以来，在园池构筑中引入几何学图形一事开始流行起来了。

6.我们看看园林中积置的石头。在汉朝时代的袁广汉园中，“构石为山，高十余丈”。在梁园中，“山有肤寸石、落猿岩、栖龙岫”。由此可见在宋代以前的园林中正多积置石材。进入唐朝时代以后，叠石以筑山的技术的大为进步，从这一意义出发，构筑假山开始盛行开来。另一方面，开始从太湖湖底采取水蚀的石料置于园林之中，作为观赏的一项。这种石材称为太湖石，极受人们珍视。艮岳中置有采自太湖的石料。白居易等人也曾在杭州和苏州诸地得到形状珍奇的石头，取回置于住宅的池上。凡是形状奇异的石头都取特异的名称，以供玩赏。玩赏太湖石已成为定而不移的爱好，有关的绘画也赋予了好的画题，流传至于后世。到了明朝、清朝时代，赏石之风流行日益兴盛，于是开创了人工削石之法，将石材切削后，穿成孔洞，人工制成太湖石。这类人工制成的太湖石中，有些形状整然，或经历多年而着生青苔，令人喜爱。有的则因过分施加技巧，竟至达到不自然的程度。雄伟秀峭的石材放置于台座之上，作为摆设，放置在建筑物的前面，点缀于园池之中，是十分常见的。

7.洞作为景物，自从唐代以来即已出现在天然景致的岩石中。在洛阳之地，大多取其奇胜之意而设。到了宋朝时代，开始用洞构成园林风景中的一项景物。在洛阳的富郑公园中，建有土�洞、水筠洞、石筠洞、榭筠洞；在水北胡氏园内建有土室。这也同石一样传至今日。凡是构筑大规模的园林时，洞已成为必不可少之物。配合假山而筑洞，已是随处可见之景。对于洞的爱好似乎与佛教艺术有某种程度的关系。

8.进入宋朝时代以来，果树花木的栽培日趋兴盛，在这方面现存大量著作，实堪惊人，直到今日仍有很大的参考价值。其中令人颇感兴趣的是接木的技术。洛阳的李氏仁丰园中，“接以他木，与造化争妙”。《洛阳花木记》一书中记载着许多项目，其中有四时变接法、接花法、栽花法、种祖子法、打剥花法、分芍药法等等。由此可以看出宋代园艺发达的程度。

自唐朝时代以来，牡丹的栽培已经殷盛至极。根据《洛阳名园记》的记载，天王院花园子中“有牡丹数十万本。至花时，张幕幄，列市肆，管弦其中”。观此可知牡丹栽培的发达已经达到了最高峰。

9.远自孙权于三国时代建都建康的时候起，西湖之地即出现于史书记载。南朝历代建都于建康，对于西湖一带并无大规模开发。自从宋朝南迁，设置临安府以后，西湖一跃而成为天下第一胜景。西湖山水明媚，余杭峰峦秀丽，相映生辉。于是以西湖为中心而形成的园林达到异常的发展。长安、洛阳等地以山岩豪雄著称，而西湖与此不同，它富于南方水乡的雅曲优丽。同样是在园林中设置山洞水石，北方以雄奇为胜，南方以雅丽为尚，各有妙处，南北景色是不相同的。

西湖的风景经历明代而至于清代，成为皇帝屡次游幸之所，而与热河的避暑山庄并称。关于西湖的风景和园林，将在讲述清代园林的章节内叙述，这里暂不谈及。

10.太湖周围一带地方水运便利，土地肥沃，早自战国时代就已开发。吴王夫差曾在那一带营建梧桐园和鹿园，并筑有姑苏台。这一地带实为南方沃野，物产极富。经过南北朝以后，及至进入宋代，士大夫在太湖附近筑第宅而归隐者有日益增多的趋势，因而采取太湖美景而构筑园林乃理所当然的。我们从《吴兴园林记》等书的记载可以看出，在城郊以外营造园池，同时与园圃相结合，在天然风景中现出粗朴的风格。从这一点看，与洛阳那些豪华的园林相异其趣，这成为太湖园林的一个特点。

11.下面谈谈中国宋朝时代的园林对于日本造园的影响。

那个时候，日本青年僧人泛一叶扁舟横渡万里波涛而到中国，他们渡宋的目的绝不是单图自身荣达，不是只为了个人利益，而是充满炽热的信念，为了事业而奋斗。中国宋朝时代的佛教在日本镰仓时代又一次大规模传至日本，同时传到日本的还有建筑学、工艺美术、园林等等。由于渡宋的日本青年僧人如饥似渴地学得文化知识，于是将这些学问传到日本。

净土宗的僧人重源于日本六条帝仁安二年(1167年)渡海至宋，僧人荣西于仁安三年至宋，这二位僧人一同登天台山，于同年归还日本。他们回日本后，为重新修建治承四年遭火灾焚毁的东大寺而大力募捐。后来荣西再度到中国，于日本建久二年(1191年)回到日本，成为日本临济宗的开山祖师。僧人道元于日本后堀河帝贞应二年(1223年)渡海入宋，后来成为日本曹洞宗的开山祖师。僧人疏石虽然不曾入宋，但他作为临济宗的硕德僧人，极受镰仓幕府当政人员和京师诸人士的信任，受皇帝勅命由镰仓来至首都，奉命管理南禅寺和天龙寺。这位僧人学识渊博，喜好寂静，在园林方面有其独特的创造。日本后醍醐帝加疏石以梦想国师的称号。

我们想想看，这些人入宋是在南宋宁宗当政的时代，距离北宋徽宗的时代已经过了百年之久。那个时代，宋代文化早已过了全盛时期，而进入了十分成熟的境地。事物发展至于极点时，必将别求出路而呈现生机勃勃之势。从这个道理看即可以了解，宋代文化不但传至元、明而呈现飞跃，而且远渡海外，传至日本而达到新的发展。

日本的造园书籍传留至今者，最古的一部书当推《作庭记》。此书的作者已经无从察考，但是根据许多研究者所做的种种考证，大多认为此书是由藤原良经所著的。这部书的内容记载着自平安时代至镰仓时代京都地方的林木泉石。藤原良经于日本建永元年(1206年)被刺身死，卒年38岁；他是与僧人荣西、重源同时代的人。藤原良经出身望族，门第荣显而登上摄政之位。此人多才多艺，学识丰富。日本《造园丛书》中载有《作庭记》的全文，所以这里不加介绍，只概括地谈谈。

日本宫苑林石的制作日益精炼，并日益适合于日本风土，营建成日本式的园林。但是到了这个时代，应该说又受了宋代的影响。在《作庭记》一书中，我们看到“宋人云”，用宋人的话注解园林名称和岛上建筑。但是那个时代的日本园林与北宋南宋的园林相较，不但规模逊色，而且日本庭园中没有山洞、堤陂、桥亭等物。由此可以看出，由中国宋朝传到日本的园林营建，主要的是林木泉石之类局部的设置，这些设置处于日本的温和气候和风土中，立即显示出优美之姿。日本京都的金阁和银阁确实是具有大陆风貌，但是其中布置的林泉则完全以日本的自然风土为基调，因而日本人看了丝毫不感奇异。

12.燕京之地虽然自古即见于史册，但是该处的城池宫室则是辽、金时代才开始发展起来的。辽代的都城相当于现在北京城外的西南方。到了金代，燕京位置又有扩大，是以汴京的都城宫室制度为蓝本而设计营建的。或许是拆解汴京的殿阁，运至燕京而组建起来的。现在还有传说，说金代将宋代汴京艮岳的山石拆下来，用船载到燕京而置于琼华岛，这似乎不是附会之说。这样看起来，中国文化是从长安至洛阳，由洛阳至汴京，由汴京至燕京，这样自西向东移动的。我们读书时可以十分明显地感觉到这个东渐的途径。

第十一章　元代

蒙古自唐代就是雄踞北方的强悍部族。及至铁木真兴起，统一蒙古诸部，号称成吉思汗，起兵西征，创建了版图广大的帝国，最后意图灭金而在南征汴京的途中病死了。铁木真就是元太祖。其第三子即帝位，继其父太祖遗志，率军南征，与宋联合而灭了金，东降高丽，西平波斯，征服欧洲诸地。第三世定宗在位期短，宪宗旋即被选为帝。宪宗派其弟忽必烈经略征南事务，又派其弟旭烈兀征服波斯及小亚细亚诸地。征服大理及吐蕃，平交阯，正将攻宋的时候，宪宗死于军中，忽必烈不得已暂时与宋议和。宋朝的奸相贾似道将此次议和伪称为大捷，只是粉饰太平，而失于戒备。忽必烈即帝位后，再图南征。南宋抵抗不住，虽有忠义之士奋战而不能胜，南宋朝廷终归灭亡。

世祖即位之初，建都于开平，于1264年奠都于燕京，称为大都，称开平为上都。1271年，改国号为元。世祖意图渡海征日本，但遭到失败，遂向南征服缅国、安南、爪哇诸地；版图之大，历代罕见。元朝不但向外征伐，而且非常重视政治，崇尚儒学，奖励学艺，尊崇宗教，改革官制和兵制；在这一切方面无不取得重大的成效。元朝统治者起自漠北，征服四方而得以统治广大地域，由于文化水平所限，故需广为招收人才，辽、金遗臣来归者皆授以官职，汉人之有才能者则延为幕宾。那个时代，远自波斯、阿拉伯、欧罗巴诸国有不少人来仕于元。例如马可波罗由意大利渡海来到中国，在元朝任扬州都督、枢密副使等官职。马可波罗将炮术和天文学等知识传入中国，使中国得到世界的文化

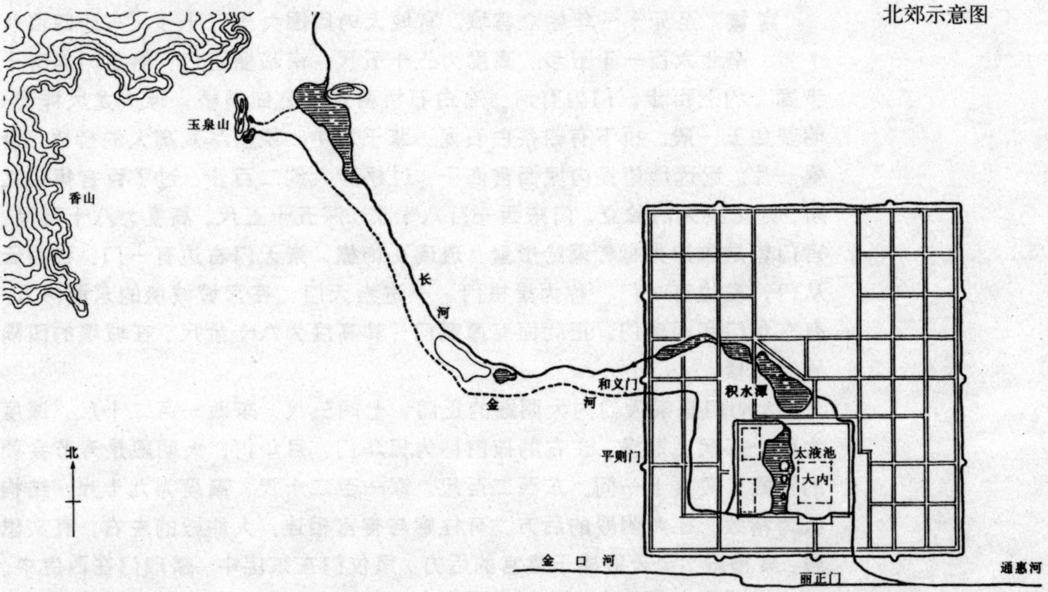

▼ 元大都及其西北郊示意图

知识，他对于中国文化史的发展起了重大作用。

元代的统一虽然是空前罕见的伟大事业，但是由于频频外征而荡尽国力，于是加重聚敛，苛捐杂税，终于招致国家紊乱。原来为了治理西藏等地而赋予喇嘛以特权，重用喇嘛的结果，带来了僧人跋扈。另一方面，汉人不论才识多么高明，但总是不得不位居蒙古人、色目人之下，从而招致汉人不满。海都之乱连续三十年，成为蒙古大帝国分裂的根源。元朝皇室每遇帝位继承时总要发生纠纷，有野心的大臣乘机专恣，这也成为元朝的积弊。元世祖以后再无英迈之资，终于被汉族的朱元璋所灭亡了。元朝大帝国的版图东起渤海，西至欧洲东部。由于其版图广大，所以能够将世界文化汇集一堂。如果元朝的国祚能如唐、宋两朝那样长，一定能在东方文化史上真正地创一新纪元。但是元朝的历史仅仅不足一百年，虽然在某种程度上接受了外来的思想、文化的影响，但是它的学术技艺大部分仍然是宋代的继续，而气宇豪迈则可以说是元代文化的特征。

第一节　大都的宫苑

京城　元朝初年，称辽金以来建都的大兴府为燕京路。世祖至元四年，奠都于燕京之地，在辽金故城的东北方筑一城，迁都于此。至元九年改称为大都。大都城周围六十里二百四十步。南面有三门：丽正门、文明门、顺承门。东面有三门：齐化门、崇仁门、光熙门。西面有三门：平则门、和义门、肃清门。北面有二门：安贞门、建德门。宫城位于京城内靠南边。京城的中央建有钟鼓楼。对于迁自辽金旧城的民众大致给地八亩。

宫城　至元十一年始立宫城。宫城大内周围九里三十步，东西四百八十步，南北六百一十五步，高度为三十五尺。南临丽正门，丽正门内有千步廊，约七百步。门内有河，有白石桥两座，名曰周桥，琢成龙凤祥云，明莹如玉一般。桥下有四条白石龙，擎于水中。绕桥尽栽高大的柳树，青翠一片。远远地望见内城西宫海子。过桥走大约二百步，过了百官集会之所，则见崇天门耸立。门东西一百八十丈，深五十五尺，高度为八十五尺。宫门皆是朱户丹楹，藻绘彤壁，琉璃瓦饰檐。崇天门右边有一门，称为云从门。左边有一门，称为星拱门。一进崇天门，在宫城城墙的东西两方，有东华门和西华门。正北面有厚载门，其高度为八十余尺。在城墙的四隅建有角楼。

大明门是崇天门内大明殿的正门，七间三尺，东西一百二十尺，深度为四十四尺，重檐。左右的掖门称为日华门、月华门。大明殿是寿节会朝的正殿，殿共十一间，东西二百尺，深一百二十尺，高度为九十尺；结构极为精致。在大明殿的后方，有柱廊与寝宫相连。大明殿的左右，有文思殿、紫檀殿。宝云殿建于寝宫的后方。凤仪门在东庑中，麟瑞门在西庑中。后庑中的东西两方有嘉庆门、景福门。周庑四隅建有角楼。在大明殿一区

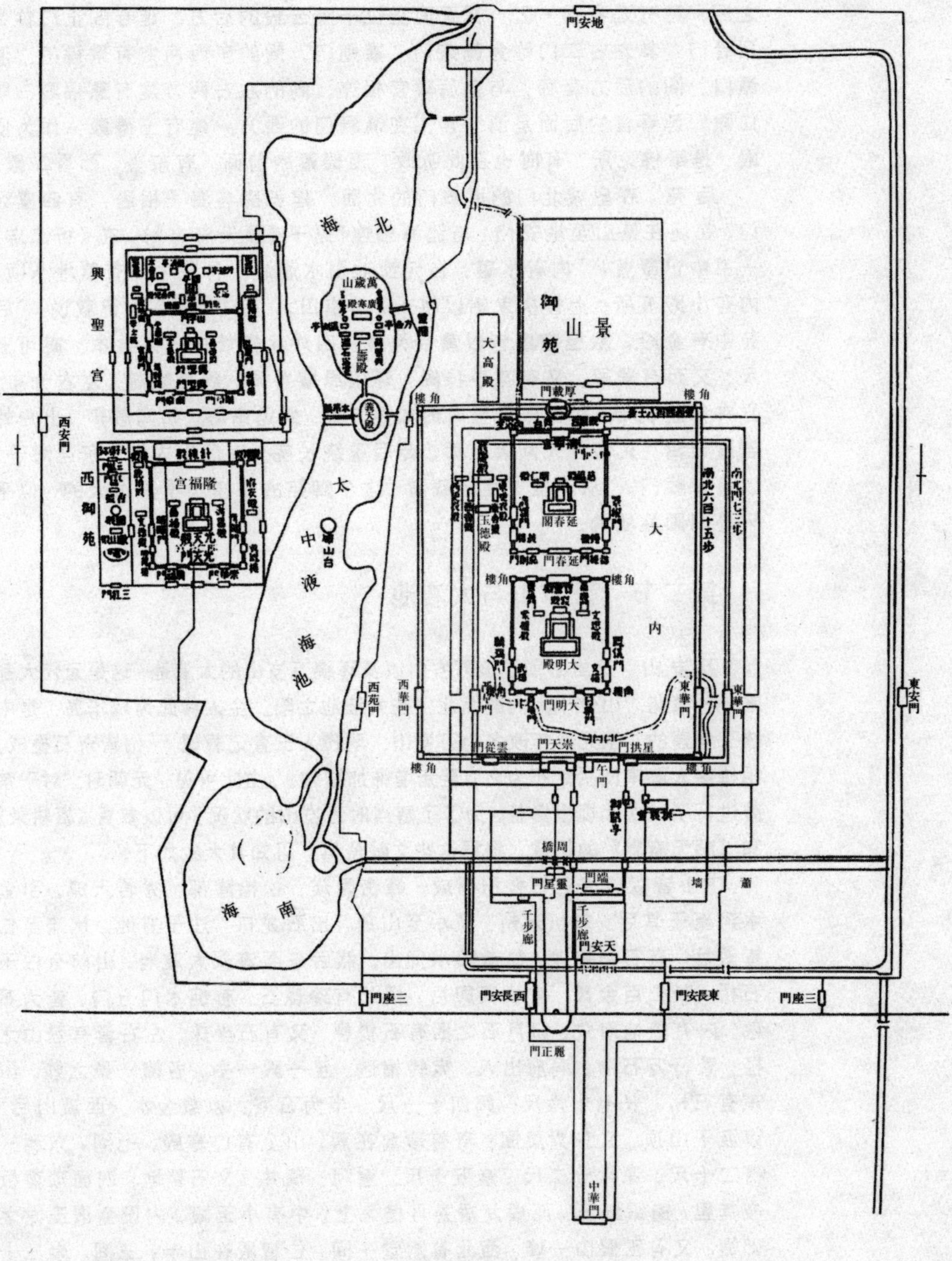

▲ 元大都宫殿图　（摘自《元大都宫殿图考》）

之后，建有延春阁一区，其正面正位于宝云殿的后方。延春阁正门称为延春门，其左右二门称为懿范门、嘉则门。阁的东西两方有景福门、清灏门。阁的后方有廊，与皇后寝宫相连。阁的左右两方建有慈福殿、明仁殿。延春宫的后面是清宁宫。在清灏门的西方，建有玉德殿，作为便殿，是奉佛之所，有时也在此听政。玉德殿的前面，有东香、西香二殿。

后苑 在皇城北门的厚载门的北面，建长庑与海子相通，有四座红门。在现在景山至地安门，与北海相连（见于《顺天府志》）。在《析津志》一书中记载着："内有水碾，自元武池引水灌溉，种花木。有熟地八顷，内有小殿五所。上曾执耒耜以耕。疑为耤田。"在《萧录》中记载说："后苑中有金殿，殿楹窗扉皆以黄金为裹。四外尽植牡丹一百余本，高可五尺。又西有翠殿。又有花亭毡阁，环以绿墙兽闼。绿障鱿窗，左右分布，异卉参差映带。而玉床宝坐时时如浥流香，如见扇影，如闻歌声，出户外若度云霄，又何异人间天上耶。苑后重绕长庑，庑后出内墙，东连海子，以接厚载门。"从这些文字记载看，这个御苑的规模决不是很大的，似乎只是园圃性质的。

第二节　万岁山与太液池

万岁山 这里必须谈谈万岁山以及环绕万岁山的太液池，这是元代大都唯一的禁苑。山位于大内的西北，在太液池之阳。金人称此为琼华岛，是中统三年建的，至元八年改名为万岁山。明代人王直记载说："山皆奇石叠成，相传金人取宋艮岳之石为之，至元增饰加结构。"由此可见，元朝时，对于禁苑进行了一次大规模修整。为了了解当时万岁山的状况，可以参看《辍耕录》和《顺天府志》的记载。根据这些文献资料，可知其大致如下。

其山皆以玲珑之石叠积而成。峰峦隐瑛，松桧隆郁，秀若天成。引金水河至于其后，转机运料，汲水至山顶，出石龙口，注于方池。伏流至仁智殿后，有石刻蟠龙，昂首喷水仰出。然后东西流入太液池。山前有白玉石桥，长二百余尺，直仪天殿后。桥北有玲珑石，有拥木门五门，皆为石色，内有隙地对立。日月石之西有石棋枰，又有石坐床。左右皆有登山之径，萦行万石中。洞府出入，宛转相迷。至一殿一亭，各擅一景之妙。山东有石桥，长七十六尺，阔四十一尺，半为石渠，以载金水，西流山后，以汲于山顶。又东为灵囿，奇兽珍禽在焉。山上有广寒殿，七间，东西一百二十尺，深六十二尺，崇五十尺。重阿，藻井，文石甃地，四面琐窗板嵌其里，遍缀红云，而蟠龙矫蹇丹楹之上。中有小玉殿，内设金嵌玉龙之御榻。又有玉假山一峰，西北有厕堂一间。仁智殿在山半，三间，崇三十尺。金露亭在广寒殿东，其制圆顶，尖上置琉璃珠，崇二十四尺，亭后有铜幡竿一。玉虹亭在广寒殿西，制度同金露。方壶亭在荷叶殿后，崇三十尺，重屋八面，无梯，由金露前之复道而登，又曰线珠亭。方壶殿在半山，左右之路四通。幽芳翠草纷纷然与松桧茂树上下荫映，隐然仙岛也。瀛洲亭在温石浴室之后，制同方壶。玉虹亭前仍登重屋复道，亦曰线珠亭。荷叶殿在壶亭前、仁智殿之西北，三间，崇二十三尺，方顶中置涂金宝瓶。园亭凡八面，又曰胭粉亭，在荷叶殿稍西，为后妃梳妆之所。介福殿在仁智殿东偏北，东西四十一尺，崇二十五尺。延和殿在仁智殿西北。湩室在介福殿之前。牧人之室在延和殿前，庖室在马湩前。东浴室、更衣殿在山东平地，《元氏十三世祖记》说："至元二十二年秋七月造温石浴室瀛洲西。汤池后有万丈井，深不可测。此汤池即似温石浴室。"《元氏掖庭记》说："漾碧池旁有一潭曰香泉潭。至上巳上，则积香水以注池。池中又置温玉狻猊、白晶鹿、红石马等物，嫔妃沐浴之余则骑以为戏。或执兰蕙，或击球筑，谓之水上迎祥之乐。惟小娥体白而红，著水如桃花含露，愈增妍美。帝曰：此夭桃之女也。因呼为赛桃夫人，宠爱有加焉。"

太液池 位于大内的西边，周围若干里，种植着芙蓉。《元氏掖庭记》说："己酉仲秋之夜，武宗与诸嫔妃泛月禁苑太液池中，月色射波，池光映天，绿荷含香，鱼鸟群集。帝乃开宴张乐，使宫女披罗曳縠，前为八展舞，歌贺新凉一曲。按己酉为至大二年。"现在可知太液池是皇帝泛舟游玩的处所。池上建有万安宫。又有仪天殿建于池中的圆坻之上。这个殿十一楹，高度为三十五尺，周围五十尺，重檐圆顶，台址甃以文石，籍以花茵，中设御榻，周围造着琐窗。东西门各一间，西北有厕堂一间，台西列甃砖龛，以居宿卫。东边建一木桥，长度为一百二十尺，阔度为二十二尺，与大内的夹墙相通。西边建一木吊桥，长度为四百七十尺，阔度与东边的桥相通。中阙立柱架梁置于二船上，以当其空。如果车驾行幸而至，上都留守的官员就将船移动，以断桥梁，禁止往来通行。这个桥与兴圣宫前的夹墙相通。屏山台在仪天殿前，位于水中，种植着木芍药。

第三节 太液池西的苑园

从仪天殿向太液池西去，建有兴圣宫和隆福宫。由于大内中室宇不多，没有妃嫔居住的处所，所以在兴圣宫正殿周围一带建有别院，还建有侍女和内监的居室。除此以外，还有厨房和浴室等一切必需的设备。隆福宫是太后休养的处所，后面有侍女的值班室和居室，这是别的宫殿所没有的。还建有针线殿，供奉佛的香殿，其他方面大体与兴圣殿相同，配殿周庑和角楼，以及宿卫居室等无不齐备。这在以前曾作为太子府使用，太后有时在此御殿听政，处理政务。

御苑 在隆福宫的西侧紧接处建有御苑。这个御苑是附属于宫的一部分，面积不大，只应看做一个小型的园庭。御苑中建有流杯池和水心亭等建筑物。在元朝初年时期，海子的流域甚为宽广，所以这些园池与太液池互相连贯，彼此相通。关于御苑的大小以及其中所建池亭的位置，无法确切了解，根据文字记载而可大体推测。南面有三红门，入门则有石屏，在其北面的池中建有东西水心亭。歇山殿位于其北，有柱廊与东西二亭相接，更向北则到圆殿，有庑与东西圆亭相连。圆殿的后方，流水分向东西流去，形成流杯池。在它的对面，北面建有石假山，山上建香殿、龟头屋、石台。香殿的左右两方有荷叶殿并立。假山之北有红门，门内有侍女的居室。经过三红门以后，就到太子斡耳朵。除此这些建筑物以外，棕毛殿位于假山的东侧，其后面有盝顶殿。御苑四周筑有围墙，在南面的三红门外，设有仪鸾局，掌管灯烛仪仗。这是在世祖至元十一年二月设立的。《萧录》中记载说："又少东有流杯亭，中有白石床如玉，临流散列小座多数。刻石为水兽，潜跃其旁，涂以黄金。又皆亲制水鸟，浮杯机动，流转而行，劝罚必尽欢洽，宛然尚在目中。"

西前苑 《萧录》中记载说："沿海子导金水河步邃河南行，为西前苑。苑前有新殿，半临邃河。新殿后有水晶二圆殿，起水中，通用玻璃饰，日光回彩，宛若水宫。中建长桥，远引修衢而入嘉禧殿。桥旁对立二石，高可二丈，金彩光芒，利锋如斫。渡桥步万花，入懿德殿，主廊寝宫，亦如前制，乃建都之初基也。"我们现在虽不能了解其位置和大小，但是可以根据这些文献记载而推知当时的状况。

万春园 元朝时代在海子岸边有万春园。进士登第举行恩荣宴会之后在此处集会。宋显夫的诗中有"临水亭台似曲江"之句。后来已不知这个万春园在什么地方。《渌水亭杂识》一书中有关于万春园的记述。

第四节 元代各地的园林

元朝版图广大，统治者胸襟开阔，录用人材不限部族。虽然汉人出仕途上略逊于蒙古人，但仍能受到重用。因此，各地的园林趣味并未遭受破坏，而是继承宋代文化，并加以充分保持。下面举出元朝时代的园林，这些都见于文献记载。这一时代的园林当不仅此，这里只介绍这些。

小圃 根据《河南通志》的记载，河南汝宁府光州有小圃，是元朝马祖常所建。

绛守居园池 根据《山西通志》的记载，山西绛州有绛守居园池。经历隋、唐、宋、元诸代，这个园池经过一些人营造修建。到了明朝宣德七年，绛州知州韩辙加以重新改建，孙冲重刻了《绛守居园池记》。这个园池内有五座亭子，还有塘堤等。

南园 也在绛州。根据《通志》记载，园内建有无邪堂、快轩。金代正隆二年，观察韩子端为此园写文为记。

成趣园 位于山西虞乡县。根据《通志》记载，金代元好问有《麻长宫成趣园诗》。

胡相别墅 位于陕西长安樊川。元朝中书丞胡恭萉年老，致仕于杜曲。种植梅竹，凿池引泉，营建宾馆亭台，作为隐居休养之所。他在别墅中读书看画，常与士大夫宴饮，以此度过晚年。命人绘成樊川归隐图，翰林侍制孟攀麟为图作了序，诸文士都有题诗。关于这个园的记载见于《马志》和《通志》。

廉相泉园 元朝至元年间，平章廉希宪喜爱秦中山水，于是在樊川杜曲的林泉佳美之处修建厅馆亭榭，引泉灌于园内，移植汉沔东洛诸地奇花异卉，畦分碁布，松桧梅竹罗列成行。他时常在园中饮酒论文，饮茶弹琴，雅歌投壶。这个记载见于《陕西通志》。

赵氏别墅 元朝至元甲子年，宣抚赵公将其父母埋葬于樊川杨坡就岗原爽垲，栽种楸竹，建立祖庙，立碑，修建园亭，引水灌入园内，作为别墅，住在里面。自己取了个别号，叫做樊川钓叟。园内有安适堂、归潜洞，赵公泉。《通志》中载有引自《马志》的记述。

牡丹园 位于安化门西杜城北边五里之处，是元朝河东北路行省郎中并人李焕卿的儿子李信之所建。信之不喜欢做官，读经史诸书，修建园池，耕种田园。这个园里种着牡丹三四百株，还有许多其他各种花卉。每到花开茂盛的时节，有很多人来观花游赏，车马堵塞得道路难通。

玉泉园 位于澄城县西北五十里之处。园内老树偃仰，怪石巉岩，有泉滨涯而出，莹洁如玉。虽然到了冬季，岸边仍然生长着水芹之类的植物。泉下开有蔬园菜畦，引水灌溉田园。元朝的西台御史潘汝劼有诗。见于《通志》引《贾志》的记述。

狮子林园 位于苏州吴县城内的东北隅。狮子林园建于元朝至正二年。园内有许多奇石，其状如狻猊一般。因此，这个园称为狮子林。园内的名胜有元朝人倪云林的手堆石，还有卧云堂、问梅阁、指柏轩、禅窟、竹谷等等。寺额为清朝康熙皇帝亲笔所书“狮子寺”三个大字。见于《江宁府志》的记载。

乐隐园 位于太仓县北的沙头镇团溪。这是元朝人瞿逢祥隐居的处所。杨维桢为乐隐园作了文章为记。见于《江宁府志》的记载。

万花园 位于海州如皋县东三里之处。元代镇南王世子营建堂宇，并在此该栽种千万株花木。见于《江宁府志》的记载。

结语

1. 辽、金时代的都城燕京的所在地位于现在北京城的城墙的西南方。到了元朝时代，才在现在的位置建都城，以太液池的东岸作为宫殿的正位。在西岸的南面建隆福宫，西岸的北面建兴圣宫。明朝初年攻取了元大都，拆毁了皇帝的宫室，改建燕王府。到了明成祖永乐十五年，才下诏重新营建京师。将大都城的北面向南面缩进，这就成为现在北京城的轮廓。关于这些将在以下讲述明、清时代的章节内介绍。

2.在琼华岛的万岁山上建广寒殿和梳妆台已见于金代的记载。这一带的景色与太液池相映生辉，后来不断经营修建，不断施加人工。在建桥方面，北海的叠翠桥是金代建的，玉蛛桥是元代建的。太液池是作为禁苑而营建的，修建时已为将来的发展留下了余地。进入明朝和清朝时代，这一带进行了大规模的改建，发生了很大变化，这将在下面的章节中介绍。

3.现在北京宫城背后称为景山的一座土山，相当于元朝时代后苑的位置。元代的后苑中引水灌流，修造亭殿，栽植花木。在长安和洛阳的古代宫城内，都在宫殿楼台等建筑物群的后方开辟苑园，这是汉代以来的营建规范，到元代仍然照此而行。

4.元朝时代，铁木真的雄图和忽必烈的英略是古今东西所罕见的。世祖忽必烈选用人材不限国别和种族，远自欧洲来的人也任要职，这就使海外文化输入中国。只是这个朝代为期不满百年，虽然文化达到相当程度的发展，但是终于未能达到最高峰而进入了明代。由于元朝时代处于这样的状态，所以科学方面学习欧洲而得到许多新发展，文学艺术方面则仍然建立于前代的传统，并没有明显变化。虽然戏曲在元代异常发达，但这只是以唐、宋以来的东方文化为基础而发展起来的，它表现出气宇豪迈和变化多彩等元代文化的特点。

在建筑、苑园、园林、绘画以及其他许多方面，也可以认为具有上述的特点。关于狮子林园的记载中有“多奇石，类狻猊”的话，由此即可看出这个特点的一个方面。

第十二章 明代

元朝末年，各地纷纷起义，但是元顺帝依然耽于淫乐，不顾国政。这时濠州人朱元璋随郭子兴起兵，经过十五年，完成建国事业，建都于金陵。朱元璋就是明太祖，年号为洪武。

后来明太祖平定北方各族，分封诸王子二十四人于全国各地。他考虑不要步元朝帝室孤立无援而灭亡的后尘，所以分封诸王；因为他生性残忍刻薄，将从军立功的众将或罢免或杀死。明太祖在位三十一年而死。其孙即帝位，就是惠帝。此时藩王逐渐跋扈，惠帝意图削弱诸王的势力。燕王棣镇守燕京多年，为了防御北方而养成强大的实力。他为了反对惠帝削诸藩权势的举动，于是率兵大举南下，攻陷金陵而登帝位，就是明成祖。明成祖改北平为北京，称北京为顺天府，迁都北京(1421年)，改旧都金陵为南京。明成祖关心政治，减低租税，奖励儒学，力图充实国力。他又怀抱雄图壮志，远征四方，北征鞑靼，南平安南，又收南海，以图伸张国威。明成祖以后，经历仁宗而至于宣宗，纲纪修明，天下大治。为了表现治平之意，史家称之为宣德之治；这是明朝的全盛时期。后来到了英宗、宪宗为帝的时期，宦官王振和汪直等人祸国。孝宗即位后，锐意图治，国家始得走入治道。武宗嗣位后，喜好游戏，不关心国政。世宗时期，廷臣论争大礼之议，久久不得解决。明朝党争自此期开始发生。大臣结党，在朝廷上争议不休，因而使国家实力逐渐削弱。鞑靼诸族自北方兴兵入侵，南方诸地以及安南地方也相继发生战乱。西部地区也开始不平稳起来。东方沿海诸地遭受倭寇的侵扰，使国力大受损伤。后来到了万历年间发生朝鲜之役，明军为日本所败。由于多方战乱而使国力难以恢复，加以内政紊乱，各地农民起义不断发生。明朝政府为了扑灭各地起义而东击西奔，终于不能扑灭起义的火焰。在这期间，李自成的势力日益壮大，终于攻占了西安，自称王号，国号为顺(1644年)。随后李自成拥兵东进，攻取了居庸关，焚毁了明陵，威迫北京。李自成攻破彰义门，攻占了北京。崇祯皇帝出了皇宫，登上煤山一望，只见四面烽火连天，不得已而自缢身死。明朝自太祖开始至于崇祯帝共传七世，二百七十七年，至此而亡(1644年)。以后，明宗室相继称帝者有福王、唐王、桂王，共传三世，十八年。他们各处逃避，仅仅保存明朝国号而已。实际上自从北京一陷落，明朝就灭亡了。

第一节 金陵的宫苑和园林

南京城 濒临长江(西岸)，上溯至三国时代，经吴、东晋、宋、齐、梁、陈诸朝，均建都于此地。南唐李氏、明太祖及明朝第二世明惠帝也在此建都。南京之地自古以来曾有不少名称，如金陵、秣陵、建康、昇州、集庆等。明太祖丙申年三月称南京为应天府，洪武元年八月建都于南京，洪武十一年称为京师。永乐元年(1403年)仍改为南京。

洪武二年九月开始营建新城，至洪武六年八月建成。内建宫城，也称为紫禁城。共有六座门。正南方的门称为午门。左边的门称为左掖门，右边的门称为右掖门。东方的门称为东安门，西方的门称为西安门，北方的门称为北安门。宫城的外门的名称是：正南方的门称为洪武门，东西方的门称为长安门，东方北面的门称为东华门，西方北面的门称为西华门，北方的门称为玄武门。皇城外面的城称为京城。京城周围九十六里，共有十三座门。南方的门称为正阳门，南方西面的门称为通济门，再向西面的门称为聚宝门。西南方的门称为三山门，叫做石城。北方的门称为太平门，北方西面的门为神策门、金川门、钟阜门。东方的门称为朝阳门。西方的门称为清凉门，西方北面的门称为定淮门、仪凤门。后来堵塞了钟阜门和仪凤门，只剩下十一座城门。外郭是洪武二十三年四月建造的，周围一百八十里，有十六座门。东方的门是姚坊门、仙鹤门、麒麟门、沧波门、高桥门、双桥门。南方的门是上方门、夹冈门、凤台门、大驯象门、大安德门、小安德门。西方的门称为江东门。北方的门是佛宁门、上元门、观音门。

京城之内有上元县治和江宁县治。明太祖于丙申年将上元县治迁到淳化镇，到了第二年又迁还原处。上元县旧治的东北有钟山，山南有孝陵卫，孝陵卫是洪武三十一年设置的。北面有覆舟山，西北方有鸡鸣山、幕府山，东北方有摄山，东南方有方山。北滨大江，东南有秦淮河。秦淮河向北流，流入南京城中，再向西流，出了南京城，流入大江之中。再北边有元武湖*。(原文如此，似有误。——编者)江宁县治位于南边，其南有聚宝山和牛首山。其西南有三山、烈山、慈姥山。西临大江。东北有靖安河。西南有大胜关、江宁镇。东南有秣陵关。莫愁湖位于三山门外，古时称为横塘；南齐时有个卢家少妇叫做莫愁的人居住于此，湖即由此而得名。该处有胜棋楼、曾公阁，是游人品茗休息的地方。在湖滨处有华严庵，就是卢家郁金堂的遗址。唐代诗人沈佺期有诗句“卢家少妇郁金香，海燕双栖玳瑁梁”，指的就是此处。

根据《江宁府志》的记载，可以看出南京自古以来宫殿建筑的概况。吴代的太初宫位于上元县境内，晋代以该处为府舍，皇帝即位而称之为建邺宫。吴代的昭明宫位于上元县境内，后主甘露三年六月，在太初宫的东面建起了一座新宫，大规模辟建苑囿，堆积土山，营建楼观，饰以珠玉。又在城北开凿河渠，引后湖的水流入宫内，环绕宫殿而流，建筑技巧极为精致。晋代的建康宫位于上元县境内，其正殿称为太极殿，是晋代初期建造的。南朝刘宋的亲蚕宫位于上元县台城的西边，是宋大明三年建成的。上元县境内上林苑中有宋未央宫，宋上林苑建于459年。景和元年(465年)，以东府城为未央宫，石头城为长乐宫，北邸为建章宫，南第为长阳宫。齐代的青溪宫位于上元县东二里之处，是齐武帝营建的。到了梁代，该处为金华宫。南唐的皇宫位于上元县境内的桥北之地，到了宋朝为建康府治，南宋绍兴二年(1132年)加以修建而成为行宫。元朝至元五年(1268年)将这所故宫的木料拆下来，运到大都去了。

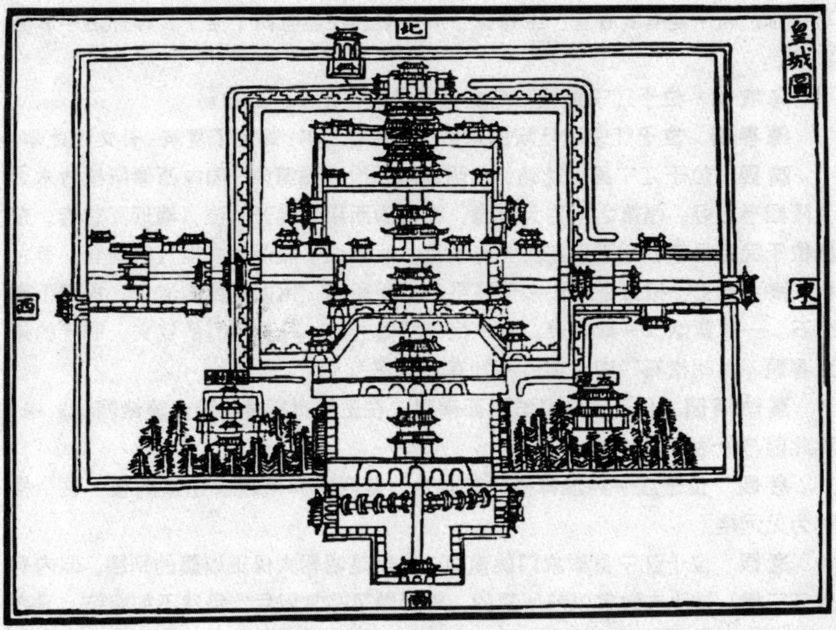

▲ 明皇城图　版画（摘自《洪武京城图志》）

明故宫　位于上元县境内的旧紫禁城中，就是古代燕雀湖所在之地。左顺门内的殿称为文华殿，右顺门内的殿称为武英殿。奉天门内的大殿称为奉天殿，东边的是文楼，西边的是武楼。大殿的左方有中左门，大殿的右方有中右门。其后方建有华盖殿、谨身殿。再向后方则是乾清宫。乾清宫后面是坤宁宫。坤宁宫的左右两边各有一殿，称为柔仪殿和春和殿。后来宫殿渐毁，大部在战乱中受破坏，仅仅残存九龙桥和御沟池的遗迹，有方孝孺的血迹碑，建有碑亭。

金陵诸园　虽然金陵一地在六朝时代已经达到繁华灿烂之胜，但是自隋、唐以至宋代，均未建都于此，明太祖虽奠国都于该地，但其生涯大部度过于戎马之间，在金陵仅仅建造了紫禁城而已，谈不到大规模营建园囿。但是金陵本是山丘河川景色秀丽之地，林木苍郁，自然环境得天独厚，因此能够承继六朝时代繁荣之后而大建园林。明朝时代的大文人王世贞著了一部书称为《游金陵诸园记》，此书足可与《洛阳名园记》相抗衡。根据《游金陵诸园记》一书的记述可以知道，在寓居于金陵的士大夫们之间，普遍盛行营建第宅园林，其中很多是颇为可观者。《游金陵诸园记》序中谈到，洛阳之地虽是故都，但是自五季以来屡遭兵火，生聚未能复尽。而金陵一地自南宋高宗定鼎以来，已经二百余年，其江山之秀丽、人物之雅盛都不是宋朝故都所能同日而语的。但是我们认为这是写文章的人所作的议论，并不能说金陵之胜是洛阳等地所不能相比的，不能断定金陵殷盛超过洛阳。而应该说是不仅金陵一处，包括苏州、扬州、常州等广大江宁地区在内，从质和量方面看，则是表现出进一步的提高。

养种园　位于上元县城的东边。宋朝南渡后曾以此为行宫。园内养种花草树木。园中建有嬰春堂、玉雪堂、清华堂。还建有两个亭子，称怀洛亭和芳润亭。

乌衣园 位于江宁县城南乌衣巷的东边，是王、谢故居。

绣春园 位于江宁旧社坛的东边。宋瑞平三年，高定了复筑，有文记此事。

瞻园 位于江宁县大功坊，在明魏国公徐达赐第内。园内西偏所植竹木为金陵园亭之冠。赐第之南称为南园。在城的西南隅有万竹园，地近瓦官寺。东园位于武定桥东城之下，在回光寺附近。西园位于城西南，地近骁骑仓，有古松，高可三丈，相传是宋仁宗于昇平时亲手所植，用以赐给陶道士。松树下有二石，一称紫烟，一称鸡冠。有宋梅挚所做的诗，马光祖写的铭文。明代的朱之蕃题“六朝松石”四个字，不知有何根据。

莫愁湖园 位于江宁县城的西南隅。在王世贞所著《游金陵诸园记》中，称此园与徐达之园并胜。

息园 位于江宁县淮青桥的东北方。有明朝尚书顾璘建造的楼，这个楼称为见远楼。

逸园 位于江宁县驯象门的南边。这里是明朝太保王以旗的别圃。园内有敞庐三楹，是他未做官以前所建的，等到做了高官以后，仍然不加修饰，只在周围种竹环绕而已。

市隐园 位于江宁县武定桥的东边，是明朝姚鸿胪元白营建的。

快园 位于江宁县武定桥的东边，是明朝徐霖营建的。园内建有晚静阁。

栝园 位于江宁县大功坊东巷内。原来是徐达的别业，后来归周亮工所有。堂前有两株老栝树。有赵宧光的题额。

以上是《江宁府志》中摘引的，只举出这些园子的名称和所在地点，看这些记载还弄不清其内容是怎样的状况，王世贞所著《游金陵诸园记》一书充分地补足了这方面的缺欠。我们从《游金陵诸园记》的叙述中可以相当清楚地了解明朝时代园林构筑方面的特点和规模。从这个意义看来，《游金陵诸园记》一书应该说与《洛阳名园记》同样是研究中国园林的重要著作，是不可不读的重要文献。虽嫌冗蔓，但仍介绍如下。

第二节　王世贞著《游金陵诸园记》

王世贞在《游金陵诸园记》一书的序中写了下面一些话。李文叔记载了洛阳名园中的十分之九。洛阳虽然是一所故都，但是自经五季兵火之后，生聚未能尽复，设置的官职只是为了留守。除去少数权要之人以外，还有许多做官的人以洛阳为退官后的隐居之所。因此该地有不少第宅，建造园地亭榭。这些都是非常瑰丽宏博的。金陵一地自从南宋高宗南渡定鼎以来已经二百多年，江山之秀丽、人物之雅兴，岂可与宋朝旧都相比。王世贞在这个序中又说，他本人在公务之暇，有机会游赏栖霞、献花、燕矶、灵谷等名胜，得以畅游饱览，看了不少名园，如中山王诸邸等处都去过多次，觉得比洛阳强得多。因为洛阳有水，有竹，有花，有桧柏，但是没有石。在李文叔的《洛阳名园记》一书中不谈叠石为峰岭的话，由此可以想见洛阳无石。王世贞说他自己有幸得游金陵诸园，当然不可以不写成游记。除中山诸邸以外，只有同春园得称上乘，武定竹园超过万竹园之上，于是一并记述。以上是王世贞在其所著《游金陵诸园记》一书的序中所写的话。现在从这部书中摘引关于金陵诸园的记述，介绍于下。从这些记载中可以清楚地了解金陵诸园的特色。

东园　又称为太傅园。这个园之佳丽远在诸园之上。一进园门，只见栽种着许多榆树、柳树，此外则见一片麦田。向右方转，有堂称为心远堂。建有月台。筑有山，称为小蓬山，有一些峰峦洞壑，还建有亭榭之类的建筑物。有两株大柏树，树干交叉相合，竹树繁密。从左方在丛密的竹树林中前进，有一堂，名为一鉴堂。堂前有一大池，建有一大桥，涂朱红色。有一亭建于水中央，亭甚整洁。岸上一片老树。从石砌登上一高楼。左边是一溪，达到横塘，就到园的尽头，几乎半里，有不少佳木。明武宗南幸时曾在该处钓鱼为乐，直到日落仍不回去，就是在这个亭旁的溪边。

西园　又名凤台园。位于郡城之南稍西处，离聚宝门三里。从小径曲折而行，进入园中，建有凤游堂，前面有月台，有奇峰古树。右方有栝子松，高达三丈，径三尺。相传这棵树是宋仁宗亲手所植，赐给陶道士的。已经过了四百多年了。这棵古树婆娑掩映，十分可爱。下面有两块古石。一块石头称为紫烟，最高三仞，颜色苍白。另一块石头称为鸡冠，宋朝梅挚刻诗于此。挚秀阁甚为整丽，阁前有一株古榆，大可合抱，但不很高。树枝下垂于芙蕖沼中，呈潜虬渴猊之状。沼广袤十余丈，水非常清澈，可以照见人的毛发。南岸建有一台，可以望见远方。这一带遍植高树。北岸尽植修竹，蜿蜒起伏，有许多奇卉异木，错杂繁茂。

◀ 扬州园林 清版画（摘自《中国古典风景园林图汇》）

魏公南园 位于赐第的对街。有堂五楹，极为宏壮。前面建有月台，有峰石杂卉之类。右面又有堂三楹，四周都是廊子，廊的后面建有一座楼，朱甍画栋，绮疏雕题相接。前面汇为一池，三方皆为叠石而成，池中养着红色的鱼一百余尾，鱼长达二尺，饲以食饵，鱼都聚拢而来，就像一片绩锦相似。从左侧逶迤而下，则有馆榭亭台阁宇等许多建筑物，还有怪石奇树。向左侧而下，则有新建的一轩，建得特别秀丽，轩枕于水上。西方和南方则有峰峦百叠，状如狁攫猊饮。在月光映照之下，顷刻间变化万端，姿态绝殊，颇为可观。

魏公西园 魏公第中的西圃在中门之外。西面开着两座门，有堂翼然而立。又建有复堂，堂后又有门，由此可以望见西圃。向右方折而上行，则逶迤曲折，叠磴危峦，还有各种古木奇花。行走在这一带，人走得疲倦了，但是看到大量奇观美景。当初赐第时建有织室和马厩，后来久已荒废，变成了一片瓦砾场。后来太保把这些瓦砾清除干净，从洞庭的武康玉山采来石材，从四川运来大木料，从吴会取得花草树木，经过营建，才建成这个景观。后面建有一堂，极为宏丽。前面叠石为山，其高度在群峰之上。在山顶上建一亭，尤为秀丽。种植着许多梅、桃、海棠之类的果树。一到春天，果树开花，一片灿烂，宛如百丈宫锦一般。

锦衣东园 大功坊东尽头处有锦衣东园。一进园门后。转向东南而行，见一堂，修建得甚为华丽。堂的前面有月榭。堂的后面有一室，挂着珠帘。左右两旁有小庭耳堂列于两侧。折而向西走，就走到一座门前，则见广庭廊落，前面也建有月榭。前面有群峰，有一峰可比刘公石，嵌空玲珑，莫可名状，据说是故吴郡之物。北边有一座高楼，台阶有二十多层。登在楼上向前方看，则见报恩寺的塔当窗耸立，日光照射时，发出耀目的金光。大司寇陆公看见此景，叫绝称奇。北面有华轩三楹，朝向北方，以承诸山之景。顺着石阶向上攀登，顿觉小路委伏，不胜窈窕。向上走如同登上空中一般，下面则是深渊，好像将坠落渊中。有亭轩之类的建筑物约十所，都是整丽明洁，背向得所，桥梁建筑更令人惊绝。有石洞三轩，窈深冥远不可窥测。因为洞中漆黑，所以虽在正午也挂着两盏角灯，以便为游人指路。走进洞中，从缝隙处一看，就像看见数点明星一般。王世贞说，他曾游过许多真山洞，从来没有看见过大于这个洞的。还有水洞，清流泠泠，旁建一亭。水晶莹清澈，可以见底。池中养着朱鳞鱼数百尾，如果投以食饵，这些鱼马上游跃聚集而来，映照着波光闪闪，就如同刀光剑影相似。山周的广度不过五十丈，所走的路几乎一里有余。由此可知“维摩丈室容千世界”这句话是不虚妄的。

万竹园 与瓦官寺为邻，也是徐达家的园子。有堂三楹，前面建有一台，高可数仞。有一座朱楼，门上着锁。开门一看，只见非常壮观。左厢三楹，也可以布席。只是未曾凿池引水，是个遗憾。

徐锦衣家园 与凤台基址相接，位于第宅的后面。折而向东走，则见大厅五楹，称为月榭，是花石砌成的。过了东墙，立即进入另一仙界。由台阶向上走，登上最后一级，即走到一座楼。登楼远望，则见钟山紫翠而居于眼下。向上走，小路迤逦，经过之处尽是一些亭馆之类的建筑物。有一条伏流窈窕而穿行其间。有两座石桥，修建得壮丽齐整。有两处曲洞，蜿蜒而行，愈益幽深。向东边走，走到山的尽头处，有三楹水亭。池水清冷，可以照见人的毛发。池里的红鱼有径尺者，游跃自如。园中多奇峰峻岭，怪石参差。又有怪木素藤，樛相映带。画阁朱楼，上耸入云，下映水中。游这个园的人，真有应接不暇之感。

金盘李园　在徐氏两西园以外，还有称为西园的，其中之一就是金盘李园。这个园距离石城门约一里。在靠近门的地方，有堂三楹，由堂可以俯视大街。堂后有台，顺着台转折而行，走过三十步左右，则见各种树木甚多，柳榆杂列，高杨错植，绿阴可爱。堂三楹，其南边建一台。在堂的背面，叠石而为山。石间开凿小池，水流宛曲环绕，可以流觞，但是不知水是从何处流出来的。山麓建着亭子，亭子的下面是洞。后面还有山，流觞的水可能是从这山中流的。左右两面有八株老栝树，大者可以合抱，偃蹇婆娑，生意遒尽。垣外是大片竹林，杂以高榆数十棵，互相掩映，景色甚为新奇。在东北方的高阜上建有亭子，称为碧云。由亭向东远望，可以看见朝天宫；向北远望，可以看见清凉瓦官寺的浮图。乌龙灵应观也是景色绝佳之处。这个园极为宽阔，其构建颇得洛阳园林的传统规范。

徐九宅园　园中的厅坐北朝南，建造得非常壮观。前面筑一台，所用的

▼水心榭　清版画（摘自《中国古典风景园林图汇》）

▲ 半天楼　清版画（摘自《中国古典风景园林图汇》）

峰石完全是锦川武康石。园中栽种着牡丹十余种。右面有一座门，开门一看，则见大厅更加壮丽。厅前是一广庭。庭的南边，有朱栏映带，面临一池。池的三隅叠有奇石。园中种着大量树木，有松栝桃梅之类。园中峰峦起伏，亭馆与洞壑相交错。左右画楼相对而立，其中尤以右边的画楼为高，有三层石台。游此园时，适逢久旱得雨。登至楼上饮酒，则见四外一片烟雾迷漫，忽远忽近，各有姿态。

莫愁湖园　园也是徐氏别业。出了三山门，大约有一百步，就见这个园子。园中景色极胜，因为它的背后就是莫愁湖，虽不及半里，但是陂陀隐隐，虽不甚高，但有迤逦之致。登楼纵目一望，四处景色一览无遗。每到黄昏时，太阳落山的光芒与山水相辉映，宛然如一幅李将军金碧图。

同春园　故齐王孙所创，位于城西南隅。入门处不宽敞，但向右一转则豁然开阔，月台宏饬，峰榭映掩。有一堂，称为荫绿堂。园内垂柳高梧，长松秀柏。背北有水，有阁称为藻鉴阁；旁有一亭，称为漱玉亭。亭下有泉，泉外种竹千竿，泉水流过时发出声响，琅玕成韵。叠石积土而成山，迤逶而行，则见亭馆。种植着许多芍药和牡丹，一到开花季节，群花怒放，一片烂熳，景色极为可观。

武定侯园　武定侯的故园在竹桥的西边，位于汉府的后方。周围有土墙横亘，大约有一里。园中满是竹子。进园向北走，有一轩坐西朝东；轩的后面有一堂，也是坐西朝东的。向前走几十步远，就看见水亭三楹，有一个水池，此外完全是竹子，竹之粗大者如碗口。竹林西去有三十丈，南北向有五十丈，往东看则是一望无际，漫漫一片。群鸟在竹林上空飞翔，阳光射不进竹林丛内。轻风徐来，只听得戛玉敲金之音。

市隐园　鸿胪姚元白所创。堂后建有一轩，虽然不大，但是颇为整洁。庭背有许多奇树古木。转过去向东走，则见一轩甚为宽敞。出门而行，穿过委曲小巷，就走至园边。进了北门，即至茅亭。向南行，向左边转，有一座小山，山的周围种着竹子。小山的前面有一大池，这个池纵横可达七八亩。右面有一平桥，走过桥就见平屋五楹，这叫做中林堂。在池的前面，建有亭台桥馆之类的建筑物。堂后有一轩枕池而建，称为鹅群阁。一到下雨的时候，坐在阁中即可听见雨声琅琅，望见池水平波尽为鳞蹙。往远处一看，只见那座小山被黑云笼罩，完全如同泼墨一般，极富画意。

武氏园　位于南门内的一条小巷中。园内建有四所轩，其阳宽敞之处有一方池，跨池而建一桥，长数丈。走过桥来，有一台，满是古树老竹。外面有池，宽不到数十尺，水清碧无尘，时常发出音响，这是由于水流来自清溪的缘故。右方建有一精舍，开门一看，则见堂序翼然。西边有一座楼，颇为秀丽。楼上供奉着吕祖的画像，这幅像是吴小仙画的。听说这个园的主人武君为人静敛，不涉世俗之务，信仰佛教，希图长寿，时常捐助施舍，是一位品德高尚的读书人。

杞园　王贡士的杞园位于聚宝门外。小市西的弄中门与大河相对，河北就是帝城。一进园门，只见有堂三楹，向南而行，种着牡丹好几百株，花开放的时候，一片焕烂，有如云锦一般。从牡丹花丛的西面走过去，就走到芍药丛边。芍药花朵极大，比牡丹花朵大三倍，其大如盘，娇艳百态。还有茉莉数百棵，又有建兰十余本，生色蔚涥，十分可爱。花丛边有一池，称为锦边池，池中所植白莲甚为出色。这个园可以同洛阳的天王院花园子相比，具体而微。

遁园　顾璘当初为太史的时候，因为有个遁园位于杏花村中，于是列举村中诸园，各以诗记之。并为此作了一篇小序，他在序中写道：杏花村方圆在一里之内，其中十分之九为山园所据，虽然都很宽敞，但是规模并不相同。虽然大小殊趣，但都值得一游。有时大家同游园中，散步闲游，稍得胜赏，因而为诸园各写一诗为记。遗憾的是不能像李文叔描写洛阳名园时写得那样详细。

凤台园　原来是魏公别业，后来归瓦官寺所有。寺里的和尚们渐渐将园中的台阁犁平，在那块地上种植庄稼，以便交纳税金，于是将名胜完全毁坏了。为此而写了一首诗：伤心千古凤凰台，萧瑟僧寮伴草莱。歌扇舞衣无处觅，西风蝉咽不胜哀。

佚园　张太守孚的佚园旧为徐公子万竹园。园中堂榭具存，古树深篁，杳然异境。有诗写道：万箇琅玕抱石斜，朱阑深钻但栖鸦。自从仲蔚辞三径，谁为求佚扫落花。张孚名文晖，担任郡守时，受人称赞为有才能。张孚死去以后，他的少子循质带着他的几个孙子在这个园中读书。

尔祝园　王太守尔祝的园子就是徐氏的一个园子分出的。园中有高楼，有古树，景色颇为苍然。王太守生前并未到园中来过一次，只有园丁在园中灌溉树艺而已。有诗写道：高台傑阁倚崔巍，叠石疏花面面开。为问辋川文杏馆，几从裴迪赋诗来。

西园　原来是徐公子的别业。园中水木最为森秀窈窕，有古栝和奇石，都是宋朝时代遗留下来的，在诸园中可称第一。有诗写道：西园坦迤接华林，窈窕径丘树色深。朱户画扃唯鸟雀，不知谁抱薜萝心。这个园子后来改换了主人，归桐城吴中丞所有了。

吴孝廉园　是吴孝廉孔璋的园子。这本是齐王孙的别业，吴孝廉以重价购买而得到这块地方。这个园子靠着城隅，有大量竹子和桂树，远望只见一片阴森，蔽住天日。有诗写道：城阴竹色胜梁园，六十年来笏不繁。闻道幼舆丘壑在，不妨移石动六根。这个园子后来归了邓太史元昭，馆舍楼阁修治一新。

何参知露园　何参知露园西北枕凤凰台，亭榭池树参差，景致甚多。这个园本来是哈氏所创，以后屡次更换主人，后来又为方士的神仙馆。何参得到此园后，加以整拓修治。这个园与遯园东西相望。有诗写道：琪花璃树近堪攀，海上求仙去不还。独賸丈成马肝石，参差叠作大石山。

味斋园　位于花盝冈。西枕瓦官寺之地，地势高旷。园内有楼三楹，座西向东而峙。登上高楼，可以遍览全城内外，是最好的登眺胜处。向下远望，俯视西园，如同机案相接一般。有诗写道：嵯峨飞栋入烟空，俯视皇州一气中。谁向赏心夸胜景，已专丘壑大江东。

长卿园　许典客的长卿园位于骁骑仓的西北方，为九天祠。园内有堂，有阁，有亭，有轩，规划整齐，翼然而具体。园内有绣球花，极为繁茂，可以与凤台西的紫薇争艳竞丽，是别处所没有的。有诗写道：元度间情问薜萝，徵花选石倚婆娑。名园不浅春华色，总让中庭玉树多。

茂才园　李象先的茂才园位于瓦官寺的南边，遯园的右面。面对东门之处，有长榆数株，青阴夹巷。这里原来是宁伯邻的书屋，只有老梅数株而已，后经李象先施以扩建和修饰。园中颇有幽邃佳趣。有诗写道：瓦官寺南高树阴，中有幽人横素琴。曲房小径滞还往，夜静独闻钟磬音。

新园　许长卿的新园在张氏佚园的北边，也是万竹园之地，许长卿购买而建园，在园内建亭馆。这个园迤旷可达数百丈，花木秀丽。长卿常与宾客同在园中作诗。有诗写道：半亩方塘看戏鱼，豆棚瓜架日萧酥疏。高斋把酒听黄鸟，恰是江南四月初。此园也曾数易其主。

无射园　位于萧公庙的东边。一进园门，有曲房宛折，竟使人迷失出入的路。转过去走至庙后，地方忽然宽敞起来，并且种着许多竹子和树木，作为点缀。有诗写道：人间玉斧自仙才，隐洞深依古殿开。宛转曲房何处入，直疑瑶馆秘天台。

熙台园　汤太守的熙台园位于杏花村口。园地甚为广阔，种着许多佳树。在亭子外面有数株老杏树，一到开花时节，只见一片红霞映于地上。有诗写道：

▲ 明神乐仙都图　清版画　（摘自《中国古典风景园林图汇》）

杏花村外酒旗斜，墙里春深处处花。莫向碧云天末望，楼东一抹缀红霞。

陆文学园　位于许典客园的南边。园内有池，池中种着荷芰。池的上方建有一个小亭，花架绮错，望之斐然。有诗写道：一点妖红泛绿波，曲池芳树影婆娑。不妨静引南薰坐，自按江南子夜歌。

方太学园　方太学子中园位于村东城下。园内有古旧的房屋数间。园中牡丹最盛。原来一进园门就有大片修竹，现在不像以前那样茂盛了。土垣版扉，人们不知其中有个园子。雪浪和尚曾在此园居住。有诗写道：修竹晴看绿雪飞，古墙深巷隐双扉。不须更说喧难避，苦径由来屐齿稀。

张保御园　位于许无射园的北边。旧为王太学馆，后归张保御所有。园中有屋三楹，清寂可爱。还有许多佳树。有诗写道：曾从沈约问郊居，此地仍堪赋遂初。苦竹自深人不到，可触重驻子猷车。

李氏小园　邻人李氏的小园在汤园的东边。有两塘相连，弯环清泚。堤上有垂杨，大的可以合抱。杏花斜拂于水面，老干挺立如铁，十分可赏。有诗写道：小池微亚绿杨低，黄鸟春晴不住啼。何处一樽堪引醉，小桥斜日杏花西。

武文学园　位于下瓦官之东。园的双扉时常关闭着。听说园内竹木花草甚多，杂以山石，但是还没有进去游览过。从凤台的西边可以望见杏树，非常繁茂，不过只是望眺而已。有诗写道：咫尺桃源未问津，隔墙红树拥残春。自嗤尚浅王郎兴，啸咏还期待主人。

羽王园 位于骁骑仓的东南。园中有池，种莲花甚佳。从新建的高阁上可以远远地眺望东南方的群山。有诗写道：欲隐何须更买山，即看高阁迥尘寰。夸他建业千峰出，尽在危栏指顾问。

太复新园 位于九天祠的北边。地势平旷，园内构筑新宇，种植花草树木，其规模大体上与遯园相仿，但是比遁园整饬。有诗写道：自爱山林引兴长，更怜春草媚池塘。行园处处皆相似，唤作新丰也不妨。

华林园 本是吴国宫苑之地。宋元嘉年间更加扩建增修，开凿了天泉池，建造了景阳楼、大壮观、花光殿，又建有射堋。孝武帝率领群臣于此燕集，仿效柏梁体作诗，这首诗道：九室盛事予旒纩，三辅务根诚难亮。策拙枌卿惭恩望，折冲莫效兴民谤。侍禁卫储恩逾量，臣谬叨宠九流旷。喉唇废职方思让，明笔直绳天威谅。

以上是从王世贞所著《游金陵诸园记》一书中摘引的关于金陵园苑的记述。

第三节　燕都的宫苑

京城 洪武初年，将元朝时代的大都路改名为北平，将城墙北面内缩五里，废东北方的光熙门和西北方的肃清门，留下十二座门。这样改建的结果，钟楼和鼓楼就位于城内偏北方了。辽、金时代的旧城相当于明代都城城墙的西南，元代向东北方拓建。明太祖手下的大将徐达命令华云龙改建元朝故都，新建城墙东西长一千八百九十丈。命张焕改建皇城，周围一千二百零六丈。命叶国珍营建南城，周围五千三百二十八丈。南城是在金代旧城的基址上建成的。城的南面有三座门。正南的门称为丽正门，左边的门称为文明门，右边的门称为顺承门。北面有两座门。将元代的安贞门改称为安定门，建德门改称为德胜门。东面有两座门。南边的称为齐化门，北边的称为崇仁门。西面有两座门。南边的称为平则门，北边的称为和义门。各门都筑有月城外门。永乐元年(1403年)正月，礼部尚书李至刚等人上书，说北平实在是承运兴王之地，于是以北平府为顺天府。永乐四年闰七月，营建北京宫，建造城墙。永乐十七年十一月，拓建北京的南城。英宗正统元年(1436年)，征发军士和民工数万人修建京师九门的城楼。到正统四年四月，修造门楼城濠桥闸，一切工程完毕，改称丽正门为正阳门，文明门改称为崇文门，顺承门改称为宣武门，齐化门改称为朝阳门，平则门改称为阜成门，其余诸门则仍用原来的名称。城的南面的长度为二千二百九十五丈九尺三寸，北面的长度为二千二百三十二丈四尺五寸，东面的长度为一千七百八十六丈九尺三寸，西面的长度为一千五百六十四丈五尺二寸。城墙的高度为三丈五尺，垛口五尺八寸，墙基的厚度为六丈二尺，顶收为五丈。在《顺天府志》卷一的“明故宫考”项内，除此以外还有更详细的叙述，这里只略述其梗概而已。

宫城 明成祖原封为燕王，当时他的邸宅就在元代故宫。永乐十五年

▲ 明西山 清版画（摘自《中国古典风景园林图汇》）

(1417年)，在故宫东边一里左右之处改建皇城，一切按照金陵宫城之制。这个皇城外周的围墙为三千二百二十五丈九尺四寸，向着南方的门称为大明门，大明门正对着正阳门。紫禁城朝向南方的第一重门称为承天门(清朝顺治八年，改承天门为天安门)。承天门内，东有太庙，西设太社太稷。第二重门称为端门，第三重门称为午门。转而向东，则有东华门；向西的是西华门，向北的是元武门。在午门之内，渡过金水桥即为皇极门，门内居中向南的大殿称为皇极殿，其东西建有武成阁和文昭阁。南北连属上有渗金圆顶者为中极殿。再往北则为建极殿，殿居中后向。有白玉石栏干三层者，就是云台门。云台门与乾清门相对。乾清门内，居中南向者为乾清宫大殿。大殿的东边是昭仁殿，西边是宏德殿。再向北走，有穿堂居中的圆殿，就是交泰殿。交泰殿渗金圆顶，如中极殿之制。再向北走，就是坤宁宫，即皇后的居所。有中门朝向后方，闭而不开。坤宁宫的后边就是坤宁门。由朝清宫沿正中向北而至于坤宁门，这一个区域是皇城内的正殿，在其周围东西南北四方，建有房、处、殿、斋，轩接廊连，接连不断有许多建筑物，其间有许多门，连通东西诸宫街。

后苑的东南隅有琼苑东门，出门向东行，有皇城内的街道，叫做东一长街。东有永和宫、钟粹宫、景阳宫。东二长街之东有永和宫和延禧宫。这些宫的南边有奉先殿、毓庆宫、斋宫。由东转而向北，有斋库房馆等许多建筑物，配置整然。

后苑的西南隅有琼苑西门，出门向西行，是西一长街。在其南方为养心殿，养心殿的西南为祥宁宫，它的西边是皇极阁，还有蒸宁宫。慈宁宫花园里有亭，称为咸若亭。还有一桥，桥南有一亭，称为临溪亭。养心殿的北边是毓德宫(清朝时代称为永寿宫)。由此自西向北转，则有启祥宫、隆德殿、英华殿、咸安宫、翊坤宫、永宁宫、大成殿、储秀宫、咸福宫等等。

后苑 坤宁门的后面是后苑的区域。现在所看见的几乎完全是明朝时代的建筑物，其中只有少数是清朝时代改建过的。因此现在的后苑基本上是明

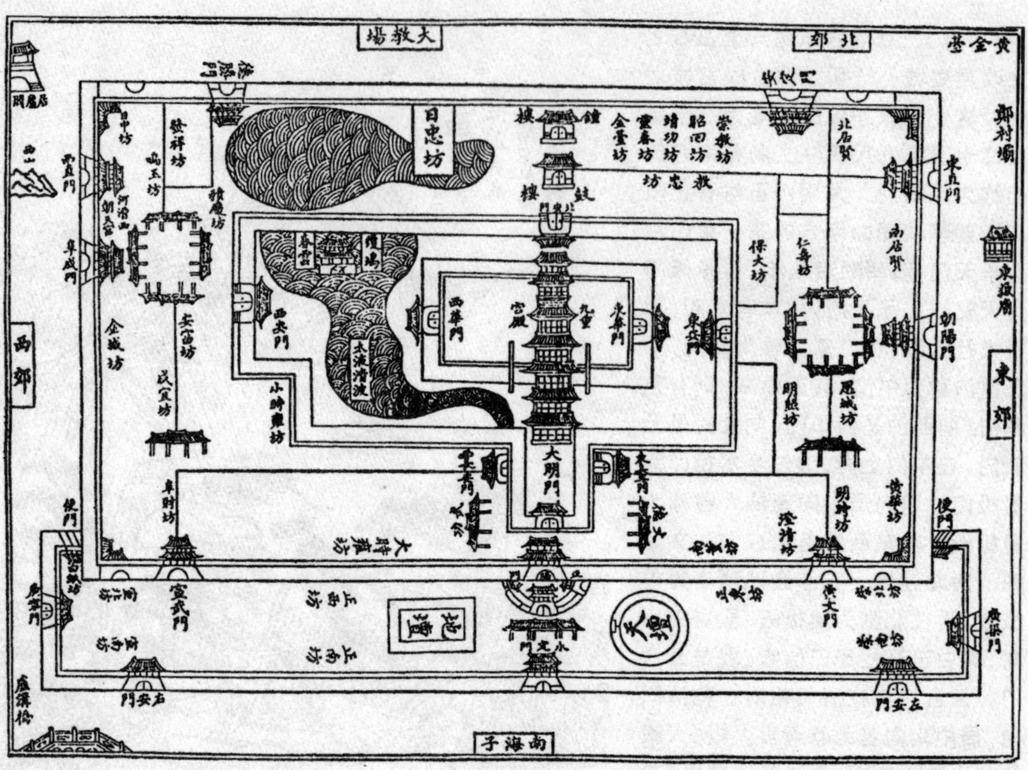

▲明京师五城图（摘自张爵《京师五城坊巷胡同集》）

代原来的样子，现在作为故宫博物院的一部分而开放，这里介绍如下。苑的中心部位建有钦安殿。供奉玄天上帝（玄武神）。其南方的门为天一之门。又有承光门、集福门，延和门。在这些门之内的部分是御苑。在御苑之内，万春亭是明世宗嘉靖时期（1522 年至 1566 年）改建的，亭内供奉着关帝像。千秋亭是明朝嘉靖十五年十二月改建的，亭上供着佛像。

澄瑞亭是明神宗万历十一年（1583年）三月改建的，亭跨建于石造长方形鱼池之上，又称为斗坛。亭的后面有对育轩，轩的西边是玉翠亭。

浮碧亭的位置与澄瑞亭相对，位于钦安殿的东北方。它的形状与澄瑞亭完全相同。浮碧亭的后面有金香亭（清朝时代称此亭为凝香亭）。

乐志斋（清朝时代称为养性斋）的前面有典流馆。明朝万历十九年闰三月，拆西连房而添盖曲流馆。现在曲流馆的遗址已不可考。

钦安殿的北边是顺贞门，其西为清望阁（清朝时代称为延晖阁），其东为观花殿。明朝万历十一年闰二月，拆去观花殿，叠石为山，山的正中造一山洞，洞门上有额，写着堆秀山三字。山巅有亭，称为御景亭。清高宗乾隆皇帝御笔亲书“云根”二字，镌于洞的左侧。

在对着养性斋的位置，东面建有绛雪轩。清朝乾隆皇帝曾与群臣在轩内吟诗作赋。因为轩前栽植海棠极为繁茂，所以称为绛雪。

后苑的宽度是南北约五十间，东西约八十间，其规模实在不大，但是建筑物的配置既对称，又均整，设计是采取了几何学的，这是我们必须注意的。堆秀山的岩石积组高达数丈，十分精致。石山和平台包拢着四神祠后面的南方一带，虽然不大，但是建造甚为精巧。养性斋前面的庭院构成一个区域，虽为不大的假山，但是情趣高雅，极尽变化之妙。尤其值得特别一提的是后苑境内的铺石路面，用各种样式不同颜色的河滨小石杂以砖瓦，拼构而成各种花样和动物及其他形状，镶嵌而铺成路面。走在这个路上踏这样的路面，使人心里觉得可惜。

出顺贞门向北走，走出后苑，就是紫禁城的元武门。出元武门，经正中的路向北前进，过了北上门及万岁宫，则见万岁山（现在的景山）巍然耸峙。根据明朝崇祯七年（1634年）九月测量所得的数字，万岁山由山顶至山脚斜量二十一丈，折高十四丈七尺。山上树木郁苍，鹤鹿成群。景山上建有五个亭子，称为毓秀、寿春、集芳、长春、会景。亭下有洞，称为寿明洞。

太液池的禁苑　出紫禁城，向西过了西华门、西苑门，再向西，即至太液池。建于太液池两岸的殿阁有乐成殿、昭和殿、拥翠宫、趯台陂、澄渊亭、紫光阁等。紫光阁是明武宗阅射之所，原来称为平台，后来增建此阁。除去上述宫殿以外，万寿宫、寿源宫、五福殿、承祐殿、祐宁殿、凤祥馆、昭祥阁、凝一殿、万春宫、含春殿、万和宫、万宁宫、万华宫、仙禧宫、仙乐宫、仙安宫、仙明宫等等。此外还有许多门。从这些大致的记载看，可以大体上了解明朝时代瀛台附近一带营建的状况。

在《金鳌退食笔记》中关于趯台陂有下述的一段记载。该书中说：瀛台原来与南台是合而为一的，称为趯台陂。《燕都游览志》中记载说：南台在太液池之南，踞地颇为高爽，可以眺望桥南一带的景物。其门外有一亭，修建得极为精丽，北悬一匾，直书"趯台陂"三字。自台而下，则在左右各有廨宇数十楹，这些屋宇皆没有窗牖。

◀珍珠泉　清版画（摘自《中国古典风景园林图汇》）

▲ 天寿山 清版画（摘自《中国古典风景园林图汇》）

旋波台就是兔儿山显扬殿。《金鳌退食笔记》一书中记载说：兔儿山位于瀛台之西。由大光明殿向南行，则见叠石为山，有山穴和山洞，东西分径，纡折而行，即至于顶殿，称为清虚殿。从清虚殿俯视都城，诸般景物历历可见。殿下有砖石所砌，暗设铜甕，灌水而注于池中。池前置一玉盘，盘内有一龙卷身昂首，激水喷起。盘底有一孔窍，水自孔入龙吻的小洞中，再流至殿侧，经九曲而注入池中。有高大的松树数株，古藤萦绕，悬萝下垂。在池的周旁，有许多奇峰怪石挺立，有一峰称为小山子，又名小蓬莱。在山的前面，甃石而建成曲流观，引水而分成九曲，流觞皆雕琢奇异，布置甚为神巧。明朝嘉靖年间，新建了一亭，称为鉴戒亭，取殷鉴之义。更向南行，还有两个亭子，称为瑶景亭和翠林亭。这一带地方，古木延翳，奇石错立，架一石梁，使东西二池得以相通。在南北二梁之间，称为旋磨台，盘旋而上，其巅有甃，皆有陶挺云龙之象。下面环以深堑，梁上的玉石栏干御道雕着团龙，至今仍然完好如故。在明朝时代，每到重九日，皇帝或是登万岁山，或是到兔儿山清虚殿登高，大臣皆著重阳菊花补服，吃迎霜菊花酒。旋波台七层，额曰玉光、光华、华辉、辉真、真境、境仙、仙台。此外还建有迎仙亭一座。

在太液池的周围，由西向北，配置着许多殿阁亭馆，还有许多门。这些建筑物与池水相映，随处皆成景致。在《顺天府志》一书中有详细记载，现在摘要介绍如下。该书中记载着许多门、亭之类的名称，过于详细，这里只提主要殿阁，其余略而不谈。《顺天府志》中记载着许多建筑物，主要的是景德殿、大光明殿、太始殿、太初殿、太极殿、统宗殿、总道殿、天元阁、无逸殿、落成殿、玉熙宫。承华殿就是迎翠殿。根据《明英宗实录》的记载，天顺四年（1460年）九月，西苑的殿宇轩馆的建筑工程新完成。苑中旧有太液池，池上建造着蓬莱山。明英宗命令在太液池的东西两面建造两所行殿，位于池西，向东而面对蓬莱山的一座称为迎翠殿。有三座亭子，即澄波亭、宝月亭、芙蓉亭。迎翠殿位于太液池西，东向临水建有一亭，称为澄波亭。明朝嘉靖年间，增建了浮香亭和宝月亭。由此东望万岁山，倒映在太液清波中，其黛色岚光可掬于手中。此外还有清馥殿、锦芳亭、翠芬亭、映辉亭、澄碧亭、腾禧殿（腾禧殿的屋顶用的是黑色的琉璃瓦，因此俗称此殿为黑老婆殿)。殿的旁边有一口古井，称为王妈妈井。映于河的上游，有倒影入于水中者，称为乾德殿，俗称为北台。乾德殿的倒影映于水中，宛如龙宫城阙一般。再有一处称为嘉乐殿，高出云表，下瞰衢陌。还有一座殿，称为寿源殿，也叫做太素殿。此外还有正心斋、持敬斋、岁寒亭、临水轩、会景亭。后又改建五亭，正中一亭称为龙泽亭，左边是澄祥亭和滋香亭，右边是涌瑞亭和浮翠亭。这五个亭子就是现在湖中的五龙亭。在《金鳌退食笔记》一书中，关于五龙亭有一段记载说：五龙亭旧时本来是太素殿，是明朝天顺年间营建的，位于太液池。其西南方向后面有个草亭，上面画着松竹梅，称为岁寒门。五龙亭朱帘画栋，照耀涟漪。人们在玉蛛桥上走着，远远望见水中丹碧映辉，疑是仙山楼阁。

除去上述诸建筑物以外，还有下列许多。有三个洞，上洞称为龙寿洞，中洞称为玉华洞，下洞称为游仙洞。这三个洞是明朝万历三十年秋季增建而成的。再向西走，就走到内教场，有振武殿、恒裕仓、省敛亭。稍向南去，临河建有一坊，有桥称为引祥桥。它的东边就是北闸口。闸口处有个亭子，叫做涌玉亭。有一殿，称为洪应殿。还建有坛城、轰雷轩、啸风室，嘘雪室、灵雨室，耀电室、清一斋、宝润门、灵安堂、精馨堂、辅国堂、演妙堂、入圣居。自北闸口向东南岸走去，就走到船屋，是冬季收藏龙舟的处所；船屋又名藏舟浦。《金鳌退食笔记》一书中记载说：藏舟浦有水殿二所，共十六间。自琼华岛东麓过石桥，从陟山门向北，沿着湖岸而行，就走到藏舟浦。这两座水殿一藏龙舟，一藏凤舸。舟的首尾刻着龙形，上建楼台，以金涂之，备极华丽。浦中还有小舟五六只，系于岸边。种着许多竹子，一片碧荫。浦外有一亭，现已荒废。《水部备考》中提到方舟之制，舟长十丈九尺，宽度为二丈九尺五寸，舟为方形。明朝嘉靖十七年于禁苑制成方舟，以备乘用。桥的南边有船屋，再往南就是元熙殿。还建有拥翠亭、飞香亭、陟山门、龙渊亭、念善馆、元雷居、龙湫亭。

其南建有广寒殿，岿然如山，俗称为萧后梳妆台。由南渡过石桥，登至山上，池中有石积叠。山麓以石为门，门内稍高之处，有小殿、琴台，石床翠屏。山峰中最奇者称为翠云，石山刻着御制诗。沿着西坡北上，则有虎洞、吕公洞、仙人庵。登至山峰绝顶，即至广寒殿，广

▼ 明孝陵钟山清版画（摘自《中国古典风景园林图汇》）

寒殿的四隅建有四个亭子，称为玉虹亭、方壶亭、金露亭、瀛洲亭。半山处有三座殿，称为仁智殿、介福殿、延和殿，下临太液池。瀛洲的西边，汤池的后面，有一口万丈井，深不可测。池上建一桥，称为太液桥，牌坊的名称为堆云、积翠。

再向南去，建有一圆殿，即承光殿，周围以砖砌成，如同城墙一样，亦有雉堞，有磴道分别而上。上面建有楼阁，植有古松，古松是数百年前所植，霜盖虬枝，式如偃盖。古松枝多下垂，凡下垂的树枝都立杉木为柱，以便支撑（即相当于元朝时代的仪天殿）。

有石梁如虹，直跨金海，以利东西交通，称为玉河桥。桥的两端立有牌坊，称为金鳌、玉蝀。石梁宽度大约二寻，长数百步，两崖穹甃，出于水中。石梁的鲸兽楯栏完全以白石镌镂而成，洁白如玉。池的西南方又有一山，山的顶处建有镜殿，皆金、元时代所建。

再向南去，则见五雷殿，亦即椒园，也叫做蕉园。芭蕉园位于太液池东，园中参错交列着崇台复殿、古木珍石，又有小山曲水，松桧交翳其中，有一殿，称为崇智殿。殿后有药栏花圃，种着牡丹数十株。左有迎祥馆，右有集瑞馆；还有太元亭、问法所。殿后往西去有一亭，面临池水，称为临漪亭。又有一小石梁出于水中。向西有一亭，建于水际，称为水云榭。再向南去，就到西苑门了。

过玉河桥，顺着玉熙宫向西去，即至棂星门。向北去，则为羊房夹道、牲口房、虎城、安乐堂。

西苑的东北隅有蚕坛，东南方有亲蚕殿，还建有具服殿、斋宫，还有蚕室和茧馆。这一带与仁寿宫相近，是明世宗开始营建的。

由棂星门往西去，有西酒房、西花房、大藏经厂，还有大光明殿、太极殿。再向西行，则为洗白厂、果园厂、什库、司钥库、惜薪司。其正西即为西安门。

第四节　燕都的园林

湛园　位于米仲诏先生宅左。米仲诏自己记叙这个园的状况，说他在丁酉年居住于都城苑西，营建一园称为湛园。有石丈斋、石竹仙籁馆、茶寮、画船。有曲水绕亭，可以流觞。有水灌溉竹林。竹外有松关，转过去有花径，可以望见饮光楼。别外有经，登十数级即上一台，称为猗台，由此可以俯瞰菜圃。

宜城第园　位于灵济宫前，是府第中的园子。园中众木参天，有两大棵夹竹桃。建有层台高馆不下数十所，张席者无虚地。

月张园　位于阜成门内靠着城墙之处。一入园门，有两株垂柳，枝条拂地，黛柏苍槐环绕着一座厅堂，堂是石头砌成的。堂下有一池，甚为宽广，池中倒影映入屋中。堂楹周围为菜畦。此园后来归冉都尉所有。

漫园　位于德胜门内积水潭的东边，是米仲诏先生所建。有一座阁，三层。米仲诏曾建湛园和勺园，加上这个漫园，一共建了三所园子。

定园 位于德胜桥下向右转之处，是徐公别业。有额，写着“太师圃”三个字。前面建有一堂，堂后纡折而至一池沼。园内甚为疏扩，整齐。翠盖丹英交错如织，池沼的北面建有广榭，榭后是湖水一片，望见高城如带。庭中有垂杨，枝条柔长，袅袅拂地。左右有书室，西面筑有高台。高台超出树杪之上，眺望到很远之处。

孝廉刘百世别业 有堂三楹，南面有庭院甚为宽广。眺望湖面，平静如镜，所以也称为镜园。堂下有路，委折而行，至湖畔则有一台。遥望山色，青碧可鉴。台下地面低，可以远眺湖面。后来这个园子也归冉都尉所有。

相国方公园 位于城北水关之西。

刘茂才园 有厅三楹。东面有台阶，沿阶而下，有一条朱栏小径。北面有轩二楹，南面有一小池，种着莲花。轩的北扉对着湖，东边有书室，上面筑着一个平台。此地居于湖中。

宣家园 位于阜成门内，原来是宣城伯卫公的别业。园旁有许多屋宇，外边有药圃。后来归了焦鸿胪，称为焦园。再以后又归毛户部所有。改称为毛园。原来建有射堂，为习武之地，后来荒废了。园中种植牡丹数种，在京师称为第一。当初修建此园的时候曾有许多奇石，这些石头各有名称，有隅虎、伫鹄、惊羽、奋距等等。后来这些石头已不知去向了。

▲ 燕山　清版画（摘自《中国古典风景园林图汇》）

湜园 是太守苗公君颍的别业。园的西面可以眺望湖上。

杨园 位于湜园稍南之处。是杨侍御新建的。

齐园 位于西直门的稍右方。园的尽头处就到高梁桥了。园中种着海棠甚多。西边有一曲碉，引桥下的水灌入碉中。上面建一板桥，亭边有竹丛。

极乐寺中的牡丹园 这个园是武清侯的别业，称为清华园。春天有许多人到这个牡丹园来游玩。园的周围宽有十里，园中种有牡丹，颇多奇异罕见之种。其中有一种称为绿蝴蝶，最为少见。牡丹花开时足可称为花海。在园内的西北方，建有高楼五楹，楼上还有一台，立在台上一望，则玉泉诸山尽在目中。有御笔所书“青天白日”四个字挂在当中，东西则为“光华乾坤”四字相对，字各长二尺有余。

· 位于东城的园亭有梁氏园、杨舍人泌园、张氏陆舟园、恭顺侯园、英国公张园。成国公适景园后归李氏。还有万驸马曲水园。冉驸马宜园本是仇鸾所建，仇鸾败了以后归了成国公，以后归冉驸马所有。

勺园 沿小径而入，则见乱石磊砢，高柳成荫。南面有陂，陂上有桥，称为缨云桥。过了桥之处，筑有屏墙，墙上的石称为雀滨，勒黄山谷书。折而向北，有文水陂。跨过水去，有一斋，称为定舫。舫西的高阜上题为松风水月阜。筑有一断桥，称为逶迤梁，是园主人自己写的。跨过梁去，向北走，即到勺海堂，是吴文仲的篆书。前面有怪石蹲立，旁有栝子松。其右方筑有曲廊，有屋如舫，称为太乙叶。四周围种满白色的莲花。东南方有一片竹林，立有一牌，书曰林于澨。有一高楼耸立子竹丛中，称为翠葆楼，字是邹迪光写的。下楼向北走，有一处称为槎枒渡，是园主人自己写的。又有一水榭。最后有一堂，开窗一望，则见稻畦千顷，外面是园的围墙。《泉宗庙册》中说，婴講海淀清华园是李候的别业，去都门西北十里，湖水由西山流入御沟，淀水滥觞为一勺，都人米仲诏濬筑为勺园，李于上流构园，其规模更大，称为清华园。初至园时，只见有茅屋数间，经重门而入境内，先见一大池，池中有金鳞大鱼，长达五尺。有两所别院，极为邃丽。有一座楼，高达一百尺，对山而瞰湖。堤上植柳，长二十里。有亭称为花聚亭，周围种着芙蕖，围绕着亭子。每到五六月，只看见花而看不见叶。在池东一百步之处，置有断石，石纹呈五色，狭者有一尺多，长者则达一百丈。向西折而行，就看见一阁，架一飞桥，筑有山洞。西北方建有水阁，叠石激水，发出音响，其形如帘，其声似瀑。园中禽鱼花木其为繁盛，南方的园亭也比不上它。下雪之后，以木相联而成为冰船，冰船上张加轩幕，放上火炉，人坐在上面围炉饮酒，割肉烧炙而食。人挽冰船，在冰上行走如飞一般，望空中降雪如银浪滚滚，宛如瑶池玉宇相似。

第五节　江宁一带的园林

园林营建自进入明代以后已经发展达到成熟之境。随着文化艺术的繁盛，文人们对于园林玩赏的兴趣日益浓厚。以江宁一带为中心，构筑园林之风向全国各地不断推广。

明朝时代苏州的园林主要有下列数处。

真假山石 位子吴县西南玄墓山旁，在晋代青州刺史郁泰玄的墓侧。在明朝天顺年间出土，后来逐渐淹没。到了清朝康熙十七年，又有出土。这种石头玲珑奇巧，宛如花园中的假山一样。其实这不是人工制成的，而是天然生成的。因此称为真假山石，也称为真假山。石上有洞，上面刻着“寿洞”二字。

遂园 位于吴县。园内有池，池中荷花极盛，每到夏日荷花开放时，香风四溢，清雅宜人。

留园 位于吴县。园内有小天竺、沿红桥等胜境。亭堂花木皆盛，是一座美好的园林。

鞞园 位于光福镇崎淹岭下。有逍遥邬、回波榭、心月山房诸胜，后来荒废了。

拙政园　位于吴县斋娄二门之间。原来是大弘寺，明朝嘉靖年间，御史王献臣将大弘寺改建为拙政园。文徵明有一篇《拙政园图记》。到了清朝初年，这个园归陈之遴所有，后被籍没，改驻防将军府。后来又改为吴三桂之婿王永宁的邸舍。到了清朝康熙年间，该处改为苏州粮道署，后来改为民宅。自从归蒋氏所有以后，改名称为复园。清朝嘉庆末年，又归武林吴氏所有，屡易其主，后来改为八旗奉直会馆。这个园在当时有茂梅曲池，在吴下称为第一。旧时有连理宝珠山的山茶树，开花时烂红悦目。诗人吴伟业作过一首山茶花诗。这个园归蒋氏所有时，蒋氏时常在园中宴请亲友。洞庭叶芳林曾作《复园嘉会图》，王次山为此图作记。

绿水园　位于吴县织里桥西，有明朝人高启所作的序。

西园　位于吴县西城桥西夏驾河上。是明朝人王鏊的别墅。又有真适园，位于东洞庭。文徵明曾作《西园游集诗》。

归田园　位于吴县东北，是明朝司寇王心一的住宅。园内有兰雪堂、泛红轩、竹香廊等诸胜。

适适园　位于吴县乐园坊内，即古时的乐圃。这个园是明朝人申时行营建的。

明朝时代松江的园林主要的有下列几处：

适园　位于华亭县北，是明朝尚书陆树声的别墅。

芝园　位于华亭县东北，马嶙寺的西边。是明朝人何三畏营建的。

孙家园　位于华亭县披云门外。是明朝人孙克弘的别墅。

傲园　位于华亭县南。明朝翰林孔目何良俊在自己的别业中构筑此园。

熙园　位于华亭县积桥的左方。是明朝光禄丞顾正心的别墅。

季甲园　位于娄县秀野桥的北边。

赐金园　位于娄县谷阳门外。是尚书王鸿绪的别墅。

后乐园　位于上海县黄浦东澳。是明朝人陆深的住宅。

豫园　位于上海县城内。是明朝人潘允端的别墅。

西园　位于青浦县富林。是明朝人曹泰的别业。

明代常州一带的园林主要有下列几处：

常州位于苏州之西，地势平坦，仅西南方有山，北倚长江，南临太湖。浑河之水来自镇江，绕经常州城而向东流至苏州。

寄畅园　位于无锡县惠山麓，是明朝正德年间秦端敏公所建。园中引涧泉之水而入池中，发出音响如同风雨之声。清朝的康熙皇帝和乾隆皇帝南巡的时候，皆驻于此园中。园内有假山、池沼、奇石，风景极为幽雅。

梅园　位于无锡县西门外十三里之处。园中绿树成荫，特别是梅树多。在园内登上高处一望，则太湖和五里湖皆在目前。

陶园　位于武进县小南门外，相传是明朝人唐顺读书的处所。

明朝时代扬州一带的园林为影园。

影园 位于江都县。是明朝人郑元勋的别业。

明朝时代太仓的园林有下列数处：

位于苏州的东边。在元朝时代，朱瑄等人筹办海运，于此设立仓库。元朝海运由此而入，所以发展成为繁华的城市。

东园 位于太仓县东门外。是明朝人王锡爵的家园。园中的水石亭榭等均为当时的知名人士所设计布置的。王锡爵之孙时敏又加以修建。

菽园 位于州城西南隅的明德坊。是明朝的参政陆容构建的。此园近旁又有锦溪别墅，亦是明朝的参政陆泉所建。

弇**山园** 位于太仓县隆福寺的西边。是明朝王世贞的家园。这个园周围有七十余亩，其中有三峰叠立，称为上弇、中弇、下弇。其中所建亭榭极为华美，花卉树木甚是繁盛。还有一座澹圃，是王世贞之弟世懋构筑的。

下面从《江宁府志》中摘取一段关于江宁松江熙园的记叙。我们读了这段叙述，宛如自身信步于园中，如同走遍园内每个角落一样。本书前面介绍园林时只做简要叙述，现在则从书中摘取关于一个园子的一整段记载。园林设计当然是各式各样，各有不同，但是以一个园子为例，全面地了解，就能看出明代园林的概况。

《江宁通志》中记载说："熙园在华亭县积桥左。明光禄丞顾正心别墅"。该书中附有明朝人张宝臣所作的《熙园记》。这篇文章的大意说：园(熙园)距东郭三里左右，面临着水。门内建有四美亭。开启左扉向北走，则见落落长松、潇潇疏竹夹植于径。行走数十步，则见有危楼翼然而立，榜额为"熙园"二字。这是园的启途。向东入于山径，苍苔碧藓，与武陵道相似。中折而北，俯仰盘旋而入，则有深壑嵌于空中，时闻有淙淙之声，使人觉得山背是否有龙湫。复折而向南行，逾过峻岭，则层峦划然而开，如同天门。该处有流觞曲水。下面有听觉桥。花开时可在此观花。有芝云堂倚桥而面临南方，其前面有奇峰万叠，又有古树参天，苍茫云际。向下走，则有华沼一曲，荷香十里，使人恍然忆起太液池头。好事的人欲穷其幽致，则常常从东麓入，而从西隅出，如登九折坂。一路上只见八五溪洞，怪石巃嵸，林薄阴翳，幽崖晦谷，隔离天日。这样走下去，从中午走到黄昏，才能穿窦而出。走出来以后，人们觉得又饿又倦，想卧倒休息。这时人们已经目眩汗浃，魂摇摇而不能出一语。这真是奇观。背面有囷阁药房，霓连云蔓，复道相属，人们走下去往往迷失故道。这里陈列着商周时代的鼎彝、唐宋时代的图画，数量极大。这是主人安神思道之所，若非酌霞枕香之友是不能到此处的。凭楼向西眺望，则见旋台飞观隐隐呈现于树杪之间，冠以玉树，琼花掩映，人在下方是望不见的。堂的左方有长廊，隔岸即为响屧(吴王宫中的廊，人行走廊上时发出音响。遗址在江苏吴县灵岩山中。)土阜蜿蜒，杂植梅杏桃李诸树，春华烂发，白雪红霞，极目而望，真觉得置身于众香国中。绕廊北行，走过飞虹桥，桥平而宽，滑泽可坐。桥畔有邀月大士阁兀然而立，题着"水月如来"四个大字。稍向东行，则为池上亭。再向东去，走过板桥，则见一轩，名为与清轩。轩前临广池，波涛荡漾，有许多鱼出没，时见绣尾银鳞，追逐水中。大鱼乘浪而飞，水花四溅，游人张网而得鱼，可称快事。遥望南岸，但见皓壁绮疏，隐隐呈现于绿杨碧藻之中，壶瀛宫阙非尘世所有。向北而行，则至北山平冈一片，高梧修竹左右蔽荫。向西走即到齐青阁。向北一望，只见平畴绿野，下面有村庄，只不见鸣鸡吠犬而已。阁前广除周绕，可驰骏足。翠屏壁立，对面为峭崿郁盘。时有羽裳之客、斑衣之友游娱其上。沿着台级向下走，则见靠水一带屋雕栏绣，楹虹飞霞。时时听见歌声出于簾箔之中，那就是小秦淮。南有回廊，绕行之间，即能闻到微微的梅檀香气，那里是罗汉堂。堂内供有三尊佛像，旁列五百罗汉，设有各种佛具。堂后有水阁三楹，收藏佛经甚多。时时听见高僧诵经之声，琅琅而出于牖外，俨然古招提。堂前有巨石一块，高度有十丈多，四面玲珑，真是襄阳谱中之物。当初得到此石的时候，没有将盘载来。运途中船翻石沉，打捞时先得一盘，后捞到石头，两相吻合，珠还剑合，真是神奇。构筑罗汉堂时，掘地得一古铁缸，其大可容十斛，后来以它当做焚炉使用，也是一件异物。堂左供奉关壮缪。走出去就到了芝云堂。堂的右方有旷然广庭。到了此处，全园的景物全看尽了。这个园子里，石为第一，水为第二，亭台花木桥梁之类为第三。

以上从《江宁通志》中摘取关于熙园的记载，简略地述其概要，由此可以看出明代园林的概况。

第六节 陕西的园林

陕西的园林主要有下列几处：

最乐园 位于长安县的西北隅。秦藩筑成此园，以为游宴之所。园中有台池阁榭。若非贵客骚人，是不能到此园中游赏的。

西园 位于三原县西北二里之处。园中有草亭、后乐亭、三爱圃、涵碧池。这个园是明代王端毅公营建的。《马志》中记载说：三爱圃在王端毅公后乐苑中，三爱的意思是说渊明爱菊、茂叔爱莲，唐人爱牡丹，而王端毅公则兼爱莲菊，也不嫌恶牡丹。因此称为三爱。

瀑园 明代某司空增筑南居，构建亭台池榭，建成此园。园内尽有竹木花卉之胜。

斑竹园 位于盩厔县（今周至）东二十里之处。其周围广达数顷有余。园内植有斑竹，其中之大者如椽，其密如簧。

结语

1.随着时代的前进，园林构筑向着民间化的途径发展。自从进入宋代以后，皇族多建园林，以为行乐之所。另一方面，功臣显宦也有不少人营建园林，这从《洛阳名园记》和《吴兴园林记》等书的记载可以明显看出。轩、斋、庵之类的建筑物是文人们建造的，自唐代末期至于宋代，这类建筑物以洛阳为中心而发展起来。它们被采用于园林建筑之中，成为伴随着林泉的一种构筑形式。这个趋势在元代西方文化输入之际本来要达到高潮，但是由于元代匆匆于戎马倥偬之间，所以到了明代才出现转机。明代恢复汉族文化传统，承袭宋代之旧，在园林营建方面大体上也是继承宋代，成为宋代创造的延续，而向普遍化和大众化发展。

2.除去燕京的太液池以外，由于园林趋向于普遍化，所以其规模缩小，少有池沼舟游和池中筑三山之类的事。同时楼阁建筑也比较少见了，而趋向于配置亭榭以成风致，造园采用山洞林木泉石已成为常用的方式。

3.这一时代出现了关于园林建造的著作。这类书籍的写作是园林普遍化的必然结果，决不是奇怪的事。明代人文震亨编写了《长物志》，明代人计无否编写了《园治》。下章将讲述园林书籍的比较评论，所以这些园林著作在下章详谈。总之，进入这个时代之后，园林构筑已经达到规准化，这是必须看到的。

4.比较《金陵诸园记》与《洛阳名园记》二书，虽然王世贞认为金陵园林胜于洛阳园林，但那不过是由于地方风土的影响而产生的差别而已。金陵一带地方不但由于气候关系而四季适宜于树木生长，而且有不少特点，有如叠石而成水洞伏流，池泉清流中有朱鳞跃踊，此外还有池塘水榭、月台月榭、方池平桥之类建筑物。洛阳地区也筑有山洞亭台，植有松桧花木，但与烟云掩映之间有池有桥的江南景色不同。金陵为江南水乡，自与洛阳相异其趣。我们细读这两部名园记，自可玩味其中异同之处，十分清楚地了解内中妙处。

5.燕都的宫城虽然采用金陵的制度，而其规模之大则是金陵所不能比的。在坤宁宫以北所建的后苑，其配置和道路的铺设，无一不是整然有条的。使人觉得好像是采取了元、明时代输入的欧洲的几何学的知识。不仅园庭如此，在楼阁和亭榭的屋顶也出现了相当大的变化，这似乎也是由于受了欧洲几何学的影响才发生的。

6.燕京城的禁苑中，元代的建筑只有景山一带和琼华岛、团城附近，池西则有兴圣宫和隆福宫。到了明朝，开始大规模修筑。在池中的南方建筑了趯台陂，在其西方筑成旋波台，更于池的北岸建了五个亭子(后来的五龙亭)，使池边一带新增了丹碧辉映之景。琼华岛在池中居于主位，趯台陂则处于客位，由此呈现出明朝时代太液池的豪华景象。

关于燕京城的禁苑以及城西近郊玉泉山下的诸园，将在下章讲述清代园林时介绍。

第十三章　清代

女真族的杰出人物努尔哈赤起兵于建州，经过多年奋斗而建立后金国，于1616年称汗，年号为天命，为将来的发展奠定了基础。于抚顺东方击败明军，取得辽阳后即迁都于该地(1621年)，后又攻占沈阳以为都城(1625年)。努尔哈赤逝世后，其子太宗即位。太宗以英迈之资使国基更加巩固。太宗征朝鲜和内蒙古，威压明境，但仍难突破山海关。1636年，太宗改国号为清，次年攻陷朝鲜京城。清太宗逝世后，世祖顺治帝嗣位(1644年)。那时李自成攻下了明都北京城。驻在山海关防清的明将吴三桂向清军求援，联合清军攻打李自成。清利用这个机会，宣称为明帝报仇，遂于该年五月进入北京城。

清军入关后，李自成军抗不住清军而向西逃走了。明末三王据南方抗清，终于失败。清朝平定了三藩，统一了全国。圣祖康熙皇帝继顺治皇帝之后而登帝位。康熙聪明英俊，在位长达六十一年(自1662年至1722年)。他深刻了解中国自古以来的传统文化，诚意好学，奖励学艺，受到人民爱戴。他六次巡幸南方，指导治水，视察民情。康熙之后雍正帝即位，虽仅在位十三年，但力行节俭，提倡学业，使清朝日益巩固。高宗乾隆皇帝即位后，其治世几与康熙相

▼ 清北京西郊园林分布图

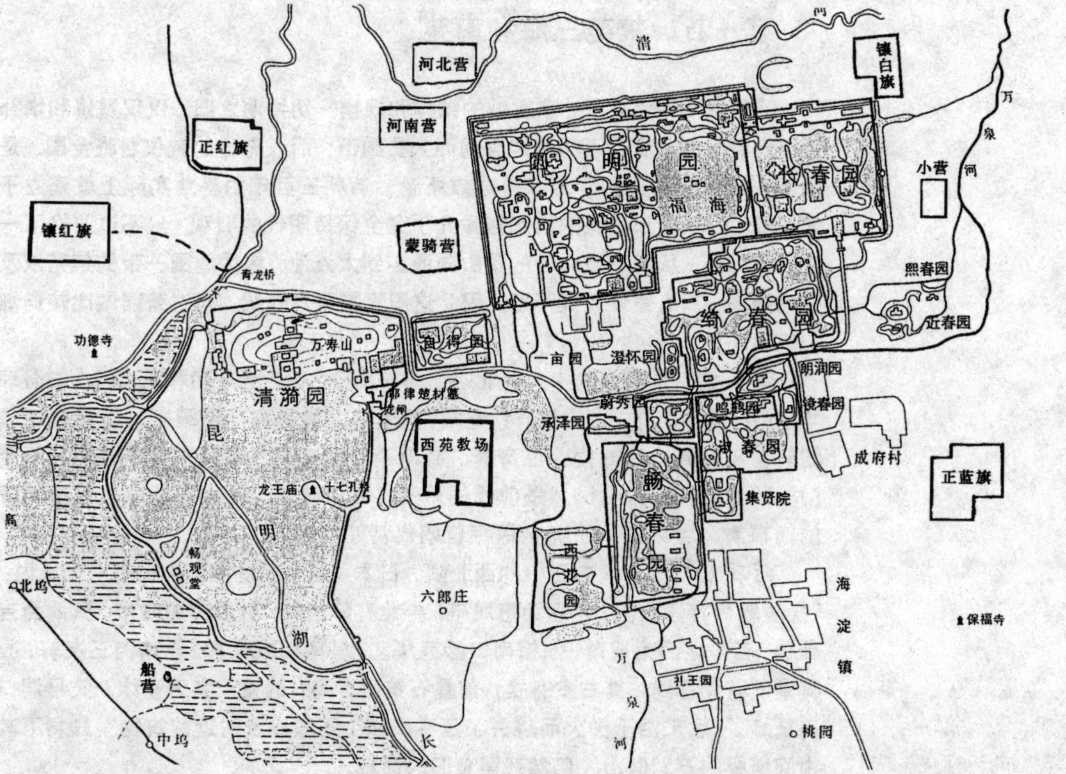

同，在位六十年（自1736年到1795年），继承其父祖的基业而发扬光大，寓逸放之气于宽阔之中，振兴武力而讲求学艺，使清朝文化出现全盛时期。

康熙之世，削平三藩之乱，收取台湾，与俄国订定《尼布楚条约》，西征准噶尔，平定西藏。乾隆之世，平定回疆，使缅甸入贡，击败廓尔喀，使安南入贡，平定台湾。乾隆帝优遇文人学者，进行大量编纂事业，达到空前的规模。一方面奖励文艺，同时提倡武事，经营避暑山庄，练习狩猎而讲武。又喜爱苏州、杭州，江宁一带地方的山光水色而游幸各地。在那个时代，诸般技艺以及文学和考证等种种学问方面出现大量优秀人才。与西洋各国通商，输入西方文化，并受到不少影响。此时清朝自盛而衰，逐渐显出衰败的趋势。在乾隆帝晚年时，世风渐趋奢华，政治和武力出现缓怠之气。总地看来，清朝在康熙、雍正、乾隆三代连续有一百三十年的治世，灿烂辉煌的盛世持续这样长久，所以只要看康熙、乾隆时代，即可概括清朝文化的全貌。

自从这个时代起，欧洲诸国锐意向东方强制通商，实行侵略。英国经营印度，进而面向中国。清朝统治无力，致使在鸦片战争中失败，招致国内动摇。洪秀全于1850年发动起义，遍及数省，特别是长江流域遭受战争破坏。随后又有回族、苗族起义。欧洲势力不断入侵。清朝与英、法二国缔结《天津条约》，此后又起战端，英法联军攻入北京，破坏掠夺了圆明园（1860年10月6日）。

第一节　禁苑三海和南苑

清朝继明朝之后，北京宫城的结构和规模一切依明之旧，仅仅重修和增补了一部分殿阁。清朝不为修建宫阙而大费国币，而以充分的威仪君临全国，是由于安定民心和振兴学术取得成效所致，清朝三百年的基业实际上就建立于此。清代的京城和皇城的门阁宫殿几乎完全保持明代的旧观，只不过改换了一些名称而已。从紫禁城北面的景山向西走到太液池，包括周围一带的禁苑以及亭榭楼阁，只有重修改建而已，因此这里无需重复介绍，只对苑园做比较详细的叙述。

御花园　位于大内中央的北端，即神武门之南。天一门和顺贞门左右有琼华东门和琼华西门。园内建有钦安殿、摛藻堂、凝香亭、浮碧亭、万春亭、绛雪轩、延辉阁、四神祠、位育斋、毓翠亭、澄瑞亭、千秋亭、养性斋、承光门、顺贞门。堆秀山仍然是前代的风姿，并未改建。从现在北京故宫博物院的门口看，可以说几乎完全保存着明代营建的后苑的面貌。

西花园　位于大内正中的西北隅。日本《唐土名胜图会》一书中记载说："抚辰殿后有建福宫，宫后为惠风亭。再北有静怡轩，轩后为慧曜楼。其西为吉云楼，斋垣之西为碧琳馆，馆南曰妙莲华室。其南曰凝晖堂。再南为三友轩。凝晖堂前有延春阁，其右室有楼，前叠石筑山。南有静室，名玉壶冰。又号洞口曰鹫峰。"后来由于失火而烧去了延春阁和中正殿以及附近建筑物，只剩下其中间所叠的石洞假山，仍然残留着旧时面貌。

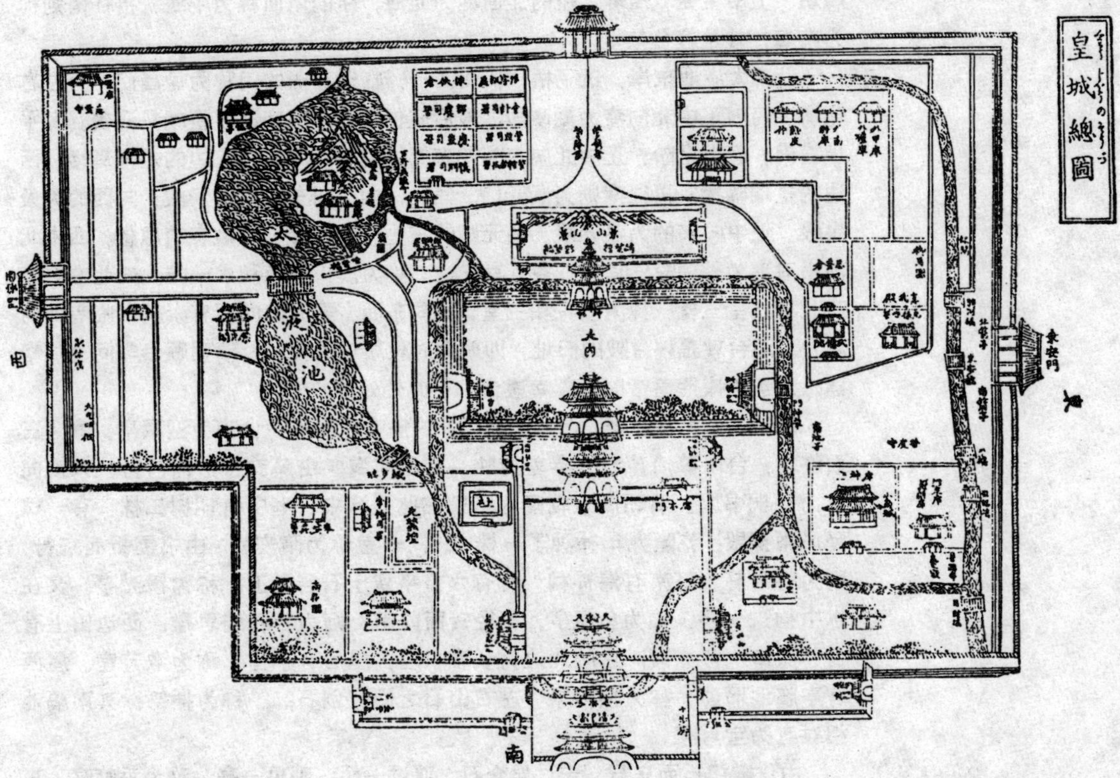

▲ 清代皇城总图
(摘自《唐土名胜图会》)

景山　出御花园向北走，与神武门相对有北上门。其中有大内的镇山，一称万岁山，仍保存前代的山容。周围有墙二里。山高一百余丈，有五峰，峰各有亭，供奉佛像。山旁有短墙与围墙相接。山后有两座小门，东边的小门和为山左里门，西边的小门称为山右里门。建有寿皇殿等。

南花园　位于西苑门之西，本是明朝时代的灰地。此处有许多坑洞，洞中可避北风，又可避雪。因此在这些坑洞中作为暖室，自从明代就在这里栽种蔬菜和花卉。

南苑　位于城南，在永定门外二十里之处。本是元朝的南海子的故址，又称飞放泊。明朝永乐年间增修扩建。周围有围墙一百二十里，共有九座门。苑中放养禽兽，为行围讲武之地。清朝依明朝之制，设海户一千六百人，各给田地二十亩，使守苑中，以备春蒐冬狩。南宫在南红门内，有宫门二重，前殿五楹，后殿五楹，是清朝康熙五十二年所建。团河行宫在黄顿门内，有宫门三座，前殿五间，后殿五间。乾隆以后，每谒陵回跸，总要举行春蒐之典。晾鹰台在苑的南边，蒐毕即命虎枪人员在此处殪虎。乾隆皇帝和道光皇帝皆曾到过南苑。光绪辛丑冬，德宗奉孝钦后回銮，壬寅癸卯谒东西两陵，皆曾驻跸南苑。

西苑　位于西华门之西，有三座门，向东，门内即为太液池。玉泉自水关入城，汇为巨池。池周围数里，上跨长桥，桥长数百步，桥的东西两端各有一牌坊，上书金鳌，玉蛛。桥的北面称为北海，桥的南面称为中海，再往南则称为南海，就是瀛台禁地。

沿着太液池东岸，过了桥，折而西行，临池北向的门称为德昌门。有左右朝房。门内正中北向者为勤政殿，殿后有仁曜门。门南过了桥就是瀛台。有平堤石阑，登上台阶，正中北向者为翔鸾阁，阁后有二楼，东边的是祥辉楼，西边的是瑞曜楼。再往南则为涵元门。涵元门内，向东的为庆云殿，向西的为景星殿。正中向南的为涵元殿。涵元殿的东边有藻韵楼，西边有绮思楼，西中北向相对者为香扆殿。其左右各有室三楹，称为溪口树色和水一方。向北左右各有北接之室三楹，称为虚舟和兰室。面向东西，殿后南向而有崇基下临者即为瀛台。瀛台就是趯台陂的旧址，即明朝时代所说的南台，清朝顺治年间重加修建。清圣祖康熙皇帝时常驾幸瀛台，在此处处理政务。

瀛台之东为春明楼，西为湛虚楼。中庭有木变石。台南为迎薰亭。瀛台三面临水，台南蓼渚芦湾，参差掩映，就是南海。由藻韵楼折而前行，东南向者为补桐书屋。清朝高宗乾隆皇帝曾在此处读书。庭中有桐树二株，有一株受风雨摧毁，乾隆九年补种了一株。北向一室称为隋安室。由书屋折而东行，则为待月轩。轩南有海神祠。北有六方亭建于石岩之上，称为镜光亭。又在水中构筑一亭，称为鱼牣亭。石径转面向南，则为牡谷绮思楼。西边山上有台，额曰八音克谐。台的北边为长春书屋，屋后有小室，称为漱芳室。屋西有亭临池而建，称为怀抱亭，左右山石之间有剑石二，称为插笏。其南隔池相对者为宝月楼。

由仁曜门折而东行，走过昆仑石，渡过一桥，则见一亭，称为垂虹亭。东南方又有一亭，称为俯清亭。稍北之处有淑清院，院的东北方，隔水而南向者为葆光室。院的左方，过了小桥，有堂兰楹，称为韵古堂。这个堂旧称蓬瀛，乾隆三十年，西师凯旋时，适逢江西来献古镈钟，即将钟存于堂内，因此改名为韵古。堂侧垣门之东有亭，称为流杯亭。北面是素尚斋。斋的左右两边有廊环绕，廊的东南方，池上有一室，称为千尺雪。东边还有一亭，称为鱼乐亭。沿着池岸折而向南行，则有日知阁。阁后左门东南为春及轩，轩的左方有交芦亭和芸斋。稍南之处，有宾竹室、蕉雨轩、云绘楼。楼的西边为韵馨居。再向西南则为清音阁，阁与楼上下相通。有一座门，称为印月门，门外东南方即为船坞。自阁沿堤而南，即至同豫轩。轩后为鉴古堂。轩前有室，称为香远、静柯、自在观。山下有室，称为鹭涛。

由仁曜门折而西行，有屋数楹，这是圣祖康熙皇帝养蚕的处所。过西桥有亭，名曰结秀亭。西面是丰泽园，是康熙年间所建，南向的门五楹，门前有数亩稻田，康熙皇帝曾亲临劝课农桑。殿东为菊香书屋，殿后为澄怀堂，堂北为遐瞩楼。园西有亭，称为荷风蕙露。有个门与此亭相对，门内为崇雅殿，殿东为静憩轩，西为怀远斋。其后方有台，北面临水，其南隔水相对者为纯一斋。

由德昌门折而向西，有座向东的门，入门循山径而行，南面是春耦斋，北向位于斋后，隔池相对者为听鸿楼。楼南径路盘行，由亭榭间穿行而出，则见一小竹亭。向南折行，东北向者为植秀轩。再折而向西行，有一石池，池石穿洞，为虚白室。室的南边，东向有亭，称为竹汀亭，南边是爱翠楼。由竹汀亭再折而西，有一椶亭。由爱翠楼南下，有佛宇一所，北向临池，曰额大圆镜。其东稍北方有一石门，石门以外就是荷风蕙露亭。由亭沿池的西岸向南走，有一茂对斋，其右为涵春室。斋西有亭，名曰延赏亭。由春耦斋沿池的西岸向北走，则见一高阁，南向，就是紫光阁。这个阁在明朝时代是一座平台，到了清朝改建为紫光阁。清圣祖康熙皇帝常于仲秋时在此处校射，嗣后在阁前考试武进士，后来一直循以为例。乾隆二十六年曾在紫光阁举行宴会，招待外藩。紫光阁的后面是武成殿，有左右庑，各为十五楹。北边是时应宫，宫的东边是福华门，门外就是金鳌玉蛛桥的西街。

这里附加说明，瀛台的北方及其西方一带，后来曾加改筑，此事在《顺天府志》中并未记载。瀛台的北方有敬圣所。其西有延庆楼、卍字廊、风亭，这些都是西太后为行乐而建的。这些建筑物都不大，但是其建筑和泉池岩组的安排实在可观，特别是卍字廊和风亭的设计极为巧妙。由此往北一带有纯一斋和爱翠楼等，都是旧式的建筑物。下面仍根据《顺天府志》的记载继续介绍，谈谈自中海东岸往北一带，即团城和北海的景致。

由西苑门沿池的东岸向北走，就到蕉园。根据《国朝宫史》的记载，蕉园又称椒园，园内有明朝时代的崇智殿的旧址。有一座门向北，入门向南转折而行，在面西方向，南边是万善门，门内为万善殿。殿后为于圣殿，其东为迎祥馆，馆东为朗心楼，楼的东南有坛。于圣殿的西边是集瑞馆，馆西为悦性楼。由万善门向西去，可达水埠，有亭立于水中，名称是水云榭，立有石碣，刻着清高宗乾隆皇帝亲笔所书“太液秋风”四个字；这是燕京八景之一。水云榭的北边有一座长桥，就是金鳌玉蛛桥。桥的西边，红墙夹道，有门相对，南面的门称为福华门，北面的门称为阳泽门。由此与阐福寺和金鳌玉蛛相通。

桥的东边有崇台，台上筑有一座圆形的城，俗称为团城。团城周围数百步，两掖各有一门，东面的门称为昭景门，西面的称为衍祥门，皆有楼。进门由蹬道分左右向上走，其正中为承光殿。承光殿就是元朝时代的仪天殿。根据《国朝宫史》的记载，承光殿前有古栝，相传是金朝时代所植。殿前有一石亭，亭内放置元代的玉瓮，刻着清高宗乾隆皇帝所作的玉瓮歌，柱子上刻着词臣奉敕咏诗。承光殿的后边是敬跻堂，北环城，南抱承光殿。东边是古籁堂。再往东还有一亭，称为朵云亭。西边是余清斋，斋内由曲廊向西行，有一亭称为沁香亭。在它的后面，小石山上有一亭，称为镜澜亭。城外东西以红墙为界。有两座门，东为承光左门，西为承光右门。

北边有一座石桥，过了这座石桥，就到了永安寺。从永安寺墙的东面，顺着山路向上走，即至一亭，称为振芳亭。再沿山路向上走，又至一亭，称为慧日亭。稍西处有二碑，一碑刻着清朝顺治八年的建塔记，另一碑刻着清朝雍正十一年的重修记。再向上走，即走到普安殿的东廊。从永安寺墙的西面，顺着山路向上走，即至一亭，称为蓬壶挹胜。再沿山路向上走，即为悦心殿。清朝皇帝每至塔山皆在此处办理政事。悦心殿的后面是庆霄楼，楼座北向南，上下各七楹。清高宗乾隆皇帝每到腊月即奉皇太后在此楼观看冰嬉。殿的东边为静憩轩。转过石屏，进入墙门，则与普安殿相接。自殿后沿着石阶向上走，就走到善因殿，殿后就是白塔。白塔下面是藏信炮的处所。以上所述者是塔山南面。

由庆霄楼折而向西，有两条路向下行。沿其中一条道走，顺着楼向南行走不几步，即有一室，称为房山。这个石室是用湖石叠覆而建成的。由房山向南走，山石堆叠，盘旋而下，即至蟠青室，四面有回廊环抱。由悦心殿西角门出去，在半山上有个亭子，称为揖山亭。其下有石桥，桥南北各有一坊。走过桥去，南北两方又各有一桥，桥北正中就是琳光殿。沿其中另一条道走，转而向北行，有个亭子，称为妙鬘云峰。顺着石阶往下走，有一座殿，称为水精域，再向下走则为甘露殿。甘露殿的前面就是琳光殿。再转折而向北走，则有长廊二十五楹。长廊左右围抱相合，即为阅古楼。在阁古楼的墙壁上嵌着三希堂法帖石刻。阅古楼后方有一亭，称为烟云画态。稍往北走，即至亩鉴堂。这段记述的是塔山西面。

由阅古楼转而向东行，有一亭称为邀山。再向东北方走，则有酣古堂，向西方倚石为洞。顺着洞向东走，即至写妙石室，室的东间为楼。沿梯而下行，就是石洞。顺着石洞向东走数百步，再由石洞穿出去，有三间盘岚精舍。再转折而向北去，即至环碧楼。由环碧楼绕廊而向下走，则为嵌岩室。再折而西行，在山上有一个亭子，名曰一壶天地。由此往西走，即可见一房，建成摺扇形，称为延南薰。顺着洞门向北去，走数十步，也走到摺扇形的房室。由此房向西，则见一亭，名曰小昆邱亭。西边有平台石柱，对着铜仙承露台。再往西则有得性楼，楼下称为延佳精舍。稍北处为抱冲室。楼的左右两面有山廊，沿阶向下行，则至邻山书屋，与亩鉴堂的北墙相通。其东为漪澜堂，堂正中北向者为碧照楼。碧照楼有长廊六十楹，左右环绕，东头为漪晴楼，西头为分凉阁。碧照楼的左边有远帆阁，阁后北向者为道宁斋，斋与邻山书屋相接。由游澜堂向东走，有堂称为晴栏花韵。堂前有一台，与堂相对。东边是紫翠房。顺着山房再向东去，则为莲华堂。以上的记述是塔山北面。

由琼岛春阴石幢拾级而升，向上走至看画廊，绕廊而上，即至交翠庭。庭下，廊的侧方，攀援石洞而出，则为古遗堂。有峦影亭与古遗堂相对而建。由古遗堂蹑级而下，仍由石洞走出，即至见春亭。见春亭的南边是智珠殿。由智珠殿的前方，过了桥向东走，就走到陟山门。这说的是塔山东面。

在承光殿的东边，与蕉园门相对的是桑园门。进入桑园门，沿着池的东岸，向北走数百步，过了陟山门，西面有水殿，是收藏御舟之处。东面有门向西，进入门内，顺着廊登山，向北走，山巅有堂，称为云岫堂。有座北向的建筑物，名叫崇椒室。向西顺着长廊曲折而北下，有轩称为濠濮。临池有石梁，北面与石坊相接。坊北有一座门，进了门，有春雨林塘殿。殿的后边有轩，称为空水澄鲜。位于池北而与此相对者为画舫斋，回廊四面，临瞰方池。池上两廊各有室，东面一室称为镜香，西面一室称为观妙。画舫斋的左边是古柯庭，其东为缘意廊，廊北为得性轩。庭的后面有一室，名为奥旷。斋的左方，西向有小玲珑室。水殿的北面为龙王庙。廊的后面有桥，南北两方各有一坊。过桥往北走，即至先蚕坛。东边是观桑台，台的后边是亲蚕门，门内即为亲蚕殿。亲蚕殿的后边是浴蚕池。池的北边是后殿，均覆以绿色琉璃瓦。

由坛西折而向北走，则为荷池。其北为镜清斋，斋东为抱素书屋。顺着抱素书屋的东廊下行，就走到韵琴斋。其左方有一亭，名为碧鲜。南向者为镜清斋，西为画峰室，斋后为沁泉廊。廊的西边，四面皆山，山上有亭，称为枕峦。廊东有石桥，南边就是抱素书屋。桥北蹑磴而向上走，即至罨画轩。顺着轩的东廊向南走，即是焙茶坞。后来这一区成为西太后的花园，堆满秀丽的山石。西太后亲笔绘画。

太液池之北，水中有亭，面临北海，就是五龙亭。当中的亭称为龙泽，左边的是澄祥和滋香，右边的是涌瑞和浮翠。亭后有石坊两座。其北为阐福寺。阐福寺的东边是澂观堂。堂的后边有殿，称为寄清净心，又称浴兰轩，轩后为快雪堂。快雪堂五楹，墙壁上嵌着旧刻快雪堂法帖石刻。北边是万佛楼的东门，门内为澄性堂。堂的外面有长廊环绕。前面有一池，后面是山，山的后边是镜藻轩，轩的西南为致爽楼。正西有一座圆光门。有一室，名曰澹吟室。轩的东南为湛碧亭。正东为清约池。又有一亭，称为妙相亭。妙相亭的后面就是真实般若殿和万福楼。往西去有一座门，与街道相通，这座门称为阳泽门。

在其他许多种文献中也有关于西苑的记载，它们大多以《顺天府志》叙述的材料为依据。因此，我们上面的记述完全引自《顺天府志》，而不摘录其他著作。

但是在这些记载中缺少白塔的来历。白塔屹然耸立于琼岛山上而睥睨三海，其建筑的由来究竟如何，必须说明。因此，补充这段说明，并介绍其周围景况，是不觉得重复的。现在从《清稗类钞》一书中摘引一段材料，以说明这个方面。这段材料大体如下。

团城的北边有两座牌坊，一座称为积翠，一座称为拥岚；当中架一石桥。经石桥而北，则至永安寺。有石级百余，陡然直耸，游人拾级而上，路狭难行。如果从山的西麓绕行，则山路平坦易走。登上一层，即见旁边有个洞口。如果绕到西面走，即登上白塔山顶。白塔的高度有十余丈，周围八丈九尺。塔的前面有一佛殿，殿外完全是以瓦佛砌成的，就如同颐和园的智慧海一样，但是不如智慧海的瓦佛大。人登上白塔山，俯视三海和宫禁，历历如在目前，如把在掌中一般。白塔山之下有很多碑碣，有雍正时代的碑两座，高达丈许。记述白塔建筑的由来，说由于喇嘛恼木汗请求以佛教佐治，以图寿国安民。皇帝批准了这个喇嘛的请求，于是建成白塔，费钱五万二千。为喇嘛诵经，在塔上有藏文七字。山下还有清高宗乾隆皇帝的御制碑两座。这两座碑中，有一座记载着白塔山的历史考据，大略说：白塔山在金朝时代称为琼华岛，因此在北京城的八景之中，琼岛春阴是其中一景。又说：白塔山又名万岁山，又名万寿山，又叫做大山子。此外还有一座碑，碑上大书“昆仑”二字。碑石是白色的，是艮岳的石材，看起来如玉一般。碑的下面有长方形石，石上生长着两株古柏，高达两丈左右。碑后刻着清高宗乾隆皇帝的御制诗，诗的题目是《悦心殿即景》。其诗全文如下：

飞阁流丹动灏空，登临纵目兴无穷。北凭太液平铺镜，南接金鳌侧饮江。冬已半时梅馥馥，春将回处日融融。摩挲艮岳峰头石，千古兴亡一览中。

山的后面，有松柏丛杂。山麓有两个石洞，石洞曲折数丈，洞口有小阁一处，署曰酣古堂，也是清高宗御笔。俯临巨阁之处，即为三希堂法帖所在之地。由酣古堂行不数步，有仙人承露盘。仙人是铜制的，耸立于石上，手承巨盘。东洞曲折数十丈，洞口的小亭上有匾额，写着“盘岚精舍”四个字，也是乾隆皇帝御笔。纡徐向下而行，洞中日光黯澹，阴气森森，这是仿着椿林九谿十八涧而建成的，石皆天然古秀。在山的北麓，建有曲栏回廊数百间，中有一亭，匾额题署着“湖天浮玉”四个宇，这也是乾隆皇帝御笔。

远眺北海，一碧无际。由此乘船北行，对面就是静心斋。乘在船中向西望，则见巨坊，其中题着华藏界，琉璃璀璨。登上岸来，即到静心斋。其内为镜清斋，斋后有沁泉廊，西边有枕峦亭。再向西去，则有叠翠楼。东边有罨画轩，回廊曲折，窗栏残缺，是光绪庚子年破坏的。往西去，则有大慈真如宝殿，这个殿的楹柱柳梅都是用楠木做成的，地面是用二尺见方的文石砌成的，极为富丽雄伟，连颐和园里也没有这样的建筑物。殿内有两座铜塔，高度为二丈。殿之正北有大佛三尊，东西两方有十八罗汉。在五龙亭的北边还有一个亭子，那就是快雪堂石刻所在之处。再向西去，则有一所佛寺，前殿圆形，壮丽无比，中为梅檀，上列铜佛，都在光绪庚子年丢失了。更向西去，则有北向的别院，有殿五楹，当中植石，分为八面上下，置木转轮。

第二节 燕都西郊的园林

燕京的西北方，群山连亘，有如天然屏障。其下陂陀起伏，流泉环绕，其中之大者称为玉泉。玉泉向东南方流去，即为昆明湖。其余流支脉广润近郊一带土地，每到春夏之际，苹藻蒲荇极为繁茂，沙禽野鸟翔泳其间。辽圣宗于开泰二年在玉泉山创建行宫，金章宗继其后而建芙蓉殿，又在香山营建景会楼及其他诸建筑物，使这里成为燕北胜区，而为骚人所乐道。到了元朝时代以后，虽然旧日的离宫已不见遗迹，但仍有别业、坟院等错综于其间。到了清代，这个地区受到重视，而设计于此营建离宫园林，乃是很自然的。

玉泉山旧名澄心园，在清朝顺治年间，与南苑同为离宫之一。清朝康熙十四年，康熙皇帝亲至玉泉，视察农业，后来时常到西郊巡幸。康熙皇帝平定三藩之后，国内大治，于康熙二十三年和二十八年两度南巡，游赏江南湖山美景，命令叶陶在明朝武清侯李伟的清华园旧址营建畅春园，以避喧扰，并作为处理政务的处所。史书中不曾明确记载营建畅春园的年月，因而无从察考，推测大概是在康熙二十九年以前。后来将澄心改名为静明，又于香山建行宫，使三者成为鼎足之形。雍正以后，皇帝自新正郊礼完毕时即移居园宫，至冬至大祭前夕才回到大内。除去夏季居住在热河期间以外，清乾皇帝园居几乎一年的三分之二的时间，大内仅仅是举行典礼的处所，典礼完毕就离开大内。清朝自康熙至咸丰六帝中，死在宫中的只有乾隆皇帝一人而已。

雍正帝践祚后，营建圆明园。圆明园位于畅春园的北边，原是康熙四十八年赐与雍邸的私园。雍正三年大礼告成，以园南为殿宇朝署，侍直诸臣于该地理事。开凿池沼，引来泉水，辟治田庐，增筑亭榭，使其规模越加大了。到了乾隆皇帝即位后，奉太后居于畅春园，皇帝自己则居住在圆明园。乾隆皇帝在位期间，正是清朝全盛时期，物资富足，遂大兴土木之工。乾隆七年建成安佑宫，乾隆九年完成了御制四十景诗。在这部诗篇中所收的建筑物是雍正时代的题咏中所未收的，可见这些是在乾隆践祚后的数年间建成的。自从南宋时代以后，江南园林为全国之冠，倪瓒和计成的建筑，以及张南园父子的设计施工已经脍炙人口。皇帝数次南巡，流览名园胜景，制图设计等多仿江南园林之制。王氏圆明园词中有“移天缩地在君怀”之句，说的就是这个意思。凡是奇峰异石之不能摹仿的，则从江南运到北方来，似乎与宋徽宗营建艮岳的情景并无不同。

又在圆明园的东边，将水磨村改拓为长春园。在乾隆三十五年御制诗序中虽然有句话说“预修此园，备六十归政后优游之所”，但是澹怀堂和含经堂等建筑物是在乾隆十四年以前建成的。根据《清史稿》的记载，于乾隆十六年建成长春园。在长春园的北边后方，有意大利式的建筑物远瀛观和海晏堂及其他等等，其中的大喷水塔颇放异彩。这是绘画造诣极深的意大利传教士郎士宁设计的。建筑物的细部采用路易十五时代的法兰西式，材料方面则大量使用白色大理石，那时的中国工人就在设计者郎士宁等极少数几个人的指导下完成了这项工程。关于这些欧洲式的建筑，瑞典学者喜仁龙（Osvald Siren）在所著 *The Imperial Palace of Peking* 一书中引用了诸种文献而加以详细记载。在中国宫苑中出现欧洲式宫殿建筑一事，说明当时中国国势强大是可以想见的。后来有一些西洋传教士将这些宫殿建筑物绘图或雕刻模型制图，其中一部分收藏在法国的图书馆中。

在圆明园的东南方，包括万春园，号称三园，归圆明园总管大臣管理。同时又扩展静明和静宜二园，因瓮山金海之胜而筑成清漪园称为三山。清代兴建土木工程之盛，至此时而达于顶峰。

以上诸园都是清朝时代所建，关于这些园林，现在有相当详细的文献记载。除去《顺天府志》以外，还有《清稗类钞》，以及日本人的著作《唐土名胜图会》，这些文献中都有大量记述。上海中华书局于1928年出版了《圆明园考》。在中国营造学社的刊物上，有刘敦桢所作题为《同治重修圆明园史料》的文章。在这篇文章中，有文献和图版，并详述圆明园离宫的设计规划和重修的沿革。自从康熙时代以来，营建事务由雷姓一家掌管，雷家收藏着大量模型和图样，后来由于家庭生计的缘故，致使这些收藏开始陆续逸散。此事为营造学社的朱先生发现，遂建议将残存的部分完全转交给北京图书馆，对于这门科学的研究实为一大幸事。这些文献中记述的诸园景况和重修始末等，将专文叙述，这里仅介绍诸园的概况如下。

畅春园 在西直门外十二里之处，即位于圆明园的南方。此园的围墙一千零六十丈。清圣祖康熙皇帝于处理政务之暇驻跸于此。该处原为明朝武清侯李伟的故园，周围十余里。在这个故园的旧址加以改建，建筑宫殿，御赐名称为畅春园。康熙皇帝时常奉孝庄文皇后和孝惠章皇后于此园中休息，同时在园中处理和决定诸般政务。宫门之中为春晖堂，有东西配殿，后面有垂花门。内殿称为寿萱春永，左右有配殿，东西有耳殿，后面有照殿。照殿后的倒座殿称为嘉阴殿。两座角门之中有积芳亭，正宇称为云涯馆。自馆后渡过桥，顺着山向北走，有一河池，南北立有二坊，称为玉涧金流。门内为景瑞轩，轩后为林香山翠，再后边则为延春楼。延春楼的后面，河上有鸢飞鱼跃亭。稍南之处有观莲所楼，左为式古斋，斋后为倚榭。园内东西筑有两堤，各长数百步。东堤称为丁香堤，西堤称为兰芝堤。两堤皆通瑞景轩。西堤之外另筑一堤，名曰桃花堤。东西两堤的外侧有大小河数道，环流苑内。从西北门的五空闸出去，即达垣外东径的水磨邨。向清河西流，由马厂北流而入圆明园。自宫门至于此处，就是畅春园中路。从云涯馆东南的角门外向北转，渡过板桥，就是剑山。剑山上建有苍然亭，山下建有清远亭。沿堤向南行，在河上筑有南北垣一道，当中有一座门，叫做广梁门。广梁门内的前殿是圣祖康熙皇帝御门听政和选馆引见之所。此外还建有斋、阁、亭、堂、庙、书屋、楼、轩等，还建有一所恩佑寺。一路至此，即为畅春园东路。从春晖堂之西，通过如意门，即至玩芳堤。山的后面有韵松轩，高宗乾隆皇帝曾在此处读书。乾隆四年韵松轩受火灾焚毁，后来重建。由此而行，通过西部诸多建筑物之间，就来到紫云堂，这就是畅春园西路。苑墙外边，再往西去有一座西花园。（以上根据《顺天府志》的记载。）

乐善园 位于西直门外，高梁桥的北边。门内的正宇叫做倚虹堂，是乾隆十六年兴建的，乾隆皇帝曾游幸于此。园门北向之处原为康亲王园亭，荒废已久，于乾隆十二年曾加以修葺。其上游与昆明湖相通，为龙舸之所。门内跨小溪之南建一穿室。东向者为意外味转石径。北向者为含清斋。东有潇碧，北有约花栏等建筑物。南边有轩，称为意随波动。在垣墙之外的西边，畅春园之南，有许多佳境胜地，连续不断，建有一些亭堂之类。向西行三里左右，有寺称为大正觉寺，再向西行五里，即至万寿寺。其西北则为长衢列肆，一直达到畅春园之地。

西花园 位于畅春园的西南墙处。水自水闸流入，北流而汇注于马厂诸渠。河的北岸建有一座正殿，名为讨源书屋。再向后去，则为观德处。园的西南门称为承露。轩后筑一厦，叫做就松室。其东边有一座龙王庙。西北方有一座门，就是西花园的大北门。门内正宇的后室旧称东书房。其右方是永宁寺，寺西为虎城。稍西之处为西厂，再向西去则为阅武楼。园的前面有荷花池。分为四所，是皇子们居住的处所。

在畅春园和西花园的南方一带，有许多胜地。出畅春园的宫门向南去，有菱池，俗称菱南泡子，相传为丹稜沜水。其源自万泉庄北流而来。沿堤向南走，就到圣化寺。泉宗庙位子圣化寺北山门之外的万泉庄，其围墙长三百九十四丈。庙的南边有池，其左右两方各立着一座牌坊。

圆明园 园内有门十八座。园南诸门是大宫门、左门、右门、东夹道门、西夹道门、东如意门、西如意门、福园门、西南门、水闸门、藻园门。园东诸门是东楼门，铁门、明春门、随墙门、蕊珠宫门。园西有随墙门。园正北的门为北楼门。在西南、东北、西北方，设有三座闸。大宫门的辇道的东西两方皆有湖，是为前湖。门的前面有左右朝房。在朝房后面，东边是宗人府、内阁吏部、礼部、兵部、都察院、理藩院、翰林院、詹事府、国子监、銮仪卫、东西旗各衙门值房。东央道内有银库。东北有南书房，东南为档案房。西边是内阁户部、刑部、工部、钦天监、内务府、光禄寺、通政司、大理寺、鸿胪寺、太常寺、太仆寺、御书处、上驷院、武备院、西四旗各衙门值房。西夹道的西南为造办处。再向南去则有药房。大宫门内为出入贤良门，门的左右建有值房。前面筑一石桥，跨桥而渡，则有东西朝房，南边是茶膳房。再往西去即至缮书房，东南为清书房和军机处。

虽然圆明园是一所离宫，但因为它是皇帝平日居住之所，也是皇帝日常处理诸般政务之处，所以设置官署衙门是理所当然之事。如上所述，这些官署衙门分别设立在辇道东西两侧直到大宫门。进入大宫门内，即至圆明园离宫境内。

◀ 勤政亲贤　清版画（摘自《中国古典风景园林图汇》）

▶ 上下天光 清版画
(摘自《中国古典风景园林图汇》)

过出入贤良门，即为正大光明殿。正大光明殿的右方有勤政亲贤殿、保和太和殿，左方有长春仙馆、四宜楼等等。在这些建筑物的后面，隔着前湖为九州清晏殿、慎德堂。其正中后方有后湖，湖边有杏花春馆，上下天光、慈云普护、碧桐书屋、天然图画等建筑物。自其后方，左右两侧引水凿池，架桥，筑假山，建屋宇。其东方有大的福海，海中建有大小三座山，模仿李思训的画意，建仙山楼阁状的岧岧亭。围绕着福海，有方壶胜境、平湖秀月、雷峰夕照、接秀山房、别有洞天、南屏晚钟、夹镜鸣琴、一碧万顷、湖山在望等名胜之区。清高宗乾隆皇帝曾六次巡游江浙之地，将天下名胜收列于圆明园中，其中四十景全是模仿各地的名胜而修建的。清高宗于处理政务之暇，作四十景题咏，刊行而赐于王公大臣。还有圆明园全图，绢本著色，加题跋合为八十幅，是乾隆年间奉勅绘成的。这幅图于咸丰年间被英法联军烧圆明园时掠夺而去，与其他珍奇宝物一同丢失，现存于法国巴黎国立图书馆。《圆明园考》一书中附有此图的复制品。看这幅图，因为它是绘画，所以所画的周围景致为远山近景等有些夸大，但是建筑物的位置则是十分正确的。与中国营造学社所制的平面图对比着看，可以了解圆明园繁盛时期的面貌，其趣味实非笔墨所能形容。这是清代园林的优秀之作，是研究林泉构筑的良好参考

▼ 方壶胜境 清版画
(摘自《中国古典风景园林图汇》)

材料。下面介绍《清稗类钞》一书中关于圆明园的记载。

圆明园位于挂甲屯，在畅春园北一里多地。清高宗乾隆皇帝六次南巡江苏浙江一带地方，将天下名胜罗列于圆明园中，其中四十景皆仿各地胜景而建。乾隆皇帝于万几之暇曾作四十景图咏，命词臣校录而刊行，以颁赐诸王公大臣。园中有十八座门。南为大宫门，有左门、右门、东夹门、西夹门、东如意门、西如意门、福园门、西南门、水闸门、藻园门。东为东楼门，有铁门、明春门、蕊珠宫门、随墙门。正北为北楼门。有三座闸，西南为一空进水闸，东北为五空出水闸、一空出水闸。

▲ 夹镜鸣琴　清版画（摘自《中国古典风景园林图汇》）

大宫门五楹，门前左右朝门各五楹，其后为宗人府、内阁吏部、礼部、兵部、都察院、理藩院、翰林院、詹事府、国子监、銮仪卫、东四旗各衙门等的直房。东夹道内为银库，再东北则为南书房。东南为档案房。西边起户部、刑部、工部、钦天监、内务府、光禄寺、通政司、大理寺、鸿胪寺、太常寺、太仆寺、御书处、上驷院、武备处、西四旗各衙门直房。西夹道的西南为造办处，再南为药房。大宫门内有出入贤良门五楹。门的左右为直房。前有石桥，过了石桥则有东西朝房各五楹，西南则为茶膳房。再西为缮书房。东南为清茶房，还

◀ 天然图画　清版画（摘自《中国古典风景园林图汇》）

▶ 接秀山房　清版画（摘自《中国古典风景园林图汇》）

有军机处。

出入贤良门内有正大光明殿七楹，有东西配殿五楹。后为寿山殿，东为洞明堂。圆明园四十景中，正大光明殿为其中的一景。正大光明殿之东有勤政亲贤殿五楹；为四十景之一。殿东为飞云轩、静鉴阁，其北为怀清芬，再北为秀木佳荫，转而后行则为生秋庭阁，东为芳碧丛，后有保和太和殿三楹，再后为富春楼，楼东为竹林清响。正大光明殿的后边是前湖，湖的北面有圆明园殿五楹，后面有奉先无私殿七楹。再后则有九州清晏殿七楹；为四十景之一。东为天地一家春，西为乐安和，再西为清晖阁，阁前为露香斋。左面有茹古堂、松云楼，右面有涵德书房、富春楼。北为御兰芬楼，楼后为纪恩堂、镂月开云；为四十景之一，原称牡丹台。堂后有池，池西北有楼，称为天然图画楼；为四十景之一。北有朗吟阁，再北为竹迈楼，东有五福堂五楹，后殿五楹，为竹深荷静。其东南为静知春事佳。再向东渡过河则为苏堤春晓。由五福堂渡过河而向北行，于山阜旋绕之内有碧桐书院；为四十景之一。碧桐书院有前宇正殿后照殿各五楹。其西有云岭亭书院建于岩石之上。西为慈云普护，也是四十景之一。其前殿三楹南临后湖，为欢喜佛场。其北有楼三楹，上边供奉观音大士，下边供奉关公。东偏为龙王殿，供奉圆明园昭福龙王。慈云普护之西，临湖建有一楼，上下各三楹，为上下天光，也是四十景之一。左右各有六亭，亭后为平安院。向西折而南行，渡过桥则为杏花村馆，也是四十景之一。西北为春雨轩，轩西为杏花村，村南为碉壑余清。春雨轩的后面，东边是镜水斋，西北是柳斋，再西则为翠微堂。自杏花村馆的西边渡过碧澜桥，有坦坦荡荡三楹，为四十景之一。前为素心堂，后为光风霁月堂，东北为知鱼池，再东北则为华景斋，西北为双佳斋。坦坦荡荡的南边为茹古涵今，也是四十景之一。茹古涵今五楹。其南后方与殿相对者为韶景轩，四面各为五楹。轩东为茂育斋，西为竹香斋，再北为通静斋。茹古涵今之南的长春仙馆，四十景之一。长春仙馆有门三楹，正殿五楹，后为绿荫轩，西廊后为丽景轩。长春仙馆之西有含碧堂五楹，其后为林虚桂静，左为古香斋。其东有柳斋、墨池云，后为随安室。由长春仙馆西南门而西行，则为藻园，藻园内有旷然堂五楹，堂后为贮清书屋，堂东池上为夕佳书屋，稍北则为镜澜榭，东南为凝眺楼、怀新堂。西北为湛碧轩，西南为湛清华杏花春馆。西北方有万方安和，为四十景之一。池中有一座卍字形的建筑物。自万方安和之后渡桥折而东行，稍西而至于石洞之南，为武陵春色，是四十景之一。池北之轩称为壶中日月长，东为天然佳妙，其南为洞天日月，佳景甚多。武林春色之西为金璧堂，东南的亭叫做小隐栖迟。堂后由山口而入，东行即至清秀亭，西为清会亭，北为桃花坞，西为清水濯缨室。再往西去，稍北为桃源深处坞，东为馆春轩，东北为品诗堂，万方安和西南为山高水长楼，是四十景之一。楼九楹，西向，后拥连冈，前带河流，地势平坦，周围广达数顷之大。

自山高水长楼的北边渡过桥，由山口而入，有梵刹一区，如月地云居殿，五楹。前殿方式各五楹，后楼上下各七楹。东为法源楼，再东为静室。自西渡桥，折而北行，为刘猛将军庙。自月地云居之后，沿山径而入，即为鸿慈永佑；是四十景之一。安佑宫前琉璃坊座南面有额。左右各有一坊石华表，南和东西三面各有三坊环列。其南为月河桥。再东南则有政孚殿三楹，西向宫门五楹。安

◀ 武陵春色　清版画（摘自《中国古典风景园林图汇》）

▲ 汇芳书院 清版画（摘自《中国古典风景园林图汇》）

▼日天琳宇 清版画（摘自《中国古典风景园林图汇》）

佑门前有三座白玉石桥，南向。左右各有一井亭。朝房各五楹，内重檐。正殿九楹，为安佑宫内。中龛供奉圣祖御容，左龛供奉世宗御容，右龛供奉高宗御容。左右配殿各五楹，碑亭各一，燎亭各一。鸿慈永佑后墙西北为紫碧山房。前宇为横云堂。山房东岩洞中有石帆室，东南为丰乐轩，北为霁华楼。往东去则有景晖楼、横云堂。西池上为澄素楼，西北为引溪亭。东墙外径有连冈三重。渡桥而东，则有汇芳书院，为四十景之一。内宇为抒藻轩，后为涵远斋，斋前的西墙内为翠照楼，东墙内为倬云楼，再东则为眉月轩。楼的南边稍向东去是隋安室，再东有敞宇三楹。渡过问津桥，有一石坊，为断桥残雪。汇芳书院的南边是日天琳宇，为四十景之一，是西前楼下的正宇。有中前楼和中后楼，上下各七楹。有西前楼和西后楼，上下各七楹。前后楼之间，有穿堂各三楹。中前楼南有天桥，与楼相连接。天桥东南有重檐八方的建筑物，称为灯亭。西前楼南为东转角楼。又西而稍南，为西转角楼。中前楼东墙内的八方亭是楞严坛。东别院为瑞应宫，前为仁应殿，中为和感殿，后为宴安殿。从日天琳宇东而稍向南行，则看见一片稻田，有河水环绕周围。其中有田字式殿，有四座门。其东面和北面皆是楼，北楼玉宇称为澹泊宁静，是四十景之一。东边是曙光殿。殿的东门外是翠扶楼。殿的西门外别垣内宇为多稼轩七楹。其东临着稻畦的建筑物中，前面的是观稼轩，后边的是怡情悦目、稻香亭。再向东稍北，则有溪山

不尽、兰溪隐玉、多稼轩。西池之南为水精域。偏西为静香屋、招鹤磴。池后东北方为寸碧，西北方为引胜，正北方为互妙楼、澹泊宁静。渡过河桥向西走，即至映水兰香，是四十景之一。东南则有钓鱼矶。北边是印月池。再北为知耕织、濯龙沼。西南为贵织山堂，奉祀蚕神。映水兰香的东北为水木明瑟，是四十景之一。其北稍西处，有文源阁，上下各六楹。文源阁是乾隆甲午年建的，与文渊阁，文津阁同为贮存《四库全书》之所。阁西为柳浪闻莺，西北环池带河称为濂溪乐处，是四十景之一。其后为云香清胜，东为芰荷深处。折而向东北行，即至香云廊。廊东为云霞舒卷楼、临泉亭。其南则为汇万总春之庙。其正殿为蕃育群坊，东北方有香远益清楼，西有乐天和、味真书屋。再往西去则为池水共心月同明庙。东沿山径而出，为普济桥。濂溪乐处的北边，隔河相对者为多稼如云，是四十景之一。四面有门，各为五楹。东边是畅观轩，西南是铺翠环流楼，南为传明室。再往南去，出山口处有多子亭。其东为禾畴弥望。河的南北岸，仿农居村市而为北远山村，是四十景之一。北岸石垣之西为兰野，后为绘雨精舍。其西南为水圆村。再西面有一座楼，前后相连。前为皆春阁，后为稻凉楼。再往西则为涉趣楼。右边是湛虚书屋。渡过桥去，折而西行，即至湛虚翠轩。再西为耕云堂。西南临河者为西峰秀色，是四十景之一。河西是小匡卢，东是含韵斋。再东则为一堂和气。再东南为自得轩。后墙的东边是岚镜舫，西边是花港观鱼。向东行去，东西两边各有船坞二座。北面是四宜书屋，是四十景之一，是安澜园的正宇。东南方为葄经馆。再南为采芳洲。后为飞睇亭。东北为绿帷舫。西南为无边风月之阁。再往西南则有涵秋堂。北边是烟月清真楼，楼的西南是远秀山房。楼北渡过曲桥，就是染霞楼。四宜书屋的东边，临

◀ 西峰秀色　清版画
（摘自《中国古典风景园林图汇》）

▲ 四宜书屋 清版画（摘自《中国古典风景园林图汇》）

池有一座楼宇，称为方壶胜境，为四十景之一。东边建有两座牌坊，北为哕鸾殿、琼华楼。殿东为蕊珠宫。宫南的船坞的西北方为三潭印月。渡过桥去，是天宇空明，后面是澄景堂，东为清旷楼，西为照照楼。澡身浴德在福海的西南隅，是四十景之一，是澄虚榭的正宇。南边是含清晖，北边是涵妙识。折而向西去，有静香馆。再往西则为解愠书屋。西南为旷然阁。北渡河桥，即至望瀛洲。其北为深柳读书堂、溪月松风。平湖秋月在福海的西北隅，是四十景之一。正宇之西为流水音。东北自山口而出，临河为花屿兰皋。折而向东南去，过桥即为两峰插云。再东南为山水乐。其北为君子轩、藏书楼、蓬岛瑶台。蓬岛瑶台位于福海，是四十景之一。中央殿前之东为畅襟楼，西为神洲二岛，东偏为随安室，西偏为日月平安报好音。东南渡桥为东岛，有亭，称为瀛海仙山。西北渡桥为北岛。接秀山房在福海东隅，也是四十景之一。正宇之后为琴趣轩，其北方有一楼，称为寻云。东南为澄练楼，楼后为怡然书屋。稍东为佛堂、安隐幢。南为揽翠亭。别有洞天在接秀山房之南，也是四十景之一。依山临河之西为纳翠，西南为水木清华之阁。稍北为时赏斋。西为夹镜鸣翠，是四十景之一。南为聚远楼，东为广育宫。前建坊座，后为凝祥殿。宫东为南屏晚钟。再向东去，渡过桥即为西山入画、山容水态。西边是湖山在望、佳山水、洞里长春。涵虚朗鉴在福海之东，为四十景之一，即雷峰夕照的正宇。其北稍西为惠如春，再往东北去则至寻云榭，再北为贻兰亭、会心不远。其南为临众芳、云锦野、菊秀松蕤、万景大全。廓然大公在平湖秋月之西，也是四十景之一。其前方为双鹤斋，西为环秀山房，西北为规月桥、临湖楼。东北为绮吟堂。再北即为采芝径经岩洞。西边是峭蒨居、披云径、启秀亭、韵石淙、芰荷深处。北垣门外为天真可佳楼，西垣门外为影山楼。坐石临流在水木明瑟的东南方，即在澹泊宁静之东。曲院风荷在坐石临流的东南，碧桐书院的正东，是四十景之一。其西的佛楼为洛伽胜境。其南方，地跨东西，有九空桥，立有牌坊两座，西曰金鳌，东曰玉蛛。金鳌的西南，河外之室称为四围佳丽，玉蛛之东有亭，称为饮练长虹。再向东南渡过桥去，北方建有城关，称为宁和镇。其东南为东楼门，其北为同乐园。前后有楼各五楹，前为清音阁，东为永日堂。中有南北长街，街西为抱朴草堂，街北渡过双桥即为舍卫城。前树坊楔三座。城南面为多室，内有山门正殿、寿国寿民，后为仁慈殿，再后则为普福宫，城北为最胜阁。洞天深处在如意馆之西，稍偏南方，是四十景之一。其前宇为诸皇子所居之四所。东西有二街，南北有一街，前为福园门。四所之西是诸皇子读书之所，前为前垂天贶，中为中天景物，东宇为斯文在兹，后为后天不老。

长春园 位于圆明园东垣外隙地，旧名水磨邨，有殿宇数所。圆的宫门外有东西朝房。门内的正殿叫做澹怀堂，后为众乐亭，亭后为云容水态，其西稍偏南有长桥。顺着云容水态西北的山径而行，即至含经堂、淳化轩、蕴真斋。由澹怀堂往西，有滨河水石门，就是倩园。有碑亭，勒刻清高宗乾隆皇帝御制《倩园八景诗》。园内有斋楼及其他建筑物。倩园后方，河的北岸有思永斋。斋北楼宇临池者为湖光山色共一楼，与斋东别院共为小有天园。其北方河池众汇之中有圆式崇基，其上有标宇三层，曰海岳开襟。其西方河池之外有亭，称为流香渚亭。其北为罨画溪。于其西方沿山径而行，即至圆明园的明春门。海岳开襟的东北方是谐奇趣，东为法慧寺、宝相寺。自此东行，就是翠交轩，轩下一室称为熙春洞，北有爱山楼，再北则为泽兰堂。其东有平畴交远风，转湘帆、丛芳榭、琴清斋。丛芳榭之东有狮子林、虹桥、假山、纳景堂、清閟阁、藤架、磴道、古峰亭、清淑斋、小香幢，探真书屋、延景楼、云林石室、横碧轩、水门。狮子林之南有玉玲珑馆，其正宇曰正谊明道。北为林光澹碧，东为鹤安斋，西南为蹈和堂。玉玲珑馆之南为昭旷亭，其东南为映清斋，东为鉴园。其后有船坞，北方为大东门，门外有护河和石桥。鉴园的西南为如园门，门内有敦素堂、冠霞阁、明漪楼。由如园的山径西行，即达澹怀堂的东垣门。

根据营造学社印制的平面图，可知长春园的大小相当于圆明园东的福海周围的面积，同上述引自《顺天府志》的文字记载完全一致。长春园内的如园仿江宁藩署的瞻园，即明中山王府的园。狮子林仿苏州黄氏涉园。小有天园仿杭州汪氏园。根据《日下旧闻考》一书的记载，这些是在乾隆二十二年南巡后造的。虽然在《顺天府志》中并无记载，但是看营造学社的图，在长春园的后面有万花阵、方外观、海晏堂、远瀛观，线法山正门、线法山、螺丝牌楼、方河、线法墙等一系列建筑物。在向达所著《圆明园大事年表》中，记载着"乾隆五十一年L.F.Detatour将绘长春园欧式宫殿雕为铜版"，由此可知是在那年以前建成的。特别应该注意欧式宫殿和庭园建于长春园后的这一个部分。

万春园 旧名绮春园，其创建年代不明。《清史稿·职官志》中记载着乾隆三十七年增设绮春园总领一人。看来可能是将王公赐园扩建而成的。在《养吉斋丛录》卷十八中提到了绮春园。该书关于绮春园的记载大致是说在园的西南有围墙，另划成一区，名为含晖园。仁宗三女庄敬公主结婚时赐此以居，公主逝世以后，额附索特那木多布齐将园缴回。原来有一横区，名为西爽村，有联晖楼，是成邸的寓园。嘉庆年间，成邸受赐另外的园宅。还有一园是乾隆年间赐给大学士傅恒及其子福康安的，他们死后将园缴回。于是将这两个园并在一处，大事缮葺。仁宗有御制《绮春园三十景诗》，宣宗题跋。三十景是敷春堂、鉴德书屋、翠合轩，凌虚阁，协性斋、澄光榭、问月楼、我见室、蔚藻堂、蔼芳圃、镜绿亭、淙玉轩、舒卉轩、竹林院、夕霏榭，清夏斋、镜虹馆、春雨山房、含光楼(即旧联晖楼)、涵清馆、华滋庭、茗香室、虚明镜、含淓堂、春泽斋、水心榭、四宜书屋、茗柯精舍、来莲室、般若观。含晖园改为含晖楼，西爽村位于其北，皆在万春园之西，傅恒父子的赐园位于园之西南隅。

《顺天府志》中没有关于万春园的记载，所以根据《同治重修圆明园史料》注18和22说明于下。根据图看，其面积与长春园大体相等。其位置接于圆明园和长春园的南方，规模结构也是一样的。

圆明、长春、万春三园历清代五世的经营，积百余年之力而成。到了文宗咸丰十年秋天，英法联军攻入北京，名园付于一炬，化归乌有，成为文化史上一大恨事。那一年英法联军入北京，法军先侵入圆明园中，掠夺而去。文丰投福海自尽。次日英军继至，与法军合劫清漪园。再次日侵入静明园。在此数日之间，海淀村也遭焚掠，官民殉难者甚多。至今早已荒无一物，荒野间唯余一片瓦砾，仅有础石之迹，供凭吊而已。

清漪园 位于圆明园西二里左右之处。北负万寿山，前临昆明湖。乾隆十五年，引玉泉诸脉注于西湖，改名为昆明。于湖中设战船，仿福建广东巡洋之制，以操练水军。于昆明湖堤岸处筑园，赐名为清漪园。宫门东向，南北朝房间架石梁，下有溪河流过。门内为勤政殿，殿后北方为怡春堂，西为玉澜堂。再往北则为宜芸馆，馆西为乐寿堂。乐寿堂后向西折有一方池，池的西北为养云轩，轩后为餐秀亭，亭西为无尽意轩。再往西稍北，有圆朗斋，其西为慈福楼。楼后崇台上立有石幢，上刻“万寿山昆明湖”六个大字。楼西为大报恩延寿寺，寺西有罗汉堂，堂后为宝云阁。阁西有邵窝、云松巢。再西有澄辉阁，阁东南有三层楼，其西为听鹂馆，馆西为石丈亭、石舫。石舫之北有一楼，称为延清赏。西为旷观斋，还有水周堂。由此向北而行，建有城关一座，上有一楼，供奉关圣。沿着城关北折而向西行，即走到园的西门。

怡春堂后城关之北，有一座惠山园(后改名为谐趣园)，有清高宗乾隆皇帝御制《惠山八景诗》。园门西向，门内有池数亩，池东为载时堂，其北为墨妙轩。园池的西方为就云楼，稍南则有澹碧斋。由池东折而东行，有水乐亭、知鱼桥。楼东为寻诗径，其侧有涵光洞。北有霁清轩，其后有石峡，就是园的东北门。园西为云绘轩，园东为延绿轩。后廊有楼，为随安室。再往西则有花承阁，阁后有多宝琉璃塔。由西北方渡过桥去，有城关楼。再向西折而北行，即至园的北楼门，门位于万寿山的北方。内外有东西朝房，内设直房。其南有长桥，后有云会寺。云会寺北有构虚轩，再西则为绘芳堂。轩的西南方有清可轩，再西则为味闲斋，其北为绮望轩。绘芳堂北，隔着河建有嘉荫轩。

昆明湖东西筑有长堤。东堤之北有文昌阁，其南为廓如亭，亭西有长桥，再南则有绣漪桥。亭西渡过长桥为广润祠。祠西为鉴远堂，东北为望蟾阁。在绣漪桥之北，湖中有圆岛山，称为凤凰墩。西堤之北有柳桥、桑苎桥，中有玉带桥。稍南方，有镜桥、练桥。再向南去则有界湖桥。桥的北方有景明楼，楼的西南，湖中有藻鉴堂。堂的西边，湖岸上有畅观堂。堂的西北，湖中有一圆城，有四座门，其上为治镜阁。阁北，湖岸上有延赏斋，北有织染局。再向西行，隔着玉河，尽是稻田一片。由此而西，即与玉泉相接，而为静明园之界。

静明园　位于玉泉山之阳。其西方山势窈深，灵源茸湲发，极富天然景胜。在玉泉山麓，旧有金章宗所建芙蓉殿的遗址，据传说还有华严吕公诸洞。清康熙十九年创设此园，原称澄心园，到了康熙三十一年改名为静明园。康熙和雍正两朝曾于此处阅武。高宗乾隆皇帝有御制《静明园十六景诗》。关于这十六景，记录中有各种不同的说法，引起人们对于玉泉山和静明园风景的兴趣。兹引用《顺天府志》的记载，概略说明如下。

宫门南向，前面有一座高水沏。一进入宫门，有廓然大公正殿，东西有配殿，其北临倚后湖。湖中有芙蓉晴照。其西方为虚受堂。山畔有泉，称为玉泉趵突。泉由玉泉山根喷出，如粒粒珍珠一般，泉旁刻有“天下第一泉”五个大字。其上建有龙王庙。沿石径而入，即至竹罏山房。有开锦斋、赏遇楼、真武庙、吕祖祠、双关帝庙。向南行则为圣因综绘，仿西湖行宫之景而命名，有写流轩、层明宇、福地幽居、冠峰亭、华藏海。再西则为绣壁诗态，其西为溪田课耕，其北为清凉禅窟。再向西行，渡过桥去即至园的西宫门。过了石桥，即达香山跸路。清凉禅窟周围有仁育宫、涵漪斋、飞源阁、练影堂、挂瀑檐、妙喜寺等等。其北方为采香云径。南方有一座楼，称为静怡书屋。向北折而东行，有招鹤亭，南为峡雪琴音。其南至于山巅，有一景称为玉峰塔影。塔建于山峰之巅，塔前建有清严寺，后为妙高室。其东北，临溪有书画舫、含经堂。南方有一座楼，称为风篁清听。由此而西行，渡过桥向南去，有一池沼。池东有延绿厅，池西有漱通绿，试墨泉。再西为镜影涵虚。南有分鉴曲、写琴廊、观音阁、含晖堂、清音斋。斋前为裂帛湖光。斋西山麓有碧云深处，东有心远阁。自心远阁北行，有罗汉洞、水月洞。再向西去，山麓有古华严寺，寺后为云外钟声。自碧云深处向南去，则为翠云嘉荫。其东为小南门，稍南即为东宫门。在小东门外，长堤石桥上建有两座石坊，桥下流水，北流而注入玉河。沿河一带，尽是稻田。由此而至于青龙桥，达于清漪园的辇道。

上述这些大建筑物，现在已经几乎不存在了，这可能是在咸丰十年遭受掠夺破坏所致。现在只能看见玉泉的明澄水流和岩石的风貌。高山湖和裂帛湖的水注入昆明湖，景色吸引着大量游人。

静宜园　自玉泉山向西行，西山峰峦起伏，是为名胜之地。从玉泉山向西南去，即至荷叶山，约八里左右，就是卧佛寺。卧佛寺原是唐朝时代的兜率寺，清朝雍正时赐名为十方普觉寺。寺境之内，异树泉池与楼阁共为景胜，殿内有一丈六尺的卧佛一尊。由此行约三里，即至碧云寺，西山一带的佛寺大约有一百所，其中最为闳丽者就是碧云寺。据说元朝时代的耶律楚材有个后代名为阿利吉，此人舍宅为寺，于是建成碧云寺。利用山石溪泉等天然景物，花木清幽，银杏，桫椤、白皮松等极为繁茂。由此向南行，即至香山寺，就是清高宗乾隆皇帝所建的静宜园。自香山再行十五里，在卢师山麓有西山名胜之一的狮子窝。

还有西山八大处：宝珠洞、香界寺、龙王堂、大悲寺、三山庵，秘魔崖、重兴寺、长安寺。在翠峦溪峪之间许多寺院，充分表现出园林情趣。在《清稗类钞》中关于这些寺院风景有着详细记载。现在将该书中关于香山静宜园的一段记录摘出，介绍于下。

静宜园为清高宗乾隆皇帝所建，园外有墙大约十里长，园内旧有二十八景。璎珞岩的岩石片片散落平立，随处可为蒲团座。岩石的颜色苍黝。古松奇桧如掌盖，如列屏。泉声泠然，如磬声远至。其上为绿云深处，树木更为繁茂。岩下有月河如带，有一瀑布，注长约丈许，飞奔而下，触于岩石之上，如银花飞舞。南北有二水道，北水道有石筑的长堤，广度仅为五尺左右，中凿水轨，宽约五尺，深度只有寸余。水在轨中不停地流着，既不停滞，也不泛溢。水源必然居于高处。西有韵琴斋。再向里走，则有正凝堂和畅风楼。其后方，山石嶙峋，有一方亭，前为见心斋。有一方荷池，水来自山泉所注，清澈可以见底。临池建一轩，称为清如轩。得月轩悬架而建于池上，凭栏俯瞰，则见人影宛然。又有半月形长廊，三面绕池，盘旋而至昭庙。昭庙建于乾隆庚子年，三层，两旁有邃洞，以白石为阶，折而向上，约数十级。殿建于巅，门前有琉璃坊，题着"慧照腾辉"四个字。殿后建有六角形的御亭。

《顺天府志》中关于静宜园二十八景有着更为详细的记述，此处从略，以免重复。

颐和园 清朝光绪乙酉年冬季(1885年)，皇帝下诏说天下今已太平，重修清漪园以备临幸，改名为颐和园。自从咸丰十年遭受英法联军掠夺破坏，圆明园、长春园、万春园、漪春园、静明园等园林一时尽归灰烬，至于此时，已经历时数十年。经此长期间忍耐，遂引起营建颐和园的意图。颐和园现为公开开放的一处名胜，旅游之客无不至此一游。因为它的建成为期尚浅，所以不见荒废之迹，因而是中国宫苑园林史上的最后一幕。这是必须重视的。

关于颐和园的记载相当多，现从《清稗类钞》中摘取一段记述，介绍于下。

颐和园位于北京城西北方，距城二十里之处。依万寿山，围昆明湖以建成此园。由东北门过仁寿门，则见殿宇巍巍，上有题额曰仁寿殿。门内有院，院中即为月台。第一层行列四鼎，第二层行列龙凤缸；都是铜铸的。殿内设有宝座。门皆封锁。西边是昆明池，池的北方为乐寿堂，堂即孝钦后的寝所。堂前也有月台，其旁建有一亭。有一株柏树，形似珊瑚。折而向西，有回廊弯转曲折，约长十丈。北方有山，山巅建一台，称为国华台，高数十仞。台下有殿，称为排云殿。排云殿是朝贺之所。循阶而上，有石级十四层，月台上列铜缸铜鼎各四，铜龙铜凤各二。殿后为佛香阁。循级而上，入偏门，门内有一石坊。再北上，即至宝云阁。阁如八卦形，门栏栋槛都是以铜铸成的，质地坚固，叩起来，即发出隆隆之声。这个阁高约四丈。由阁向东而下行，则见太湖假山石，假山上有洞，环回弯曲如蚁行。走出洞外，不知不觉就到了佛香阁。阁中有佛像和二侍像，都是金色的。阁后建有一亭，称为众香界，这是万寿山的最高峰，与佛香阁同处最高处。南方有一座门，出门去，门前有短墙，危立于山际。倚墙

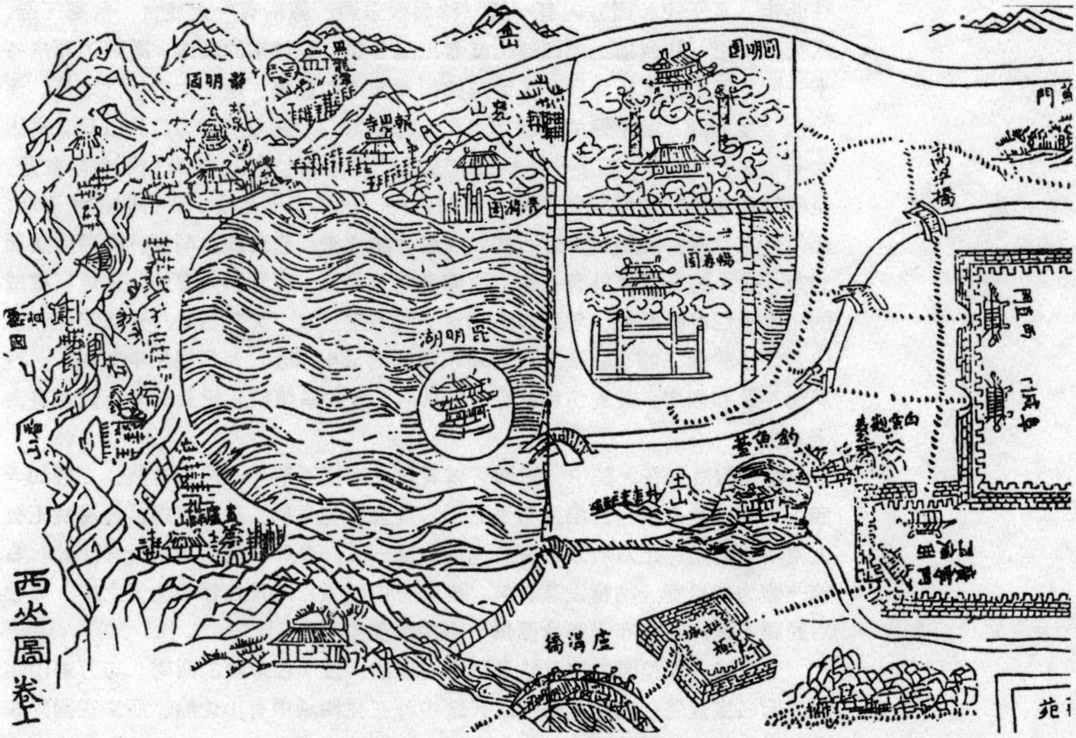

▲ 清西山图　（摘自清光绪年《增补都门记略》）

南望，则见池面一片水，亭台楼阁历历如绘。由东边沿石洞而下，至于转轮藏，旁有数亭，也是八角形的。转轮藏有两个，是木制的，十数层，呈塔形，每层内置木佛像。转轮藏的高度为三丈余，能自转不停息。有石制的日晷，石上刻着十二支。又有一亭，亭中有一大石碑，刻着“万寿山昆明湖”六个大字。转过去即至德晖殿，坐于此处，即入排云殿东偏。西方有一殿，称为听鹂馆，馆前有一台居于对面，是孝钦后听戏之处。再折而东上，即走到一亭，称为画中游，其殿宇结构最妙。其旁有石洞，入折而出，有一石坊耸立。又至一亭，为孝钦后纳凉用膳之处。此处已至山巅，北向俯视，可以看见围墙以外约十里之处的市街。由亭向上走，至最高处，有一楼，称为智慧海。望楼的后面，稍低之处，东北数里之外的平地上有残破墙垣，那就是圆明园。圆明园于咸丰庚申年遭英法联军掠夺焚毁，成为一片废墟。向东行于山巅数里，路面皆是水磨方砖铺装而成，山巅一起一伏，但路面平坦如镜。后有一亭，称为苍亭。由此而下，即至景福阁，是孝钦后吃小米粥的地方。过了如意庄、平安室，就到乐农轩。轩内中央设有一把椅子，就是御座。由此东南而下，即至瞩新楼、涵远堂。堂前有一池，池与山泉相通，水清，发出涔涔之声。池旁有和春堂，堂畔有知鱼桥，桥的四面尽是亭台。河流淅沥，清且涟漪。再走过一院，南北各有房舍四五间。南向的房舍内存着一只船。北向的房舍内存着一部《图书集成》。再往西走，至于德和园，内有一殿，称为颐乐殿。殿前有一大戏台，台高三层，木制楼阁形。从台顶上向西望，就看见玉兰堂，是德宗的寝殿。殿两边厢房各十一间，每间以木板为界，其造法如同戏园的包厢座，是王大臣听戏之所。南行至于昆明湖，沿东偏的墙行约二里，即到宫门。左立一碑，高约五尺，是织女石，立于甲申年。右卧一牛，长约四尺，是铜铸的牵牛。中有白石台阶数层，是孝钦后乘小轮船游昆明湖处。再向西行，过了十七孔桥，北行即至龙王庙。庙门外东、西、南三面皆立石坊。庙后为涵虚堂，堂后即昆明湖。隔湖遥望西北方，在大约三里之外有石房，西偏者为玉泉山。颐和园内有船，是琢石建成的，位于仁寿殿西南，与万寿山相对，旧名宝莲航，又名石舫。光绪年间湖水中曾泛小轮船二艘。后来又在园外东南隅建成电气房，专司园中电灯供电。智慧海在颐和园中，其景仿佛瀛台。中秋时，孝钦率德宗后妃及王大臣乘龙舟游于湖上。

颐和园戏台在大院中，三面可以看戏，有楼五层，一层如常式，二层如寺庙，以演鬼神杂剧。三层为布景之用。两旁皆为平房，其外有廊，是恩赏王公大臣听戏之所。正对着戏台有三间屋，高一丈，是孝钦后听戏时所坐之处，右偏一室为休息室，临窗设有长炕，坐卧可以随意。时常在锣鼓喧天之中，孝钦后酣睡不醒。戏中布景暗合西法，皆由太监主管。

宝莲航，颐和园内的石舫是石琢而成的，位于仁寿殿的西南，与万寿山相对。旧名宝莲航，也称为石舫。光绪中叶在昆明湖中有小轮船。后来在园外东南隅设电气房，掌管园中的电灯。

智慧海在颐和园内，其景似瀛台。中秋夜孝钦后率德宗后妃致祭太阴，近支王大臣及供奉诸臣乘龙舟来往于湖中，水天一碧，夜色清华，乐声不断。继而赐宴，皆命尽欢，及至回帆转舵时，已经是东方既白之时。

第三节　燕都诸园

关于燕都的园林，已经在本书第十二章第四节中摘引《燕都游览志》的材料而介绍了。在燕都西郊一带，其西北方尽是叠叠群山，自玉泉流出之水汇聚之所称为淀。高梁桥西北十里之间，北为北海淀，南为南海淀。这一带林木参差，间以水田，本是适合于构筑郊居园林的好地方。其中以明代米万钟（字仲诏）营建的勺园最有名，在前章中已大致介绍。洪业先生所著《勺园图录考》中讲得十分详细，充分说明了清代燕都西郊诸园的关系。

洪先生在燕京大学任教，该大学于1920年在北京西郊海淀镇北购买土地，建筑校舍，在地内发现了米万钟之父的墓志铭两块。由此开始，洪先生进行了研究。那个地方在集贤院遗址中部的正东方，在畅春园旧址东界约六十六丈之地。记载中说："王崇简顺治中曾徘徊于勺园遗址之间，东望仲诏吉土二塚而生悲。"洪先生根据研究，并参考旧有的记载，于是断定勺园位于米家坟墓之西，畅春园之东。又在天津的陈氏旧藏中发现了米万钟所绘勺园修禊图八叶。洪氏将其平日收辑的各种文献加以概言，作成附记，发表了这部《图录考》出版。米万钟是明朝末叶万历时的人，资性廉洁，与宦党魏忠贤不合，而以文章翰墨驰名天下，著书甚多。他平生特别爱石，所以称为友石先生。《米万钟大记》中记载说“房山有石，长三丈，广七尺。色青而润，虽欲置之勺园，而仅达良乡，工力竭而止”。现在这块石头放置在万寿山乐寿堂的院子里，名为青芝岫。

《勺园图录考》中有不少这样的记述，这里略而不详谈。这一带地方的郊居园林发源于明代，这个传统传至清代，而呈现飞跃发展之势。自畅春园始，许多宫阁营建于燕都西郊。探究其发源，即可从这里看出它的胚胎。

除宫苑以外，还有相当数量的园林。但是关于清代诸园遗留下的记述极为片断，并没有《金陵名园记》和《燕都游览志》那样的综合性著作。本书著者于日本昭和六年与阚铎谈话时，阚铎谈称有意编写一部燕都名园记之类的著作，由此也可以看出这类书很缺少。

下面从《帝京景物略》、《光绪顺天府志》、《清稗类钞》、《名胜古迹大观》、《北京游览指南》诸书中摘出一些记载，未经综合整理，只是杂然列出，当然不是综合性的论述。希望读者从列出的这些记述中，能够了解清代燕都的公主王公的第宅园林，以及功臣文士营建的宅第，并由此而了解受欧洲文化的影响而产生的植物园和公园等设施。

成国公园　有三堂，皆植有高柳老槐成荫，左堂有盘松数十株，右堂有池三四亩。堂后有一老槐，已经四五百岁了。树旁有台，台东有阁，植有榆、柳等树。当中可以习射。都人称这个园为十景园。

宜园　在石大人胡同内。有堂三楹。阶墀朗朗，老树森立。堂后有台。堂树相交，远望看不清楚。台前有池，积水津津。有一座假山。山前有一石，是数万块碎石结成的。这个园创于明朝正德年间。这块石头有个名称，叫它万年聚；不知是哪位主人命名的。

曲水园　驸马万公曲水家园是新宁远伯的故园。燕地缺水少竹，而这个园内则不缺少。入府第的东边，有一石墙，径迢迢而皆竹。行至西边，竹尽而迢迢皆水。曲廊与水互相环绕。东有亭，西有台，当中是水，而水滨则又有廊。

以上是从《帝京景物略》一书中摘引出来的记载。

礼王府　明朝时代本是周奎府。清朝顺治年间改建为礼王府。

成王府　明朝时代本是李良府，是明朝万历时代归李良所有的。清朝顺治年改建为成王府。道光年间成为大家族的邸宅。

葡萄园　《宸垣识略》一书中记载着果亲王府在宫门口葡萄园。果亲王为圣祖第十七子，雍正初年参与政事。谥毅。今府在孟端胡同。

官园　《啸亭续录》一书中记载着诚亲王旧府在官园，今为质亲王府。诚亲王是圣祖第三子，雍正时以罪削爵。乾隆二年追复。谥隐。质亲王是高宗第六子。

芦草园　有北、东、中、南芦草园。前代本为积草之地。南芦草园有武宁京江会馆。

贾家花园 尚书贾公第在崇文门外，东偏作客舍以为馆，称为乔山书院，又分出宅南一部分作为三晋会馆。

平乐园 有荆州会馆。

东北园 旧时有当涂会馆。

梁家园 明朝时代都人梁氏所建，今废。位于京城西南。引凉水河注于园内，亭榭花木盛极一时。明程敏政《篁墩集》中谈到，京师卖花人居住在小南城古辽城之麓，其中盛者曰梁氏园。园中有牡丹芍药几十亩，开花时如云锦铺地，花的香气闻达一里多远。

前孙公园 有锡金泉郡会馆。

后孙公园 有台州安徽会馆。

大小沙土园 有广育堂昆新会馆。

四屏园 《藤阴杂记》中说，毛西河有四屏园送吴郎中归里赋诗。园在横街口，荒冢累然。

以上诸园见于《光绪顺天府志》卷十三、卷十四，坊巷部中。上述记载是从其中摘引出来的。

古藤书屋 是新城王文简公士祯的京师故宅，在京城琉璃厂街火神庙西夹道内。有古藤一株，已有数百年。文简曾在门外题署曰古藤书屋。

刘文清故第 在京师驴市胡同，西头南北皆是。到了清朝光绪年间，其街北一宅改为食肆。屋宇不太深邃，有正室五楹，阶下有青桐一株，是文清亲手种植的。街南墙上有横石一块，石上刻着刘石庵先生故居。后来这所房舍更换了主人。

三王府四王府 是韩城王文端公的居所。湫隘如同寒士居所。所谓三府四府是就其姓氏和排行而戏呼之者。有一天，清高宗乾隆皇帝对文端说：你是宰相，家宅过于简陋。于是命令内库赏银三千两，用以修缮住宅。文端悚然不知所由。

庆僖亲王得和珅故宅 庆僖亲王是清高宗的第十七子。高宗末年，有人私议储位，亲王说：天下至重，何敢妄觊。只希望将来能得到和珅的私邸，我的愿望就满足了。仁宗亲政后，籍没和宅，赐给庆僖亲王居住。

恭王邸 恭忠亲王邸在京师银定桥，原来是和珅之第。自李公桥引水环绕宅院，所以邸中山池也引溪水。和珅事败后，这个宅邸赐与庆僖亲王，后来恭王分府，又得了这座宅子。邸北有鉴园，是恭王自己营建的。

两公主第 仁宗四女庄静公主下嫁土默特贝子玛尼巴达拉时赐第，位于京师德胜门内之东的蒋家房，引玉泉山之水注入邸中，这是城中诸邸所没有的。其后人贝子棍布札布还居住于此邸中。高宗四女和嘉公主及额驸福隆安的故宅在后门内马神庙，后来改为大学堂。

京师园事 清朝道光年以前，京师西北隅的海淀附近有勺园，是明朝人米万钟营建的。右安门外有祖氏园亭。

怡园 京师北半截胡同潼川会馆南院有石山，曲折有致，早先与绳匠（丞相）胡同相毗连，是明朝时代严嵩父子的宅院，后来只留下几堆乱石头而已。

京都两万柳堂　元朝时代的廉希宪的万柳堂在广渠门内的东南隅。其地本来是拈花寺，清朝康熙年间增建了大悲弥勒二殿。昔日的莲塘花屿已经找不到踪迹了。

万生园　一名三贝子花园，是沿用旧称。建于光绪丁未年。初设时隶属于农工商部，仿照博物馆的形式而建成，物力之大为国中所未曾有，也称为万牲园。园门口有题额，写着农事试验场。园在京师西直门西二三里之处，有大路相通。园周围数十里，有花圃数十亩，稻畦数十亩。亭台楼阁、溪岩林木等等占地面积极大。庭院内建有西洋式的房屋四五幢。穿廊向右去，过了小溪，即至动物园。不远处有八角亭。

以上的材料是从《清稗类钞》一书中摘引出来的。

中央公园　就是以前社稷坛的旧址。一进门，见有白石筑成的亭子，亭柱上铸刻着古圣先贤的格言。再向里走，则有水榭、花坞、鹿囿、喷水塔、玲珑石、卫生仪器陈列所、古物陈列所等等。社稷坛已经改为图书室了。除此以外，还有茶馆、书局、球房、网球场、咖啡店、摄影馆等等。全园内花木亭台齐备，极为清胜。都中人士常游于此园。

朱启钤先生所作《中央公园记》中谈到："社稷坛位于端门右侧，1914年10月10日开放为公园。地当九衢之中，因名曰中央公园。迁圆明园所遗之兰亭刻石及青云片、青莲朵、寒芝、绘月诸湖石，分置林间水次，以供玩赏"。中央公园后来改名为中山公园。青云片置于来今雨轩之西南。

又有城南公园，是以前的先农坛旧址，也是就天然地位而加以人工点缀。有鹿苑、花肆、茶馆、运动场、观耕台、古物保存所等等，也是一处游观之所。

又有海王村公园，是原来的琉璃厂甸旧址，中有茶馆、古玩书画店等。游客多于农历正月往游，平时很少游人。

以上记载见于《名胜古迹大观》。

自怡园　在京西海淀，是清朝康熙时代大学士明珠的别墅。

赵栗夫故宅　元朝时代在菜市口之西，现已无可查考。

衍圣公赐第　明朝时代在太仆寺街。仁宗践祚时，孔彦缙来京朝贺，赐宅于东安门北，今已无可查考。后来英宗听说其赐第狭杂有隘，遂另赐大第，就是太仆寺街的衍圣公府。现仍存在。

赵吉士故宅　清朝时代在宣武门外长椿寺西，后来改为全浙会馆。内有景贤祠、紫藤僧舍。清代乾隆年间，苕上孙人龙曾作祠记。

高士奇赐第　清朝时代在西安门内光明殿胡同。

纪文选公故宅　清朝时代其故宅在虎坊桥西，有额曰桥西老屋。后来汉阳叶澧侍读曾居住于此。著有笔记，名为《桥西杂记》。

朱彝尊赐第　清朝时代在景山北、黄化门东南，后来移居于宣武门外海北寺街。有古藤书屋。

祖大寿故宅　明朝时代在祖家街，清朝末叶改为正黄旗官学。房屋依明代旧制，客厅、寝室及两廊别院，以及屋中装饰等，还是三百年前的旧式样。

吴三桂故宅 明朝时代在西单北武功卫，现已改为学校。

吴可读故宅 清朝时代在宣武门外南横街路北，有匾额。

吴梅村故宅 清朝时代在宣武门外虎坊桥魏染胡同。

李渔故宅 清朝时代在韩家潭，旧名芥子园，后来改为广东会馆。

以上的材料摘自《游览指南》。

第四节　热河避暑山庄及行宫

避暑山庄位于承德。自北京北越长城，乘汽车一日行程。距离约同于大石桥到沈阳。车行于山岳之间。热河以河得名，河延延而流于群峰之间，清流回转而注入滦河。避暑山庄的景胜于北方和西方背负秀岭，建于热河河畔。承德市街位于山庄西南方。清朝康熙皇帝多次木兰行围，一方面是为了鼓舞士气，以不忘塞外武人尚武的精神。在宿营诸地建有行宫，由于特别喜爱承德的风光，于是该地营建质朴而具相当规模的宫苑。到了雍正皇帝和乾隆皇帝的时代，狩猎逐渐变成一项仪式，避暑不断修建，而使山庄日增华美，从而留下今天这样的豪华的遗迹。

在避暑山庄之外，热河之地特别值到提到的名胜必须举出八大寺庙。在山庄的墙外，隔着河，自东向东北去，可以看见溥仁寺、溥普寺、普乐寺、安远庙、普佑寺、普宁寺。山庄墙外的北面，自东而西，有须弥福寿庙、普陀宗乘庙、殊像寺、广安寺、罗汉堂。在罗汉堂之西，狮子岭麓有世宗皇帝行宫，建有狮子园。进入乾隆时代，在山庄内的东北隅，建成永佑寺，此外还建有碧峰寺和珠源寺、广元宫等等。热河建有很大的喇嘛寺，是为了实行宗教政策以收揽民心。寺院的修建规模极大，今天从各种意味上受到观察。在清乾康熙、乾隆时代，热河之地以山庄为中心，自东向北，再向去方，列建着结构宏丽的寺庙，楼阁的风铃与松籁相和，妙音响于云际，每年迎接秋狝。

避暑山庄 记述避暑山庄的著作以《热河志》最为详尽，其他诸书大多以《热河志》的材料为主要根据。在《热河志》一书中，自卷二十五至卷四十四为行宫之部，详细地记述皇帝巡狩的状况，列出记载当时实况的诗赋，汇成大编。如果本书于此全部介绍，反而可能影响园林史考的内容，因此从略。这里仅介绍避暑山庄的概况。康熙五十年，清圣祖康熙皇帝亲选避暑山庄三十六景，各书匾额，并赋诗题咏，又命画院名家沈嵛绘成图画。不知沈嵛是什么地方人，只知当时任内务府司库之职。张浦山所著《画徵录》一书中，关于沈嵛的画，评论说他学董源巨然。他绘成的避暑山庄景图精妙至极，不但是供画家学习的良好帖本，而且是一部最好的造园参考书。到了乾隆时代，乾隆皇帝于乾隆十九年亲自增选了三十六景，并题诗吟咏。这三十六景在《热河志》中也有详细记载，并有插图。避暑山庄是康熙、乾隆时代营建的宫苑园林，与圆明园共为双璧。下面以《热河志》和三十六景诗图为依据，摘要介绍如下。

避暑山庄在承德县的东北方，本来是辽朝时代的一所离宫之地，康熙四十二年建山庄，以为皇帝接见外藩之所，秋狝之前总要驻跸于此地。山庄之地阴阳向背，夹垲高明，居地最胜。其间灵境天开，气象宏伟，俯武列之水，挹磬水之峰。营建山庄时，叠石而筑成墙垣，墙上修成雉堞，如紫禁城之制。周围十六里。南面有三座门，当中的一门称为丽正门，东边的一门称为德汇门，西边的一门称为碧峰门。其东及东北、西北各有一座门。东门外有长堤蜿蜒，北起狮子沟，南尽于沙堤觜，绵延十二里。堤甃石七层，广度大约一丈多。宫中左方有湖，右方有山。山势自北而西，有松云峪、梨树峪、松林峪、棒子峪、西峪，四面环抱。湖水自东北方向南流，至于万树园之阳，有净练澄空、沙堤曲径、如意洲诸景。其北方为千林岛，凌空落影，遥望不清。瀑源来自西峪，垂于涌翠岩之岭。瀑布奔泄如同玉喷珠跳、晴雨夏雪一般，直向湖中汇注。湖岸则有曲树翠飞，长桥如虹。东南方于德汇门的左边，建有出水牐，根据水情而蓄水或排水。高峰入云，清流见底。所建一切敞殿、飞楼、平台、奥室，各园地形，而以自然为重，不讲求豪华雕饰，妙在极为天然。

▲ 避暑山庄总图　清版画（摘自《中国古典风景园林图汇》）

下面介绍康熙皇帝亲选的三十六景，至于有关诸景的寄情诗赋，略而不提。

烟波致爽 为三十六景之冠。热河地极高敞，气极清朗，毫无蒙雾霾气；正如柳宗元所说的“旷如也”。四周有秀岭澄湖，皆致爽气。在云山胜地之南，有屋七楹，称为“烟波致爽”，有匾额题着字。

芝径云堤 自万壑松风的前方向北行，有长堤蜿蜒，直渡方洲。大小共有三洲，形若芝英，又似云朵，也像如意。有两座桥，可以通行舟楫。夹道有垂杨柳树，一片湖光镜影。题额称为“芝径云堤”，是由于洲的形状而得名。

▲烟波致爽　清版画（摘自《中国古典风景园林图汇》）

无暑清凉 芝径的东北方，有洲称为如意洲，在该地建殿三重。第一重南向，有门五楹，称为无暑清凉。洲的四面皆有水环绕，红莲满渚，绿树缘堤。南面有夏屋轩敞，并建有长廊联络其间，称为“无暑清凉”。清爽之气来自山间，水面上微风清拂，实为清凉爽快之胜地。

延薰山馆 如意洲正殿七楹，左右配殿各五楹。在无暑清凉内第二重，南

▶ 芝径云堤　清版画（摘自《中国古典风景园林图汇》）

▲ 无暑清凉　清版画（摘自《中国古典风景园林图汇》）

向有牓，写着“延薰山馆”四个字。楹宇守朴，深得山居雅致。开启北窗，引进清风，使人几乎忘记六月的暑热。

水芳岩秀　延薰山馆后殿十五楹，位于如意洲的最深之处。镜波绕岸，瑶石依栏。圣祖康熙皇帝于政务繁忙之暇，曾在此处读书。水清则芳，山静则秀，所以这一处题额为“水芳岩秀”。

万壑松风　殿前据冈，背渐近湖。在湖坡建殿五楹，殿的方向是朝北的。有高大的松树数百株，掩映周围。额曰“万壑松风”。

松鹤清越　山庄之内，西偏为榛子峪。建有殿五楹，南向，题额曰“松鹤清越”。一走进榛子峪，则见香草遍地，异花长满山崖，山岭一带多有虬松苍蔚，更有鸣鹤飞翔，如登蓬瀛，如临昆圃。一至其境，令人神怡心旷，实在是仙人之都，不老之庭。

▼ 延薰山馆　清版画（摘自《中国古典风景园林图汇》）

云山胜地　在烟波致爽的后方，建有一座高楼，北向。凭窗远望，只见林峦烟永，一望无际。遥望之间，只觉得气象万千，确实是登临之大观。

四面云山　在山庄的西北隅，最高之处有一山峰拔地而起，在山峰上建有一座亭子。亭的额题为“四面云山”。高峰上建亭，翼然突出于群山之巅。在天气晴朗的时候，远远一望，可以清楚地望见数百里外的峦光云影。亭中有风从四面而入，纵然在炎热的暑天夏日，也如同秋天那样凉爽。

北枕双峰 山庄内，正北的山岭上有座亭子，题曰“北枕双蜂”。山庄四周为群山环抱，四面皆山，至于北方，山势更高。亭的西北方有一山峰挺峻而起，陂陀逶迤而伸延，称为金山。其东北方，有一山峰挺拔而立，势极雄伟，称为黑山。这两座山峰自两侧环抱，与亭形成鼎峙之势。

西岭晨霞 自云帆月舫向右方行去，有杰阁凌波，轩窗四出。在朝霞初焕时，只见林影交织错绣，西山丽景尽入于几案之间。开始登阁的时候，觉得如履平地一般，忽而缘梯而降，这才知是上楼下楼。

锤峰落照 在山庄的西岭上筑有一亭，与四面云山亭遥遥相望。这个亭称为“锤峰落照”。登亭而望，则东界诸山悉在指顾之中。每当黄昏时，红轮西下而返照，夕阳西映，呈万紫千红之状。有一座山矗然而立，倚天而呈金碧色。此山名曰磬锤峰。磬锤峰位于山庄东五里左右，在层峦之上，有孤石临崖危峻，其高度大约有一百余仞。

南山积雪 有亭建于山庄的西北方，高据山岭之上，题曰“南山积雪”。山庄的南方，群山复岭环拱围绕，岭上积雪经过很长时间也不融化消失，所以自北亭遥望，则见皓洁凝映。

梨花伴月 山庄的西北方称为梨树峪。过了三盆口，沿着山涧向西行去，走一里左右，有屋依岩而架，又有曲廊上下，层阁参差，以翠岭作屏。这一带有

▼长虹饮练 清版画
（摘自《中国古典风景园林图汇》）

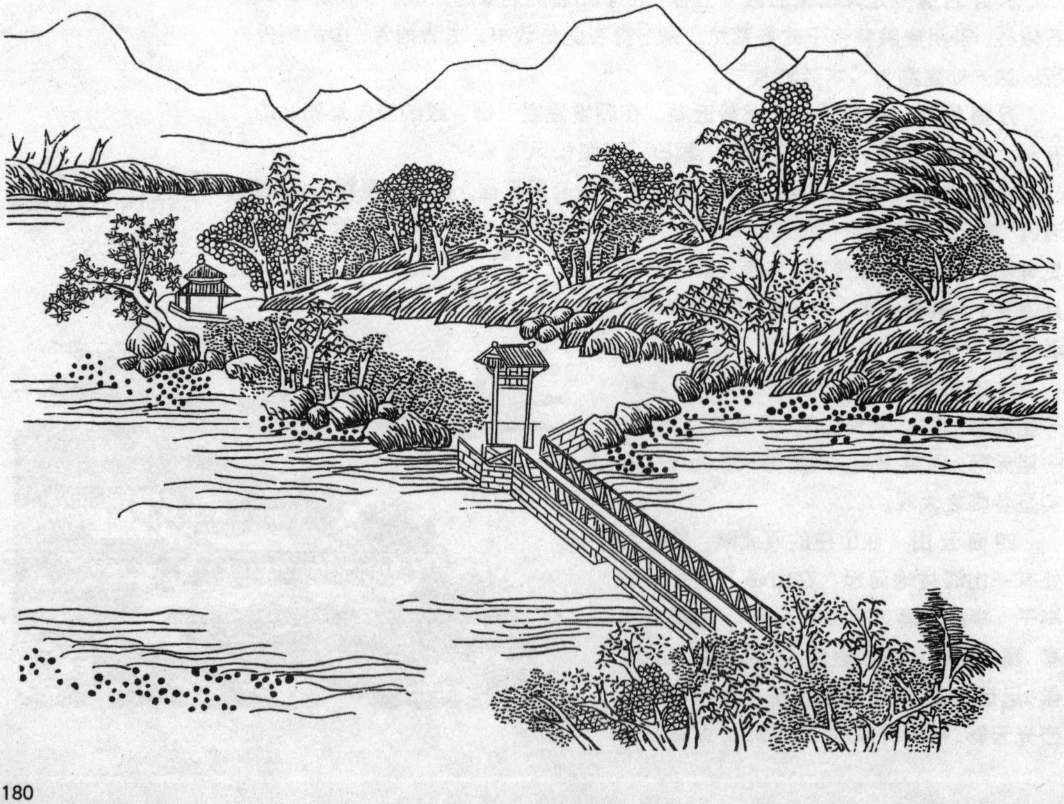

◀ 甫田丛樾　清版画
（摘自《中国古典风景园林图汇》）

梨树万余株，花开时如微云淡月，清景绝于一时。题额曰“梨花伴月”。

曲水荷香　有一亭南向，建于北山之麓。奇石参差，鳞次瓦叠，涧水潺潺而流，注入一小池中，小池随石曲折。池中种着芙蕖，亭亭万柄，翠盖红葩。额曰“曲水荷香”。

风泉清听　松鹤清越的西边有房三楹，称为“风泉清听”。有泉出自两山之间，注谿穿窦而流。风吹于涧谷之中，则得越发清远，与松声鹤韵相应答。

濠濮间想　在澄湖的北方筑着四座亭子，面对着如意洲，称为“濠濮间想”；这个匾额是皇帝御笔亲书。其东称为甫田丛樾，其西称为莺啭乔木，再西则称为水流云在。回环列布，倒影波间，有亭建于其中。前临芳洲，后面是一片浓密的树阴。这个地方水木明瑟，所以鱼鸟汇聚。

天宇咸畅　在湖的东岸有一高阜，建有一所殿宇巍然而立。其上为中天积翠、绛节高居，额曰“天宇咸畅”。殿后建有一阁，三重，额曰“皇穹永佑”。第二重供奉真武，额曰“元武威灵”。第三重奉祀玉皇，额曰“天高听卑”。这三块门额都是圣祖康熙皇帝御书。阁下为山趾巨石、林立纵横。

暖溜暄波　热河的水得名。近东北门处有墙，水自宫墙折流而入。水是温泉余润。在水上建成一阁，御笔题额曰“暖溜暄波”。水

▼ 曲水荷香　清版画
（摘自《中国古典风景园林图汇》）

▶ 水流云在　清版画（摘自《中国古典风景园林图汇》）

喷薄直下，遇见层层如齿的岩石，如同激漱玉液一般，飞珠溅沫，如带云蒸霞蔚之势。

泉源石壁　北山之麓有危崖直下数仞。崖旁古树根盘，迸出于石罅，长满苍苔紫藓，沿蔓绣涩。石壁间有悬流，飞注百丈，就是所说的泉源。摩崖勒刻“泉源石壁”四个大字，为御笔所书。字大，直径二尺。其西方是半月湖。再向西去，建有一亭，称为“瞩朝霞”，是康熙皇帝御题。

青枫绿屿　过了泉源石壁，向北去，跨过山巅，有屋宇三楹，向南。额曰“青枫绿屿”。北屹一带有许多枫树，枝叶繁茂，美荫之色油然，不亚于梧桐芭蕉。疏窗掩映，虚凉自生。萝茑交枝，垂挂岩畔。水似青罗带，山如碧玉簪，奇境在户牖之间。

莺啭乔木　亭位于万树园之阳，御题匾额曰“莺啭乔木”。一到夏季，千万株树木形成浓阴一片。黄鸟好音与薰风相和，流声逸韵，为山中一部笙簧。

香远益清　在万树园的东南方，金山之阴建殿数重。曲池涟漪，凉轩明净，绿房紫菂，芳菲袭人。每当风雨之际，生香远挹，对之使人顿觉心境双清。前殿五楹，御笔题额曰“香远益清”。

金莲映日　金莲花出于五台山，移植于山庄。在延薰山馆的右方有一座殿，五楹，称为“金莲映日”。有广庭数亩，种植金莲花，枝叶万本，高挺花面。花的周径有二寸多。日光照射时，精彩焕目。登至楼上，向下一望，只见一片黄金布地。

远近泉声　沿着长堤向北去，走石路半里左右，渐渐听见水声。水的响声鸣湍响涧，汇音桥畔。水乐琅然，有如金玉之声。该处有殿南向，三楹，有御笔题额曰“远近泉声”。

云帆月舫　一室建成舟形，上面是楼。北面有御题匾额曰“云帆月舫”。云帆月航位于如意洲延薰山馆之西，周围有石栏。疏窗掩映，宛如驾轻云而浮明月一般，也像舵楼。

芳渚临流　由万壑松风西行，稍向北折，有一曲傍湖，建有一亭南向，御笔题额曰“芳渚临流”。亭临曲渚，以巨石为枕。湖水自长桥泻流而出，向北流去，折而向南流。亭的左右岸岩石极为自然，好似一幅极为开阔的画面。

云容水态　梨树峪的东方，悬岸列嶂，建有一所灵泽龙王庙。山麓砥平，架屋临衢，叠石而筑成堞。其南有殿五楹，东向悬挂御笔题额“云容水态”四字。缘坡而向下望，则看绿树为田，青峰如堵。川流溶溶，自云冶冶，几乎分不清哪些是云、哪些是水。

澄泉绕石　进入梨树峪，有一小径，满地青苍，一直伸到山脚。有泉自石隙中流出，山峰环绕四周。泉水流出后，随着岩石而曲折，流过数里。建有一亭，北向有御题“澄泉绕石”一额。亭南面临石池，西二里左右为泉源。源由石罅而出，依山而流，曲折环流而下。雨后注壑奔溪，各作石堰以遏泥沙，所以池水总是非常清澈的。

澄波叠翠　有亭三楹，北向，位于如意洲之阴，御笔题额曰“澄波叠翠”。亭临湖畔，湖水清涟澈底。北面层峦重掩，云簇涛涌。

石矶观鱼　自远近泉声向南行一百步之处有一亭，东向，倚山临溪。溪水清澈，水中有许多大鱼，成群而游。荇藻交枝，历历可数。溪边有平石，可以坐在石上垂钓。

镜水琴岑　殿五楹，建于天宇咸畅阁之下。西向有御笔题额曰“镜水琴岑”。后面是山，三面临湖。有廊庑周绕，随着山坡，时而高起，时而下降。只

◀金莲映日　清版画（摘自《中国古典风景园林图汇》）

▲ 勤政殿 清版画（摘自《中国古典风景园林图汇》）

见波光岩影，烟云变化，佳景无边，使人应接不暇。

双湖夹镜　湖水自东北方而入，向南流去，山泉汇合而成小湖。山口有石堰横亘，天然形成于两岸，南北架有石桥。水自西向东流去，泛衍而成一大湖。跨桥建有两座宝坊，其北一坊有额曰“双湖夹镜”，南宝坊额曰“长虹饮练”。筑有长堤与西湖相连，犹如西湖里外湖一般。

长虹饮练　长桥南宝坊额曰“长虹饮练”，与“双湖夹镜”相对峙。两岸烟澜渺瀰，杨柳纷敷，异花滋曼，掩映白莲，缛采清芬，弥望如一。

甫田丛樾　湖的北岸，最东的一亭称为“甫田丛樾”。清圣祖康熙皇帝驻跸山庄时，在该处阅步围，故取甫草之义以命名。地近万树园，平原之上树木繁茂，如旷如翳。这一带有大量飞禽走兽，连群接翼。广场地回，可称天然形成的灵囿。建园不到数年，此地就成了华林胜境。

水流云在　湖的北岸，最西的一亭称为“水流云在”。其他渐近长堤，水天相连，澄碧云映。杜甫有两句诗：“水流心不竞，云在意俱迟”。看了此处的景致，真正体会了这两句诗。

清朝乾隆十九年，清高宗乾隆帝皇驻跸山庄时，在前三十六景之外，另题了三十六景。标题皆用三个字。除高宗新题以外，也包括圣祖康熙时代的题额。

丽正门　山庄正南的门称为“丽正门”。门崇宏广大。门的左右两方建有朝房。门内悬挂着圣祖康熙皇帝御书“避暑山庄”的题额。每次秋巡，朝臣启事和外藩入觐，皆由此门而入。

勤政殿　殿在丽正门之左，南向，二重，前五楹曰“勤政殿”。巡行于山庄时，在此临朝视政，与在宫中完全一样。凡是离宫别殿皆依圆明园之例，殿名为勤政。

松鹤斋　澹泊敬殿之东，建有大殿七楹，为皇太后居住之所。斋以松鹤为名，是祝贺颐寿之意。

如意湖　在湖隅筑一亭，东向。亭前临如意洲，左方即为芳渚临流。圣祖亲笔题额曰“如意湖”。这一带草木繁茂，芷岸荫林，苔阶漱水，景色甚美。

青雀舫　虽然山庄以山为名，实际上它的情趣在于水。山庄之地，瀑溅、泉渟、溪流，诸水一切汇注于湖中。有御舟一艘，题曰“青雀舫”。舟行湖中，可见山色亭台，花木参差，湖光瑶碧而载月，雨天景色更美。

绮望楼　楼建于城西南隅，共七楹。登楼俯视，只见缘堤庐舍，历历可数。楼的周围有山环水抱，俨然在一幅图画之中。

驯鹿坡　塞外山林中产鹿，孳息蕃衍，甚为繁盛，而山庄所蓄养的鹿则特别驯顺。鹿在庄中，因环境适合其天然生境，所以很好地生活和繁殖于这座文囿内。有御笔所书“驯鹿坡”三字，刻石立碑。

水心榭　筑一石梁跨水而架，南北各立一坊，中建一榭，三楹。这座水榭飞桷高骞，虚檐洞朗。圣祖康熙皇帝御笔题额曰“水心榭”。在水心榭中，凭

▼ 驯鹿坡 清版画（摘自《中国古典风景园林图汇》）

▲ 采菱渡　清版画（摘自《中国古典风景园林图汇》）

栏东望，则见一片青翠杳然。向西一望，则见银涛万叠，丹碧楼台幻成异彩，与“长虹饮练”和“双湖夹镜”二坊相映。越过石梁向北去，即至一亭，称为“牣鱼”。

颐志堂　在清舒山馆之西，有屋宇数楹，南向。圣祖康熙皇帝御笔题额曰“颐志堂”，又曰“光风霁月”。颐志堂是皇帝于处理政务之暇读书学习之所。堂外一带，磊石依岸，澄波绕栏，曲牖生凉，明窗纳爽。其西有一殿，东向，称为“学古堂”。

畅远台　清舒山馆之东，临镜湖处筑一崇台，康熙皇帝御笔题额曰“畅远”。绕台周围，绿柳遥堤，红荷近渚。墙外群山起伏，罗列奔凑。

静好堂　经由清舒山馆向后行，有一堂，名曰“静好堂”。这一带筠篁丛碧，巘岫萦青。

冷香亭　静寄山房之侧，有一亭，临水，东向，称为“冷香亭”。山庄的荷花到深秋仍不凋落，堪与晚菊、寒梅并称。有御制诗咏此。

采菱渡　湖南有一小洲，登舟可以北渡。筑有一亭，名曰“采菱渡”。这个亭的样子如同一笠侧影。每当湖中新菱出水，则与莲叶蘋花相间，真是上林紫水杂蕴藻而俱浮。采菱渡亭后建有一殿，三楹。

▼ 观莲所　清版画（摘自《中国古典风景园林图汇》）

观莲所　位于延薰山馆西南，南向。这一带有芙蓉万柄，涵光照影。水中有鸥浮上下，鱼戏西东。山庄的莲花是从关内来的。描写山庄诸景时，大多谈到荷花茂盛，特别是观莲所的荷花最盛。正中悬挂着圣祖康熙皇帝亲笔所书的题额。

清晖亭　在如意洲的东方，临水有一个亭子。垂柳披岸，亭角出于柳阴。圣祖康熙皇帝亲笔书额曰“清晖亭”。取谢灵运诗“清晖檐娱人”之意。

般若相　在清晖亭的

▲ 一片云　清版画
（摘自《中国古典风景园林图汇》）

西方，有精舍一区，南向，其中供奉着佛像，额曰“法林寺”。有殿三楹，额曰“般若相”，为圣祖康熙皇帝御笔。左右两方有殿各三楹，后殿七楹。沧浪屿有峭壁直下，如千仞之势。中有小池，如绿云浮空。由西屹沿着晨霞阁的后方下行，即至一室，三楹。窗外临池，四周则有石壁空嵌。后檐北向悬挂圣祖御书。

一片云　由延薰山馆再折而向东南方行去，有山殿八楹，圣祖康熙皇帝御笔题额曰“一片云”。山中云气变灭无端，朝晴暮雨，变化无常，难以捉摸。圣祖康熙皇帝曾题诗吟咏山中云烟变幻之景。

蘋香沜　在万树园东南，湖水分流之处，生有大量青蘋，清香袭人。在湖水之浜，建殿三楹，南向。圣祖康熙皇帝御笔题额曰“蘋香沜”。

万树园　北倚北枕双峰，南面临湖，其中有平原旷地数十亩，嘉木罗植。御笔书碣曰“万树园”。虽然名称为园，但是并不施加土木之工。都尔

▼ 乐成阁　清版画
（摘自《中国古典风景园林图汇》）

伯特长入觐时，即在万树园张设穹幕，赐宴，观灯。

试马埭 万树园的西南方，地旷草柔，驰道如纮。皇帝巡幸时，在该地视察畜牧。御笔书碣曰“试马埭”。

嘉树轩 园东有老树轮囷，垂荫数十亩，树龄已百年有余。因树而建成一轩，共三楹，东向，有御笔题额“嘉树轩”。这个名称来自《左传》中的话。

乐成阁 嘉树轩上建有重阁五楹。一重额曰“开襟霄汉”，再重额曰“乐成阁”，皆为御笔。

宿云檐 在山庄的东北隅，山尽之处，筑一平台，称为“宿云檐”。挂着御笔书联。

澄观斋 在山庄的东北方，建有一座殿，五楹，西南曰“惠迪吉”，为圣祖御笔。其前檐额曰“澄观斋”，为高宗乾隆皇帝亲笔所书。此斋位于“暖溜暄波”之北。诸水进入山庄，交汇于此处，绿波一片，青翠可爱。圣祖康熙皇帝临驻山庄时，常将儒臣召至斋内，校阅御纂诸书。

翠云岩 澄观斋后有一亭，圣祖御题为“翠云岩”。山间岩峦交复，云雾之气特多。在亭子后面，山岩之山，摩崖勒刻圣祖御笔所书“云岩”两个大字。

罨画窗 由露枫绿屿折而向东，建有一室。曲室深窈，疏櫄棂洞启，有御笔书额曰“罨画窗”。这一曲室高据山椒，两旁有峭壁斗削。峰岭林泉皆自窗中映入室内。

凌太虚 北山有岭亭，拔地倚天，如揖岩峦，颇有凌云之态。下为五楹，额曰“清溪远”，为高宗乾隆皇帝御笔。东为“含粹斋”，为圣祖康熙皇帝亲笔所书。

▶ 临芳墅 清版画（摘自《中国古典风景园林图汇》）

◀ 沧浪屿　清版画
（摘自《中国古典风景园林图汇》）

千尺雪　寒山千尺雪以瀑得名。在玉琴轩之东，数十步之远处，有悬斋喷薄。此处筑有一座殿，五楹。

宁静斋　在千尺雪的后面，依山而建一斋，高宗乾隆皇帝御题曰“宁静”。后楼内恭悬圣祖御书清敞淡泊宁静。此语出自诸葛，是千古名言。

玉琴轩　玉琴轩与宁静斋并峙。额为乾隆皇帝御书。取“山水有清音，何必丝与竹”之意。

临芳墅　水流云在亭隔岸，西折而南行，即为“临芳墅”。殿五楹，联为圣祖御笔。临芳墅的左右是曲渚回汀和药栏荷沼。

知鱼矶　临芳墅的前殿五楹，南面有御笔书额曰“知鱼矶”。踞湖之北，与采菱渡相对。知鱼矶兰池淡沱，有群鱼戏水，时而潜水，时而跳跃，皆成天然之趣。

涌翠岩　有泉自石罅而出，在山庄西北淙淙潺潺而下，成为瀑布。山岩之间有殿三楹，东向，圣祖康熙皇帝御书“涌翠岩”。岩后建有佛楼，三楹，额曰“自在天”，联为乾隆皇帝所书。

素尚斋　山庄的邃境曰梨花伴月，最上一重殿为五楹，南面，圣祖康熙皇帝御笔题额曰“素尚斋”。地在山之巅，因高而得势。轩宇旷然。阶下有梯级百重，又有长廊翼覆，仰望如同天中楼阁一般，但是结构浑朴，不施雕饰。

永恬居　素尚斋前殿五楹，南面有圣祖题额曰“永恬居”。

以上概括地介绍了康熙时代三十六景和乾隆时代三十六景，共为七十二景。下面谈谈山庄境内在此七十二景以外的若干处景致。

淡泊敬诚　为避暑山庄的正殿，共七楹。有圣祖康熙皇帝御笔题额。

清舒山馆　水心榭之东北，清舒山馆最为山川明瑟、林樾静深。山馆为

▶ 静含太古山房清版画（摘自《中国古典风景园林图汇》）

五楹，有圣祖御题。

戒得堂 清舒山馆之东有堂五楹，南向有御题曰“戒得堂”。

春好轩 在万树园的东南，滨湖建有一轩，五楹。有御笔题额。这一带有嘉树骈罗，文石棋布。

静寄山房 环澄湖而踞平阜，有邃宇穆然而建，为静寄山房。

烟雨楼 位于如意洲之北，旧名青莲岛。建楼五楹，御笔题额曰“烟雨楼”。

绿云楼 越过涌翠岩，有一楼耸峙。地当西峪，为瀑布的发源。这一带深林修翳，绿影参差，叠嶂层云，滃然四合，额曰“绿云楼”。

创得斋 在西峪最深处，踞山而建宇，三楹，称为“创得斋”。其后方右偏建有一楼，三楹，称为夕佳。前有小楼二楹，称为枕碧。

客瀑亭 山庄的崖馆云阿和深林穹谷皆以瀑流而增胜，实者其声，空者其色。观瀑亭筑于山麓，有圣祖康熙皇帝御笔题额。

食蔗居 听瀑而寻其源，缘山取径，缭绕数折，即至“食蔗居”。有屋宇三楹，为松林峪的胜境。左二楹额曰小许巷。右有亭，曰倚翠。东北山亭曰松岩。

敞晴斋 山庄的西北隅，山岭上筑堂，御题额曰“秋高气朗”、“苍碧千里”。门外有桥，奇石嵚崎，高下不齐。前列古松，童童如盖。左为青绮书屋，右曰绘韵楼。

秀起堂 西峪有山峰特为突起，列岫层峦，奔趋拱极。据峰而筑一堂，可以备贤诸胜。循着山崖向上登，先至一室，称为经畬书屋。其东北有一楼，称为振藻楼。由此拾级而上，即至一堂。这座堂有四面的堂阶，悬有御笔题额曰“秀起堂”。

静含太古山房 在鹫云寺的一侧，建有山房一区，额曰“静含太古”。这一带的景致是邃谷含风，穹林隐日。由西廊向外走，即为不遮山楼，其高可入云际。走至廊的尽头，至一小亭，称为趣亭。

有真意轩 由西峪至秀起堂，一路之上，山径萦纡。路旁建有房宇数楹，悬御笔题额曰“有真意轩”。其左方为空翠书楼，右方为小有佳处。其后方建一亭，称为对画亭。

碧静堂 在山庄的西北方，倚山而建一堂。此堂绝巘浮青，在于烟岚缥缈之间，有御题名额“碧静堂”三字。这个堂的左方是松壑间楼，右方是静赏室。跨涧而建一楼，称为净练溪楼。

含青斋 架岩为屋，叠石成阶，与敞晴斋隔溪相望，有御笔题额。斋的左方为挹秀书屋，斋的右方为松霞室。

玉岑精舍 山庄的西北，溯涧流而上，至于山麓，建有精舍三楹。称为玉岑精舍。沿径直上，有亭称为涌玉、积翠。又依山梁而筑一室，称为小沧浪。

文园狮子林 在清舒山馆的前方，度地为园。模山范水，蕴淑怀奇，题曰“文园狮子林”。拈题分咏，备十六景之胜。文园狮子林的十六景是狮子林、虹桥、假山、纳景堂、清閟阁、藤架、磴道、占峰亭、清淑斋、小香幢、探真书屋、延景楼、画舫、云林石室、横碧轩、水门。

文津阁 在山庄千尺雪的后方，选择高明爽垲之处，收藏《四库全书》，题

▼玉岑精舍 清版画（摘自《中国古典风景园林图汇》）

曰“文津阁”。此阁与紫禁御园的三阁遥相对峙。阁前有一亭，称为趣亭。东为月台，西边就是西山。这是依范氏成规而建成的，兼仿米庵的胜况。

宜照斋　在西北门内，倚石城而筑一斋，有御笔题额。此处谷荫凉生，林飔响答，故称宜照。右有属霄楼，左为郤凉榭，东有就松室，其后方则为积嘉亭。

山近轩　此轩位于山庄的西北。这一带地方，峰峦窈窕，环抱檐楹。轩筑于万山深处，故命名为山近，是纪实之意。有宫门三楹，正殿五楹。殿西为清娱室，东为养粹堂。堂南为延山楼。在峰顶筑一草亭，松树苍然，额曰“古松书屋”。

以上列举山庄内的三十六景，并介绍了一些另外的景致。下面略谈山庄内的庙宇。前面谈过，山庄自东向北建有八座大庙宇。这些庙宇的建筑不但雄伟壮观，美轮美央，而且又能与山庄境内林泉诸景相适应、相配合，还能增饰风色。因此，为了说明山庄全貌，就必须介绍这些庙宇。

永佑寺　建于山庄内的万树园，是清朝乾隆十六年建成的。门外树立着三座牌坊。门为三楹，额曰“永佑寺”。进入庙门，有前殿五楹。立着两座碑，镌刻着御制碑文。后面是宝轮殿五楹，有东西配殿，后殿五楹，又有东西配殿。其东为能仁殿。后殿之北建有舍利塔。乾隆皇帝南巡的时候，看见了金陵的报恩寺塔和武陵的六和寺塔。他看见了这些塔的优姿后，想仿照而建于山庄之内，于是兴工修建，费时十年而于乾隆二十九年建成。

水月庵　建于山庄内的西北隅。东门外立一石坊，门额刻石为“水月庵”。庵内有殿三楹。西岭深处有山心精舍。在西岭的山巅极高之处，建有一座枚鹤亭*。（原文如此，似有误。——编者）

碧峰寺　建于山庄内碧峰的左方，东向。正殿为天王殿。有左右配殿。再向内则有经楼。寺后建有一书屋，南向，疏泉引流，额曰“味甘”。其右偏为丛碧楼，飞檐层槛，高出于树木之上。前面有一池。一亭临池而建，称为回溪亭。

梅檀林　建于山庄内，在水月庵的后方。有殿三楹，南向。乔木弥望，岩葩洞卉，风过皆馨。有天籁书屋、澹轩堂、沧洲趣、松云楼、澄霄楼、超然宇、云润楼等建筑物。

汇万总春之庙　热河之地，水泉饶沃，嘉植丛生。每年夏秋季节，皇帝来到该地时，夏卉秋英烂然盈目。因此在御园内建庙以祀花神，称为汇万总春之庙。这座庙宇建于烟波致爽的东北方，戒得堂的后面。庙门南向，有正殿五楹，左右配殿各五楹。庙傍建一书舍，称为华敷坞。其东为峻秀楼。

鹫云寺　建于山庄西峪，在秀起堂的旁边，东向。有正殿三楹。殿后建有崇楼三层。

珠源寺　在水月精舍的西南方，梨树峪南侧的丘陵中，南向。门外跨石桥立二坊。门三楹，额曰“定慧门”。前边是天王殿，中为佛阁，后殿有大须弥山。最后方建有飞楼十三楹，称为众楼。这座寺院建于瀑布发源之处，所以称为珠源。

斗老阁　建于山庄内青枫绿屿之上，南向。有殿三楹，前檐有额，写着“慈荫天枢”四字。

灵泽龙王庙　在山庄内，湖的北岸，东向，是奉祀龙王之所。上悬圣祖康熙皇帝御书，额曰“灵泽”。湖水自东北进入宫墙之内，汇聚而为太液。

广元宫　建于山庄内的西北隅。仿泰山顶上的元君庙而建，是乾隆年间为民祈福而建成的。东西山门各三楹，左右有钟鼓楼。内有仁育门，再内有香亭。东西配殿各三楹。东为邀山室，西为蕴奇斋。正殿五楹，称为仁育殿。后山门外有一亭，称为古俱亭。

以上尽可能全面地介绍了避暑山庄盛时的风景和建筑物。在《热河志》中有详细的记载，而且有不少描绘山庄诸景的绘画作品保存着。对比这些绘画，虽能发现彼此有些不同之处，但是描绘的山峪池沼诸姿，以及亭台楼阁众景，大体上都是一致的，而且与文字记载也相符合。这些都是史考的良好参考资料。

避暑山庄的景物后来渐至荒废，盛时的建筑物有不少毁坏而未能保存下来。看绘画和早期拍摄的照片，树木成林，甚为繁茂。但是后来森林遭到砍伐破坏，建筑物的残迹随处可见，康熙乾隆时代的三十六景，保存至今者实为寥寥无几。只有山庄正门丽正门一带的建筑群尚保原状。烟波致爽、云山胜地、松鹤斋，万壑松风还保存着旧时状态。由德汇门而入，至于勤政殿一带的建筑物还保存着。至于山庄内的其他许多建筑物则大多荒废了。勤政殿东方的狮子林文园、清舒山馆一带的诸般殿宇，已经完全不见形迹。只有水心榭由于建筑比较简单而得以保存下来。其北方面向如意湖，湖畔景物已失原状，大体上保存着旧貌的只剩下延薰山馆、无暑清凉、水芳岩秀、金莲映日等建筑物，更北方还有山边的烟雨楼接纳着如意湖的秀色。在如意湖的东岸，天宇咸畅的三层楼虽然仍旧耸

◀ 狮子园 清版画（摘自《中国古典风景园林图汇》）

立在叠山上，但屋顶已经塌毁了一半。建于山麓的金山寺的建筑物称为镜水云岭，现只在湖岸上遗留着残基。在天宇咸畅的北方，泉源热河的石碑尚在，但是这一带只剩下建筑物的残基，还看得见船坞的遗迹。在其东北方，直到永佑寺，这一路之间原来建有春好轩、嘉树轩诸名胜，现在已经一处无存了。永佑寺也已毁坏，甚至碑前的殿门也归于溃废了，只留下舍利塔耸立于山庄的东北隅，现仍睥睨昔日风光。环绕如意湖西行，文津阁的建筑物本身以及前面的假山则完全保持旧状，这倒是奇怪的事。《四库全书》已经运至北京，这里只留下一座空阁，使人回忆往昔的情景。从文津阁向南行，西方的山环中还能看见珠源寺，但已遭受重大破坏，其背后的须弥山也已荒废。位于松云峪深处的广元宫等建筑规模壮丽，但内部破损极甚。此外，如碧峰寺和鹫云寺等等，无不变为废迹，引人回忆而已。

狮子园 此园位于狮子岭旁，因以得名。清世宗雍正皇帝在藩邸时，扈从康熙皇帝，受赐而居于此园。园中有雍正皇帝的题额很多，园额则为康熙皇帝赐书。东西宫门五楹。其南有碧水回环北岸，有亭三楹，额曰“翠柏苍松”。过桥向南行，则见悬挂着康熙皇帝赐额。前五楹额曰“芳兰砌书”。东西殿三楹，称为水情月意。后殿三楹，东有一亭，康熙皇帝御笔书额曰“环翠”。桥北为正殿，有亭称为待月亭。后殿三楹。东五楹额曰“片云舒卷”。东北三楹称为护云庄，西北五楹额曰“群山环翠”。东北为草房。再向东北方，曲径窈深，有殿五楹，额曰“澄怀”。再向内去，有殿五楹，庭前植松柏各一株，额曰“松柏室”。其后三楹为忘言馆。其西跨涧建小堂，三楹，称为秋水涧。这个地方位于园的西北隅，景致最为幽邃。西南有一座妙高堂，悬着康熙皇帝题额。此堂为五楹，据山峰最高处。其南为法林寺，殿三楹，钟鼓二楼峙于两旁。殿后有佛楼三楹，额曰“普门随现”。寺内联额皆为御书。

▼什巴尔台行宫 清版画（摘自《中国古典风景园林图汇》）

喀喇河屯行宫 地本古兴州治，在滦平县治之西，避暑山庄西南三十五里。山庄尚未修建时，圣祖于康熙十六年肇举巡典，驻跸于此。是岁以后，以此为常宫。

王家营行宫 在滦平县治之西，常山峪东北四十里。建于康熙四十三年。

常山峪行宫 在两

◀ 钓鱼台行宫　清版画（摘自《中国古典风景园林图汇》）

间房东北三十里，滦平县治之西南。建于康熙五十九年。有殿南向，五楹，称为蔚藻堂。内为青云梯，西为虚白轩，后曰如是室。宫基面山，岩翠壁列，有如屏障。蔚藻堂的右方为翠风楼、绿樾径、枫香坂、陵霞亭。这些都是康熙皇帝创建的，称为八景。

巴克什营行宫　在滦平县治的西南，出古北口大约十里之处。巴克什营是休息之所。有殿五楹，南向。后殿左右东西向，为康熙四十九年所建，规制纯朴。向南一望，则见边墙高出，山上雉堞参差，出没云烟。于此处可以听见潮河奔流入塞之声。这一带自古即为安屯置戍之所，自建行宫后，出现一片田畴井里，妇女儿童欢笑之声相闻，使人不觉得身处边塞之外。

两间房行宫　位于滦平县治的西南。塞外多山，此地出古北口四十四里多地，行宫建于康熙四十一年。有殿南向，五楹，额曰“秀抱清芬”，“镜风含月”。后殿越过小桥，在山的东北隅，称为澄秋轩。盘折而东行，有一亭，高出于木杪之上，称为畅远亭。塞外山川，此地首当形胜，自古即称为两间房。自从行宫建成后，人口聚集，形成镇市，四周有农田布列，居民烟火相望，鸡犬之声相闻。

钓鱼台行宫　在承德县治之北，山庄东北十三里处，建于乾隆七年。自热河启跸，木兰行围，至中关为首程，钓鱼台为止顿。宫门南向，殿东向。此地距山庄极近，当地的居民称之为双黄寺。地处热河上流，三源既会，水热涵蓄，盛产嘉鱼，所以称为钓鱼台。

▶ 黄土坎行宫 清版画（摘自《中国古典风景园林图汇》）

黄土坎行宫 在钓鱼台东北十七里之处，建于康熙五十六年。由热河至中关，停休之所有两处，一处是钓鱼台，一处是黄土坎。殿五楹，南向，有后殿五楹。院宇明净，规制淳朴。

中关行宫 在黄土坎行宫东北七十里之处，建于康熙五十一年。殿五楹，南向，榜曰“松间明月”。后殿榜曰“云林蔚秀”。过行宫之东十余里处，有山峰崭然，洞空嵌空，赐名曰玲珑峰。

什巴尔台行宫 在中关行宫北三十七里之处，建于康熙五十九年。由中关至波罗河屯，以什巴尔台为休息之所。大殿五楹，南向，后为永怀堂。

波罗河屯行宫 在什巴尔台行宫北十八里之处，建于康熙四十三年。有殿南向，后依崇巘，前俯平林，额曰“山泉赏”、“秋澄秋景”、“檐际千峰”。塞山清奥，蕴秀含灵，不是画家的笔墨所能描绘的。

张三营行宫 在波罗河屯行宫北六十二里之处，建于康熙四十二年。其北即为石片子之地。地近崖口，山势雄奇，皇帝每年秋狝的时候，东路由波罗河屯走，即于此处驻跸。殿额曰“云山寥廓”。过了此处，就到木兰行营。宴赏诸蒙古以及从猎，也大多在此处举行。

济尔哈朗图行宫 在波罗河屯行宫西北五十八里之处。有两条道路进入围场。东道自张三营而入崖口，西道自济尔哈朗图和阿穆呼哈朗图而入伊玛图口。乾隆二十四年于此地建行宫。其规制极为简朴，殿内有御书对联。济尔哈朗图是蒙古语，意思是安乐之所。地处伊玛河之右，泉水甘美，草木蔚丰，因以得名。

阿穆呼朗图行宫　在济尔哈朗图行宫北四十三里之处，建于乾隆二十七年。西边就是进入围场的道路。虽然行宫的建筑不多，但足以听览泉声山色。地处伊玛图口之外，距猎场极近。阿穆呼朗图是蒙古语，意思是康宁。

围 场　圣祖康熙皇帝在位时，藩部恭献牧场之地，用以创建灵囿，每年举行秋狝。康熙六十一年，皇帝特发谕旨，指出：国家虽然承平日久，但是不可忽视武备练训，每年必须进行秋季狩猎。木兰围场之地处于蒙古诸部落之中，后来称为围场县。围场周围一千三百余里。南北二百余里，东西三百余里。东北以翁牛特为界，东和东南以喀喇沁为界，北以克西克腾为界，西北以察哈尔正蓝旗为界，西及西南以察哈尔正蓝镶白二旗为界，南界热河厅。围场之外，北为巴林，东为土默特，西为西四旗察哈尔，南即进入围场的道路。围场四周立界，称为柳条边。自波罗河屯有两条道路进入围场。东道由岩口而入，就是石片子。西道由济尔哈朗图而入。皇帝每年率众举行秋狝，均由崖口出入。

围场的规制如下。四面树立栅界，以别内外。八旗一营房统五卡伦，各有管辖之地。围场共六十七处。场内境地广阔，众草丛生，林木郁茂，有大量兽类栖息其中。后来虽然砍伐了一些树木，但所存者仍有千百万株。有些大树的直径可达七八尺，高二十丈甚至三十丈。全靠数百年培养之力，才能如此。在清朝康熙、乾隆时代，这里是极适合于狩猎的好地方，同时也是不忘武备而进行训练之所，另一方面又是联系蒙古诸藩之地。因此，每年在此举行盛大的秋狝。

第五节　临安和西湖

宋朝南渡后，在余杭之地建置临安城。由此时直至南宋灭亡为止，大约一百五十年期间，宋代的文化即在临安继续发展。及至元朝和明朝时代，国都移至北方，因而此处未得特殊的发展。到了清代，康熙帝和乾隆帝数次南巡，在此营建行宫，西湖风胜成为皇帝避寒之地，而与热河避暑山庄并称。在本书第十章第四节内，已经记述了余杭一地的宋代宫苑和园林。西湖风光明媚实居天下之冠，后世营建园林设计时多于西湖求其规范。这已经远传国外，西湖景色在日本早已脍炙人口。西湖似乎应该不作为园林看待，而着眼于风景更为适宜。从这个意义出发，考虑到西湖风景的重要，所以本书从《杭州府志》和《西湖志》中摘引一些材料，介绍如下。

府 城　就是宋朝时代的临安城，清代为浙江省的省城。南宋端宗景炎二年八月，文天祥兵败，迁帝于潮州浅湾。元朝至元十四年(1277年)，宋朝的宫室悉遭焚毁。请来西僧杨涟真伽在南宋故宫基址建成报国寺等五座庙宇，这五寺后于至正时荒废。后来当地居民常于凤凰山下掘土而发现古砖等物。这在《杭州府志》中有记载。杭州府城周围三十五里，西南属钱塘县治，东北属仁和县治。共有十座城门。东南面的门称为候潮门、望江门。正东的门为清泰门。南面的门称为凤山门。这几座门皆靠近江边。正西的门称为涌金门。西南的门为

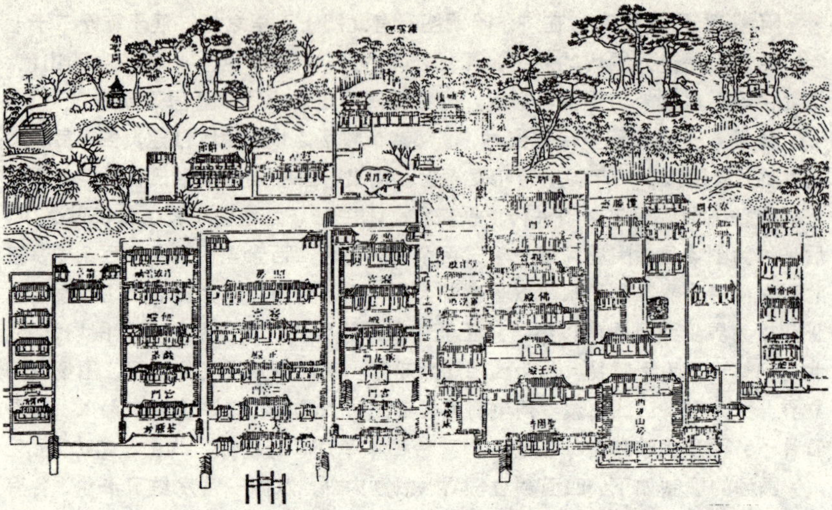

▶ 西湖畔的行宫　清版画(摘自《中国古典风景园林图汇》)

清波门。西北的门为钱塘门。这几座门皆靠近湖边。北门为武林门。东北的门为庆春门、艮山门。又有四座水门。其濠东起永昌坝和清泰门，至庆春门，长度为一千丈九尺。自庆春门经过艮山武林而至钱塘门，长度为二千六百二十三尺。此城创建于隋，元末改建，明代累修。及至清代、康熙、雍正、乾隆年间屡加重修。左临钱塘江，右倚西湖，广袤四十里，城的南北方向长，东西方向短，城内有五条水道，引西湖之水以便漕运。

府城内的行宫　位于太平坊。康熙三十八年，皇帝南巡时居此。乾隆十六年，皇帝南巡时于此建行宫。行宫建于涌金门内的太平坊，此地云物妍舒，有浙水吴山之美。城内的行宫建有头门、花牌楼、茶房、东西宫门、宫门内九间大楼、头宫门、二宫门、前殿、二殿、前寝宫、后寝宫。在头宫门外，有东西朝房各十间，东西牌楼各一座。朝房的旁边有军机房、东西膳房。二宫门一院恭奉龙牌，每到冬至、元旦、万寿之日，诸官咸集于此叩贺。

《杭州府志》中所附的插图画得正确可靠，因为它是成于乾隆年间，时代近，所以实在可信，不是根据臆测而画出来的。这些图是很好的参考资料。因为行宫建于府城之内，所以缺少大规模的林泉建筑，只是在书轩、书房前的庭院里布置着林石，装设得极为巧妙，这是值得注意的。

西湖　西湖古称明圣湖。在汉朝时代，该地有一湖称为金牛湖，人们说有明圣之瑞，因此为名。又因为它靠近钱塘江，所以称为钱塘湖。又因委输下湖，故称上湖。地负会城之西，因此取名为西湖。

西湖方广三十里，南、西、北三面环山，东南无山之处建筑着会城。水自武林山注流而下，渊泉百道，江聚而成湖，水蓄积甚深，晶莹如镜。引水而入于城中，分流于上下两塘河中，钱塘、仁和、海宁等地农民全靠这一水源以灌溉田地，同时运盐运粮的船也顺着这条河流行转运输。

有四座旧堤，称为白沙堤、苏公堤、赵公堤、杨公堤。还有新堤一座，称为金沙堤。跨苏公堤为外六桥。跨杨公堤为里六桥。跨金沙堤为玉带河。跨白沙堤为断桥、锦带河。孤山独峙于湖心，将湖分为三部分。孤山以东为外湖，山后以北为后湖，西亘于苏堤之内的部分是里湖。

有五条道路。自白沙堤而入，经由孤山而西，至于苏堤，合赵堤杨堤而为一路，称为孤山路。出涌金门而南，经过南屏山，至于南高峰，再由方家峪经龙山，越过凤凰山，达于钱塘江，这又是一路，称为南山路。自涌金门之北经过钱塘门，循葛岭而入灵竺，至于北高峰，是为一路，称为北山路。面临吴山，背负西溪，又各为一路，称为吴山路、西溪路。《西湖志》中用“风景天成，形胜地设”二语以表达西湖之胜，诚然可以说这里的天然景色已经达到极境。

关于西湖的风土、历史、名胜等在不少著作中都有论述，例如《杭州府志》、《县志》、《都城纪胜》、《梦粱录》、《临安志》、《武林旧事》等书中均有记载。明朝嘉靖年间的田汝成作《西湖游览志》、也介绍了西湖景胜。但是这些著作或嫌简略，或欠条理，都不能说是完备之著。后来到了清朝雍正年间，下诏命令全国编修省志，督臣李卫自当其冲，在许多学者协助之下，编成省志后，又以余力编成了一部《西湖志》。虽然西湖自从唐宋时代已经以名胜而驰名，但是在该地任地方官的人，常常首先是重视水利灌溉，将兴修水利作为首要之务。其目的是先使杭州一带繁荣起来，才能使人们观赏景胜。白堤和苏堤是以纪念意义取名的。清朝雍正时代的总督李卫当然也致力于疏水灌溉，浚渫湖底，整理湖岸，以利航运。他编成《西湖志》，在书的一开头即论水利，然后及于名胜山水，论及堤塘、桥梁、园亭、寺观、祠宇、古迹、名贤、物产、冢墓、碑碣、撰述、书画、艺文、诗语、志录、外纪。该书依此顺序而分别记叙。

从《西湖志》中摘录主要的叙述文字，以便介绍西湖的景物。从《西湖志》编成的年代看，清代康熙和雍正朝应该说是西湖景胜达到最盛的时代。

西湖畔的行宫　与府城内的行宫不同。圣因寺建于孤山最高之处，康熙四十六年，皇帝南巡时驻跸于此。乾隆十六年，皇帝南巡的时候，就寺址复建行宫。行宫建于孤山之南，群山环拱，万堞平连，足以览视西湖全景。西湖行宫的前面有临湖牌楼，有东西朝房。由此而入，有垂花门、奏事殿、楠木寝宫、后照房、东西膳房、藏经馆、东西垂花门、望湖楼、戏台、听戏殿、卷棚寝宫、后照房、弓箭厅、阿哥所。西边有花园，园内有四照亭、竹凉处、绿云径、瞰碧楼、月泉、鹫香亭、领要阁、王兰堂，是为御题八景。此外还有曲尺楼、平堂等景。从图上看，这些建筑物的规模并不大，但是配列整然，与花园协调一致。建有两座戏台，表示这个设计符合行宫的要求。在府城内的行宫里也建有一座戏台。自从元代以来，演戏发达起来，因此行宫中也建造戏台，这是值得注意的。

文澜阁　建于行宫的左方，是储藏《四库全书》之所。在文澜阁的前面，假山嶙峋。有一块绉云石，其中有桥有洞，结构特别好。这个记载见于《府志》。

西湖十景　自从宋朝时代起，西湖名胜已有十景之说，后来湮废日久，几乎被人遗忘了。康熙三十八年，圣祖临视西湖，亲书宸翰，题写西湖十景。御笔所书，龙翎凤翥，辉映湖山，从而使西湖名胜扬名天下。在《西湖志》和《府

▲ 苏堤春晓　清版画（摘自《中国古典风景园林图汇》）

志》中，详细记述西湖十景，并有许多诗文，此处限于篇幅，仅介绍其位置和建成年代以及大体状况。

苏堤春晓　此堤是宋朝元祐年间苏轼所筑，故称为苏公堤。在湖上自南山抵达北山，夹道种植柳树，跨渡外六桥。

双峰插云　南高北高二峰相去十余里，中间一带，层峦叠嶂，蜿蜒盘结，列峙争雄。这两峰独以高名为会城巨镇山。山势崇峻，能兴云雨，所以山上多生奇云，山峰高出云表。有时现露双尖，望之如插。宋代人称之为两峰插云，为西湖十景之一。

柳浪闻莺　宋朝时曾有一座柳浪桥，建于清波门外的聚景园中，后来这

▶ 柳浪闻莺　清版画（摘自《中国古典风景园林图汇》）

座柳浪桥已经毁坏而不存在了。园在柳浪桥边，堤上植柳，北接亭子湾，即古柳洲。

花港观鱼　苏堤第三桥称为望山。西岸第四桥通花家山，称为花港。山下有卢园，为宋朝内侍卢允升的别墅。园内景物奇秀，凿池甃石，引湖水注于池中，蓄养异鱼数十种，称为花港观鱼。

曲院风荷　九里松傍旧有麹院，宋朝时取金沙涧的水造麹，以酿官酒。该地有很多荷花，旧称麹院荷风。清康熙三十八年，在跨虹桥北构筑一亭，引流、叠石而为盘曲之势。圣祖皇帝亲书宸翰，改麹院为曲院，将荷风改正为风荷。

平湖秋月　宋祝穆在其所著《方舆胜览》的序中指出，西湖十景以平湖秋月为首。因为每到秋季，湖水益发清澄，月光更加皎洁。合水月以观，才能领略全湖的精神。宋代所建的龙王堂在苏堤三桥之南，明季移建于孤山路口。

南屏晚钟　南屏山在净慈寺的右方，兴教寺的后方，正对着苏堤。钟声开始时震动山谷，众声皆应，过一些时候，声音才止息。因为这一带的山是隆起的，内多空穴，所以声音传得特别远。旧称南屏晚钟。

三潭印月　苏东坡注意西湖，极力疏浚，于湖中筑塔，以为标记。塔以内不许侵入，作为菱荡。旧日有三座石塔，当地人称之为三塔基。《名胜志》中记载说，旧湖心寺外有三座塔鼎立。相传湖中有三潭，深不可测，所以建成浮屠以镇此三潭。塔的形状好像瓶，浮于水中，人们说"三塔亭亭引碧流"，指的就是这个景致。

雪峰夕照　净慈寺北有山来自九曜峰，逶迤起伏而为南屏支脉。当初有郡人雷氏居住于此，因名为雷峰。吴越王妃建塔于峰顶，每当夕阳西坠时，塔

▼南屏晚钟　清版画（摘自《中国古典风景园林图汇》）

影横空，此景最佳。

断桥残雪　出钱塘门，沿湖而行，即入白沙堤，第一桥称为断桥，为前后湖水的分界。水光滟潋，桥影倒浸，如玉腰金背。

钱塘八景也甚有名，这八景是：六桥烟柳、九里云松、灵石樵歌、冷泉猿啸、葛岭朝暾、孤山霁雪、北关夜市、浙江秋涛。西湖本名钱塘湖，元朝时代曾选出钱塘十景。其中有雨峰白云和西湖夜月二景，这二景与双峰插云和平湖秋月相重，所以剩下八景。这八景大体如下。

六桥烟柳　六桥指的是映波、锁澜、望山、压堤、东浦、跨虹。这六座桥建于苏堤之上。苏轼于此筑堤建桥，以通南北之路，沿堤栽植柳树。苏轼有诗句："六桥横截天汉上，大堤杨柳多昌丰"，即形容此景。

▲ 三潭印月　清版画（摘自《中国古典风景园林图汇》）

九里云松　唐朝时代的刺史袁仁敬在行春桥西至灵竺路栽植松树，左右各种三行，每行距离八九尺。苍翠夹道，阴霭如云，日光穿漏，如碎金屑。这是当时的景况。

灵石樵歌　灵石山在南山栖真院之上，旧名积庆山。山上奇石甚多，时常出现瑞光，所以称为灵石。灵石中有坞，称为灵石坞。山路最深之处常有樵子往来，樵斧丁丁作响，彼此相应答，实为山中清籁。

冷泉猿啸　冷泉在云林寺外的飞来峰下，峰有洞，名曰呼猿洞。宋朝时

▶断桥残雪　清版画（摘自《中国古典风景园林图汇》）

▲ 浙江秋涛　清版画（摘自《中国古典风景园林图汇》）

代的一位僧人曾在山中养猿。临涧长啸，声振林木，众猿从各处集聚而来。

葛岭朝暾　初阳台据葛岭之顶，平衍可达数亩。海日初出，炯然可现。

孤山霁雪　孤山与断桥相属，四时风月诸景大体皆同，唯独雪景则是孤山所特有。

北关夜市　凡是郭门之外皆称为关。武林门在城北，所以门外之地皆称北关。该地为水陆辐辏之所，商贾云集。每至夕阳西下时，篝火烛照，甚为明亮。

浙江秋涛　浙江称为曲江。因为江势三折，所以名曰曲江。凡是江皆有潮，唯独浙江可以观涛，是由于海潮逆流而上的缘故。

在《西湖志》中，除去上述八景以外，还特意提出云峰四照，怡贤亲王祠、惠献具子祠，共三处景致，这是西湖诸景中不可忽视的。特别是怡贤亲王祠，其规模虽不甚大，但殿楼、亭桥、假山等的配置值得详加介绍。

云峰四照　有亭高据孤山之巅，览视全湖如指掌。稍南方则为圣因寺，琳宫梵宇，宝幢金碣，一一可数。其旁建有一座四贤祠。清朝雍正七年，总督李卫于此处建成一亭，皇帝亲笔为之题额“云峰四照”。

怡贤亲王祠　雍正八年，皇帝下令建怡贤亲王祠。位于里湖正中，东过玉带桥，通至苏堤，祠门南向，构筑平台，面对半月池。左右立有石坊。向内进入，有亭堂，达于正殿。再向内进入，有寝殿，翼以层楼。殿西有一座园，辟门通于径路，中为一堂，三楹。内为敬楼，楼上筑平台，有高阁凌行架空，设梯以登高阁。由寝殿右翼的楼开门，有一露桥，达于平台。经过平台西行，再折而向北，再折而向西，甃以石栏，高一丈五尺，阔一丈，长四十余丈。西头尽处，叠石为山。循级而下，有池有桥，桥南为岭楼。还有圆亭、观澜亭、三角亭，榱桷栏楯，与一般的样式完全不同。南方有假山，岩石二层，荦确出土，如同天然形成的一般。其中通雨径，清溪流于其中，环绕山背，建有舫室。更西有垂钓亭。可以俯瞰金沙港。向北望，见栖霞岭乌石峰拱列，如同环卫祠园。

悫献具子祠　在孤山之阳，巾子峰麓。祠的右方建有一楼，中有一亭，晴光潋滟，雨色空濛。祠的前面，沙堤横带，围绕芰荷。人们说：三秋桂子，十里荷花，此处独擅其胜。

西湖十八景　西湖的景色情趣不同于坦墙围绕的普通园林，它的景致建立于天然的山姿水色之上，因而气势宏大。前文虽然介绍了西湖诸景，但远远不能尽述其全貌。除去总督李卫所记的十景以外，还有十八处名胜。加上这十八处景胜，才能表现西湖气象之大观。在《西湖志》中也有图描写这些景物。

湖山春社　神庙建于岳王祠的西南方，前临金沙涧，其后为乌石峰。有泉发源于栖霞山，涓涓流注而下。其上有桃花甚多，称为桃溪。

功德崇坊　钱王祠在清波门外。宋朝的苏轼有文记之甚详。雍正五年，皇帝下令，命李卫重加修建。

玉带晴空　雍正八年建怡贤亲王祠。在望山桥北筑堤，名曰金沙堤。在堤

▼蕉石鸣琴　清版画（摘自《中国古典风景园林图汇》）

上建石梁，以通里湖舟楫，名为玉带。桥与祠相通，回廊绕水，朱栏例映于水中，烂然可观。

海霞西爽　在圣因寺的右方，有高阜与孤山西麓相接，如同平台。其下为宋时西太乙宫故址。雍正八年，总督李卫在其上筑一亭，名曰西爽。

梅林归鹤　放鹤亭在孤山之阴，为宋时和靖处士林逋的故居。旧时传说，林逋在孤山中种植了梅树三百株。元朝至元年间，林逋曾在该处放鹤。由于有这个故事，于是建成此亭，称为放鹤亭。明朝嘉靖年间重建此亭。

鱼沼秋蓉　水心保宁寺建于湖中，久已荒废。明朝弘治年间，在三潭旧址上绕潭造埂，以造成一座湖中之湖，专为放生之所，称为放生池。重建德生堂，恢复了宋人的旧迹，但后来遭焚毁了。清朝雍正五年，又建成了一座寺院，前接三潭印月亭。亭后建一曲桥，以朱栏为翼。鱼沼上三折而入，有轩三楹，更接平桥而为敞堂。再向内行，有层楼一座，临水环池。栽植着木芙蓉，五色缤纷。堤上的花与水中的花影相映，有如绮霞缯幔。

莲池松舍　孤山路口旧时有一座龙王堂，即水仙王庙，在望湖亭的后面，日久而荒废了。旁有荷池，宽可数亩，种着白莲花。雍正五年改建为精舍。

宝石凤亭　石甑山又名宝石山，在钱塘门外。山形似翔凤，山上建保俶塔。山下建有一座寺院，旧名崇寿院。南望平湖，水天滉漾。湖南诸山蜿蜒起伏，如在掌上。

亭湾骑射　出涌金门，沿湖北行，稍折而西，水流湾曲，旧有一亭，荒废已久。此处名为亭子湾。倚城湖面延缘数百步，平沙浅草，可以演羽骑射。总督李卫在水边建一亭，以为较阅骑射之所。在稍南处建了一座关帝庙。

蕉石鸣琴　丁家山在金沙港的西南。上有冈阜，可以俯瞰全湖。在北岸一带，乌石峰栖霞岭相拱揖。山上建有一座八角亭，又有舫室数楹。舫前有奇石林立，类如芭蕉状，称为蕉石山房。

玉泉鱼跃　玉泉在清涟寺内。泉发源于西山，伏流数十里，流至此处，泉水开始色清，水味甘甜。这里甃石为池，方圆三丈左右，水极清澈，可以见底。池中养着五色的鱼，浮沉上下，游来游去。因为水清，所以鱼的鳞都能数得清。康熙二十八年，圣祖南巡，曾游于寺内，作了一首七言诗。雍正六年，总督李卫在泉上建亭，称为洗心亭，亭的周围有回廊曲槛，人凭槛而坐，鱼也不惊扰。泉流的余波灌溉沿湖一带的田地，注于金沙湖中。

凤岭松涛　万松岭在清波门外凤凰山上，夹道栽植松树。白居易的诗句："万株松树青山上"，说的就是此景。在南宋时代，宫禁红墙，碧瓦高下。有门称为万松坊。雍正八年补种了万株松树，松涛与江上潮声相呼应。

湖心平眺　湖心亭建于全湖的中心，四面临水。亭左右以雕栏为翼，花柳掩映。上有高楼，凭栏四下一望，见群山环立，有如围屏。康熙三十八年，圣祖游西湖时，御书"静观万类"四字，悬挂在亭楣上。还写了一幅对联："波涌湖光远，山催水色深"。雍正五年重加增葺。后面建有敞室三楹，堂后为水轩，架于湖面，雉堞相望。可见白居易的诗句"蓬莱宫在水中央"确实不是虚语。

▲ 吴山大观　清版画
（摘自《中国古典风景园林图汇》）

吴山大观　大观台在清波门内紫阳山岭，山下有一座龙神庙，圣祖曾于此处驻跸。有御制诗句：“左控长江右控湖，万家烟火接康衢。”四时花鸟之盛，云物之奇，气象之雄，繁华之胜，这座台上无一不备，真可谓浙右大观。

天竺香市　三天竺在北高峰下灵隐寺的南方。《武林旧事》中说：灵竺之胜，周回数十里岩壑尤美。三座寺院相距一里左右，建筑均极宏丽。雍正九年，皇帝命令发内帑重建上竺殿宇宝刹，以为湖山增胜。

云栖梵径　云栖在五云山之西。旧时传说，山上时常出现五色瑞云，盘旋该处，飞集于坞中，人们觉得奇异，遂称之为栖霞。从山前绕过大江，沿江取路而行，人行于万竹之中。一路上石径幽狭，仰望时，看不见太阳。高下屈延，行数十里，山半有座洗心亭。再往前走，即至云栖寺。这座寺院建于吴越时代，明朝弘治年间，有号称莲池的人居于此地，恢复了云栖寺这个名称。康熙二十八年，圣祖南巡时游于寺中，御笔题诗。三十八年再至此寺，御书“云栖”二字。

韬光观海　自灵隐寺罗汉堂西行，径路屈曲，在深谷中行走大约三四里，才到韬光庵。在悬崖上建屋，上有一石楼，一丈左右，正对着钱塘江。江尽处即为大海，洪涛浩渺，与天相接。

西溪探梅　西溪在西湖北山之阴，由宝石山背陆行，绕秦亭山，沿山行十八里。此处土地肥沃，水中产鱼，而且梅花繁盛，居民以梅为业。

园林别墅甚多。《西湖志》第九卷内记有花园、亭、堂、书院、草庵、山房、别墅等，建于径路之旁。介绍一些如下。

竹素园　位于山神庙西。雍正九年，总督李卫辟地建园，创建亭宇。雍正十年，将皇帝御书“竹素园”三字的匾额悬在正厅。园内建有流觞亭、水月亭、临花舫、观瀑轩、聚景楼，极擅湖山之胜。引来桃溪的水，屈曲环绕，可以流觞。流觞亭的南方面临湖水，后方则有流溪环绕。水月交辉，此为绝胜。

关帝祠花园 在金沙港。雍正九年，总督李卫建成关帝祠后，在祠西开辟一座花园。由正殿回廊启径而入，叠石为山，疏泉为池，种植花木，创建亭宇。轩楹玲珑，阑楯衔接。上有星桥月榭，可以远瞩全湖景胜。

清风草庐 在陆宣公祠左，是前吏部尚书徐潮的别业。徐潮是清朝康熙时的人。

藕花居 在净慈寺前，明朝洪武年间僧广衍所建。广数十亩，尽栽红莲。当中有一小屏门，内有堂轩，轩窗静洁。

匏庵 在南山满觉院旧址的近旁。附近一带有九溪十八涧。泉石深邃，树木蓊翳。沿山建廊，中筑一栩栩阁。

敷文书院 在凤凰山之西。宋朝时代是报国寺，元朝时荒废了。明朝弘治十一年，在废寺的旧址建成万松书院。上有芙蓉岩、可汲亭、石匣泉。稍向西行，有水云亭、振衣亭。中有飞跃轩，西有留月台，东有玉湖台。还有毓秀阁、如圭峰、明道堂、居仁斋、由义斋等建筑物。明朝嘉靖年和万历年，清朝康熙十年，曾加修缮。康熙五十五年，御书“浙水敷文”四个字，悬于中堂。

就庄 在断桥之东，是前莱州知府、海宁陈谦的别墅。沿堤插柳结篱以为门，颜曰“亦吾卢”。门内左右有二池，种着莲花，上有芙蓉梅花，护以枳槿。池北叠石而为山洞，在山洞的西面题曰“就庄”。其地恰当断桥残雪之左，每当下雪时，雪景更为可爱。

八仙庄 在葛岭之下，面对锦带桥，背向寿星岩。根据旧志的记载，这是南宋贾似道游观之地。

翁庄 在葛岭之下，为明季翁开之的别业。庄内有湛华亭。亭后有一池，池上建有水阁四楹。西有小轩二楹，有曲折回廊以通亭上。庭前有老桂婆娑，是当年翁开之亲手种植的。后面建有圣祖御书碑亭。

汤庄 在灵隐寺之西，是明朝副使包含所的别业。倚莲花峰，跨曲涧。深岩峭壁，映林麓间，台榭之美，冠绝一时。外有石屑砌成的墙，以柴根编户。内有曲房密室，人走在其中，转折而不能走出来。

白云山房 在飞来峰之西，白云峰之下。雍正元年，前广东提学副史翁嵩年所建。中有白云山房，面对莲花峰。庭中有巨石，镌着古籀文，称为母石。东南有画舫，称为爱吾卢。东有高阁，阁前植湘梅绿萼数百株，花开极盛。该地有许多牡丹花，松、桂、梅、竹、桃、杏等皆为翁嵩年亲手栽种的。

紫阳别墅 在紫阳山，康熙四十二年，运使高熊徵捐建，颜曰“紫阳别墅”。其中建有一座乐育堂，供奉朱子之位。雍正三年重修。雍正七年，总督李卫改巢翠亭为文昌阁。关于园中林石的记载，此处略而不加介绍。

邱园 在瑞石山麓。

宜园 在瑞石山麓。石壁倚天，古木很多。

倪园 在清平山。为广文倪石鲸的别业。

西溪山庄 在西溪。康熙三十八年，圣祖至庄观视，赐御书"竹窗"二字。

洪园 在西溪。为明朝刑部尚书洪钟的别业。后来只有一小丘尚存。小石玲珑，奇树森荫，尚可登眺。

汪庄 在西溪，为汪元亮的别业。西溪诸园林皆有梅，奇古可爱。

陆庄 在河水之北，距离秦亭山二三里。钱塘陆阶曾奉养母亲于此居住。方广六十余亩。四周皆水，船只可以通行。由短桥经过竹径，穿行而入，即为庄门。入门则为白凤书斋。东进有屋数椽，有回廊环绕，面临一方池。庄内种着许多桑、竹、梅、杏，靠着河水，水流屈折，环以竹篱。遥望村居，见烟火数家，断然若接。当时的名流多以诗纪之。

在《西湖志》中，除去上述一些园林外，还举出敬一书院、西湖书院、崇文书院、醒心书屋、玉岑书院、南阳书院、丹井山房、赵庄、吴园、片石居、北山草堂，对于这些也有记载，此处从略。《西湖志》一书编于雍正时代，那时存在的园林尽皆收录于书中。由此可见以西湖的风景为中心，建有数量不小的一些园林别墅和书院草庐。不但有文人雅士，而且有高官大吏退休后也在西湖一地度其余生，因此这是极受重视的地方。

在《西湖志》一书中，对于西湖的堤塘和桥梁，以及在景致中建筑的亭、堂、楼等皆有详细记载。由于与西湖十景，十八景的描述相重复，所以此处略去不谈，以免多占篇幅。

第六节　西湖周围的园林古迹

自从唐代以来，文人高僧多游于西湖。唐代的李泌疏通湖流，白居易和苏轼皆在此地为官，留下了白公堤和苏公堤。至于宋代，高宗南渡后，定都临安，这一带冠盖云集，金粉笙歌，一时繁华至极。南宋淳熙年间，皇帝屡次游幸西湖。到了元代，这一带比较冷落。清朝时代，康熙、乾隆时于此处建行宫，造文澜阁，再度呈现盛况。

西湖的风景多由游览人士著文描述，至于其建筑计划，则如前面所述，湖分为三个部分，即分为外湖、后湖、里湖三部。共筑有堤塘五座，即白沙堤、苏公堤、赵公堤、杨公堤、金沙堤。路有五条，即孤山路、南山路、北山路、吴山路、西溪路。湖的南西北三面有翠峦环绕，豁谷清水汇集，风景优丽，是一处良好的游览胜地。现代设计公园时，大多应用这样的方案，古代已经认识到这种径路巡游的观赏方式。所以说西湖的造园意义极大。

西湖周围建有许多园林，这开始于南宋建都临安的时候，本书第十章第四节介绍南宋古迹。在《杭州府志》一书中，以府、县的区域划分表示园林的所在。这样的介绍不一定适合研究西湖的风景。明代田汝成所编《游贤志》一书与地方志的写法不同，它以游览为主，列举山水、堤塘、桥梁之类。但是此书记述杂乱，系统不清。李卫编写《西湖志》的时候，注意到上述诸书的缺点，于是取长补短，分门别类叙述。在各门中仍分为五路，即孤山路、南山路、北山路、吴山路、西溪路。在全部叙述中以路为中心，顺路介绍。这可以说是最适当的方法，得以说明西湖风景的全貌。

《西湖志》一书从唐、宋、明代的各种书中摘录有关殿堂、楼阁、园亭、庄宅之类的记载，凡属史志者皆编入古迹部。该书“凡例”中指出：“通志之园亭俱列入古迹中。惟西湖园亭多系国朝剏建。前人遗构亦现今增葺，规制重新，皆足润色湖山，开拓风景，故专志园亭一门。若古有今无，名存实废者，仍载入古迹。”在古迹的记述方面，也以径路为中心，不脱离西湖的范围。

下面从《西湖志》古迹部中摘引关于园林的材料，大多属于宋、明时代之物，其中有些在本书第十章第四节讲南宋临安的宫苑园池时已经介绍。其余大多为元、明时代之物。从这个意义上看，这一节似宜编入前面讲宋、明时代园林的章节内。但是从另一方面看，为了研究以西湖为中心的园林的发展，所以将这一部分在本章内介绍。这一点，请读者谅解。

孤山路上的园林有下列数处：

延祥园 西依孤山，在本书第十章第五节已经介绍。

凝碧园 即张府园，在孤山路。

乔园 位于小新堤，是乔幼闻的园。

裴园 位于小新堤，是裴禧的园。

资国园 在小新堤，旧名报国园。有苏东坡所书“隐秀园”三字。这是履泰将军之孙、显忠的故宅。

小隐园 在赵公堤。是宋朝内侍陈源的外宅，后入重华宫，拨赐与张贵妃，建崇福院。

南山路上的园林有下列数处。

刘园 在柳洲，是内侍列公正的居所。

环碧园 在丰豫门外柳洲寺侧。是杨郡王府园。

钱王故苑 灵芝寺本来是钱王故苑。因为有灵芝生于苑中，故舍之以为寺。

杏花园 涌金门外有杏花园。

剩园 在涌金门外。原来是莲觉寺。明朝万历年间，大司马王业浩改此寺为剩园。

芙蓉园 在涌金门外。

寄园 在问水亭北。是明朝状元张元汴的别墅。

载园 在问水亭北。是明朝铨部戴斐君的别墅。

钱园 在涌金门外。是明朝阁学钱麟武的别墅。

聚景园 在清波门外。本书第十章第五节已经介绍。

南园 在长桥之南。初时宋光宗将此园赐与韩侂胄，名为南园；后来又归皇家所有，称为庆乐园。宋理宗淳祐年间，将此园赐与嗣荣王，改名为胜景园。园内建有十种样式的亭榭，工巧无比。射圃、走马廊、流杯池、山洞、堂宇极为宏丽，并装点着野店村庄，当时前往游览的人不断。园内有一阁，名为凌风阁，香山巍然立于阁前。

翠芳园 在钱塘门外南新路口，面对着南屏山，所以旧时称为屏山园。

甘园 乾道年间，巨珰甘升有别墅，在西湖惠照寺的西边，地与郡社坛相连。

谢府新园 在惠照寺西。本书第十章第四节已经介绍。

真珠园 位于雷峰之前。本书第十章第四节已经介绍。有真珠泉、高寒堂、杏堂、水心亭、御港。皇帝曾游幸此园，归张循王府。

水乐洞园 过石屋岭，近烟霞，内有水乐洞。

小水乐园 本书第十章第四节已经介绍。

梅坡园 位于小麦岭的近旁。本书第十章第四节已经介绍。

卢园 在大麦岭。是内侍卢允升的园子，即西湖十景中的花港观鱼。

赵翼王园 方家峪的西南是华津洞，为宋代赵冀王园。本书第十章第四节已经介绍。

瑞萼园 本来是钱王园；舍之而建成龙华宝乘院。

玉津园 在嘉会门外。本书第十章第四节已经介绍。

宙贤园 在万松岭内，为王氏园。

壮观园 倚包山而造园，种植桃花。杭州人士在春天喜欢到这个园中游赏。其中最有名的是壮观园。

王保生园 在包家山。

南果园 钱氏南果园在月轮峰的近旁。

北山路上的园林有下列数处：

王壶园 在钱塘门外。本书第十章第四节已经介绍。

择胜园 在钱塘门外九曲城下，绍定四年秀王府所创建。有宋理宗御书"择胜"、"爱闲"二匾。

隐秀园 在钱塘门外城北，为刘鄜王园。

总宜园 在断桥路口，为中贵张氏园。

梅庄园 在韩蕲王园，广一百三十亩。堂名为乐静、清风、竹轩，都是宋高宗御书。此外还建有一座澄绿堂。

新园 在钱塘门外酒库的旁边。为秀王府园。

赵郭园 石函桥北，旧时有一应赵郭园。

瑶池园 是中贵李氏的外宅。有一池，广二里，池中种着菱芡。

水邱园 在北山路。

梅冈园 本书第十章第四节已经介绍。

谢府园 本书第十章第四节已经介绍。

万花小隐园 本书第十章第四节已经介绍。

钱氏园 在北山路。为华亭钱府园。

张氏园、王氏园 在北山路。

聚秀园 在北山路，为杨府园。

云洞园　在钱塘门外。旧时的柳林杨和王园直抵北关，最为广阔，筑土建洞，中通往来，其上建楼。有一堂，称为万景天全。周围有群山环列，洞旁是崇山峻岭。有一亭，名曰紫翠，可以远眺桂亭。还有荷亭，皆为胜处。

水月园　本书第十章第四节已经介绍。

挹秀园　在葛岭水仙庙前。为杨驸马园。

具美园　杨府园在葛岭水仙庙西，园内有饮绿亭。

秀野园　在葛岭路。为刘鄜王园，内有四并堂。

半春园、小隐园、琼华园　在玛瑙寺西。皆为史弥远的别墅，园内台榭建筑秀丽。本书第十章第四节已经介绍。

大吴园、小吴园　皆在葛岭路。

快活园　在凤林寺右，为宋朝赵婉容的别墅。

集芳园　在葛岭上。为张婉仪的别墅。宋绍兴年间，此园修饰得更加华丽。有蟠翠、雪香、翠岩、倚绣、挹露、玉蕊、清胜等匾额，皆为高宗御题。淳祐年间，理宗将此园赐与贾似道，改名为后乐园。园中楼阁林泉极为幽畅。本书第十章第四节已经介绍。

香水邻园　在葛岭，为廖莹中园，名为药洲园。后归贾氏所有。

香林园　在九里松。为苏仲虎尚书园。

班衣园　为韩世忠的别墅。

杏园　钱塘莫维贤居住在灵竺之间，在居舍周围栽植杏树，号为杏园。

吴山路上有下列数处园林：

樱桃园　在七宝山。本书第十章第四节已经介绍。

杨园　宝莲山上旧时有一座宝莲寺。宋朝嘉定年间，杨节使废寺为园。

西溪路上有下列数处园林：

仰家园　柏家园、方家园在九沙吴越国西，即教场故地。

张氏园　在西溪之南。碧涧绕门，白云入室，竹楼花榭，月色泉声，皆有留人之意。

宜园　在柏家园。原来是一所别墅，后来归郑司彦所有。

余园　是明朝殿撰余煌的别墅。

陈园　是明朝掌科陈尔翼的别墅。

芙蓉园　是明朝富春周中翰的园子。

鹞栖园　温纯的诗中提到此园。

懒园　海宁葛徵奇的别业。

吴园　是商山吴去尘的别业。张卿子《湖上篇》中有吴去尘雨堂对菊诗。

第七节　杭州地区的园林

西湖的范围几乎包括钱塘县内全境，当然是杭州府所属的一部分。如上所述，以西湖为中心的景致是特别值得重视的。但是杭州府所属除钱塘县外，还

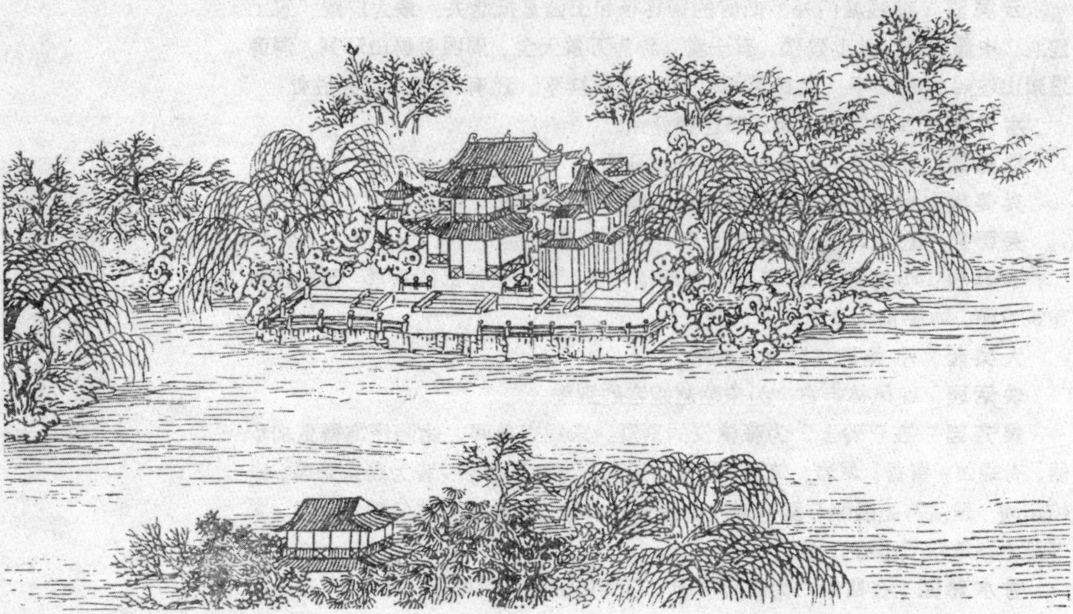

▲ 杭州郊外　清版画（摘自《中国古典风景园林图汇》）

有仁和、海宁、富阳、余杭、临安、于潜、新城、昌化等县，都是山水秀丽之地，这里从《杭州府志》中摘引一些材料，介绍于下。《杭州府志》最初编纂于明朝万历年间。清朝康熙、乾隆年多次修订，后于光绪十四年至二十四年，费时十年加以修订，由杭州府知府龚嘉俊主编。本节从光绪《杭州府志》古迹部摘录材料，这些园林的建成年代大约为明万历和清康熙、乾隆时代。富阳县的澹园所富有的情趣，充分表现当时文人的第宅园林的特色。

仁和县的园林有下列数处：

西园　在旧杭州治内。

郑家园　在艮山门外。

海宁县的园林有下列数处：

涪扑园　紫硖山人沈祐的别业在西山南寺桥外。园内有涵虚阁、芙蓉溪、睡鹤峰、柳塘渡、藕花湾、白鸥沙、通樵径、杞菊圃诸胜。

借园　祝守范士瞻所建，在灵泉乡。

隅园　陈太常兴郊所建，在北城，距城很远。有池，广二十余亩。园内建一竹堂，还有流香亭、月阁、紫芝楼、金波桥诸胜。

富阳县的园林有澹园。

澹园　在富阳县灵桥。《勺源集》中有方廷槐《澹园记》，记载澹园：灵桥朱端采先生于其居左侧构小园，名曰澹园。己卯秋，初至灵桥，即耳先生名，偕宋尧章访之，因得窥所谓澹园者。时篱菊初开，秋容满目。先生治酒抬余赏之。明年，余设馆灵桥，先生遣其子来就学。秋八月，遂移馆其家。息焉游焉，日涉成趣，然后向之所致恨者，今始释然矣。初入厅左，有木芙蓉二本，花覆墙外。蔷薇满架，修篁夹之。循篱稍进，得老桂二，梅及棠杏、石榴各一。施石凳其间，为游赏憩息之所。又进，得小亭，亭柱椽瓦皆以竹为之，旁植名花数种。春日夏夕，座客常满。先生属余颜其额，余谢不敏。亭后为清照轩，轩内琹尊图史丝竹陶写靡不具备。轩后临流，短墙侧一户颜曰"水云窝"。绿竹千竿，垂杨一树，芭蕉数丛，坐卧其中，阴森蓊郁。轩之右室为余读书之处，正当厅事之后。窗临曲水，潮汐通焉。溪畔有小石桥。隔岸梨花数株，春时，其花甚盛，落英缤纷，潮水拥去之。立桥外望之，宛似桃花源，片片花飞，随水而出也。出青照轩，折而左，有大石案一，蕉竹环之，游者多题诗竹上。过些为牡丹台，园内牡丹尤多，台非一所，而此为最。尧章大书花王二字，揭于台畔，劲健可观。台后砌砖为池，叠石成山。虽一勺一卷，远望之，有倒影涵虚之胜。台前隙地数亩，编篱间之，方在经营。暇日，余从先生饮，问之曰：园以澹名，何谓耶？先生曰：予性懒，一无所嗜。耕桑之暇，偃息园中，与二三知己，放意徜徉，惟性之所适，视一切纷华靡丽，澹如也，因寓其名于园，以写吾意焉。有客从吾游者，入吾门，登堂，领吾趣，吾愿适之园矣。余笑曰：是有哉。昔刘青田之诗有云：浮云看富贵，流水澹须眉。请移赠先生，为澹园中增一佳句。先生首肯，余语遂命记之。先生復有别墅，曰绪圃，亦多澹趣，去居所不及半里，余亦赏游之。有暇须更为记之也。

临安县的园林有下列数处：

毓锦园　邑人高种所建。

宜　园　在应奎门外，泮湖之南。邑人胡玫所建。

涉　园　在泮湖之南，与宜园相连。邑人胡玠所建。

磐宜园　距县治二十里。邑人胡士炜所建。

与与园　在竹林，邑人郑章归隐之所。

潜县的园林有小桃李园。

小桃李园　在县署东偏。县令陈盛治拓地建园。园内栽植桃、李等树。休息时，常常与幕僚及名士张灯觞饮其中，颇极一时之盛。

新城县的园林有陈氏园。

陈氏园　在石羊山下。宋晁补之和苏轼均有诗。

昌化县的园林有下列两处：

东园　在县东，内有堂亭六座。

南园　在双溪中的洲上。

第八节　金陵诸园

古代春秋战国时，吴王夫差曾在金陵铸剑。南朝时建都金陵，此地为中国南方的文化中心。在宫苑园林方面，齐高宗故宅建芳林苑，齐文惠太子创博望苑。潘妃步步生金莲之说即得自芳林苑。梁朝有建兴苑和王游苑。进入唐代，因李白诗句而有名的梅湖和白鹭洲等名胜均在金陵。南唐时代，金陵称为江宁。宋代初年，金陵称为升州。建炎三年改为建康。元代初年称为建康路。明成祖北迁后，金陵成为明朝的留都。

本书第七章第四节介绍了建康的苑园，第十二章第一节介绍了金陵的宫苑和园林，并摘引了王世贞所著《游金陵诸园记》一书中的材料。进入清代以后，金陵园林的盛况已被杭州西湖风景所压倒。清朝改金陵为江宁府，归两江总督和江宁将军管辖。胜地有玄武湖和莫愁湖，隔江有宋代留下来的蜀冈平山堂等等，这些尚能保存旧时风貌。下面从《清稗类钞》一书中摘引一些材料。在其他文献中还有一些资料，此处略而不详述。

随园 在金陵小仓山。自清凉寺两岭分下，蜿蜒狭长，中有清池水田。古木蓊郁，极为幽邃。康熙时，在山之北巅构筑一堂，莳花种竹，建筑围墙。当时游人甚多，盛极一时。三十年后，袁子才任江宁宰，该园已废，成为茶肆了。

薛庐 汉西门龙蟠里近旁有一座乌龙潭，风景佳丽。

胡园 一名愚园。在江宁城内凤凰台花盝冈的东南，为胡煦斋太守所筑。园中的水汇为一大池，周围种着竹子。建筑的楼阁亭台以及布置的竹林池石等等，皆极为讲究。而且全园结构曲折，极致清幽。有正厅、水石轩、竹隖、栖云阁、海棠春睡轩诸胜。

刘园 在江宁南门外，雨花台近旁。是刘舒亭的别墅，建于明代。刘园又名又来园。此园据天成形势，加以人工点缀，所以风景甚佳。园内建有又来堂、起云楼、藏春隖、师竹轩、倚竹亭、荼蘼廊、萦青阁、罢钓湾、访桥、凌冰仙馆、水月虚明堂诸胜。

韬园 江宁有座韬园，本是蔡和甫观察的别墅，后来入于官。门前尽植垂杨，园景参以西式。南北有二大门，门内有圆形花坛，外面有马路环绕。

公园 江宁有座公园，是宣统己酉年端方任两江总督时用公费建成的。西门在鼓楼狮子桥下，旁门在三牌楼的右方。铁道和马路交错其间，实为南北交通要道。正门建一牌楼，是仿照法国式的。园中的亭台楼阁等也都是模仿各国建筑的样式。

蜀冈平山堂 这不是建于金陵城内的园林，而是一所有名的近郊名胜之地。大略介绍于下。

蜀冈在扬州城西北四里之处，西与仪徵、六合为界，东北达到茱萸湾，隔江与金陵相对。扬州的山脉以蜀冈为起源。旧时有个传说，认为此山的地脉与蜀地相通，所以称为蜀冈。在扬州城的西北方，有大仪、乡丰、乐区三座山峰突起，中峰有平山堂栖灵寺。北宋庆历八年（1047年），欧阳修任扬州守的时候，在大明寺的坤隅建筑了一座堂。堂南向，共五间，陈设甚为精致。登堂遥望，江南的金山和焦中尽在目中，北固诸山皆拱揖于槛前。山与堂相平，所以称为平山。其后为楠木厅，厅中有欧阳修的石像。自宋代以后，历时数百年，时有兴废。到了清朝乾隆年，重加修缮。皇帝曾游于此。

自城闉清梵至蜀岸三峰，由尺五楼至九峰园，川流甚多，有不少处风景。

主要的游览胜地为双清阁、芍园、卷石洞天、西园曲水、净香园、荷浦薰风、香海慈云、迎翠楼、趣园、四桥烟雨、水云胜概、莲花桥、白塔晴云、望春楼、水竹居、双峰云栈、松岭长风、法净寺、司徒庙、万松叠翠、蜀冈朝旭、篠园花瑞、熙春台、平流涌瀑、韩园、柳湖春泛、倚虹园、砚池染翰等等。顾名思义，可以领会这些名胜的大略状况。在《平山堂图志》中，有绘图详细说明这些胜景。

第九节　《苏州府志》中记述的诸园

苏州为江南的重要城市，由来甚古。远在春秋时代，吴国建都于该地，名曰姑苏。秦汉之际，设会稽郡。自隋至于唐，设置苏州，为析置长洲县。宋设两浙路平江府，元置江浙省平江路，明设南京省苏州府。到了清代，以苏州为江苏省的首府，为江苏巡抚的驻地。苏州府设长洲县、元和县、吴县三县。地临太湖，极富景胜，文人多于该地构筑第宅园林。这些文人写了不少文章，留下许多描述苏州风景的著作。本书在前文已经谈过，远在战国时代，这里就有梧桐园、鹿园、姑苏台诸胜。到了唐，宋时代，此地的园林呈现飞跃发展。元代创建了狮子林园。明代的拙政园甚为有名。我们翻开《苏州府志》看看，从卷四十至卷五十，完全是关于第宅园林的记载。按县分别列出纲目，依照时代先后，罗列整理。不仅记载园林，而且大范围地涉及第宅，凡是故居、幽居、庐、园、庄、园地、溪居、圃、阁、堂、亭、山亭、斋、轩、榭、府厅、别墅、公宅、赐第、山庄、隐居、书隐、草庐、泉、馆、精舍等等，无不记其沿革由来。吴县内建于周代的有伍子胥宅、范蠡宅，汉代的有皐伯通宅、梅福隐居、蔡经宅，均有记载。《苏州府志》中记载着许多第宅园林，周代的有六处，汉代的有四处，南北朝时代的有十四处，唐代的有十七处，宋代的有一百一十八处，元代的有四十八处，明代的有二百七十一处，清代的有一百三十处。如果一一详加介绍，虽然对于说明苏州地区的园林有意义，但是对于全面概述似无必要，而且对于论述园林构筑也没有大的意义。因此，此处只提出上述这些数量，以说明其盛况而已。这里只介绍一些称为园的建筑，其他从略。前面讲述唐、宋、元、明的章节中遗漏未谈的，这里从《苏州府志》中摘录一些材料，以为补遗。

吴县的园林有下列数处：

顾辟疆园　《晋书》中提到王献之路经吴郡时，听说顾辟疆有名园。昔人对此园有不少题咏。李白的诗句“竹暗辟疆园”，陆羽的诗句“辟疆旧名园，怪石纷相向”，说的就是这个园子。池馆林泉之胜，此园当时居吴中第一。后来已不知其遗迹所在。

孙园　不知在何处。元微之寄白乐天的诗中写道：“孙园虎寺随宜看，不必遥遥羡镜湖”。

任晦园池　《松陵集》中写道：有吴前泾县尉任晦者，其居有深林曲沼幽砌，疑任君宅即辟疆故居也欤。

南园 《祥符图径》中写道：在子城西南。有安宁厅和思元堂，清风、绿波、迎仙三阁。有清涟、涌泉、清暑、碧云、流杯、浴波、惹云、白云八亭。又有榭亭二。有柱及、迎春、百花三亭。西池在园厅之西，有龟首、旋螺二亭。又有茅亭、三茶酒库、易衣院。《续记》中说：广陵王师吴中治南园，酾流为沼，积土为山，岛屿峰峦巧出。祥符中，知州秦羲之葺之以馆寮吏，使客朝贵皆为赋诗。长洲令王禹偁常携客醉饮，赋诗云："天子优贤似有唐，镜湖恩赐贺知章。他年我若功成后，乞与南园作醉乡。"《续志》中又说：南园昔甚广柔，异石奇木多为朱勔所取，独一松盘根大而不可移，乃止。今府学后一方之地皆故址也，犹有清流崇阜，仿佛当时之胜。蜀人高氏亦得一隅而经营之，流杯出焉。因作醉乡等亭以仿古。

隐圃 在灵芝坊，为枢密直学士蒋堂的居所。蒋堂在杭州的时候，在吴中建住宅，以为将在告老后与宾客燕饮赋诗的处所。圃中有岩局、水月庵、烟梦亭、凤凰亭、香岩峰、古井、贪山等等。

梅都官园 在府治的西南。《野录》中写道：圣俞晚年谢事，卜筑沧浪旁。至今称其地曰梅家园。

沧浪亭 在郡学东。积水数十亩，旁有小山，高下曲折，与水相萦带。欧阳文忠公有诗句："清风明月本无价，可惜只卖四万钱。"沧浪由此而著名。

乐圃 在雍熙寺西，是朱伯原的居所。中有高冈，清池，乔松、寿桧。此地归钱氏时称为金谷园，后朱伯原营建为圃，并自己作记。乡人皆敬其德望，知州章岵命名为乐圃。圃内建有堂亭斋台桥池。到了元朝末年归张适所有。筑乐圃林馆。明朝宣德年间，杜琼得其东隅之地，称为东原结草，建延绿亭。有木瓜林、芍药阶、梨花埭、红槿籓、马兰坡、桃李溪、八仙架、三友轩、古藤阁、芹涧桥，共为十景。明朝万历年，申文定公致仕还乡，在此建适适圃。圃中的赐闲堂至清朝时还存在。

千株园 在消夏湾龙舌山下。宋淳和初年，宗室赵节斋在此处种柑橘，并读书于此。明朝人陈继儒过此园时，题额"四声斋"。到了清朝顺治年，此园改建为僧寺。

梅宣义五亩园 不知其所在之处。苏轼诗的注中提到有一位梅宣义，吴郡人，为梅子明之父。梅子明曾任杭州通判，与苏轼同僚。

范家园 在雍熙寺的后边。有石刻三大字，后来移至文正书院的右侧。

张氏园池 也是南园故地。宋绍兴年间，侍郎张几仲得此园，园内有山亭、凌霞阁、水竹道院等。

西园 在阊门西，为洛人赵思的别墅。张孝祥书写大字匾额"古江村"。园内建有一堂，名曰吴娱堂。

郭氏园 在饮马桥西南，原来是郭云大夫的居所。园内有一池，称为小沧浪。后来为魏克愚大卿所得。

绿水园 在孙老桥东南。原来是朱勔的同乐园，到至正年间，庐山陈惟寅得此园，改名为绿水园。这个名称来自杜甫的诗句。园中有池，其林沼亭轩皆有匾额。明朝末年，张世伟在此园遗址改建一座闟泌园。后来俗称仍呼朱家园。

怡老园　在西城桥。王文恪公鏊致仕还家，喜爱山居。其子尚宝卿王延喆请工匠仿照山中景物而建一园，以娱其父。此园旁枕夏架湖，面临湖水，前面有雉堞环列。

壑舟园　在洞庭东山。为王文恪公仲兄王盘所筑。王盘隐居，不任官职，取藏舟于壑之意而名其园，即以自号。此园后来荒废了。其裔孙金增奕组购买了朱氏的缥缈楼，仍称为壑舟，以承先人之志。其地颇擅湖山之胜。

多木园　在宝桥北。为士人顾云龙所建。园中有乔木，所以称为多木园。

苏家园　为御史苏怀愚所建，在阊门内后板厂。后来苏怀愚建一李模园，俗称为北园。

水木明瑟园　在上沙。初时有吴江高士徐白介隐居于此。郡人陆稹增拓，于是成为胜地。园中馆宇皆秀。

遂初园　在木渎，为清朝康熙年间吉安太守吴铨（字容斋）所筑。园中建一堂，名补间堂。徐陶璋曾为此园写序。后来归葛氏所有。

清华园　在阊门外上津桥。观察毛达斋买朱氏一废园，加以修葺而建成园。沈德潜曾为此园作记。

从适园　在包山。

乐饥园　在灵岩山麓。香溪栖碧山人韩璟将秀野园改建为此园。

绣谷园　在阊门内后板厂。为朔州知州蒋深所筑。有绣水、苏斋、交翠堂诸胜。

一枝园　在阊门枫桥。段玉裁曾寄居于此。内有经韵楼。

慕家花园　在吴县黄鹂坊南。清朝康熙年间，巡抚慕天颜所筑，后归绍兴太守河南人席椿所有，后来已经荒废。

怡园　在木渎下沙塘。乾隆初年，此园为邑人陶篠的别墅。

潜田　在木渎斜桥之西。本来是一所旧家废园，后来歙人汪某卜居于此，筑成此园。园中有许多老树奇石。嘉庆十八年，里人钱炎杏圃得之以为别业，构筑亭榭池阁，名为潜园。其弟钱煦子舟得薛氏废园十余亩，在潜园西一百余步处。重葺旧址，凿池筑亭，以为休息之所，名曰西潜园。

长洲和元和的园林如下：

何仔园亭　在尹山，种植的花木甚多，牡丹佳品不少。见于《南归录》。

郑景行南园　在阳城之东。前临巨浸，后据邱阜。聚奇石为山，环以花竹。有撷芳径、观鱼轩、听鹤亭。

马氏东园　在甫里眠牛泾，为马文远所筑。该园为周兴、赵文等人诗文酬唱之所。园内有佳石，名曰翠云朵。

拙政园　本书第十二章第五节已经介绍，此处从略。

紫芝园　在阊门外上津桥。为徐太学墨川的园子，后来归项詹事煜所有。甲申年毁于火。

归田园　与拙政园为邻，为王侍郎心所筑。园内有兰雪堂。此园建于明朝崇祯己亥年。有泛红轩、竹香廊诸胜。后来荒废，只有基址尚存。

塔影园　在虎邱便山桥南数步之处。为文肇祉所筑。后来顾苓云美居此，更名曰云阳草堂。又有一室，称为松风寝。有诗曰："篱豆花开香满园，赤阑桥畔塔斜悬。偶思小饮沽村酿，门外鱼虾正泊船。"

墨池园　在葑门内。相传苏文忠公曾在此洗砚。明朝时孔副使筑成此园。中有苏公署榜曰"碧涟亭"。此园后归李氏所有。

芳草园　在定跨桥北。为青霞居士顾凝远所筑。后来改名为花溪。

顾都宪凤池园　在銮驾巷。为顾氏旧圃，后重修为园。

狮子林　在城东北隅。元朝至正年间为僧寺。康熙皇帝南巡时屡次临幸。乾隆年间，川东道黄轩之父购得之，建为涉园。乾隆皇帝南巡时也常至此。园中奇石甚多，又有古松五株，所以俗称五松园（请参照本书第十一章第四节的叙述）。

网师园　在葑门内阔堦头巷。为宋宗元的居所。后归太仓瞿氏所有。钱大昕、褚廷璋等人皆有文章记此。

塔影园　在虎邱东南隅，为蒋重光所筑。此园本为程氏故居，后归蒋氏所有。沿用塔影旧名，实际上并不是塔影园的旧址。沈德潜有文记此。

一树园　在斟酌桥，为常州孙星衍观察所筑。园中授书堂后楼内有其祖母许太夫人的像。其左即为孙武子祠。

绿水园　在碧凤坊，是布衣朱襄桥的居住之所。

寒碧庄　在城西花步里，是刘观察恕的住所。刘恕是洞庭东山人，移居于此处。这个园本是明朝人徐泰时的东园的故址，园东北方尚有东园的门。刘恕爱石，在园中聚奇石为十二峰，名为奎宿、玉女、箬帽、青芝、累黍、一云、印月、猕猴、鸡冠、拂袖、仙掌、干霄。刘恕请昆山王学浩代为绘成图画，钱大昕题曰"花步小筑"。

涉园　在宝成仓，是保宁太守陆绵居住之所。

萱园　在阊门外下津桥之东，为周谨居住之所。

留卧园　在娄门内，为汪玢居所。

适适园　参照本书第十二章第五节。

息园　在闾邱坊。园中有妙岩台。此园后归钱氏所有。

止园　在东城白塔子巷。园内有怀云亭。为沈太史世奕的住所。

真趣园　在阊门外李继宗巷，为明朝尚书吴一鹏所建。清朝雍正年，邑人赵成秩得此园，重加修葺。园中有石自池中出，有明嘉靖年间的题字。在石的对面建有拜石轩。

昆山和新阳的园林有下列一些。

北园　为漳潭陈氏的园子。有范成大所书匾额。东浦黄简有文记此。

翁氏园　在昆山县治之西。有吴仁杰赏水芙蓉诗。

孙氏园　在昆山县治之北。马先觉有诗题此。

洪氏园　在昆山县治之东。

依绿园　在高墟。园内竹石盛极一时。

陈氏园　在新安寺东，为吏部陈昌世所筑。陈昌世自信州守任上受召而迁吏部尚书，宋理宗称他“一廉可喜”。因此，陈昌世在家中筑了一座喜廉堂。

郑氏园　在马鞍山前，为郑竦所建。西偏有道院，植花数百本，皆吴中所无者。郑竦的居处有止足堂，匾亦为梦鼎所书。

西花园　在县西。古时有东北两花园，相距一里。郑文康有诗记此。

丙园　在宾曦门外汉浦东。

王中丞永祚硕园　旧名颐园。圃内有听松阁、万竹楼、雪舫、清荫堂诸胜。此园在留晖门外濠仓之北。

乐彼之园　在马鞍山东麓。旧时有东岩亭，为都事顾操所建，所以顾操自号东岩。园中有绣壑岩峦，环互苍翠，东山景色最佳。顾东岩有题咏一卷。

附巢山园　为顾震寰所筑，在马鞍山之阴。旧为通参张寰的别墅。内有宁化知县夏津之墓，张寰筑梅花台以保护此墓。后来归徐氏所有，改筑为园。

东园　文学沈杞所筑，在溢渎村。旧时有东西二花园，相距一里。

泗园　在大泗瀼。为易恒所辟。

卢氏园　在小瀼东，是职方员外卢梗所创建的。

妙喜园　在西关外金童桥北。初为严氏园，徐坦斋建成别墅。园内有荷花池和竹圃。此园后来改为僧舍。

刑部尚书徐乾学宅　在半山桥。又建西堂，称为冠山堂。据传说，楼中收藏着图书数万卷。宅后有园，名曰憺园。园中有怡颜堂和看云亭。还有一座遂园，在马鞍山北麓，也称为北园。

三益园 在马鞍山老人峰下。清朝康熙丙辰年，徐季重、叶九来、吴扶风三个人共集金钱，筑成此园，为西岩胜地。

常熟和昭文二县的园林如下：

陈陆园　在县西北，鹿园遗址。陈起宗筑读书台，陆绾在此处筑待潮馆，所以称为陈陆园。

梧桐园　在县北十八里之处，为陆庄富室曹氏所辟。曹氏盛时，此园为一时名胜。园中种植梧桐数百株，每有客至，则命僮子洗梧桐，因此又称为洗梧园。

团谿乐隐园　在沙头镇。为瞿先生住所。

南园　在沙溪，为陈从道所辟。陈朝夕在园中觞咏，坐客恒满，有南园十咏之作。又有出纳之所，称为平轩。张洪为此作记。

北园　在北门内。举人周彬筑此园以娱其亲。园内有乐山亭。周彬之父周时望亲自作记，以戒子孙，使勿嬉戏。乔林古石，流泉映带，寻幽者指为会心之处。后来此园归他人所有了。

小南园　在草桥西南，为桑通判瑾所辟。桑瑾时常与其弟桑瑜在园中游赏。有一座亭称为四二亭，取四美二难之义。钱仁夫作文记此园。西岩庄在拂水岩之西，也是桑瑾所辟，沈周曾为此园绘图。

日涉园　为蒋世卿所建，其子蒋宪加以修饰。此园在初平石畔。

万绿山居 一名寿乐园。在宝岩湾。此园为杭州太守陈言所建。

东园 在宾阳门外。为尚书翁叔元所建。

景园 在梅里北的景巷，为刑部员外景行所建。园中奉祀其节母叶氏夫人，有祠墓坊表。山池花木俱佳，园亭甚美。每到春日，游舫云集。

蒋园 在北门内，为台湾知府蒋元枢居所。园内建有西洋台，丽巧耸擢，棂栏皆用檀柟。园中奉祀天妃。常熟人说元枢居所为北宅，后来该园归同姓人所有。

吴江和震泽二县的园林如下。

水花园 在同里湖滨，为叶振宗居所。园内建有聚书楼、约鸥亭、小垂虹。池阁石梁，左右映带。

谐赏园 在城西北隅，为提学顾大典的居所。有云梦馆、清音阁、华仙馆、松石山房、美蕉轩。顾大典自己撰大篇园记，记述园中可观之景。

五亩园 在黎里，为直隶总督周元理的居所。

平川汪氏园 在平望镇，为贡生江栋所建。李果有文记此。

第十节 上海诸园

上海开港虽于后世，但据史籍所载，宋代初期即置上海镇。到了元代，上海镇升为上海县，属松江府。明、清两代，上海为水运要地。清朝道光年间，订《定南京条约》，各国开设租界，该地日趋繁华。因此，上海的园林多属清代以

▼上海学宫 清版画（摘自《中国古典风景园林图汇》）

▲ 上海愚园　清版画（摘自《中国古典风景园林图汇》）

后所建，当时的租界内有欧美式的公园。兹摘录《清稗类钞》和《名胜古迹大观》中的一些记载，介绍于下：

味莼园　俗称张园，位于静安寺路。原为吴锡张叔和的别业，后来屡易其主。西南有楼，当中有池，池中有岛。杂莳松竹，苍翠可人。近旁有大面积的草地，可以做球场。

愚园　是上海的名园，在静安寺附近。一进园门，过一小桥，即可看见一座楼。楼前植有乔木多株，有一架紫藤。楼的后边有一池，池中建一水亭，称为如舫亭。过此即为敦雅堂。堂后有假山，石笱颇多。山上建有花神阁，刻有闽人辜鸿铭所作英文诗和德文诗。池的东、西、南方建有亭榭。在楼的西北隅，又建有一座小楼，称为飞云。楼西为球场。球场东北为弹子房。弹子房的东边是鹿柴虎栅。西侧建有唐花室。

徐园　为海宁徐棣山所建，名曰双清别墅，在老闸桥北唐家锡。一进园门，则见竹木葱郁，轩亭精洁。累石而筑假山。山上张设风车，风来车动，吸水机喷水，高达数丈。水喷入池中。

㞡虹园　位于虹口，因以名之，俗称赵家花园。此园为粤人赵某所建，颇似西洋式的园林。

东园西园　在上海城中，邑庙的东边和西边各有一园。东园就是内园，内有大假山。有老栝一株，相传是明代之物。西园为明代潘允庵豫园旧址。园内有香雪堂、三穗堂、华秀堂、默春堂诸胜。

半淞园 在高昌庙路。门上有横额，书写“江天揽胜”四字。门内有山，山上建一亭，可以望见黄浦江。其旁有杏花村酒店，很有观山看水的乐趣。

六三园 在宝山路北，为日商六三亭主人所建。此园建筑大多是日本式的。园内水木清华，亭榭幽胜。樱花甚为繁茂，具红、绿、白三色。樱花盛开之际，望之有若云霞，实在极为可观。

华人公园 在里摆渡桥畔，面临苏州河。园内花木杂莳，中有日晷亭。左右有茅亭四座，极为质朴。

西人公园 在外摆渡桥，面临黄浦。园中树木颇多，中有音乐亭和喷水池。

新公园 在北四川路靶子场。地颇广阔，花木甚繁，内有球场。夏季欧洲人多到此园内游玩。

纪念公园 在闸北虬江桥畔。园中有花木亭桥，清胜可观。门前建一亭，称为纪念亭，纪念筑路。

也是园 在小西门内凝和路，为明朝天启年间乔炜所建。此园即渡鹤楼的遗址，后来屡易其主。也是园这个名称是后来的主人李氏所改取的。园中有湛华堂、育德堂、珠来阁、钓鳌处诸胜。叠石穿池，回廊水榭，殊饶林泉之趣。

遂吾庐 在谨记路。虽不甚广阔，但结构甚佳。园内引流为沼，叠石成山，甚为雅致。

惠家园 在徐家汇西南漕河庙之南。此园广达三十亩，花木甚多。建有一亭，称为惠雨亭，所以俗称惠家花园。

九果园 在曹家渡之西。因旧时植有九果树，故称此名。园为邑人吴文涛所建。有望江楼、环江草堂、闹江画舸诸胜。

学圃 在静安寺路，为四明周氏别墅。园中有西洋式建筑物。景物清幽，花木甚繁，而且颇多佳种。

宋园 在宋公园路。门额有“宋园”二字，为谭延闿所书。园的中央，立有宋教仁的石像。

第十一节 《南巡盛典》中的行宫及园林

清朝时代，康熙皇帝四次巡狩江浙一带地方，乾隆皇帝六次南巡。《南巡盛典》记载乾隆皇帝南巡，自卷九十四至卷一〇五为名胜部，有图录一百五十四，十分真实地绘出直隶、山东、江南、浙江的名胜，以及行宫和皇帝游览的寺观园林。行宫有的是官署建筑物，有的是原有的第宅园林，也有由寺观改建而成的；总之都是皇帝一时宿营居住之所。行宫的规模虽不很大，但各有其特色，配置整齐，厅堂廊亭的结构以及山池林石的布局，表现出南方情趣。这些都是营建京郊宫苑和避暑山庄的主要参考资料。如果此处介绍全部图录，自然有助于研究，但是限于篇幅，所以只可简单概略地列出图录中所提到的名称，对于行宫和园林加以简单的说明。

直隶名胜　卢沟桥、郊劳台、宏恩寺、永济桥、涿州行宫、紫泉行宫、赵北口行宫、思贤村行宫、太平庄行宫、红杏园行宫、绛河行宫、开福寺。

山东名胜　德州行宫、晏子祠行宫、灵岩行宫、泰岳、红门、玉皇庙、朝阳洞、岱顶行宫、岱庙、四贤祠行宫、孔庙、古泮池行宫、孔林、孟庙、泉林行宫、万松山行宫、郯子花园行宫、南池，太白楼、分水口、光岳楼、无为观、四女寺。

▲ 绛河行宫　清版画（摘自《中国古典风景园林图汇》）

江南名胜　顺河集行宫、陈家庄行宫、惠济祠、香阜寺、天宁寺行宫、慧因寺、绮虹园、净香园、趣园、水竹居、功德山、小香雪、法净寺、平山堂、高咏楼、莲性寺、九峰园、邗上农桑、高曼寺行宫、锦春园、金山、焦山、钱家港行宫、甘露寺、艤舟寺、惠山、寄畅园、苏州府行宫、沧浪亭、狮子林、虎丘、灵岩山、邓尉山、香慧海、支硎山、华山、寒山别墅、千尺雪、法螺寺、高义园、穹窿山、石湖、治平寺、上方山、龙潭行宫、宝华山、栖霞寺、栖霞行宫、玲峰池、紫峰阁、万松

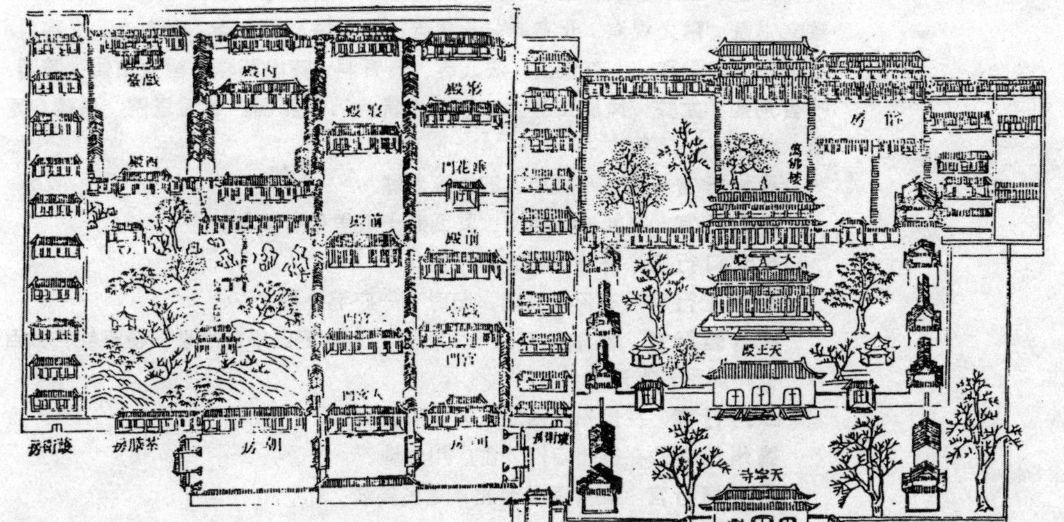

▲ 天宁寺行宫　清版画（摘自《中国古典风景园林图汇》）

▲ 趣园　清版画（摘自《中国古典风景园林图汇》）

山房、天开岩、幽居庵、叠浪岩、德云庵、珍珠泉、彩虹明镜、燕子矶、后湖、江宁行宫、报恩寺、雨花台、朝天宫、清凉山、鸡鸣山、灵谷寺、牛首山、祖堂山、云龙山。

浙江名胜　烟雨楼、杭州府行宫、西湖行宫、苏堤春晓、柳浪闻莺、花港观鱼、曲院风荷、双峰插云、雷峰夕照、三潭印月，平湖秋月、南屏晚钟、断桥残雪、湖心平眺、吴山大观、湖山春社、浙江秋涛、梅林归鹤、玉泉鱼跃、玉带晴虹、天竺香市、云栖寺、蕉石鸣琴、冷泉猿啸、敷文书院、韬光观海、北高峰、云林寺、六和塔、昭庆寺、理安寺、虎跑泉、水乐洞、宗阳宫、小有天园、法云寺、瑞石洞、黄山积翠、留余山居、漪园、吟香别业、龙井、凤凰山、六一泉、大佛寺、安澜园、镇海塔院、禹陵、南镇、兰亭。

涿州行宫　在涿州城南，即古涿鹿城。

紫泉行宫　在新城县西南。其西北十五里处有紫泉。

赵北口行宫　在任邱县北五十里。

太平庄行宫　在河间县南。旧时有一座毛公祠。

红杏园行宫　在献县南三十里之处。为献王日华宫故址。植有红杏数百株。有亭翼然，有池泓然。

绛河行宫　在景州城西北。河自故城流入。

德州行宫　在德州南门外古广川之地。

晏子祠行宫　在齐河县西北，地名晏城。

灵岩行宫　在长清县东南九十里之处。灵岩山一名方山。

岱顶行宫　自泰安县南天门而上，出盘道，即登至岱顶。

四贤祠行宫　在泰安县西南。

古泮池行宫　在曲阜县东南隅，旧时其地有泮池台。根据《水经注》，灵光殿的东南方就是泮池。

泉林行宫　在泗水县东五十里之处。泗源左右有泉数十，互相灌输，合而成流。

万松山行宫 在费县东北十里之处。

郯子花园行宫 在郯城县外一里左右。

顺河集行宫 在宿迁县运河之东，遥堤之旁。

陈家庄行宫 在桃源县。由林家庄至此，有五十三里。

天宁寺行宫 在扬州府拱宸门外，为东晋太傅谢安的别墅。

绮虹园 元朝崔伯亨的园址。

净香园 在虹桥东，有堂，悬御题联额。

趣园 有乾隆二十七年御题匾额，旧称四桥烟雨。

九峰园 园中故多佳石，大者逾丈，小亦及寻，千形万态，不可端倪。石间罗植卉木。临池筑一小榭。

高旻寺行宫 在城南十五里之处。

钱家港行宫 在镇江府西门外。

寄畅园 在惠山之左。明朝正德年间，尚书秦金得此地，辟而为园。后来其子孙次第增葺，改名为寄畅园。园周围有清流环绕，荫以嘉木，于是成为一处胜地。

苏州府行宫 在府城之内，旧时为织造官廨。圣祖康熙皇帝南巡时驻跸于此，乾隆十五年重修。

沧浪亭 在郡学之东。积水淼漫，小山曲折。相传为钱元璙的池馆，宋代苏舜钦得之，筑一亭，名曰沧浪亭。此亭由于欧阳修的诗句"清风明月本无

▼ 漪园 清版画（摘自《中国古典风景园林图汇》）

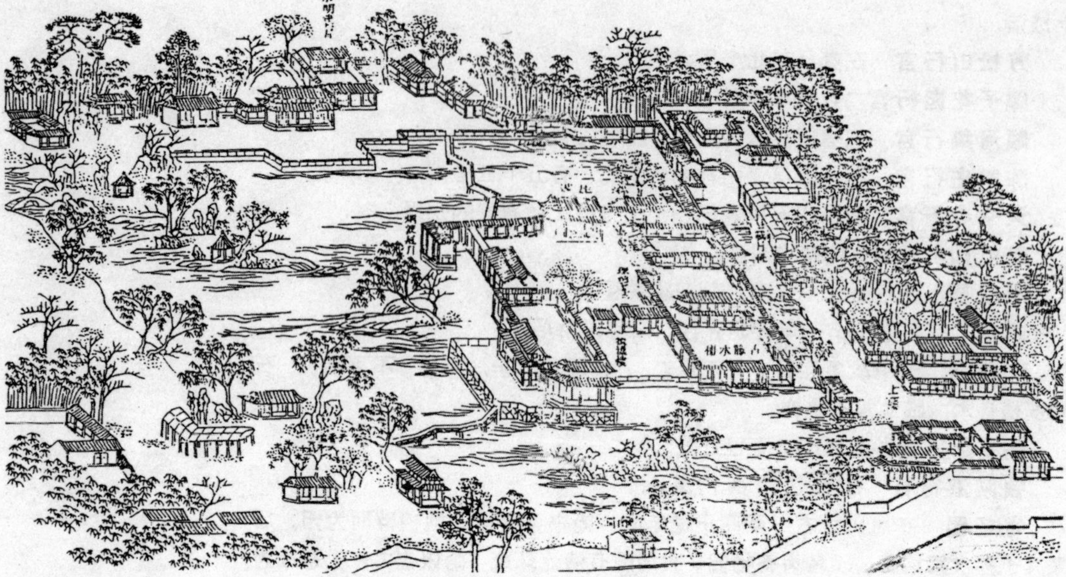

▲ 安澜园　清版画（摘自《中国古典风景园林图汇》）

价”而著名。不久以后，此亭归章惇所有，后来归于韩世忠，更加扩建。元、明时代，此园荒废而成为僧舍。明朝嘉靖年间，知府胡缵宗重建韩世忠祠，释文莹又在其旁建一沧浪亭。到了清朝时代，宋荦任江苏巡抚时，搜访遗迹，在山岭构筑一亭，得文徵明所写隶书“沧浪亭”三字，揭于亭楣。

狮子林　在城的东北隅。有许多怪石，状如狻猊，所以称为狮子林。元朝至正二年，天如禅师的门人结屋以居其师。有峰，有池，有桥，有亭，有松，有竹。僧寮宾馆无不具备。敕赐寺额曰菩提。后为世家所占。倪元镇曾绘图，其

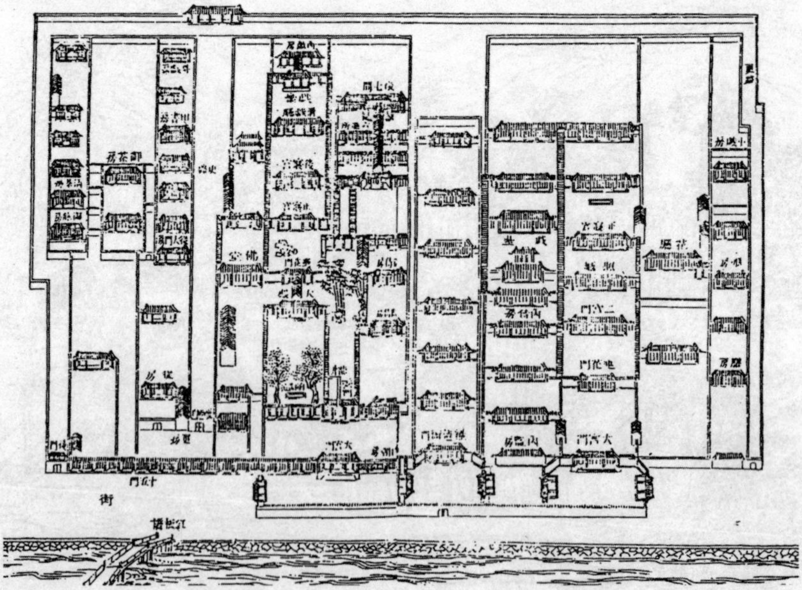

▶ 苏州行宫　清版画（摘自《中国古典风景园林图汇》）

真迹传入内府。

高义园　在苏州府西天平山中，有卓笔、飞来、卧龙诸峰。

龙潭行宫　在句容县西北八十里之处。

栖霞行宫　在中峰之左，与东峰相接。秀石嵯峨，茂林蒙密。

江宁行宫　在会城中。

烟雨楼　在嘉兴城外南湖中。湖中有洲，建一楼，曰“烟雨楼”。湖澄如镜。

▲ 兰亭　清版画（摘自《中国古典风景园林图汇》）

杭州府行宫　在涌金门内太平坊。

西湖行宫　在孤山南。

小有天园　在净慈寺西慧目峰下。旧名壑庵，后辟为园。山上建一亭，曰南山亭。清乾隆十六年赐名为小有天园。

漪园　在雷峰西照亭下。旧时有一座白云庵，乾隆二十年重修。有长廊绕阁，镜水通湖，鱼鸟亲人，云山入画。乾隆二十二年赐名为“漪园”。

安澜园　在海宁县拱辰门内。初名隅园，为大学士陈元龙别业。园内镜水渝涟，楼台掩映，奇峰怪石秀削玲珑，古木修篁苍翠蓊郁。乾隆二十七年，皇帝亲阅海塘，驻跸于此，赐名“安澜园”。

兰亭　山阴县城西有兰渚，有亭称为“兰亭”。东晋时王羲之与谢安等四十一人修禊于该地。地多修竹，甃池叠石为流觞曲水之胜。这些人各各赋诗，王羲之作序。康熙皇帝亲笔书写大字兰亭序，又命刑部员外郎宋骏业重修兰亭，在亭后建右军祠堂。

结语

1.清朝三百年治世实建成于康熙、雍正、乾隆时代，讲求经世安民之策，并利用宗教和外来文化，努力经营，使清代文化呈现灿烂辉煌。

从宫苑园林方面观察清代文化，可以看出，清代从前代继承了紫禁城和禁苑太液池，在北方营建了热河避暑山庄，南方则以西湖景胜为中心而营建行宫和园林，在燕都西郊营建以圆明园为首的许多宫苑。清代原状不变地继承了明代燕都的宫城和禁苑，对于北京一带并未加意经营，而于远离都城的地方建园。在都城以外的南、北诸地营建园林，与清代的兴盛有关。

2.本书第十一、十二、十三章讲述了燕都西苑的太液池和琼华岛，由这些材料可以了解元、明、清诸代的状况。现在简单叙述这一变化的经过如下。

远在金朝时代，在琼华岛上建广寒殿。金人将宋艮岳的石材运至此处，元朝至元年间又加增饰重修。元朝在山前建白石桥，在其东方辟为灵囿。琼华岛的南方有仪天殿，其东西两方有木吊桥架于太液池上。这一带的轮廓大体上是那个时代建成的。又在太液池西建兴圣宫和隆福宫。

到了明朝时代，经营趯台陂附近一带，就是瀛台的前身。在趯台陂的西方建旋波台，又在中海、南海的东西两岸建成许多座宫殿馆阁。更向北海的北端发展，建五龙亭于该处，并筑一些斋轩亭堂，相连相属，形成这一带的景致。明代在琼华岛的南方、元朝仪天殿的基址上建造承光殿，在其南方辟椒园和蕉园。太液池禁苑的规模至于明代开始形成了全貌。

及至清代，对于这一带只进行了修补而已。稍有一些增建，主要的是乾隆时代在瀛台东方建成了流杯亭、素尚斋、千尺雪。乾隆时代又在中海东岸建水云榭。后来光绪年间，在瀛台西方建卍字廊一区，又在北海北岸建镜清斋和沁泉廊，即西太后花园。乾隆时代在琼华岛上建喇嘛白塔和承露盘。

如果详细介绍，读起来当然清楚，但嫌过于冗长。因此这里不详述，请参照前章。

3.试比较历来各时代禁苑的规模设施和面积。

汉代长安上林苑是方圆三百里，有离宫七十所，皆容千骑万乘。上林苑中饲养百兽，天子于秋冬二季射猎以取禽兽。有苑门十二座，苑三十六，宫十二，观二十五。此外还凿有许多池沼。唐代长安的禁苑东西二十七里，南北二十三里，周一百二十里。苑中有宫亭二十四所，有东西南北门。隋代洛阳的西苑周围二百里。苑中建有十六院。筑山凿海十余里。到了唐代，唐太宗见隋朝旧苑广二百二十九里一百三十八步，认为过大，于是毁其苑而赐居人。唐代洛阳神都苑缩小为一百二十六里。前章已经详述，此处省略。不难想见，这些苑林的规模都是很大的。

自上林苑开始即设有苑门，可见苑的周围筑着墙垣。这类墙垣的规模如何，虽然不得而知，但可知筑墙是来自前代的习惯。史述秦代已经筑成万里长城的一部分，由此可以了解筑墙技术及其应用由来甚古，而且不断发展。

汉、隋、唐诸代的禁苑包括都城外郭之外。上林苑自南而东。隋代西苑在都城西方。唐代长安禁苑自北而西。虽然其方向因地形不同而无一定，但确知皆设于角城郭外。又因其面积大，有充分余地，所以在其中营建离宫，建筑宫院殿阙，开凿池沼。隋代洛阳的西苑因受南方的影响而极富游乐的色彩。汉代的上林苑和唐代长安禁苑则用于狩猎练武，建筑非常朴实。

宋代在汴京营建艮岳寿山。山的周围十余里，最高的一个山峰高九十步。燕都西苑长度为六里，宽度一里半多，南北长而东西短，周围大约十余里。虽然近代里程的量法较古代大，但汴京的艮岳和燕都的西苑皆比汉上林苑和唐禁苑面积小得多。这是因为它们建于都城郭内，与宫城靠近。从禁苑方面看，不论其规模是大是小，但皆于最近处营设园林风景，这一点与唐代以前大异其趣。由此可见，唐代以前总是在宏大的天然环境中营建殿阁，而艮岳和燕都西苑由于面积小，所以极力在全面积范围内建设园林，因而力加粉饰，用太湖石和假山增补景物，是势所必然的。

4.我们研究中国宫苑园林史中的禁苑，要了解清代燕都紫禁城的西苑和太液池与汉代上林苑、隋代洛阳西苑、唐代长安禁苑之间有什么关系。首先要研究自禁苑建设至衰败为止共经历多少年，也就是能保存多么长久。

汉代上林苑是汉武帝在秦代阿房宫故址扩建而成的，到光武帝迁都于洛阳为止，整整一百六十年。可见汉代上林苑是保存一百六十年的一座禁苑。秦代阿房宫的存在仅仅十余年。汉代洛阳的西苑在光武帝时代营建南宫和北宫。自那时以后，西苑的建设渐次趋于完备。至曹丕废汉献帝而登帝位时为止，为时绝不超过二百年。曹魏虽凿灵芝池和天渊池，筑芳林园，但都与汉代西苑无关，而完全是另外建筑成的。

自从唐高祖李渊攻陷长安，代隋而即帝位，至唐朝灭亡为止，历时大约三百年之久。唐代的禁苑连同隋代的大兴苑一起计算年数，即从隋开皇元年算起，也不超过三百余年。唐代洛阳的神都苑起始于隋炀帝大业元年在洛阳宫城之西建筑的西苑。其最后衰败于什么时候，尚不得确知。如果推测它也败于唐末，则同样也是历时三百余年。

再看看燕都西苑太液池的年数。金明昌二年(1191年)已经在琼华岛建成万宁宫，其上建广寒殿，建有妆台。到了元代，琼华岛称为万岁山，大加增修。明代更向南扩展，及于瀛台一带。向北则扩展到五龙亭。清朝康熙、乾隆时代又加重葺，不断增修扩建。元代至元十一年(1274年)在大兴故城之北建京城，以为天子的皇宫。从该年算起，至今已六百年。如果从辽代算起，则已经有了七百余年。通过这样简单的比较即可看出，燕都的禁苑连续元、明、清三个朝代，其间并无中断，不得不认为是存在时间最长久的。

5.清朝康熙、乾隆时代，文化殷盛至极，宫苑园林的建设也达空前盛况。下面按年代列出康熙、乾隆时代有关宫苑的大事：

康熙十四年 幸玉泉，观禾。

康熙十六年 建热河喀喇河屯行宫。

康熙十九年 设澄心园。

康熙二十三年 重葺藕花居。

康熙二十八年 幸云栖梵径。

同年 幸玉泉。

康熙二十九年 筑畅春园，避喧，听政。

康熙三十一年 澄心园易名静明园。

康熙三十八年 南巡，登吴山，驻跸府城行宫。

同年 御题西湖十景。

同年 幸湖心平眺。

同年 幸高庄。

同年 再幸云栖梵径。

康熙四十一年 建热河两间房行宫。

康熙四十二年 建热河张三营行宫。

同年 重葺热河避暑山庄。

康熙四十三年 建热河王家营行宫。

同年 建热河波罗河屯行宫。

康熙四十六年 驻跸西湖行宫。

康熙四十八年 赐圆明园为雍邸私园。

康熙四十九年 建热河巴克什营行宫。

康熙五十年 选热河避暑山庄三十六景，书匾额。

康熙五十一年 建热河中关行宫。

康熙五十九年 建热河常山峪行宫。

同年 建热河黄土坎行宫。

同年 建热河什巴尔台行宫。

雍正三年 于圆明园南建殿宇朝署，增饰园景。

雍正五年 李卫重建钱王祠。

同年 建莲花松舍精舍。

同年 重加增葺湖心平眺。

雍正六年 在玉泉鱼跃泉上建亭。

雍正八年 建怡贤亲王祠。

雍正九年 重葺天竺香市殿宇。

同年 李卫辟竹素园。

同年 李卫重建关帝祠。

乾隆七年 建热河钓鱼台行宫。

同年 圆明园内营建宫室，土木工程不断。

乾隆九年 建成圆明园四十景。

乾隆十年 高宗建静明园，是年重葺。

乾隆十二年 在长春园北，建西洋式建筑物远瀛观和海晏堂等。

乾隆××年 写成静明园十六号诗。

乾隆十五年 重新修成苏州行宫。

同年 在昆明湖堤岸筑园，赐名清漪园。

乾隆十六年 建成长春园。

同年 在热河避暑山庄建永佑寺。

同年 在乐善园内建倚虹堂。

同年 南巡。建杭州府城行宫。

同年 重建西湖行宫。

同年 赐浙江小有天园名。

乾隆十九年 高宗新题热河避暑山庄三十六景。

乾隆二十年 重葺浙江漪园。

乾隆二十四年 建成热河济尔哈朗图行宫。

乾隆二十七年 建成热河阿穆呼朗图行宫。

同年 赐浙江安澜园名。

同年 题浙江趣园匾额。

乾隆二十九年 建成热河避暑山庄永佑寺塔。

乾隆三十七年 增绮春园总领一人。

清代在避暑山庄建成许多寺庙，按年代排列如下：

康熙五十二年 建热河溥仁寺。

同年 建热河溥善寺。

乾隆二十年 建热河普宁寺。

乾隆二十五年 建热河普佑寺。

乾隆二十九年 建热河安达庙。

乾隆三十二年 建热河溥乐寺。

乾隆三十六年 建热河普陀宗乘庙。

乾隆三十七年 建热河广安寺。

乾隆三十八年 建热河城隍庙。

乾隆三十九年 建热河罗汉堂。

乾隆四十年 建热河殊像寺。

乾隆四十一年 建热河文庙。

乾隆四十五年 建热河须弥福寺庙。

同年 建热河关岳庙。

清仁宗嘉庆帝有绮春园三十景诗。光绪十一年，重葺清漪园，改为颐和园。

综观以上所列年表，大体上可以了解清朝康熙、乾隆时代宫苑建筑的进展状况。康熙前半期大约三十年，只在玉泉建澄心园(静明园)和畅春园。在这期间，皇帝数次南巡江浙地方，连年到热河狩猎。康熙四十年代重葺避暑山庄，五十年代选三十六景。进入这一期间，避暑山庄已建成齐备。同时在燕都西郊畅春园之北，选海淀之地建筑圆明园，模仿南方各地的园林景色而建于其中。当时康熙皇帝治理国家四十余年，国内太平，文运隆昌，因而建成如此规模的宫苑，实为理所当然的。康熙四十年至六十年期间，实成编纂书籍的宏大事业，表现康熙皇帝到了晚年更加成熟英迈。

雍正皇帝在位时间短，但因他学识丰富，勤俭节约，政治严肃，因而巩固了清朝的基础。关于这一点，史家已有定论。雍正时代的宫苑建筑仅限于增修圆明园，在南方增建必要的殿宇朝署，又在西湖周围进行了若干修建。因此应该说这一时代并未有大规模营建。康熙时代治世四十年后文化逐渐兴盛，乾隆时代在康、雍二朝的基础上继承而进一步发展，高宗即位之初即达兴盛之世。从上列年表可以明显看出，乾隆九年就开始完成圆明园四十景。圆明园的构筑至此时代已达全盛完备之境。乾隆十四年重葺静明园，乾隆十五年建成清漪园，十六年建成长春园。这样的兴建绝不限于燕京一地。乾隆十五、十六年，重葺复建苏州行宫、杭州府城行宫和西湖行宫。同时还在热河避暑山庄兴建永佑寺等建筑物。乾隆十九年，高宗新题三十六景。此时避暑山庄的景致已完全建成。其后十余年，永佑寺塔建成，为山庄更添异彩。在文化建设方面，康熙帝完成《古今图书集成》一万卷，乾隆帝编成《四库全书》。《四库全书》初藏于文渊阁、文源阁、文溯阁、文津阁，后来又抄写分藏于南方，即扬州的文汇阁、镇江的文宗阁、杭州的文澜阁。

乾隆时代营建宫苑园林是在这一治世时期的前半，即在热河避暑山庄新题三十六景完成的时期，乾隆二十年前后，此类营建大体完成。其后当然还会有或多或少的增筑，但是从上列年表看，得不出这样的结论。这并不是说乾隆初期那样强大的建设能力至此突然消失，在那个繁盛时期绝不会是这样的。实际上是把建筑力量转向营建热河八大寺庙。从上列年表即可看出，从乾隆二十年开始营建普宁寺，至乾隆四十五年建成须弥福寿庙，工程连续进行，历时二十多年。这样的大工程绝非一时之举，不是轻易完成的。

乾隆时代不仅在热河一地致力于营建，同时重葺增建了沈阳的福陵和昭陵，当然在其他诸地也进行了不少建筑。乾隆帝晚年时期，虽然政治渐趋缓怠，风习流向奢侈，但国势始终保持强大，并未走向衰微。平定西藏叛乱，全军凯旋的时候已经是乾隆五十七年了，只是在乾隆四十五年以后未曾进行大建筑而已。因此从那时以后看不到宫苑寺院营建的盛况。圆明园于咸丰十一年遭英法侵略军烧毁。在那以后过了二十五年，出现了豪华的颐和园，至今又已半个世纪，因而也有史述价值。

6.康熙、乾隆二帝南巡而将江浙文化带至北方，此处不谈，但应看看南方园林对于北方的影响。从《日下旧闻考》一书中可以看出，圆明园内的安澜园一名四宜书屋，是仿海宁陈氏园而建成的。圆明园内的小有天仿的是西湖汪氏园。颐和园内的惠山园改名为谐趣园，是模仿无锡秦氏寄畅园而建成的。长春园内的如园仿照江宁藩署的瞻园，亦即模仿明代中山王府的西园。由此可见，这些都是以南方诸名园为范本而设计修建的。再从有关圆明园的记载可以知道，从圆明园的风景中可以看出西湖的苏堤春晓、武林春色、断桥残雪、柳浪闻莺、花港观鱼、三潭印月、平湖秋月、两峰插云、雷峰夕照、南屏晚钟、曲院风荷等处的风致。由此可知在营建圆明园的时候，在极大程度上模仿西湖风胜。圆明园诸景受西湖的影响甚大。此外，清漪园内的望蟾阁是仿照武昌黄鹤楼而建成的。驼背形的绣漪桥和玉带桥等等，无不仿照江南风物而应用于园林构筑之中，这是十分明显的。

再说避暑山庄内的永佑寺的塔，是钱塘江畔六和塔的风姿再现于此，前面已经介绍。天宇咸畅阁边的镜水云岭又名金山寺，其建筑完全模仿镇江的金山寺。毫无疑问，烟雨楼正是模仿嘉兴城外的南湖。《南巡盛典》中有千尺雪之名，说是在寒山，石壁峭立。至于文园狮子林则仿苏州黄氏涉园。虽然设计规划不一定完全相似，但如它们的名称所表示的那样，确曾尽了很大努力以求表现其气宇。对比《南巡盛典》和《热河志》的图录，自可看出其间的奥秘。

7.皇帝巡狩时的驻跸之所就是行宫，为数不少。前节讲述避暑山庄时谈到一些行宫，介绍《南巡盛典》时也提到行宫。如果翻阅其他地方志著作，当会发现还有许多处行宫，不过著名者大约即此数处。在热河一地，避暑山庄以外的行宫不过是出入围场的路途上的简单馆舍。虽然其周围的山色或许是很雄伟的，但行宫本身则修建得淳朴简素。行宫内并不设置园池诸景。可是江浙一带的行宫则与此相反，它们有的是茅宅园林，有些则是具有古老传统的茅宅园林、寺观、山庄、府治和县治馆舍，改充行宫之用。这些行宫的形式极不一致，因而很有研究价值。康熙、乾隆时代，皇帝数次南巡江浙诸地，不但燕都西郊的圆明园和热河避暑山庄的设计是以江南园林为范本，而且燕都诸园的建筑无不受到江南园林的影响。

8.不知行宫内建筑戏台开始于什么时代。我们看《南巡盛典》的图录，设有戏台的有天宁寺行宫，高旻寺行宫、苏州府行宫、龙潭行宫、江宁行宫、杭州行宫、西湖行宫；燕京西郊的颐和园也有行宫。因为缺乏康熙时代以前的记载，所以只根据现有这些文献而认为行宫内建戏台始自清代。但如进一步探究，也许在更古的文献中另有发现，这暂且留待以后继续研究。戏台建在离宫、行宫之内，主要是为了皇帝巡狩时得慰旅情。戏台也就是戏楼。戏台的对面有看戏的处所，建有殿阁。戏台虽与园林并无直接关系，只因那个时代的行宫设计规模发展，故附记于此。

9.园林向公园发展。苑囿之类发展为动物园和植物园，这是新的倾向。中国也采用公园的名称，公园已经是现代城市必备的设施。公园是面向大众的，因而追慕山居寂静之情不得不失去。中国园林远自秦、汉以来就沿着一条传统的路线发展下来，那就是应用天然风景和假山技巧，应用水边景色，建筑中国式的亭堂，构筑堤桥等等。自从公园兴起后，这样的传统的路线不得不发生急剧的变化。

10.园林史上出现的假山构筑的变化，以及各个时代的园林的比较等等，将在下一章讲述。

第十四章　有关园林构筑的诸家论述

第一节　园林的传统的考证

本书前十三章讲述自古代至清代的中国园林发展史。自史书中引证实例，分别从时代系统和地理分布两个方面比较论述。每章之末附有结语，以便概括论述各个时代的园林状况，力求掌握其要点。虽然尽力设法反映园林的全貌，但讲到此处，还有一个问题尚未触及，就是有关园林的诸家论述。这些是时代较近的作品，即有关园林的著作，如明代李成计所著《园冶》中的论述，明代文震亨在《长物志》中的话，清代李笠翁在其所著《一家言》中举出的假山的说明等等。本章将对此加以介绍并试做评论。在开始正论之前，先探寻中国园林构筑和观赏景致的传统观念是经由什么途径发展而来的，再考察这些园林著作是何由而写成的。

《诗经》　为了深入探寻中国传统观念，在文献方面首先必须举出《诗经》，这已经在本书第一章第一节中谈到。本书第一章第四节关于庭和圃的部分，从《诗经》中引用了诗句，以说明当时住家与庭圃的关系。古代诗歌的产生，必然是在自然风物中寻求题材，诗歌最初来自原始的境界，这是理所当然的。《诗经》中所取用的材料大多带有这种倾向，其范围自山川陵谷至于草木鸟兽虫鱼，更扩大而及于日月星辰，将这些自然物取至身边，用于人们日常衣食住行诸问题，于譬喻和讽刺中吐露其至纯至粹的感情。

下面从《诗经·国风》中举出几个例子，以便了解其寻求题材的方法。

《周南之一》：

关雎　水鸟雌雄鸣声。

葛覃　葛之大者。

卷耳　草名。

樛木　曲枝树木。

螽斯　虫名。

桃夭　形容桃美貌。

兔罝　捕兔网。

芣苡　草名。

汉广　汉河名，河宽广。

汝坟　汝河名，堤防之大者曰坟。

麟之趾　麟足不踏生虫的草，以示仁厚之至。

《召南之二》：

鹊巢　鹊鸟之巢。

采蘩　采水边生之草。

草虫　蝗之类。

采蘋　采水上生之草。

甘棠　海棠果之类。

行露　路上之露。

羔羊　小羊。

殷其靁　靁，古雷字，雷声。

摽有梅　摽梅。

小星　星。

江有汜　江大河，汜支流。

野有死麕　野地有死麕。

何彼襛矣　色艳貌。

騶虞　似虎之兽，不食生食。

以上仅从《诗经》卷初部分摘引数条而已，但已充分看出接触自然风物的感情如何淳朴热烈，多么直率明朗。由此也使人感到花卉草木与人们日常生活的关系多么密切。这种热爱自然的炽烈之情，全然超出孔、孟、老、庄等诸子百家的思想论争之外，而成为牢不可破的普遍的传统，自古以来连绵不断而至明清时代。这在研究中国风土人情方面应当也是个好题目。不可否认，中国的文字和诗歌的传统精神是十分根深蒂固的。

老、庄与道家　在春秋战国时代，老庄学说与孔孟学说对立而存在。另外还有一种希求长生不老的神仙家思想，虽然尚未达到发展为学说的程度，但是这种思想已经形成。秦始皇遣方士徐福到东方的蓬莱岛寻取神药的传说，就是由此而来的。神仙家思想与老庄思想相结合，即形成道家思想。老子主张虚静无为，但他绝不仅仅希望寂寞，并不是仅仅隐栖于山林之中以图长生不老。老子主张万物复归其根源，堕落的人类和衰退的社会必须复归其原始状态。但由此也可看出，老子恢复原始自然状态的主张中包含着爱慕自然的感情。到了魏晋时代，士大夫间盛行清谈。从此以后，在天然景物中求得安稳之处的想法发展起来。士大夫们不论其学说如何，无不寻求游乐之所。

清谈之徒好谈老庄，陶醉于自负自慰之中，想脱离人的社会地位认识人的价值，求不受束缚的自由的精神生活。魏晋末期，隐于酒中以求韬晦的隐士辈出，他们在自然风致中寻求自身情念的写照，这种思想应说是在那时形成的。自汉末至于魏晋以后，园林在精神生活上的意义变得非常大起来。况且佛教自后汉输入中国，至魏晋时日趋隆盛，于是在天然风致中寻求冥想的寂静，已是必然的结果，因而这种时尚不可能不进入园林构筑中。

象征蓬莱、方丈、瀛洲而布置在池中的做法，自古就见于汉代的太液池，这些皆出自道家思想。晋代王嘉所著《拾遗名山记》中有这样一段话："蓬莱山亦名防邱，亦名云来。高二万里，广七万里。水浅，有细石如金石，得之不加陶冶自然光净，仙者服之。东有郁国，时有金雾。诸仙说，此上常浮转低昂，有如山上架楼……方丈山一名巅雉。东方龙场，地方千里，玉瑶为林，云色皆紫。有龙，皮骨如山，阜散百顷。遇其蜕骨之时，如生龙。或云龙常斗此处，膏血如水流，膏色黑者著草木……瀛洲一名魂洲，亦曰环洲。东有渊洞。有鱼长千尺，色斑，鼻端有角，时鼓舞群戏。远望，水间有五色……。”

陶渊明是东晋高士，为人廉洁高尚，辞县令职务，赋《归去来辞》，回归故乡，不再出仕。他是一位田园诗人，喜爱自然，保持节操，身后留下许多著名的诗文。读陶渊明的诗文，可以了解当时士大夫文人的园居状况。录陶渊明的诗如下：

结庐在人境，而无车马喧。问君何能尔，
心远地自偏。采菊东篱下，悠然见南山。
山气日夕佳，飞鸟相与还。此中有真意，
欲辩已忘言。
种豆南山下，草盛豆苗稀。侵晨理荒秽，
带月荷锄归，道狭草木长，夕露沾我衣。
衣沾不足惜，但使愿无违。
白日掩柴扉，虚室绝尘想。时复墟曲中，
披草共来往。相见无杂言，但道桑麻长。
桑麻日已长，我土日已广。常恐雪霰至，
零落同草莽。
少无适俗韵，性本爱丘山。误落尘网中，
一去三十年。羁鸟恋旧林，池鱼思故渊。
开荒南野际，守拙归园田。方宅十余亩，
草屋八九间。榆柳荫后檐，桃李罗堂前。
暖暖远人村，依依墟里烟。狗吠深巷中，
鸡鸣桑树巅。户庭无尘杂，虚室有余闲。
久在樊笼里，复得反自然。

王羲之为东晋时人，曾任右军将军、会稽内史之职。他精于书法，草隶为古今第一。永和九年三月三日，王羲之与友人谢安等四十一人在山阴兰渚山下兰亭修禊，作了一篇序。录王羲之的《兰亭序》如下：

永和九年，岁在癸丑，暮春之初，会于会稽山阴之兰亭，修禊事也。群贤毕至，少长咸集。此地有崇山峻岭，茂林修竹。又有清流激湍，映带左右，引以为流觞曲水。列坐其次，虽无丝竹管弦之盛，一觞一咏，亦足以畅叙幽情。是日也，天朗气清，惠风和畅。仰观宇宙之大，俯察品类之盛，所以游目骋怀，足以极视听之娱，信可乐也。夫人之相与，俯仰一世，或取诸怀抱，晤言一室之内，或因寄所托，放浪形骸之外。虽取舍万殊，静躁不同，当其欣于所遇，暂得于己，快然自得，曾不知老之将至。及其所之既倦；情随事迁，感慨系之矣。向之所欣，俛仰之间，已为陈迹，犹不能不以之兴怀，况修短随化，终期于尽。古人云：死生亦大矣，岂不痛哉。每贤昔人兴感之由，若合一契，未尝不临文嗟悼，不能喻之于怀。固知一死生为虚诞，齐鼓殇为妄作。后之视今，亦犹今之视昔，悲夫。故列叙时人，录其所述。虽世殊事异，所以兴怀，其致一也。

后之览者，亦将有感于斯文。

关于王羲之的流觞曲水，本书第七章第四节已经介绍。那段叙述只是片段地摘录一部分，并未谈到当时的文人对于园林的看法和认识。我们读这篇兰亭记全文，首先叙述以流觞曲水为中心的园林景致，继而深入谈到人生观的一个方面。文中极力赞美自然风景，写出自己力图融化在这幅图景之中的情趣。如果不是亲自投身于实际的园林景色中深切体会，则绝不能理解中国的园林。

栖逸　在《世说》一书的第十四卷中有题曰“栖逸”，讲的是避开尘俗而过隐遁生活。《世说》到底是一部什么样的书呢？原来它是南北朝刘宋时代的一位名叫刘义庆的人所著，书中专门收录魏晋南北朝时代的清谈的谈录。唐宋时代的文人学士们无人不读此书。虽然尚未了解山居的风流自适，但大多以隐遁者的心情抱着避开尘世的态度。既然隐遁，必然要选择山水。因此我们看到许多喜爱山水的记载，例如“许椽好游山水，体便登陟”，“宗少文好山水，爱远游。西陟荆巫，南登衡岳”。可见栖逸与爱好山水相连，经唐宋时代而发展成为山居。在《世说》中记述有名的竹林七贤等人，他们的思潮在当时有代表性。魏晋南北朝时代的清谈思想通过隐士的山居生活方式，对中国园林发生极大影响。

摘录《世说》卷十四关于栖逸一题的几段话如下：“陶徵士（渊明）尝言：五六月卧北窗下，遇凉风暂至，自谓是羲皇上人也。”“孔淳之居会稽剡县。性好山水，每有所游，必穷幽峻。或旬日而忘归。尝游山，遇沙门释法崇，因共留止。”“林逋隐居孤山，常畜两鹤，纵之则飞入云霄，盘旋久而复入笼中。逋常泛小舟西湖诸寺，有客至逋所居者，则一童应门延客坐，为开笼纵客，良久，逋必棹小船归。盖常以鹤飞为客至之验。”“康僧渊之在豫章也，去郭数十里，立精舍，清流激堂宇。”

自南北朝时代经隋而至于唐，文化发展日趋昌盛，文豪韩愈、柳宗元和诗人李白、杜甫皆生于这个时代。前章已经谈过，唐代的园林构筑以趣致为尚，此处不重复。那时佛教甚为隆盛，追求幽静的思想也反映于园林方面。将洞窟的神秘性引进园林风景之中，是佛教对园林的一大影响。在那个时代，道教的教势虽然不及佛教那样兴盛，但由于唐玄宗崇信道教，唐武宗破坏佛教，又因道教的特点适合于汉族人的心意，所以道教作为民间信仰而十分兴旺。这样，佛教、道教与儒家思想虽因意旨不同而互不相容，曾经长期持续斗争，但经过一定年代以后，在教义和仪式上产生了相通，而为中国民族共有的感情所接受。因而我们也必须在这一事实的基础上探寻关于园林的根本观念。

进入宋代后，继承唐代文化，这一趋势变得十分明显。宋代是宋与辽、金共存的时代，其国运很不平稳，但是出了大政治家司马光和王安石等人，岳飞抗金，文天祥抗元，他们多为一代文豪，名垂千古。从学术方面看，儒家主张“易有太极，是生两仪”（《易·系辞传上》），道家提出“天下万物生于无”（《老子》第四十章），佛家说“无极而太极”（唐杜顺和尚《华严法界观》）。由太极而生阴阳二气的哲学道理，已经成为共有的普遍观念。二程和朱熹等人解释孔、孟的道理时，常采用佛、道之说，形成所谓宋学大成。当时有些人喜好观赏园林风致，意图在园林情景中表现自己的思想情绪，将自己的趣味真实地反映于园林构筑中。这些人擅长文笔，精于绘画，并有高深广博的学问素养。由于这些人的关系，所以那个时代的园林构筑方面非常明显地表现出文人的思想。我们必须注意这个倾向。

关于宋代的园林，本书前章已经详细讲述，此处不必重复。为了弄清当时的文人以什么样的心情对待园林，下面举一篇文章为例。这虽然不是代表叙述的意思，但是这样的文章确实表现那一时代的人们的一部分心情。正因这种心情构成对于园林的根本认识，所以这里举例。录欧阳修所作《醉翁亭记》如下：

“环滁皆山也。其西南诸峰，林壑尤美。望之蔚然而深秀者，瑯琊也。山行六七里，渐闻水声潺潺，而泻出于两峰之间者，酿泉也。峰回路转，有亭翼然临于泉上者，醉翁亭也。作亭者谁？山之僧智仙也。名之者谁？太守自谓也。太守与客来饮于此，饮少辄醉，而年又最高，故自号曰醉翁也。醉翁之意不在酒，在乎山水之间也。山水之乐，得之心而寓之酒也。若夫日出而林霏开，云归而岩穴暝，晦明变化者，山间之朝暮也。野芳发而幽香，佳木秀而繁阴，风霜高洁，水落而石出者，山间之四时也。朝而往，暮而归，四时之景不同，而乐亦无穷也。至于负者歌于涂，行者休于树，前者呼，后者应，伛偻提携，往来而不绝者，滁人游也。临溪而渔，溪深而鱼肥。酿泉为酒，泉香而酒冽。山肴野蔌，杂然而前陈者，太守宴也。宴酣之乐，非丝非竹，射者中，弈者胜。觥筹交错，坐起而喧哗者，众宾欢也，苍颜白发，颓乎其中者，太守醉也。已而夕阳在山，人影散乱，太守归而宾客从也。树林阴翳，鸣声上下，游人去而禽鸟乐也。然而禽鸟知山林之乐，而不知人之乐。人知从太守游而乐，而不知太守之乐其乐也。醉能同其乐，醒能述以文者，太守也。太守谓谁？庐陵欧阳修也。”

◀ 黄山　清版画（摘自《中国古典风景园林图汇》）

▲ 碧静堂 清版画（摘自《中国古典风景园林图汇》）

元代继宋、辽、金之后，朝代时期甚短，文化未得充分发展。在那一时代，宋宗室赵子昂仕于元，为一代文豪，擅长书画。除赵子昂以外，元代也出了不少文人学者。那时不但儒学和佛教盛行，道教、回教、基督教也同时传播，这也是该时代的一个特点。明代继承宋、元时代的文化，带有总结的趋向。明代程朱之学较前代更受重视，阳明学兴起。文学家则有宋濂、方孝孺、王世贞等不少人，在明代文坛长放出异彩。

下面简单介绍明代著作《醉古堂剑扫》一书。这部书共十二卷，其第六卷专门讲景。从该书中所列的高人雅士的片言数语中，生动地表现出风光景致之妙，可谓一部大诗画。《醉古堂剑扫》一书著于明代，著者为陆绍珩，是明熹宗时代的人。著者博采《史记》、《汉书》、《世说》等著作，编成这部书。该书卷首列出引用书目，共列出五十部书。著者引用诸书时，虽然对其语句做了增删，但是十分得体，堪称一部名著。我们读该书卷六关于景的论述，并不是说由此而能看到明代的特点，而是由此看到中国自古以来对于风景和园林的传统观念，亦即由此看出与魏晋南北朝时代清谈、栖逸相关的自然景物。为了不使篇幅过大，此处只介绍该书卷首的一部分内容，书中特别着重于山居。"门内有径，径欲曲"之类的说法，是描写其理想的景致。采用韵文，排列三字四字；其写法与诸书不同。在《古今图书集成》山居部卷头，特别引用这部《醉古堂剑扫》的讲述以为代表之作。读该书全文，自门旁庭径附近的开朗处至于山间幽壑无不论及，有些类似日本茶庭的"外露地"和"内露地"之类的环境变换。由此使我们觉得中国唐宋时代的山居与日本茶庭的发生并不是没有关系的。

此处稍谈几句山居。以天然景色为基础的自然景物与人为的园林自然是相异其趣。如果从自然景物进一步探讨，将进入风景论的范围之中，以至偏离园林构筑的问题。这部《醉古堂剑扫》卷六讲述景的部分虽无山居一题，但有些内容明显地描写山居。其卷头有这样的话："结庐松竹之间，闲云封户。""垂柳小桥，纸牕竹屋，焚香燕坐，手握道书一卷。客来则具寻常之茶，为本色之清言。日暮乃归。"书中还有"山居四法"。又读："山馆秋深，野鹤唳残清夜月"；"天气清朗，步出南郊野寺"，"净除一室，用博山炉爇沈水香"；"柴门不扃，筠帘半卷"。这些虽均列于景的题目之下，但通卷完全讲的是山居。

下面摘要介绍《醉古堂剑扫》卷六关于景的论述的一部分：

"结庐松竹之间，闲云封户。徙倚青林之下，花瓣沾衣。芳草盈阶，茶烟几缕。春光满眼，黄鸟一声。此时可以诗，可以画。但正恐诗言不尽，画意不尽，而高人韵士能以片言数语尽之者，则可谓之诗，则可谓之画，则谓高人韵士之书画亦无不可。"

"垂柳小桥，纸窗竹屋，焚香燕坐，手握道书一卷。客来则具寻常之茶，为本色之清言，日暮乃归，不知马蹄之为何物。花关曲折，云来不认湾头；草径幽深，落叶但敲门扇。"

"细草微风，两岸晚山迎短棹；垂杨残月，一江春水送行舟。"

"草色伴河桥，锦缆晓牵三竺雨；花阴连野寺，布帆晴挂六桥烟。"

"闲步畎亩间，垂柳飘风，新秧翻浪。耕夫荷农具，长歌相应。牧童倒骑牛背，短笛无腔，吹之不休。大有野趣。"

"夜阑人静，携一小童，立清溪畔。孤鹤忽唳，有鱼跃声，清入肌骨。"

"门内有径，径欲曲。径转有屏，屏欲小。进屏有阶，阶欲平。阶畔有花，花欲鲜。花外有墙，墙欲低。墙内有松，松欲古。松底有石，石欲怪。石面有亭，亭欲朴。亭后有竹，竹欲疏。竹尽有室，室欲幽。室旁有路，路欲分。路合有桥，桥欲危。桥边有树，树欲高。树阴有草，草欲青。草上有渠，渠欲细。渠引有泉，泉欲瀑。去泉有山，山欲深。山下有屋，屋欲方。屋角有圃，圃欲写。圃中有鹤，鹤欲舞。鹤报有客，客欲俗。客至有酒，酒欲不却。酒行有醉，醉欲不归。"

"庭前幽花发，披览既倦，每啜茗对之。香色掠人。吟思忽起，随歌一古诗以适清兴。"

"家有园三亩，花木郁郁。客来，煮茗。或茗寒酒冷，宾主相忘。其居山谷相望，暇则步草径相寻。"

▶ 名山 清版画
（摘自《中国古典风景园林图汇》）

“筑室数楹，编槿为篱，结茅为亭。以三亩阴竹树，栽花果，二亩种蔬菜。四壁清旷，空诸所有。蓄山童灌园薙草。置二三胡床著亭下。挟书剑伴孤寂，携奕琴以迟良友。此亦可以娱老。”

“山曲小房。入园为窈窕幽径，绿玉万竿。中汇涧水为曲池，环池有竹树云石。其后平冈逶迤，古树鳞皺。松下皆灌丛杂木，茑萝骈织。亭榭翼然。夜半鹤唳清远，恍然如宿花坞；哀猿啼啸，如闻嘹呖惊霜。初不辨其为城市为山林。”

“高堂客散，虚户风来。门虽设而不关，帘钩欲下。横轩有狻猊之鼎，隐几皆龙马之文。流览霄端，寓视濠上。”

“山居有四法。树无行次，石无位置，屋无宏肆，心无机事。”

“山馆秋深，野鹤唳残清夜月；江园春暮，杜鹃啼断落花风。”

“读书楼宜其有五快。无剥啄之惊，一快也。可远眺，二快也。湿气不侵床，三快也。木末竹颠交鸟语，四快也。云霞宿高檐，五快也。”

“春雨初霁，园林如洗。开扉闲望，见绿畴麦浪层层，与湖头烟水相映带。一派苍翠之色，或自树杪流来，或自溪边吐出。支筇散步，觉数年尘土肺肠俱为洗净。”

编纂《古今图书集成》一书时，将山居立为一个项目。从诸家著作中摘取材料，在艺文部内所列者大体皆为六朝以后诸诗人的吟咏。其内容是描写山间幽邃居处的情景。有些功名成就的人，也有些博学有为而不容于当世的人，自然喜好接近天然风景，进入悠悠自适的精神生活之中，抛却世间的毁誉褒贬，安静地享受山居情趣，对人世抱达观态度，忘却老之将至。这是六朝以来培养成的高尚之风，也是脱俗栖逸的观念。此处不谈论这个观念的是非，而设想将山居风致移入园林中，使它接近日常生活。这样，纵然是继续进行社会活动的人，也能在忙中抽暇，接近天然风光，转换心情而求得精神安慰。这就能养成高尚的趣味，陶冶品行。这个意义是必须重视的。

关于山居有下面一段话："山居胜城市，盖有八德：不责苛礼，不见生客，不混酒肉，不竞田宅，不问炎凉，不闹曲直，不徵文逋，不谈仕籍。如反此者，是饭牛店贩马驿也"。在《醉古堂剑扫》中也引用山居有四法的句子："山句有四法。树无行次，石无位置，屋无宏肆，心无机事。""不能卜居名山，即于冈阜回夏及林木幽翳处辟地数亩，筑室数楹，插槿作篱，编茅为亭。以一亩荫竹树，一亩栽花果，二亩种瓜菜。四壁清旷，空诸所有。蓄山童灌园薙草。置二三胡床著亭下。挟书砚以伴孤寂，携琴奕以迟良友。凌晨策杖，抵暮言旋。此亦可以娱老矣。"

山居与日本的茶室和茶庭之间有关系，兹略谈如下。日本自室町时代发达起来而至于现在的茶室和茶庭，与山居有关。茶室和茶庭是从茶道发生而来的，因此要了解茶室和茶庭，首先必须研究茶道的发生和发展的历史。

茶自古就为汉族人所栽培。饮茶之风由中国传至波斯、中亚一带地区。茶作为饮料，在亚洲大陆已有数千年历史。唐肃宗时代有一位名叫陆羽的人，隐居于浙江天目山下的苕溪，著成一部《茶经》，全面讨论有关茶的诸问题，使茶道的形式趋向于完备。这相当于日本的奈良朝时代，即日本淳仁天皇天平宝治四年。《茶经》一书著成后，茶道的形式传至后世。从那以后，唐朝的张又新著《煎茶水记》，宋朝的蔡襄著《茶录》，宋朝的于安著《试茶录》，明朝的顾元庆著《茶谱》，明朝的冯时可著《茶录》，明朝的许次抒著《茶疏》，明朝的徐树声著《茶寮记》，明朝的徐渭著《煎茶七类》。除这些著作以外，还有关于水品的其他一些著作流传于世。虽有这许多著作，但陆羽的《茶经》始终牢固地保持着祖师的地位。在这些讲述茶道的著作中，根本没有关于茶室和茶庭的记叙，只有在《茶寮记》一书中提到结跏趺坐而啜茗汁，说到点茶之法。其他诸书中仅谈茶的制法、水质和点茶之法，并未谈到作为茶寮环境的山居。

自魏晋南北朝以来，酒和茶是清谈中不可缺少的，所以酒和茶甚为发达。但是佛教传入中国后，不饮酒为佛家戒律之一，为了维护此项戒律，所以饮茶最为适宜。后来出现了佛教式的茶汤法，进而形成禅宗的献茶式，由中国传到日本。饮茶不但能够戒绝饮酒，而且能抵制坐禅的睡魔，使头脑沉静清晰。由于茶有这样的功效，所以高僧们喜欢饮茶。这个习惯不久即普及于一般民众之间。日本桓武天皇御宇的时代，僧人最澄自唐返日（大约在780年前后）时，将茶种带至日本，试种于江州坂本；这是日本栽培茶树之始。根据传说，日本僧人空海于日本大同年间（806年）入唐，又将茶树种子带到日本。由此可见，日本饮茶之风是由遣唐使带来的。佛教由中国传入日本，特别是禅宗于镰仓时代传入日本，饮茶的嗜好和茶道的根本精神一定也是这样传到日本的。《茶经》以及《茶谱》、《茶录》等著作虽未谈及山居环境，但并不是未曾涉及点茶茶寮的园林风景。如前所述，在《醉古堂剑扫》一书中，提到“客来则具寻常之茶，为本色之清言。日暮乃归”。又说：“客来，煮茗”。可以肯定地说，在静寂的精舍中过禅定的生活，必与山居有关系。日本镰仓时代末期，梦想国师开设了许多所寺院，受后醍醐天皇赐与国师称号。这位国师还擅长点茶和造庭，后来将这些技艺传授给相阿弥。由这个传说也可看出这一推断是正确的。由此可以找到日本茶道和造庭发展的根源。

日本的遣唐人员来到中国，并未接受清谈饮酒的流俗，而吸取了精神锻炼方面富有深意的禅宗，将高尚的点茶之风和造庭之法传至日本，这种贤明的态度使我们无限敬佩。经过室町期和桃山期，日本的茶道和造庭在日本固有的风土民情的基础上发展，成为日本所特有，而中国已经没有茶室茶庭了。

第二节　画家画论与园林的关系

明朝的计成著《园冶》三卷。清朝的李渔著《一家言》一书。明朝文震亨著《长物志》一书。作为园林构筑规划指南，必须指出《园冶》、《一家言》中关于山石的论述，以及《长物志》中关于池泉的论述。

《园冶》的作者计成是吴江人，字无否。他在这本书的自序中写道：“不佞少以绘名。性好搜奇，最喜吴同荆笔意，每宗之。游燕及楚，中岁归吴，择居润州，云云。”由其自序可知此人原来是学绘画的，因为布置假山出色，晋陵方伯吴又矛听说，托计无否在城东仅十亩之地内设计兴建园林。他造出的园林如同绘画一般美，吴又矛高兴地说：“仅不出四里，而得江南之胜。”后来汪士衡也请计无否设计，在銮江建园，因而他忙了起来。他在闲暇的时候，绘成园林建筑的图式，名曰《园牧》。有一位曹元甫先生看见了他画的图，说道：这是千古未曾闻见的，为什么称为牧呢？可以改称为冶。于是写了一篇很好的序文。《园冶》一书成于明朝崇祯甲戌年（1634年），当时计无否年五十三岁。

《一家言》一书的著者是李渔，字笠翁，钱塘人，生于明朝万历三十九年（1616年），比计无否晚三十余年。李笠翁于清朝康熙初年，在他五十三岁的时候流寓金陵。《笠翁偶集》刊成于康熙十年，该书第四卷列有居室器玩部。他曾为贾汉复修葺半亩园，这个园子坐落于燕京紫禁城外东北隅弓弦胡同；他自己也曾营建一所别业，名为伊园。李笠翁晚年又筑成一园，名曰芥子园。

《长物志》一书的著者是文震亨，他是明朝著名文人文徵明的曾孙。文震亨字启美，于明朝天启年间以恩贡而任中书舍人，其书画咸有家风。他于清朝顺治初年绝食而死，终年六十一岁。文震亨比李渔年长约三十岁，与计无否年岁相若。因此可以说《长物志》与《园冶》是同时代的著作。

虽然有关园林的历史相当古老，但是以前并没有营建园林的指导书，直到明代才出现《园冶》一书，这不能不令人觉得难解。考其原因，自古以来，对于学术，亦即对于理论性的研究大多写成著作，编纂书籍，而对于技术性的问题，亦即对于技艺，尽管技艺十分发达，但也很少写成文字著作。到了宋代，才有李明仲所著《营造法式》，那时有关园林的问题也已引起人们注意。尤其是元代，欧洲技艺输入中国，使科学技术得到很大发展。

关于园林构筑技艺的书是由精于绘画的人完成的，也就是由绘画造诣很深的人完成的。我们必须注意这一事实。明代计无否和李笠翁乘明代编纂技术书籍的形势，完成其园林构筑的著作。园林构筑技术与绘画的关系甚为密切，若非画家则难掌握其要领。胜任园林构筑的人，也是能成一家的文士画家。这当然以山水画为主，而不是人物画和花鸟画。我们应当看到，建造园林是由画家以画论的思想为指导而完成的。从这个意义看，我们必须重视自古传来的画论和绘画，它们是研究园林史考的一个方面，特别是不可不重视山水画和画论。画家和画论的著者中，有不少人也是园林构筑的名家。对此进行一些讲解，自然了解它们之间有什么联系。

此处不谈绘画的全貌，而只是看看与园林有密切关系的山水画，人物画和宗教画则不论及。首先必须想到，中国的山水画始创于六朝时代，当时流行的清谈发生很大影响。前面已经谈过清谈，那些逸士幽人们陶醉于山川烟云，好将沉浸于自然妙境的心情表现于绘画之中。以虎溪三笑知名的庐山慧远善于绘画。晋戴勃的名作有《九州名山图》、《秦皇东游图》、《风云水月图》等。到了唐代，吴道子、李思训、王摩诘集其大成。

王维字摩诘，天宝十一年任文部郎中，后因耻于为安禄山所用，故退隐于蓝田辋川，营建别墅，读书作画，以文章名传后世。本书第九章第五节已经介绍了辋川别墅。王维虽为文章大家，但深信佛教，其摩诘一名即出自佛教教义。他是著名的画家，成为一派，称为南宗；李思训的一派称为北宗。壬维提倡水墨域。其所著《画学秘诀》实为山水画的最高峰，是画论的嚆矢，后世画家视此为金科玉律。《画学秘诀》分为《山水诀》和《山水论》两部分。兹摘其一段话如下：初铺水际，忌为浮泛之山；次布路岐，莫作连绵之道。主峰最宜高耸，客山须是奔趋。回抱处安僧含，水陆边置人家。村庄著数树以成林，枝须抱体。山崖合一水瀑泻，泉不乱流。泛舟檝，桥梁且宜高耸；著渔人，钓艇无妨即低。悬崖险峻之间，好安怪木；峭壁巉岩之处，莫可通途。

这是从画论的观点而言，并不是园林指南。但是唐代文豪王维在这部著作中也涉及园林构筑的设计，一定是将表现于画论中的观念也用于园林设计，这一定成为唐代园林建筑的指导。这样的设想绝不是没有根据的。

南齐的谢赫提出绘画的六法，就是气韵生动、骨法用事、物应象形、随类传彩、经营置位、传模移写。日本梅泽和轩研究中国绘画理论，他认为这六法并不是谢赫的创见，而是在当时的画家中已经普及的论法，并提出这个绘画六法或许是来自翻译佛画六法。他由此而认为，如果是来自佛画六法的翻译，则六朝时代的文化受印度文化的影响绝不仅限于佛教理论。这样，在中国自古以来的《周易》和《诗经》的思想和老庄学说中，加入六朝时代大量输入的印度文化，以及印度的工艺美术理论，影响及于一切方面，当然也影响于技术，不会不渗透于园林构筑中。因此自六朝以后，林木泉石成为文人的爱好物。

唐朝的张彦远著有一部《历代名画记》，其中论及绘画六法，也谈论画山水树石。梁朝的荆浩著有《笔法记》。宋朝的李成著有《山水诀》。这些书皆是画家所必读的。宋朝的郭熙著有一部《林泉高致》，是他平日口述，由他的儿子郭若虚写成的。该书内容包括山水训、画意、画诀。其思想高远，用意周密，其论法实在值得细读。下面摘录其内容的一部分，简单介绍其论法。

"夫君子之所以爱山水者，其旨安在。丘园养素，常所处也。泉石啸傲，常所乐也。渔樵隐逸，常所适也。猖鹤飞鸣，常所观也。尘嚣缰锁，此人情之常所厌也。烟霞仙圣，此人情之常所愿得见也。云云。"

"世之笃论谓：山水有可行者，有可望者，有可游者，有可居者。云云。"

"山，大物也。其形，欲耸拔，欲偃蹇，欲轩豁，欲箕踞，欲盘礴，欲浑厚，欲雄豪，欲精神，欲严重，欲顾盼，欲朝揖。上欲有盖，下欲有乘，前欲有据，后欲有倚。下瞰欲若临观，下游欲若指摩。此山之大体也。"

"水，活物也。其形，欲深静，欲柔滑，欲汪洋，欲回环，欲肥腻，欲喷薄，欲激射，欲多泉，欲远流，欲瀑布插天，欲洄濮入地。欲渔钓之怡怡，欲草木之欣欣。欲挟烟云而秀媚，欲照溪谷而光辉。此水之大体也。"

"山以水为血脉，以草木为毛发，以烟云为神彩，故山得水活，得草木华，得烟云秀媚。水以山为面，以亭榭为眉目，以渔钓为精神。故水得山媚，得亭榭明快，得鱼钓旷落。此水之布置也。"

"山有高有下。高者血脉在下。其肩股开张，基脚壮厚，峦岫冈势培拥相勾连，映带不绝，此高山也。故如是高山，谓之不孤，谓之不仆。下者血脉在上。其巅半落，顶岭相攀，根基庞大，堆阜臃肿，直下深插，莫测其深浅，此浅山也。故如是浅山，谓之不薄，谓之不泄。高山而孤时，体干有仆理。浅山而薄时，神气有泄理。此山水之体裁也。"

"石，天地之骨也。骨贵坚深而不浅露。水，天地之血也。血贵周流而不凝滞。云云。"

"山水，先理会大山，名为主峰。主峰已定，方作以次，近者、远者、小者、大者。其一境，以此主之，故曰主峰。君臣上下如也。"

"林石，先理会一大松，名为宗老。宗老已定，方作以次，杂窠、小卉、女萝、碎石。其一山，以此表之，故曰宗老。君子小人如也。"

"山有载土，山有载石。土山载石，则林木瘦耸；石山载土，则林木肥茂。木有在山，木有在水。在山者，土厚处有千尺之松；在水者，土薄处有数尺之蘖。水有流水，石有盘石。水有瀑布，石有怪石。瀑布练飞林表，怪石虎蹲路隅。云云。"

从以上摘引的材料可以看出，“山大物也。水活物也”的话，是说明山容水貌及其种种变化。说“山以水为血脉”，是说明自然风景中山与水彼此间不可分割的联系。又指出根据山的高低而采取不同的处理方法。说“石为天地之骨”，意思是突出石在风景中的重要性。指出在山水风景中应当先定主峰。对于林石则首先要理会一大松，以为宗老。这个说法与日本造园法所说的“一之山”和“正真木”一样，是对园林构筑的规模做出有力的提示。在宋朝时代的画论中，对于风景美的观察力和对于绘画的欣赏力已经发展到相当的高度。李文叔的名著《洛阳名园记》一书完成于这个时代的气氛中，是绝不奇怪的。况且进入宋代，画家出现得特别多，元朝的汤垕在其所著《画监》一书中已经指出了这一点。宋徽宗皇帝喜欢绘画，其本人就是画家。记载中说那个时代为承平盛时，天天从四方各地进献各种珍木、异石、奇花、佳果等物。徽宗亲自作册绘图，每一板二页，十五板为一册，名曰《宣和睿览集》。累至数百乃至千余册。徽宗的第二子也擅长绘画。南渡的士人中喜欢绘画的人很多，达到不胜枚举的多数。从这些事实看，豪奢至极的万岁山艮岳就是依照徽宗的意图而建成的，这在当时绝不是不可思议的事。

宋代以后，元代汤垕著《画监》，讲述魏晋六朝唐宋及元初的画风，颇得其要，指导鉴赏甚为精确。汤垕还著有一部《画论》，论述唐宋时代的绘画，该书中有一节有这样一段话：“古人画稿谓之粉本，前辈多宝蓄之。盖其草草而不经意处，有自然之妙。宣和、绍兴所藏粉本，多有神妙者。宋人已自宝重。”古画研究日益兴盛，意图采取古画的长处，于是出现粉本，开始形成一类形式。明代的画论有王世贞所著《艺苑卮言》一书，评论历代的画风。明代第一画家董其昌

◀ 名山　清版画
（摘自《中国古典风景园林图汇》）

著有一部《画禅宝随笔》，论述前人的绘画，力求得其风韵。元、明和清代初期的画论除论及前人画风以外，而且反映于园林构筑。体会前人的特点，取其长处而形成一种规范，或许是进入形式化的第一步。明代有《园冶》和《长物志》。清代初期，李渔提出园林构筑的规范。研究绘画和画论的发展演变，大体可以看出其间的状况。

从这个意义看，我们必须研究《芥子园画传》四集。这是清代的著作，但是其初集为明李长蘅辑古人画例，由沈心友托王槩等人纂辑编次而成。该书序文是《一家言》的著者李渔病归乡里时坐卧之际所写的。摘录一节如下：

"家倩语因伯曰：绘画一事相传事久，奈何人物、翎毛、花卉、诸品皆有写生之侍谱，至山水一途独泯泯无传事。岂山水画法洵可意会而不可形传耶，抑画家自秘其传而不以公于世耶。因伯遂出一册谓予曰：是先世所遗，相传已久。予见之奇，细为玩赏，委曲详尽，体无不备，如出数十人之手，然其行间标释之书法多似吾家长蘅（李流芳）手笔。及览末幅，得李氏家藏及流芳印记。（中略）是不可磨灭之奇书，而不以公于世，岂非天地间一大缺陷事。急命付梓。世之爱真山水者，皆乐画山水。不必居画师之名，已欲得虎头（顾恺之）之实。所谓应咫尺而须论万里者，其卧游亦不远矣。时康熙十有八年，湖上笠翁李渔，题于吴山层园。"

从前面摘引的这段话可以看出，《芥子园画传》之所以能够公之于世，完全靠李渔的卓见。其内容包括甚广，此处不能介绍其全貌，虽感遗憾，但只能介绍其有关园林构筑和林木泉石的内容。看《芥子园画传》初集，卷首提出六法、六要、六长、三病、十二忌、三品等说法，涉及绘画材料的种类和性能。其次立树法一项，讲树的远近画法，松、柳、蕉、桐的画法等等。再次则为山石法，有画山起手法、诸家峦头法、流泉瀑布石梁法等等。下面摘要谈谈与园林关系较大的内容。

山石法 画石起手当分三面法，画石下笔法及层轝取势法，画石大间小、小间大法，石间坡画法，北苑、巨然石法，吴仲圭石法，云林石法，王叔明石法，黄子久石法，二米石法，诸家皴石详辨，小斧劈法，荷叶皴法。

画山起手法 开嶂钩鏁法，主宾朝揖法，自主山为环抱法，论山三远法。

诸家峦头法 诸家峦头分图（薰源、巨然、荆浩、关同、李成、范宽、王维、李思训、刘松年、郭熙、萧照、江贯道、李公麟、李成、米芾、倪瓒、黄公望、吴镇、王蒙）。解索皴、乱麻皴、荷叶皴、乱柴皴，画坡法，山坡路迳法，画山田法，画平田法。

流泉瀑布石梁法 画泉各法，垂石隐泉法，云流断泉法，画泉两叠法，画泉三叠法，山口分泉法，悬崖挂泉法，画细泉法，画平泉法，画大瀑布法，画石梁垂瀑布法。

水云法 （略）

点景人物 （略）

墙屋法 层轩面水画法，山凹远屋之式，屋中虚亭之式，观榭危楼之式，画门径法，村野小景法，城郭桥梁法，画桥法，水磨画法，寺院楼塔法，界画台阁法，舟楫诸法，器法。

《芥子园画传》由于受笠翁发现而刊行于世，这与其所著《笠翁偶集》特别是其中的居室林石之部是否有什么关系，我们认为并没有关系。因为《画传》刊行于康熙十八年，《偶集》刊行于康熙十年，而且根据其序文看，两者之间并没有任何关系。李笠翁当时是一位优秀的读书人，发挥其自由奔放的文才，他富有生活趣味，也参与园林构筑，用他自己的话说，他是“生平爱山水，但只能观人之画，而自不能为画”。虽然他自己这样说，但像他那样富有文才的人，不应该不通画论。即便与《芥子园画传》没有关系，但由于他的博学和见识，在《一家言》中列入居室林石一项，绝不是不可理解的。

本书下一节将讲述《园冶》、《一家言》、《长物志》诸书中关于林泉的内容，对比这些书中有关林泉的这些材料，自会充分弄清绘画对于林泉构筑发生多么大的影响。《芥子园画传》一书所讲的山石法、画山起手法、诸家峦头法、流泉瀑布石梁法之类的绘画方法，几乎可以原状不变地应用于林泉构筑中，其内容受到洗练整备。日本江户时代筑成的东京小石川后乐园，据说是明末自中国亡命而至日本的朱舜水建成的。自明代至清初，文人画家也精通林泉构筑，这是当时的文人所共有的教养。由此推论，朱舜水掌握园林构筑技艺，绝非不可思议的。宋、明时代的画论和画风，对于日本庆长至江户时代的林石构筑发生很大影响。

由朱启钤编辑、梁启雄校补的《哲匠录》，在中国营造学社的《汇刊》中连载。其第四卷关于叠山一节列出了自古以来的名家，并有各个人的经历，并集有叠山记事文章。书中列出了汉代的刘武和袁广汉，魏代的曹丕，晋代的石虎，南北朝的北魏的茹皓和张伦，隋代的杨广，唐代的杨务廉、赵履温、李德裕、白居易、李催，宋代的梁师成、朱勔、俞澂，元代的倪瓒。对于列出的这些人，说明其时代和有关的叠山，文章虽然简略，但是记事几乎毫无遗漏。此处略而不谈。这里值得研究的问题是这些人的绘画才能如何。虽然这些人趣味十分广泛，教养相当深，但是根据记载可知，他们并不都是精于绘画的人。在比较古老的史述记载中，大多记载园林的所有者，而较少记载实际动手进行园林构筑的人。因此，自然出现这样的现象，这也是不得已的。到了元明以后，多记载实际建造叠山的匠人。况且时代较新，关于这些人的身世状况了解得很清楚，甚至对其趣味教养的程度也有记载。由此可以看出，明代和清初时代的叠山匠人几乎全是出身于画工。其中有些人分不清叠山为其正业或是副业。自元、明至于清初，林泉构筑受山水画的影响甚大，由此得以了解。

倪瓒　元代无锡人，工诗而长于书画，因设计狮子林而出名。

米万钟　前章已经介绍，他是明代人，擅长山水画。曾筑燕京的漫园和勺园。

计成　（略）

林有麟　江苏华亭人。明代万历年间曾任四川龙安府知府，巧于山水画。

曾在其居所素园中开玄池，聚积奇石。有《素园石谱》四卷。

陆叠山 明代杭州人。以叠假山为业。堆垛峰峦，坳折洞壑。时号为陆叠山。

张琏 清初江苏华亭人，字南垣。迁居嘉兴，遂为该地人。幼年时曾从云间某氏学习绘画，尽得其笔法。好写人像，兼通山水画，遂以其意叠石为假山，故当时以叠石造园闻名。以此技游于江南诸郡五十余年。有四子能传其业，其中以张然最有名气。张然游于北地，为内廷供奉三十余年，燕京的瀛台、玉泉、畅春等皆为其所布置。又为宛平王公在燕京城南南丰截胡同构筑怡园，水石之妙，如天然所成者。

华洮 清代青浦县人，号秦川。工山水画，胸有邱壑。康熙年间营建畅春园时，园中一树一石，经画布置，多出其手。

李渔 （略）

道济 清代广西梧州人。性耿介，工书画，兼长叠山。曾为江都余氏于扬州筑万石园。用太湖石数万，故名万石。

仇好石 曾为江氏怡性堂叠宣石山。山上有室，额曰水佩风裳。

董道士 淮安人。叠九狮山。

戈裕良 常州人。能以大小之石钩带联络，如造环桥之法。积久弥固，可以千年不坏。仪征朴园、如皋文园、江宁五松园、虎丘一榭园、孙古云书厅前之石山、常熟北门内蒋氏燕谷园，均出其手。

大汕 字石濂。本为吴僧，后主广州长寿寺。多巧思，叠石为山，如自然生成一般。

陈英猷 清代广东潮阳人。淹贯经史，旁及百家，尤精于易。晚年叠山筑室，仅容一榻。终日危坐，历十四载，著《演周易》一书。门人称之为叠石先生。

刘蓉峰 自己在苏州阊门外筑寒碧山庄，园中有十二峰。

周师濂 清嘉庆道光年间的人，籍贯会稽。以书画诗文著名于东南。尝以浮石作成小山，高仅二尺余，而峥嵘幽邃，具岩壑势。

王松 清代江西义宁人。为诸生，工书画。性耽花石，经营布置，别有巧思。

在上述这些人中，列于最后的几位虽未说善画，但大多数人都有绘画才能，同时也是叠山名手。由上述记载可以充分证明。

第三节 关于《园冶》

前节已经谈到《园冶》的著者李计成，介绍了他的年代和完成其著述的经过，此处不拟重复。兹就《园冶》一书的内容及其特点略加论述如下。

该书卷首以《兴造论》为题，提出“三分匠，七分主人”的说法，指出园林设计观念的重要性。书中写道：“凡造作必先相地立基，然后定其间进，量其广狭。随曲合方，是有主者。”这是说明计划构思的顺序，与现代有科学根据的计划完全符合，其论据十分高明。在《园说》一文中，指出园必须顺应环境而发挥特长。《兴造论》和《园说》构成该书的绪论，全书三卷分为十项目：一、相地，二、立基，三、屋宇，四、装折，五、门窗，六、墙垣，七、铺地，八、掇山，九、选石，十、借景。

一、相地　分为山林地、城市地、村庄地、郊野地、傍宅地、江湖地。指出适应各该地区地形的园林相地法，可资参考之处甚多。相地或称相宅，这个问题在中国自古即受重视，与阴阳说相结合，作为预卜吉凶的手段。《汉志》中有宫宅地形之论，《隋志》有宅吉凶论三卷和相宅图八卷，《旧唐志》中有五姓宅经二卷。诸书对于相宅有种种意义的议论。《黄帝宅经》中写道："宅以形势为身体，以泉水为血脉，以土地为皮肉，以草木为毛发，以舍屋为衣服，以门户为冠带。若得如斯，是事俨雅乃为上吉。"《三元经》中说："地善即苗茂，宅吉即人荣，故人之居宅大宜慎择。"从这些文章看，纵然不涉及阴阳之说，其内容含义也是可以理解的。自古以来与阴阳论相结合的相宅法有很多议论，但是《园冶》一书中提出的相地则毫不涉及阴阳，而是既科学又现实地指出园林必须与场所和环境相适应而取景，从而分别论及山林、城市、村庄等等环境。这是这本书的卓见和特长。

二、立基　书中指出立基主要是定厅堂，筑墙垣时应尽量多留空地，随宜格式，得致栽培。主张选向不受相宅法的限制，这一点是该书著者有自信之处。书中指出厅堂基、楼阁基、门楼基、书房基、亭榭基、廊房基、假山基，说明它们的位置方向以及与园林的关系。文章简洁明了，论述极得要领。本书以讲述园林为主，对于建筑物则未加详谈，因此这部分也许过于简单，但立基与相地与园林问题最为接近，而且甚是重要，所以介绍于此。

三、屋宇　主要是论述园林书屋，也论及围绕园林书屋的景致。前半部分讲门楼、堂、斋、室、房、馆、楼、台、阁、亭、榭、轩、厅、廊，只用简单的文字说明其定义。后半部分则讲屋宇构筑的问题，指出五架梁、七架梁、九架梁、草架、重椽、磨角，说明其形状和用法等等，并附有略图，表示其大体轮画。不过我们看这些文字和图样时，觉得不是出自工匠的考虑，亦即并非从技术方面考虑，而只是或许能满足于文人的考虑，而在技术方面则极欠完备，对于工匠仅仅达到略通其意而已。由此使我们想到，著者在该书卷首即已提出"三分匠，七分主人"的豪论，这可能是以文人为主的考虑。

四、装折　装折指的是建筑物的附件，如屏门、仰尘（即天花板、天井）、床槅、风窗、栏杆等物。书中对这些做了说明，并附有大量的图，以作为实际操作的指南。床槅有五十余种，栏杆有上百种，风窗有十余种，其形状设计甚为多样，精心地搜集在一处。从大体上看，中国的房屋建筑在形状轮画方面，屋顶和屋围的形状大致都差不多，几乎没有变化。厅与斋等建筑物本身的形状看不出有什么区别。为了补救这个形状单调的欠缺，而在各类建筑物上各施特色，这实际上就是建筑物的立基、庭除、园林等的装折。由于装折发生变化，而使建筑物产生特色，以作为区别。这在中国房屋方面是特别重要的。能够把建筑物的装折与园林联系起来，认识到装折有重要作用，著者在写《园冶》一书时将重点放置在这里，其考虑确实是十分周到的。

五、门窗 门窗与门楼和厅门等物不同，有装饰的意义。有弧形、上下圈式、纵椭圆形、莲花瓣形、如意形、贝叶形、汉瓶形、花觚形等等，其形状如其名称的字义所示，给人以愉快之感。墙壁的庭门设计成各式各样，很有风趣。但是如果弄得过俗，则可能陷入粗恶无趣，所以不可施之过分。该书中列出三十余种图式，以作为示范。

六、墙垣 一般的墙垣在该书中不谈，只就园的围墙谈谈其构造而已。因此这个问题很简单，只举出白粉墙、磨砖墙、漏砖墙、乱石墙等等，说明其施工方法。有附图十六幅左右，作为范例。

七、铺地 这里讲的不是城门和殿阶等处的铺地，而是住宅的院子和花园径路上的铺地。这类铺地规模小，情趣轻快。有乱石地、鹅子地、水裂地、砖地等等，指出其变化之妙。这不仅见于中国园林，在欧洲庭园中也随处可以见到。

八、掇山 吴语说叠为掇，掇山意为叠山。该书这部分讲叠山构筑法和山石布置法，由此谈到山石的排列法、池泉的配合和处理法，及其与园林的关系。因为以叠山为题，所以不讨论大规模的园林，而以谈论假山部分为主，关于观察方法做出明确的指南。该书在这一方面胜过《长物志》和笠翁的《一家言》。因为著者从这个意义上认为假山与园林构筑有很大的关系，所以专列章节而加以讲解。书中讲到园山、厅山、楼山、阁山等等，指出叠山必须具备与建筑物有关的特色。如果不是亲自动手参与园林构筑实际的人，则谈论不到这样地步。著者说他创始山石理池，研究独创的方法，其真挚的态度值得佩服。岩、洞、涧、曲水、瀑布等的研究，布置和处理的方法，到了这一时代当然已经发展到如此程度。著者认识到这样的技术问题尚未写成著作，因而以自己的卓见著成文章，对于园林研究起着重大作用。

九、选石 选石与掇山和泉石又异其趣。石供玩赏，又具有布置于林木之间以供观赏的性质，这是在中国发展起来的特殊趣味。本书第十章的结语第六条已经谈过石的问题，太湖石之类的石自从进入宋代艮岳以后即已出名，常置于选石的首位。山石之佳者，或取自湖底，或采自山岳，装点于园林之间，构筑成为假山。自宋代至于明代，此风益盛。各地所产之石各具特色，各式各样。其小者点缀盆景，置诸几案之上。这样就形成一种室内装饰物，其应用范围日益扩大。于是在明清时代的园林，选石的布置起着重要作用。传说米万钟因爱石之故，而称为友石先生。关于石的记述有《石谱》之作，这类著作不少。《园冶》中也举出十六种，详述其出所、特性、布置等项。这些几乎仅限于南方所产，其原因是著作大多为南方人，所以自然只谈南方产物，其实选石随处皆可。关于这一点，《园冶》的著者也在选石一节末尾率直地表示了他自己的意见：

“夫葺园圃假山，处处有好事，处处有石块，但不得其人。欲询出石之所，到地有山，似当有石。虽不得巧妙者，随其顽夯，但有文理者可也。曾见宋杜绾之《石谱》，何处无石耶。聊记于右，余未见者不录。”

因为《园冶》一书中非常重视掇山和选石，所以附其全文于掇山一节之后。

十、借景　著者提出“构园无格，借景有因”的说法。该书中关于借景写成华丽的一段文章，因为它只有文章辞藻的价值，所以此处从略。只提出这一节末尾的一段话：“夫借景，园林之最要者也。如远借、邻借、仰借、俯借，应时而借。”虽然同为借景，但要适应其场所，更加区分，作为实际问题处理，著者的见识实在卓越。日本的庭园技术中也有借景和添景的方法，适应当时的环境决定如何处理。添景的意义在《芥子园画传》中也有点景人物和点景鸟兽的画法。在山水画方面，自古就研究景致观赏中不可缺少的景物。

兴造论　（略）

园说　（略）

一、相地

“相地不拘方向，地势自有高低。涉门成趣，得景随形。或傍山林，欲通河沼，探奇近郭，来往远通衢。胜选村落，藉参差之深树。村庄远眺，城市便家，新筑开基不易，只栽杨移竹，旧园翻造妙也。自然之古木繁花，如方如圆，似偏似曲，如长弯而环璧，似偏阔以铺云也。高方欲就亭台，低凹可开池沼，卜筑从水面为贵。立基先究源头，疏源之去由，察水之来历。临溪越地，堪支虚阁；夹巷借天，浮廊可度。倘嵌他人之胜，有一线相通，非为间绝。借景宜偏，若对邻氏之花，才可以招呼几分消息。收春无尽，驾桥而通隔水，别馆堪图。聚石叠围墙，居山可拟。多年树木碍筑檐垣，让一步可以立根，斫数桠不妨封顶。斯谓雕栋飞楹之构易，荫槐挺玉难成，相地合宜，构园得体也。”

山林地　“园地惟山林最胜。有高有凹，有曲有深，有峻而悬，有平而坦，自成天然之趣，不烦人事之工。入奥疏源，就低凿水。搜土开其穴麓，培山以接房廊。杂树参天，楼阁碍云霞出没；繁花覆地，亭台突池沼参差。绝涧安其梁，飞岩假其机。闲闲即景，寂寂探春。好鸟要朋，群麋偕侣。槛逗几番花信，门湾一带清溪。竹里通幽，松寮隐僻，送涛声郁郁，起鹤舞翩翩。阶前自扫云，岭上谁锄月。千峦环翠，万壑流青。欲藉陶舆，何缘谢屐。”

城市地　“市井不可园也，如园必向幽偏可筑之。邻虽近俗，门掩无哗。开径逶迤也，竹木遥飞叠雉，临濠蜒蜿，柴荆横引长虹。院广堪梧，堤弯宜柳。别墅难成，兹林易为。架屋随基，浚水坚之石麓；安亭得景，莳花笑以春风。虚阁荫桐，清池涵月。洗出千家烟雨，将移四壁图书。素入镜中飞练，青来郭外环屏。芍药宜栏，蔷薇未架，不妨凭石，最厌编屏，束久重修，安垂不朽。片山多致，寸石生情。窗虚蕉影玲珑，岩曲松根盘礴。足征市隐，犹胜巢居。能为寻闹处之幽，胡舍近而图远。得闲即诣，随兴携游。”

村庄地　“古云乐田园者居献亩之中，今耽丘壑者选村庄之胜。团团篱落，处处桑麻。凿水为濠，种桃挑堤。门楼知稼，廊庑连芸。约十亩之基，须开池者三也。曲折有情，疏源可正也。余七分之地，为叠土者四也。无论高卑，栽竹相宜。堂虚绿野犹开，花隐重门若掩。掇石莫知山假，到桥若谓津通。桃李成蹊，楼台入画。围墙编棘，窦留山犬迎人；曲径绕篱，苔破家童扫叶。秋老蜂房未割，西成鹤廪先支。安闲莫管稻粮之谋，沽酒不辞风雪之路。归林得意，老圃有余。”

郊野地　“郊野择地依平冈曲坞。叠陇乔林，水浚通源，桥横跨水。去城不数里，可以任意往来。谅地势之崎岖，得基局之大小。围知版筑，构拟习池。开荒欲引长流，摘景全留杂树。搜根惧水，理顽石堪支；引蔓通津，缘飞梁可度。风生寒峭，溪湾柳间栽桃；月隐清微，绕屋梅余种竹。幽趣多似，更入深情。两三间曲尽春藏，一二处堪为暑避。隔林之鸠唤雨，断岸之马嘶风。花落呼童，竹深留客。任看何必问主人，不须还要题姓字。须陈风月清音，休犯山林罪过。韵人安亵，偏涂俗笔。”

傍宅地　“宅傍后有隙地，可葺园。开池浚壑，理石挑山。设门有待来宾，留径可通尔室。竹修林茂，柳暗花明。五亩何拘，且效温公之独乐；四时不谢，宜偕小玉以同游。日竟花朝，宵分月夕。家庭侍酒，须开锦幛之藏；客集征诗，量罚金谷之数。多方题咏，薄有洞天。常余半榻琴书，不尽数竿烟雨。碉户若为止静，家山何必求深。宅遗谢朓条之高风，岭划孙登之长啸。探梅虚蹇，煮雪当姬。轻身尚寄玄黄，具眼胡分青白。固作千年之事，宁知百岁之人。足矣乐闲，悠然护宅。”

江湖地　“江于湖畔，深柳疏芦之际，略成小筑，足征大观也。悠悠烟水，澹澹云山，泛泛渔舟，闲闲鸥鸟。漏层阴藏阁，登台先以迎月；拍起云飞流觞，霞伫何如缑岭，堪谐子晋之吹萧，欲拟瑶池，若待穆王之侍宴。寻闲是福，知享即仙也。”

二、立基

“凡园圃之立基，定厅堂为主。先为取景，妙在朝南。倘有乔木数株，仅就庭中一二。筑垣须广，多存空地。任意为持，听从排布。择成馆舍，余构亭台。格式随宜，得致栽培。选向非拘宅相，安门须合厅方。开山堆土，沿池驳岸。曲曲一湾柳月，濯魄清波；遥遥十里荷风，递香幽室。编篱种菊，因之陶令当年；锄岭栽梅，可并庚公故迹。寻幽移竹，对景莳花。桃李不言，似通津信；池塘倒影，拟入鲛宫。一派涵秋，重阴结夏。疏水若为无尽，断处通桥；开林须酌有因，按时架屋。房廊蜒蜿，楼阁崔巍，动江流天地外之情，合山色有无中之句。适兴平芜远眺，壮观乔岳遥瞻。高阜可培，低方宜挖。”

厅堂基　“厅堂之立基，古以五间三间为率。须量地广窄，四间亦可，四间半亦可。再不能展舒，三间半亦可。深奥曲折，通前达后。斯全在半间之中，生出妙境也。凡立园林，必当如式。”

楼阁基　“楼阁之基依次序而定在厅堂之后。何不立于半山半水之间，有二层三层之说。下望上是楼，山半拟为平屋。更上一层，可穷千里目也。”

门楼基　“园林屋宇虽无方向，惟门楼基要依厅堂方向。合宜则立。”

书房基　“书房基立于园林者，无拘内外，择偏僻之处，随便通园，游人莫知有此。内构斋馆房室，借外景，自然幽雅，深得山林之趣。如另筑，先相基形，方、圆、长、扁、广、阔，曲、狭，如厅堂基余半间，自然深奥。或楼或屋，或廊或榭，按基之形式，临机应变。”

亭榭基“花间隐榭，水际安亭，斯园林得致者也。惟榭止隐花间，亭胡拘水际。通泉竹里，按景山巅。或翠筠茂密之阿，苍松蟠郁之麓。或假濠濮之上，入想观鱼。倘支沧浪之中，濯足而歌。安亭有式，立基无凭。”

廊房基“廊基未立，地局先留。或余屋之前后，渐通林许。蹑山腰，落水面，任高低曲折自然，断续蜿蜒，园林中不可少斯一段境界。”

假山基“假山基约大半在水中立起。先量顶之高大，才定基之浅深。掇石须知占天，围土必然占地。最忌居中，更宜散漫。”

三、掇山（吴音读叠为掇）

“掇山之始，先为桩术。较其长短，察虚实。随势挖其麻柱，谅高挂以称竿。绳索坚牢，扛抬稳重。立根铺以粗石，大块满盖桩头，堑里，扫查灰。着潮尽钻山骨，方堆顽夯而起，渐加以皴文。瘦漏生奇，玲珑安巧。峭壁贵直立，悬崖坚其后，岩峦洞穴莫穷之。涧壑坡矶俨是之，信足疑无别境。举头自有深情，蹊径盘且长，峰峦秀古，多方景胜，咫尺山林。妙在得一人，雅从兼半土。假如一块中坚为主石，两条傍插，呼劈峰，独立端严次相辅弼。势如排列，状若趋承。主石虽忌居中，可宜中者。劈峰总较不用，岂断然用乎。排如炉烛花瓶，列似刀枪剑树。峰虚五老，池凿四方，下洞上台，东亭西榭。罅堪窥管中之豹，路类张孩戏之猫。小藉金鱼之缸，大若酆都之境。得致时宜，古式何裁。深意画图，余情丘壑。未山先麓，自然地势之嶙嶒；构土成冈，不在石形之巧拙。宜台宜榭，邀月抬云。成径成蹊，寻花问柳。临池驳以石块，方有磨夯之用。结岭挑之，土堆高低，致多观之。欲知堆土之奥妙，还拟理石之精微。山林之意深求，花木之情缘易逗。有以真为假，做假成真。稍动天机，全叨人力。探奇投好，同志须知。”

园山　“园中掇山，非士大夫之好事者不如也。为者殊有识鉴。缘世无合志，不尽欣赏，而仅就厅前一壁楼面三峰。以是散漫之理，亦可得佳境也。”

厅山　“人皆厅前叠山，耸起环堵中，高高三峰，殊为可笑。加之以亭，及登，无一可望。置之何益，更亦可笑。若以予见，或有嘉树，稍点玲珑之石塘。不然，墙中嵌理壁岩，或顶植卉木垂萝，似有深境。”

楼山“楼面掇山，宜最高才可入妙，恐高者逼前也。不若远之，更有深意。”

阁山“阁，四面皆敞也。山侧宜坦可上，以便登眺，何必梯之耶。”

书房山　“凡叠小山，或依嘉树卉木，聚散而理。或悬岩峻壁，各有别致。书房中最宜者，更以山石为池。俯视窗下，似得濠濮间之想。”

池山　“池上理山，园中第一胜也。若大若小，更有妙境。就水点其步石，从巅架以飞梁。洞穴潜藏，穿岩径水，峰峦飘渺，漏月招云。莫言世上无仙，斯住世之瀛壶也。”

内室山“内室中叠山，宜坚，宜峻。壁立岩悬，人不可攀。宜坚固者，恐孩戏之预防也。”

峭壁山“峭壁山靠壁理也。藉以粉壁为纸，以石为绘也。理者相石皴纹，仿古人笔意。植黄山松柏古梅丛竹，收之圆窗，宛然镜游也。”

山石池 “山石理池，予始创者。选版薄山石理之，少得窍，不能盛水，须知等分平衡法。凡理塘石，俱将四边或三边压掇，若压两边，恐有损石平中。如压一边即罅，稍有丝缝，不能注水。虽做灰坚固，亦不能止。理当斟酌。”

金鱼缸 “如理山石法，用粗缸一只或两只，并排作底。或埋或半埋。将山石周围理其上，仍以油灰抿固缸口。如法养鱼缸中胜小山。”

峰 “峰石一块者，相形何状。选合峰纹石，匠以笱眼，凿以为座。宜理成上大下小，可立观之。或峰石两三块拼掇，亦宜上大下小，似飞舞之势。或数块掇成，亦如前式。须得两三大石封顶，应知平衡之法，理之无失。稍有欹侧，久则逾欹，其峰必颓，理当慎之。”

峦 “峦，山头高峻也。不可齐，亦不可笔架式。或高或低，致随乱叠，不排比为妙。”

岩 “如理悬岩，起脚宜小，渐理渐大而及高。坚能悬其后，斯理法古来罕者。悬一石，亦如悬一石，再不能之也。予以平衡法将前悬分散后坚，仍以长条堑里石压之，能悬数尺，其状可骇，万无一失。”

洞 “理洞之法，起脚如造屋，立几柱著实也。叠如玲珑窗门，透亮。理上见前，及理岩之法。合凑收顶，加条石替之。斯千古不朽也。洞宽丈余，可设集者自古鲜矣。上或堆土植树，或作台，或置亭屋，应可合也。”

涧 “假山以水为妙。倘高阜处不能注水，理涧壑无水，似有深意。”

曲水 “曲水者，古皆凿石漕，上置石龙头之喷水者。斯费工类俗，何不以理涧之法耶。上理石泉，口如瀑布，亦可流觞，似得天然之趣。”

瀑布 “瀑布如理峭壁山也。先观有坑高楼檐水可涧，作天沟至墙顶，行望山顶，留小坑。突出石口，泛漫而下，才如瀑布。不然，随流散漫而不成。斯谓坐雨观泉之意。”

夫理假山，必欲求好，要人说好。片山块石，似有野致。苏州虎邱山，南京凤台门，贩花扎架，处处皆然。”

四、选石

“夫识石之来由，询山之远近。山石无价，只费人工也。跋蹑搜岭，崎岖究路，便宜出水，虽遥千里何妨。计日有人，就近一肩可矣。取巧但不玲珑，只宜单点。求坚还从古拙，堪用层堆。须先选质，无纹俟后，依皴掇合，多纹恐损。垂窍当悬，古胜太湖。好事只知花石，遵时图尽，匪人焉识黄山。小仿云林，大宗子久。块虽顽夯，峻更嶙峋。是石堪堆，便山可采。石非草木，采后复生。人重利名，近无图远。”

太湖石 “苏州府所属太湖山，水涯产石，惟消夏湾者为最。性坚而润，嵌空穿眼有宛转险怪之势。一种色白，一种色青而黑，一种微黑青，其质文理纵横，笼络起隐，于面偏多坳坎，盖因风浪中冲激而成，谓之弹子窝，扣之有微声。采人携锤錾，入深水中，度奇巧取凿，贯以巨索，浮大舟，架出之。此石最大为贵。惟宜植立轩堂前，或点乔松奇卉之下，装治假山，罗列园林广榭中，颇多伟观也。自古至今，采之已久，今尚不鲜矣。”

昆山石　"昆山县马鞍山石产土中，为赤土积渍。既出土，倍费挑剔洗涤。其质磊块，巉岩透空，无耸拔峰峦之势，扣之无声，其色洁白。或植小木，或种溪荪奇巧之处，或置器中，宜点盆景，无成大用也。"

宜兴石　"宜兴县张公洞善卷寺一带之山产石，便竹林出水。性坚而穿眼崄怪，有如太湖石。有一种色黑质麄而黄者，有色白而质嫩者。掇山不可悬，恐不坚也。"

龙潭石　"金陵之下七十里，沿大江，地名七星观，山口仓头一带，皆产石数种。有露土者，有半埋者。一种色青质坚，透漏文理如太湖石者。一种色微青而性坚，稍觉顽夯，可用起脚压泛。一种色纹而古拙，无漏，宜单点。一种色青，如核桃，纹多皴法者，掇触合皴，如画为妙。"

青龙山石　"金陵青龙山石大圈大孔者也。全用匠作凿取，做成峰石。只一面势者，自来俗人以此为太湖之主峰，凡花石反呼为脚石。掇如炉瓶式，更加以青峰，俨如刀山剑树者斯也。或点竹树下。不可高掇。"

灵璧石　"宿州灵璧县，地名磬山，石产土中，岁久穴深数丈。其质为赤泥渍满，土人以铁刀遍刮，凡三次，既露石色，即以铁丝帚或竹帚兼磁末刷治清润。扣之铿然有声。石底多有渍土之不能尽者。石在土中，随其大小，具体而生。或成物状，或成峰峦。巉岩透空，其眼少，有宛转之势。须藉斧凿，修治磨砻，以全其美。或一面，或三四面之全者，即是自土中生起，凡数百中无一二。有得四面者，择其奇巧处，镌治而取其底平，可以顿置几案，亦可以掇小景。有一种扁朴或成云气者，悬之室中为磬，所谓泗滨浮磬是也。"

岘山石　"镇江府城南大岘山一带皆产石。小者全质，大者镌取相连处。奇怪万状，色黄，清润而坚，扣之有声。有色灰褐者。石穿眼多相通，可掇假山。"

宣石　"宣石宁国县属所产。其色洁白，多赤土积渍，须用刷洗，才可见其质。或梅雨天瓦沟下水克尽土色。惟斯石应旧，逾旧逾白，俨如雪山也。一种名马牙宣，可置几案。"

湖口石　"江州湖口石有数种，或产水际。一种色青，混然而成峰峦岩壑，或类诸成物。一种匾薄嵌空，穿眼通透，几若木版，似利刃剜刻状，石理如刷丝。扣之亦有声。东坡称赏之，目为世中九华，有'百金归贾小玲珑'之语。"

英石　"英州含光真阳县间，有石数种产溪水中。一微青色而有白脉笼络，一灰黑，一浅绿而峰峦嵌空，穿眼宛转相通，其质稍润，扣之微有声。可置几案，亦可点盆，亦可掇小景。有一种色白者，四面峰峦耸拔，多棱角，稍莹彻，西西有光，可鉴物。扣之无声。采人就水中，度奇巧处凿取。只可置几案。"

散兵石　"散兵者，汉张子房楚歌散兵处也，故名。其地在巢湖之南。其石若大若小，形状百类，浮露于山。其质坚，其色青黑。有如太湖者，有古拙皴纹者。土人采而装出贩卖，维扬好事尚买其石。有最大巧妙透漏如太湖峰者。更佳者未尝采也。"

黄石　"黄石是处皆产，不入斧凿，其文古拙也。如常州之黄山，苏州尧峰山，镇江之图山，沿大江直至采石之上皆产。俗人只知顽夯，不知奇妙也。”

旧石 “世之好事者慕闻虚名，钻求旧石。某名园有某峰石，某名人题咏，传某代至今，斯真太湖之石也。今废，欲待价而沽，不惜多金，售为古玩可还也。又有惟闻旧石之重价而买者。夫太湖石者，自古至今，好事采多鲜似矣。如有别山未开取者，择其透漏青骨之坚质而采之，未尝不亚太湖也。斯亘古露风，何为新耶，何为旧耶。凡采石，惟盘驳人工装载之费，到园殊费几何耶。予闻名一石米百峰者。询之，费百米所得，故名。今欲易百米再盘百米，复名二百米峰也。凡石，露风则旧，搜土则新。虽有土色未几雨露，亦成旧也矣。”

锦川石 斯石宜旧。有五色者，有纯绿者，纹如画松皮。高丈余，阔盈尺者为贵。多丈内者。近宜兴有石，如锦川。其纹眼嵌石子，色亦不佳。旧者纹眼嵌空，色质清润，可以花间树下，插立可观。如理假山，犹类劈峰。”

花石纲 “宋之花石纲，河南所属边近，山东随处便有，是运之所遗者。其石多巧妙者，缘陆路颇艰。有好事者，少取块石置园中，生色多矣。”

六合石子 “六合县灵居岩沙土中及水际产玛瑙石子，颇细碎，大如拳，有纯白五色纹者，有纯五色者。其温润莹澈也，择纹采斑烂者取之，铺地如锦。或置涧壑及流水处，自然清白也。”

五、借景

“构园无格，借景有因。要切四时，何关八宅。林皋延附，相缘竹树萧森；城市喧卑，必邻闲逸择居。高原极望，远岫环屏。堂开淑气浸入，门引春流到泽；嫣红艳紫，欣逢花里神仙。乐圣称贤，足并山中寄相。曾赋闲居。芳草应怜，扫径护兰芽；分香幽室；卷帘邀燕子。闲剪轻风，片片飞花；丝丝眠柳，寒生料峭。高架秋千，兴适清偏，贻情丘壑。顿开尘外之想，拟入画中之行。林阴初出莺歌，山曲忽闻樵唱。风生林樾，境入羲皇。幽人即韵松寮，逸士弹琴篁里。红衣新浴，碧玉轻敲。看竹溪湾，观鱼濠上。山容蔼蔼，行云故落凭栏；水面鳞鳞，觉来爽气欹枕。南轩奇傲，北牖虚阴。半窗碧而隐蕉桐，环堵翠而延萝薜。俯流玩月，坐石品泉，苎衣不耐新凉；池荷香绾，梧叶忽惊秋落。虫草鸣幽，湖平而浮光无际；山媚而秀色可餐。寓目一行白鹭，醉颜几阵丹枫。眺远高台，搔首青天哪可问；凭虚敞阁，举杯明月自相邀。冉冉天香，悠悠桂子。但觉篱残之菊晚，应探岭暖之梅先。少系杖头，招携邻曲。恍来林月之美人，却卧雪庐之高士。云冥黯黯，木叶萧萧。风鸦几树之夕阳，寒雁数声之残月。书窗梦醒，孤影遥吟。锦幢偎红，六花呈瑞。若过棹兴剡曲，胜扫烹果党家。冷韵堪应，清名可并。花殊不谢，景摘偏新也。借因无由，触情俱是也。”

“夫借景，园林之最要者也。如远借、邻借、仰借，俯借，应时而借。然物情之所逗，目寄心期，意似有笔先，庶几描写尽之哉。”

“崇祯甲戌之岁，予年五十有三。历尽风尘，业已游倦，少有林下风趣。逃名丘壑中，久资林园，似觉远世故，惟闻时事纷纷，隐心皆然。愧无买山之力，甘为桃源溪口人也。自叹不遇生时也。武侯三国之师，梁公女王之相，古之贤豪之时也，大不遇时也。何况草野疏愚，涉身丘壑。暇著斯冶，欲示二儿长生长吉，但觅梨栗而已。故梓行合，为世之便。自识。”

第四节　《长物志》中的泉石

关于《长物志》的著者文震亨，本书前节已经介绍。他是文徵明的曾孙，明朝天启年间曾任中书舍人。其兄文震孟也有令名，曾任礼部左侍郎，兼东阁大学士。文震亨出自这样的家世，生长在这样的环境中，养成文人的素质，著成《长物志》一书，留传后世。但是这样的名家却未收录于《哲匠录》中，倒是奇怪的事。

若问《长物志》与《园冶》处于何等关系，如前所述，计无否与文震亨是年岁相差不多的人，写成明末文化中关于园林屋宇方面的著作。不过计无否主要是在江苏一带活动，而文震亨则由于任官于天启年间而居于燕京，所以文震亨的著作中，北方气息甚为强烈，这是理所当然的事。我们看《长物志》一书，谈到室庐丈室时说道：“丈室宜隆冬寒夜，略仿北方暖房之制。”在谈到浴室时说道：“更为密室，不为风寒所侵”等等。又在谈到选石时提到土玛瑙，说“出自山东兖州府沂州”。根据这些话，不难看出《长物志》一书是以北方风土为背景而编成的。不过那个时代的园林多发达于金陵和苏杭之地，而为一般园林的规范，所以《长物志》自然一定也是出自南方的园林思想，只是在其中加入了北方特有的意义。下面介绍《长物志》一书，所以必须先了解它所写的是什么内容。

《长物志》是围绕居住而写成的，其所分部门是室庐、花木、水石、禽鱼、书画、几榻、器具、衣饰、舟车、位置，蔬果、香茗等，共包括十二部。关于这十二部，各有十分丰富的材料，列举以资说明，并加以著者个人的评语；其见识绝非一般者可比。但是像《园冶》中所作有关技术的讲述则嫌不足。由这一点也可以看出，它是出自文人之手而纂成的。但是另一方面，《长物志》对于有关居住的问题搜罗详尽，这是该书的长处。

室庐的问题与本书关系深，所以介绍其全文。这里所谈的不是大型建筑物，也不像《园冶》中所讲的那样，涉及楼阁台榭及其架梁柱式。书中所提的堂、楼阁、台等等，都是建于园林中，以增加潇洒雅洁的情趣。这是编写室庐一节的目的。其内容关于窗、栏杆等项，远不及《园冶》一书中所讲的装折和栏杆等内容。但是《长物志》一书中讲到照壁、山斋、丈室、佛堂、桥、茶寮、琴室、浴室等等，这些都是园林中不可缺少的建筑物，这足以补《园冶》的不足之处。文中有“忌”的字样，这说的是“不宜”的意思。例如“桥上忌置亭子”，意思是指出不宜在桥上建亭，在桥上筑亭是不合适的。但是这并不是说绝不可以在桥上筑亭，不是说在任何情况下都不许在桥上建亭，而是说在桥上建亭是多余的，在士大夫文人们构筑的园林中不适于在桥上建亭。我们必须知道，“忌”字之用大多出自该书著者本人的见解。下面简单介绍该书各节的内容。

在“花木第二”、一节中，记述牡丹、芍药、玉兰、海棠等等共四十余种花木的特性。关于这类叙述，自古以来已有不少著述，正如本书第十章第八节中所提的那样，在《初学记》和《唐类函》等书中记载着果木和花草。《长物志》即接受这些记载的传统，本书不录其全文，而仅录出其总论部分。该总论文字叙述简单，讲花木的选择和布置的方法，这些是在《园冶》一书中不曾谈的。

《长物志》一书的“水石第三”是园林构筑设计的中心，所以本书于此录其全文。其内容论及广池、小池、瀑布、凿井、天泉，地泉、流水、丹泉等等，几乎全与水有关系，但丝毫不曾谈到叠山，也许是因为题目为“水石”的缘故。与《园冶》的内容比较，不能不使人感到另样。在《园冶》第八“掇山”的部分，有厅山、楼山、阁山、书房山、内室山等等，主张在厅、楼、阁等处，各加以适切的掇山。然后举山峰峦、岩、洞等等，几乎都与掇山直接有关，至于水的方面，则只在最后部分谈到曲水和瀑布。但是在《长物志》一书中，以水作为主题处理，完全不曾涉及掇山。这两部著作在这一点上可以互补不足，在探讨中国园林的实际问题时，如果单靠《园冶》或《长物志》二著中的任何一种，则绝不能了解全貌。在园林构筑方面，广池和小池之类固然是不可不重视的，而对于楼山和书房山等等也不可忽视。只是江苏浙江一带是水乡，与其多谈水，勿宁更须注意掇山方面。而在北方园林中，如不十分重视水的处理，则不能造成林石情趣，这确实是如此。文震亨或许是了解《园冶》一书的不足之处，为补其缺欠而编成《长物志》一书。这也许是本书著者的愴测想像，如果真是如此，则将这两部著作合起来读，将足以供园林构筑的参考之用。

《长物志》中也列举灵壁、英石、太湖石、昆山石等等，这在介绍《园冶》时均已谈过，不过二书的观点和解释各有不同。无论如何，谈论林石时总不可忽视选石的问题，这一点必须了解。

“禽鱼第四”以下列出书画、几榻、器具、衣饰、舟车、位置、蔬果、香茗。这些项目在讨论居住时，从实用上看以及从趣味教养方面看，其意义都是很重要的，但由于它们与屋宇园林的关系远，所以此处略而不谈。

下面录出《长物志》一书中的“室庐第一”和“水石第三”的全文。

室庐 “居山水者为上，村居次之，郊居又次之。吾侪纵不能岩栖谷止，追绮园之踪，混迹廛市，要皆门庭雅洁，室庐清观，亭台具旷。怀士之斋阁，有幽人之致也。又当种佳木怪箨，陈金石图书。可使居之者忘者，寓之者忘归，游之者忘倦。蕴隆则飒然而寒，凛冽则煦然而燠。若徒侈土木尚丹，真同桎梏樊槛而已。（志室庐第一）”

门 “用木为格，以湘妃竹横斜钉之，或四或二，不可用六。两傍用板为春帖，必随意取唐联之佳者刻上。若用石梱，必成板扉。石用方厚浑朴者，庶不涉俗。门环得古青缘蝴蝶兽面，或天鸡饕餮之属，钉上为佳，即不用紫铜，或精铁如式铸成亦可也，黄白铜俱不可用也。漆惟朱紫黑三色，余不可用。”

阶 “自三级以至十阶，愈高愈古，须文石可以剥成。内和绣墩草或草花数茎，枝叶纷披，映阶傍砌也。以太湖石叠成者，其制更奇，然不易就。复室须内比外高。可取顽石之具苔斑者嵌之，方有岩阿之致。”

窗　“用木为粗格，中设细条眼，眼方二寸而不可过大。窗下填板之尺许者。佛楼禅室问用茭花及象眼者。窗忌用六，或二或三或四，随宜用之。室高，上可用横窗一扇，下用低槛承之。俱顶明瓦，或以纸糊，不可用绛索纱及梅花簟。冬月欲承日，制有眼风窗。眼径尺许，中以线经其上，庶纸不为风雷所破，其制亦雅也。然仅可用之小斋漆室。漆用金漆或朱黑二色，雕花采漆俱不可用。”

栏干　“石栏最古，惟近琳宫梵宇及人家冢墓，傍池或可用。然不如用石莲柱，二木栏为雅。柱不可过高，亦不可雕鸟兽形。亭榭廊庑可用朱栏及鹅颈承座。堂中须以巨木雕如石栏。而空其中，顶用柿顶朱饰。中用荷叶宝瓶绿饰卍字者，宜闺阁中，不甚古雅。取画图中之有可用者，以意成之可也。三横木最便，第太朴不可多用，更须每楹一扇。中间一木不可分为二、三。若斋中则必竟不用矣。”

照壁　“得文木如豆瓣楠之类为之，华而复雅也，则竟不用素染，或金漆亦可也。青紫及洒金描画俱所最俱，亦不可用六。堂中可用一带，斋中则止中楹用之。有以纱窗或夹细格代之者，俱称俗品。”

堂　“堂之制宜宏敞精丽，前后须层轩广庭。廊庑俱可容一席。四壁用细砖砌者佳也，则竟不用粉壁。梁用球门，高广相称。层阶俱以文石为之。小堂可不设窗槛。”

山斋　“宜明净，不可大敞。明净可爽心神，太敞则费目力。或傍檐置窗槛，或由廊以入，俱随地之所宜。中庭亦须稍广，可种花木，列盆景。夏日去北扉，前后洞空。庭际沃以饭渖，雨渍苔生，绿褥可爱。绕砌可遍种翠其草，茂则欲浮青葱。前垣宜矮。有取薜荔根瘗墙下，墙上洒鱼腥水以引蔓者，虽有幽致，然不如粉壁为佳。”

丈室　“丈室宜隆冬寒夜，略仿北方暖房之制。中可置卧榻及禅椅之属。前庭须广，以承日色，可留西窗以受斜阳。必不开北窗也。”

佛堂　“筑基高五尺余，列级而上。前为小轩，左右俱设欢门，后通三楹，庭中供佛。以石子砌地。列旛幢之属，另建一门。后为小室，可置卧榻。”

桥　“广池巨浸须用文石为桥。雕镂云物，极其精工，不可入俗。小溪曲涧，用石子砌者佳也。四傍可种绣墩草。板桥须三折，一木为栏。忌平板，作朱卍字。栏有以太湖石为之，亦俗也。石桥忌三环，板桥忌四方磬折。尤忌桥上置亭子。”

茶寮　“构一斗室，山斋相傍也。内设茶具，教一童，专主茶役，以供长日清谈，寒宵兀坐。幽人之首务，不可少废者也。”

琴室　“古人有平屋中埋一缸，缸悬铜钟以发琴声者。然不如层楼之下，上盖板则声不散，下空旷则声透彻。或于乔木修竹岩洞石室之下，地清境绝，更为雅称。”

浴室　“前后二室，以墙隔之。前砌铁锅，后燃薪以俟。更为密室，不为风寒所侵。近墙凿井，具辘轳为窍，引水以入。后为沟，引水以出。澡具巾帨，咸在其中。”

街径庭除 “驰道广庭以武康石皮砌者最华整也。花间岸侧以石子砌成，或以碎瓦片斜砌者，雨久生苔，自然古色也。”

楼阁 “楼阁之作房闼者，须回环窈窕，供登眺者须轩敞宏丽，藏书画者须爽垲高深；此其大略也。楼前忌有露台卷篷。楼板忌用砖铺。盖名楼阁，必有定式，若复砖铺，与平屋何异。高阁之作三层者最俗。楼下之柱稍高，上可设平顶。”

台 “筑台忌六角。随地之大小为之。若筑土冈上，四周用粗木，作朱阑亦雅。”

花木 “弄花一岁，看花十日。故帏箔映蔽，铃索护持，非徒富贵之容也。第繁花杂木宜以亩计。乃庭除槛畔之若，必以虬札古干，异种奇名，枝叶扶疏，位置疏密。或水边石际横偃斜枝，或一望成林，或孤枝独秀，而草花不可繁杂，随处植之，或取其四时不断，皆入图书。又桃李不可植庭除，似宜远望。红梅绛桃俱借以点缀林中，不宜多植。梅生山中，有苔藓者移置药栏，最古也。杏花差不耐久，开时多值风雨，仅可作片时之玩。腊梅冬月不可少。他如豆棚菜圃，山家风味，固自不恶。然必辟隙地数顷，别为一区，如种植庭除，便非韵事。更石磉木柱，有加缚精整者，愈入恶道。至植兰栽菊，古各有方，时取以课园丁，考职事亦幽人之务也。（志花木第二。）”

水石 “石使人古，水使人远。园林水石最不可无，要须回环峭拔，安插得宜。一峰则太华千寻，一勺则江湖万里也。又须修竹老木，怪藤丑树，交覆角立，苍崖碧润，奔泉泛流，如入深岩绝壑之中，乃为名区胜地也。（志水石第三。）”

广池 “凿池自亩以及顷，愈广愈胜。最广者中可置台榭之属。或长堤横隔，其中杂植江蒲岸苇。一望无际，乃称巨浸。若须华整，以文石为岸，朱栏回绕。中忌留土，俗如战鱼墩或拟金焦之类。池傍植垂柳，忌桃杏间种。中畜凫雁，十数为群，方有生意。最广处可置水阁，必如图画中之佳也。忌置簰舍于岸侧。植藕花，削竹为阑，勿使蔓衍。忌荷叶满池，不见水色也。”

小池 “阶前石畔凿一小池。必以湖石四围，泉清可见底。中畜朱鱼，翠藻游泳可玩。四周能树野藤细竹，掘地稍深，引泉脉者佳。忌方圆八角诸式。”

瀑布 “山居自高引泉而下，为瀑布稍易。园林中欲作此，须截竹长短不一者，尽承檐溜，暗接而藏石罅中。以斧劈石叠高下，凿小池承水，置石林立其下，雨中能使飞泉喷薄，潺湲有声，亦一奇也。尤宜松间竹下，青葱掩映，更自可观。亦有蓄水山顶。客至去闸，水由空直注者，终不如雨中承溜为雅。”

凿井 “井水味浊，不可供烹煮。然浇花、洗竹、涤砚、拭几俱不可缺。凿井须于竹树之下，深见泉脉，上置辘轳则不引汲，盖一小亭覆之。石栏古号银床，取旧制之最大而古朴者置其上。井有神，井傍置顽石，可凿一小龛。遇岁时奠以清水一杯，亦自有致。”

天泉　“秋水为上，梅水次之。秋水白而洌，梅水白而甘。春冬二水中，春胜冬，盖以和风甘雨也。故不宜夏月暴雨，或因风雷蛟龙所致，最足伤人。雪为五谷之精，取以煎茶，最为幽况。然新者有土气，稍陈佳也。用布承水，于中庭受之，不可用檐溜。”

地泉　“乳泉漫流如惠山泉为最胜，次取清寒者。泉不难清而难寒，土多沙腻泥凝者必不清寒。又有香而甘者，然甘易而香难，未有香而不甘者也。瀑涌湍急者勿食，食久使人头疾。如卢山之水帘、天台之瀑布，可以供耳目也。入水品则不宜。温泉下生硫磺，亦非食品。”

流水　“取江水去人远者，夹石渟渊、扬子南冷，特入首品。河流通泉窦者，必可汲置，候其澄澈亦可食。”

丹泉　“名山大川仙翁修炼处，水中有丹，其味异常，能延年却病。此自然之丹液，不易得也。”

品名　“石以灵璧为上，石英次之。然二种之品甚贵，颇难购。大者尤不易得。高逾数尺者便属奇品。小者可置几案间。色如漆，声如玉者最佳也。横石以蜡地而峰峦峭拔者为上。俗言灵璧无峰，英石无坡，以余所见，亦不尽然。他石纹片粗大，绝无曲折屼嵂者。近更有以大块辰砂、石青、石绿为研山盆石者，最俗也。”

灵璧　“出自凤阳府宿州灵璧，在深山之沙土中，掘之乃见。有细白如玉起岩岫者。佳者如卧牛蟠螭，有种种异状者，真奇品也。”

英石　“出自英州。倒生岩下，以锯取之，故底平超。峰高有至三尺五寸余者。小斋前叠一山，最为清贵，然道远不易致。”

太湖石　“石在水中者为贵。岁久为波涛冲击，皆成空，石面面玲珑也。在山上者名旱石，枯而不润。赝作之弹窝若历年岁久，斧痕已尽，亦为雅观。吴中所尚假山皆用此石。又有小石久沉湖中者，渔人网得之，与灵璧英石亦颇相类，惟声不清响。”

尧峰石　近时始出，苔藓丛生，古朴可爱。以未经采凿，山中甚多，但不玲珑，然正以不玲珑之故佳也。”

昆山石　“出昆山之马鞍山下，生山中，掘之乃得。以色白者为贵。有鸡骨片、胡桃块二种，然亦俗尚，非雅物也。间有高七八尺者，亦可置之古大石盆中。此山皆火石而火气暖也，故上栽菖蒲等物最茂。惟不可置几案及盆盎中。”

锦川、将乐、羊肚　石品惟此三种最下也，锦川尤恶。每见人家之石假山辄上置数峰，不知有何味。以斧劈大而顽者为雅。若直立一片最可厌。”

土玛瑙　“出自山东兖州府沂州。花纹如玛瑙，红多而细润者佳。有红系石，白地上有赤红纹。有竹叶玛瑙，花斑与竹叶相类，故名此。共可板锯，嵌几榻屏风之类，非贵品也。石子五色，或大者如拳，或小者如豆，中有禽鱼、鸟兽、人物、方胜、回纹之形，置青绿小盆或宣窑白盆内，斑然可玩，其价甚贵，亦不易得，然不可多置斋中。近见人家竞环列数盆，如贾肆者。新都人有名醉石斋者，闻其藏石甚富且奇。其地溪涧中别有纯红、纯绿者，亦可爱玩。”

大理石　“出滇中，以白如玉、黑如墨为贵。但得旧石之天成如山水云烟之米家山，此无上之佳品也。古人以镶屏风，近始作几榻，终非为古者。京口之一种与大理相似者，但花色不清。填之石药，为山云泉石者，亦得高价，然真伪亦易辨。真者以更旧者为贵。”

永石　“即祁阳石也，出自楚中。石不坚，色好者有山水、日月、人物之象。紫花者稍胜。然多刀刮之成者，非自然之物。以手摸之，可验凹凸。以大者制屏亦雅也。”

第五节　李渔著《一家言》中的山石

本章第二节已经介绍了李渔这个人，及其所著《笠翁偶集》的成书年代，这里不拟重复。李渔比计无否和文震亨晚三十余年出生。那时，明代兴起的论述技艺知识而著成专书的时代风气，不会对李渔不发生影响。李渔本人具有敏锐的观察能力，文才卓拔奔放，对前人著作提出自己的看法。正如他在《一家言》的自序中所说的那样：“不过自为一家，云所欲云而已”。他有自己的创见，对别人的论断无所顾忌，其议论十分自由。因此他写成自己独创的“居室部”，收于《一家言》一书中。

在“墙壁第三”的关于女墙的一段文中，写道：“如园冶所载诸式，殆无遗义矣。”由此可知李渔读过《园冶》一书。他与文震亨《长物志》的关系如何，虽然现在还不能掌握确实证据，但李渔是钱塘人，曾在燕京参与园林构筑，晚年在金陵营其偶居生活，像他这样的文人不会不读《长物志》。我们看李渔《一家言》中的居室部一节，其内容和论法与《园冶》和《长物志》中所写的全然不同。《园冶》和《长物志》将居室园林作为整体而加以综合叙述，但《一家言》则不是这样考虑的，而是从中抓住某些重要问题，强调其独创的论据。我们从这方面看，就能体会到《--家言》一书的特长。换句话说，《园冶》和《长物志》中，搜集了种种状况和问题加以分类解释，同时或多或少地加入著者本人的意见，这样的写法是这两部著作的优点。李渔写《一家言》的居室部时，绝不沿袭全面综合的做法，而勿宁说是抓住前人的论点，指出其要点而加以评论。《一家言》中所列的题目极少。读其内容，知是出自著者的卓越识见，富有实际施工的体验，其论法充满著者的自信，使读者感佩。有些议论似嫌稍有过分，但喜欢议论是李渔的得意之处，此处对此不拟深谈。

该书中关于园林采用大山、小山、石壁、石洞的分类法。观其内容，对于水和构筑池沼的问题一点也没谈到。这不能认为李渔这个人缺乏关于池沼的观念，而应认为他有意识避开前人著作中写过的问题。这样看来，李渔读过前人所著的《园冶》和《长物志》，充分了解这类著作的内容，于是以自己独特的见解写成居室部和器玩部，以补前人著作的不足。他的书可以说是一部很罕见的著作。如果有意了解明代的园林，就读读计无否，文震亨、李渔三人的著作，自会弄清那一时代的趣味倾向。

李渔写的居室部在《笠翁偶集》第四卷。如果全文介绍，则过于烦冗，因而省略。只将山石部依前例全文照录于此。

居室部的目录如下：

房舍第一　向背、途径、高下、出檐深浅、置顶格、甃地、洒扫、藏垢纳污

窗栏第二　制体宜坚、取景在借

墙壁第三　界墙、女墙、厅壁、书房壁

联匾第四　碑文额、蕉叶联、此君联、手卷类、册页匾、虚白匾、石光匾、秋叶匾

山石第五　大山、小山、石壁、零星小石

如果是《园冶》一书，则在屋宇部内列举堂、斋、室、房、馆，楼、台、阁等等，加以解释。在《长物志》一书中，则在室庐部列举门、阶、窗、栏、照壁、堂、山斋等等。但是在《笠翁偶集》的屋室部、房舍第一部分只举出上列项目，这绝不是意欲讲述房舍全部，而是将这样的全面论述让给《园冶》和《长物志》，专门强调李渔特别注意之点，这是很清楚的。窗栏和山石也是必须观察的，请读者参考前节，此处从略。

房舍第一　一开头就谈道："人不能无屋，犹如人不能无衣。衣贵夏凉冬暖，房舍亦然。堂高数仞，榱题数尺，壮则壮也，然宜夏而不宜冬。"这是科学地说明房舍必要的原因，开始即加议论。书中又写道："人间之绝技维何。予曰：一则辨审音乐，一则置造园亭也。自选优伶，歌自选之词曲。"李笠翁精于词曲，在其《偶集》的第一、第二卷内，即汇集其词曲诸作。关于造园的问题写道："因地制宜，不拘成见，一榱一桷，必出自己之裁。使经其他，入其室者，如读湖上笠翁之书。虽乏高才，颇饶别致也。"这些话表示他以十足的自信叙述自己的抱负，认为他自己设计的园林有独到之处，不容别人望其项背。

这样的议论虽不一定值得重视，但因这是李渔在卷首所作的议论，由此可以想见其他。这一段话最后几句是"土木之事最忌奢靡。非特庶民之家当从俭仆，即王公大人亦以此为尚。盖居室之制贵精不贵丽，贵新奇大雅，不贵纤巧烂熳。凡予所言皆属价廉工省之事。予贫士也，仅识寒酸之事"。笠翁反对奢侈，提倡新奇，不论在议论方面，或在实际行动中，他一贯坚持自己的主张，他说："欲示富贵以绮丽胜人，则有从前旧制在"。意思是说，如欲构建富丽堂皇的房舍，则依旧制而行即可，并强调自己是贫士，永远反对奢侈。纵观居室部的全文，处处皆见其排斥锦绣绚烂，而提倡新奇素雅的主张。领会这种文人情绪而读其书，才能感觉津津有味。

向背　在谈到房屋向背时写道："屋以面南为正向，然必不可得，则面北者宜虚其后，以受南熏，面东者虚右，面西者虚左，犹如是也。如东西北皆无余地，则开窗，借天以补之。牖之大者可抵上门二扇，穴之高者可敌低窗二扇；不可不知也。"从现代科学的建筑法看，这段议论是正确的，确实是建筑家必须

领会的。

途径　关于途径是这样说的："径莫便于捷，而又莫妙于迂。故凡作迂途以作别致者，必开耳门一扇，以便家人奔走。急则开之，缓则闭之。斯雅俗俱利，而理致兼收矣。"这段话说从苑路的便利方面看，捷径是好，但迂径另有趣致，因而也不错。只是要开设耳门，以便于调节家人奔走的缓急之需。这里指出了十分切合实际的看法。

高下　这一节谈的是建筑物的排列，如果同一高度则无趣味，各个房舍必须有高下之势。指出前卑后高为理所当然。如果地面有高低，则应在高处造屋，低处建楼，这是一种办法。另有一种办法，即于低处叠石为山，高处浚水为池。又指出愈在高处愈应于峻坡之上竖阁垒峰，愈在低处愈应于下湿之区穿塘凿井。总地说来并没有一定的方法，绝不可对人就某事授以方策。著作以极为自由奔放的观察力进行议论。

出檐深浅　论述出轩深浅对室内采光有影响。又说柱长为招雨之媒，窗多为匿风之薮。因此必须虚实相半。又提出添置活檐的方法，即在瓦檐之下另设板棚一扇，设转轴下撑。晴天的时候，将活檐放下来，以便遮住阳光。下雨的时候，将活檐上撑，使其正面向上，以便使屋内明亮。

置顶格　"精室不见椽瓦，或以板覆，或用纸糊，以掩屋上之丑态。名为顶格，天下皆然。予独怪其法制未善，何耶。"在这段议论中，对于所谓顶格的一种天井提出了一个新的方案，写道："以顶格为斗笠形，可方可圆，四面皆下，而独高其中。"

甃地　本节一开头就写道："古人茅茨土阶，惟崇俭朴。"提出地面上如果不加敷铺，则湿气发散，厌尘飞扬。如果铺上木板，则步履之际有声，令人生厌。三和土甃地虽极坚固，但是灰与土相合，如果不用盐滷，则干燥易裂；如果施用盐滷，则天气发潮时不宜。因此最适合的办法是铺砖。有财力的人家，将砖磨光。财力差的人家，不磨光也完全可以铺地。砖上可以形成冰裂或龟纹等种种文理。

洒扫　扫除室内时，如果干扫而不洒水，则不能除去浮尘。由于童子懒惰，不愿意洒水，这是不好的习惯。书中还详细谈了洒扫的方法，此处省略。

藏垢纳污　"欲营精洁之房，先设藏垢纳污之地。"接着写道："精舍左右别设小屋一间，有如复道，俗名套房是也。凡败笺残纸、垢砚秃毫之类，卒急不能料理者，姑置其间，以俟暇时检点。"又说："贫家如不能办此，则以箱笼代之，皆可置案傍榻后。"谈得很详细。因过于繁冗，故省略之。

窗栏第二　"吾观今世之人能变古法为今制者，其惟窗栏二事乎。窗栏之制日异月新。"中国建筑的样式自古以来几乎没有什么变化，其中发生改变的只有窗和栏二物而已。该书著者看到这一事实，确实是高超的见识。作为实际问题，中国式建筑物的窗栏床隔起着极为重要的作用。由于窗栏床隔的样式不同，才能区分堂、斋、房、馆等各种建筑物。在这个意义上，李渔亲手创制窗栏的样式，口授工匠，其样式甚为新奇。李渔在书中不像《园冶》一书中那样举出许多范例，而仅在制体宜坚和取景在借这两节中附有两三幅图样。李渔以议论高超见长，其著作与《园冶》不同。

制体宜坚　窗棂以明透为先，栏杆以玲珑为主。然而这些皆属次要，首要者在于坚固。首先做到坚固，然后才谈得到工拙。曾有人费尽工力，做得穷工极巧，但是过了不长的时间，竟至失头坠趾，这样做是不行的。总地说，最重要的是两句话，就是“宜简而不宜繁，宜自然而不宜雕斲”。书中由这个立意说起，首先讲述操作方法，提出窗栏的建造应具备纵横、欹斜、屈曲三项。书中对这三项各举出一幅图，以资说明，并加议论。不过窗栏之制自古以来不乏变化，果然能否完全包括在这三项之内，还是个疑问。书中所谈的或许只是著者本人的议论而已。

取景在借　这个问题似乎是李渔的得意之处，书中用了大量篇幅提出独自的创见，作为范例而加以议论。我们在这里只简单地介绍其例题。先谈谈“便面”。便面是扇面形的窗。如果在湖舫的坐室左右开设便面，则两岸湖光山色尽收予便面中。湖舫不断前行，许多佳山丽水之景就在便面中幻变而成图景，人在舟中从扇面的额缘眺望景色。其次读到“尺幅窗”，又名“无心画”。在窗的上下左右贴糊纸布，做成额缘，而使其当中空虚，从这个空虚处观看房屋后边的山水诸景。这样，窗就不是窗，而变成一幅图画。再次谈“梅窗”，这也是李渔的创造。取梅树的老干做成窗的上下两傍，剪采作花附于老干之上，即俨然而有活梅之趣。这个思考甚为有趣。便面不仅用于舟中，而且也可以应用于房舍。这时要在窗外设置承物台，放置盆花笼鸟，蟠松怪石，随时取换。便面中的画也根据己意随时更换，或一日一换，或一日数换。又谈到设置便面必须注意防风雨，可在外面加设推板。如果窗外没有可以观赏的景色，则可以在推板上绘出图画。

此外又提出“山水图窗”。制成一扇纱窗，画上花鸟。到夜闻，室内燃灯，从外面看，就是一盏扇面灯。白天从室内看，在日光照射之下，与观灯无异。下面谈到“尺幅图式”。前面谈的尺幅窗虽说是窗，但必须关闭。如作一扇木槅，将一幅名画嵌裱于窗中，就成一幅真画，而不再是尺幅窗和无心画了。

以上是取景在借一节的大意。李渔以充足的自信心处理这些问题，他作豪语说：“予所制之便面窗，即雅人韵士之药笼也。”指出这个问题与房舍和园林有重要关系。

墙壁第三　“昔人之贫富皆于墙壁间辨之。故富人润屋，贫士结庐，皆自墙壁始。”接着说：“宜国之固者，城池也；城池固而国始固。宜家之坚者，墙壁也；墙壁坚而家始坚。”这里强调构筑房屋时墙壁首先是最重要的。

界墙　界墙是房舍的外廓，最好是用乱石叠成。其次则用石子。曾见一老僧建寺，收拾石工斧凿之余的零星碎石，筑成墙壁。总之，界墙有各种筑法，只要能充分考察，则虽贫者也能建成相当规模的建筑物。

女墙　《古今注》中解释女墙，说它是城上的小墙，一名睥睨，是从城上窥看人的。李渔说，他认为这个解释其名甚美，但不一定指城垣而言，凡是户以内高度及肩的小墙皆应称为女墙。李渔认为"女"是未婚女子的称呼，不过是言其纤小而已。如果指城上的小墙而言，那就必须登城御敌，这样的事不是女子所能做的。在墙上嵌花或施加露孔，使得内外可以相见，如近时园圃之所筑者应该称为女墙。因为它的筑法仿照睥睨之制，其法穷奇极巧。李渔说这在《园冶》一书中正载有诸种样式。书中又提出施工的注意事项二三则。

厅壁 这里讲的不是墙，而是厅堂内部壁面的筑法。他说这既不可过于疏略，又不可太华丽，而应该浓淡得宜，错综有致。还提出一个有趣的办法，就是在厅堂四壁以颜色画成花木和松树，选择适当的位置悬挂鸟笼，于是壁画焕发生气。他说这是个极妙的办法。

书房壁 书房壁宜潇洒，忌用油漆。门户窗栏之类曝于风雨之中，所以必须施加油漆。书室之内无风雨之患，所以不必照这样办。石灰垩壁能够磨光，其次用纸糊也是个好办法。也可以用灰垩壁，用纸糊柱。板壁上不可以糊纸，因为板一干燥就裂，纸也就破裂而碎了。书中对此尽加议论，此处略去。

联匾第四 书中谈到联匾时说堂联斋匾并无成规，它没有一定的规制。提出种种形式的联匾，有蕉叶联、此君联、碑文额、手卷额、册页匾、虚白匾、石光匾、秋叶匾等等，揭示图样，加以说明，并详述其制作方法。这种屋室设备是文人书房壁上不可缺少的趣味性装饰，此处从居室园林构筑方面考虑，所以省略这些内容。

山石第五 这一节谈的是理论，而不是实际操作。书中写道："一卷以代山，一勺以代水，所谓无聊之极思也。"由此可以清楚地了解李渔对于山石处理的观念。他说："从来叠山名手俱非能诗善绘之人。"他认为从来叠山的名家都不懂诗文绘画。参与园林叠山设计规划的人，或许并非技能卓绝之士，但是正如本书第十四章第二节中所谈的那样，叠山的人有的本人就是画家，也有些人原本是画家，后来转而从事叠山，这样的人绝非少数。其中有些人最初就是专门叠山的，在实际施工中的技术人员也有些是不懂诗文和绘画的。但是如果专靠这样的人设计叠山，那就将叠山看得太简单了。李渔说："主人雅则雅者至。俗而容拙，拙而俗者来。"这里指出叠山的指导思想最为重要，从而得以了解李渔的真意。

大山 李渔认为筑小山容易，而设计大山则十分困难，并以作文章与筑山相比较而议论；由此看出他的文人习惯。筑山要在细观方面求得一致，但是还必须使注意观察全面规模的人称赞，这就要求气魄胜人，而且全体章法不出误谬。在实际进行叠山的时候，要"用以土代石之法，减人工，又省物力，且有天然委曲之妙。"李渔提倡"盛土"以筑山，这个主张在《园冶》和《长物志》中都未曾提出过用这个方法，石多石少并不是问题。土多，则为土山带石；石多，则为石山带土。他做出结论说"土石二物原不相离"。读这样的文章时，使我们确实了解李渔这个人不拘泥于前人的论法，而以豁达态度进行独创的议论。

小山 李渔说："小山……但以石为主。"这个论点极为正确。他谈论山石美，举出透、漏、瘦三个字。这不见于《园冶》和《长物志》，可能是李渔的独创。但如果是李渔所独创，则必定要进一步进行深论，况且这段文章中所提到的山石都是随处可见的，因而可以推想这是当时相当普遍的看法。在日本的林石造园中，相当于此的说法有“五行石”一称，其组合是二组十体、三组八相、五组等等。中国林石则以透、漏、瘦三石为代表，此外就是叠山。举出透、漏、瘦是应该的，但还希望更进一步说明布置的问题。这种山石景致与其置于叠山之中，反而不如更多见于园庭之内，作为孤立的山石玩赏。因此也许布置就不成为重要的问题了。李渔在书中这一节的最后讲解了石纹石性，这一定是处理山石时必须领会的。

石壁　李渔认为人谁都说喜欢假山，其实所说的假山不过是人工的峭壁而已。他的这个论点十分确切。大规模的假山，从其前后左右各个方面观赏都能成为景物，但是小规模的假山和小面积堆积的假山大体上都只有一个面，很多都是峭壁性质的。更有甚者，有的毫无奇巧可言，只是如同叠墙一般。必须特别注意，不可紧靠山壁即成平原，必须有一物蔽掩，必须使坐客仰观时不能穷其巅。这就需要加筑亭或小屋。而且这种石壁绝不仅仅限于山后，在适当地势即可叠筑，有时可筑于入门之处，以代照墙，甚为便利。

石洞　李渔说假山不拘大小，其中必须筑洞。洞也不是一定要求宽大。如果洞宽大，则可以坐人；如果洞窄小，则可造屋与洞相接连，使人觉得如同坐在洞里一样。又说，在洞上贮水，作出漏隙，使发涓滴之声，可在酷暑中感到清凉。

零星小石　李渔在书中谈到零星的小石，说贫士无力造假山，可用零星小石以慰爱山之癖。由此也可看出李渔具有文人的清廉性格。他的书中丝毫不曾谈到选石，也不曾提到石的品名和类别。李渔不会不懂得太湖石和灵璧石等名石，但出自其自成一家的想法，不谈前人谈过的东西，因此一种石头也未提到。

下面照录“山石第五”以下全文，介绍如下。

山石第五　“幽斋磊石原非得已。不能致身岩下，与木石居，故以一卷代山，一勺代水，所谓无聊之极思也。然能变城市为山林，招飞来峰居于平地，自是神仙妙术，假人手以示奇者也，不得以小技目之。且磊石成山另是一种学问，别是一番智巧，尽有丘壑填胸。烟云绕笔之韵士命之画水题目，顷刻而千岩万壑也。及倩磊斋头片石，其技立穷，似向盲人问道者。故从来叠山名手俱非能诗善绘之人。其随举一石，颠倒置之，见苍古成文，无不纡回入画，此正示造物之奇巧也。譬之扶乩召仙，题所诗判所字，随手便成法帖，落笔尽是佳词也。询之召仙术士，尚有不明其义者。若出自工诗善咏之手，焉知不出自人心捏造。妙在命不善咏者咏，不工书者书。然后知运动机关全由神力。其叠山磊石不用文人韵士，偏使此辈擅长者，其理亦若是也。然造物鬼神之技亦有工拙雅俗之分。以主人之去取为去取，主人雅而喜工，则工且雅者至矣。主人俗而容拙，则拙而俗者来矣。

有费累万之金钱，山而不成山，石而不成石者。……一花一石，位置得宜，主人神情已见于此矣。奚俟察言观貌，而后识别其人哉。”

大山 “山之小者易工，大者难好。予遨游一生，遍览名园，从未见有叠山盈丈者。能无补缀穿凿之痕，遥望与真山无异者，犹如文章之一道。结构全体难，敷陈零段易。唐宋八大家之文全以气魄胜人，必不句栉字篦，一望知为名作。以其先有成局，而后修饰词华，故麁览细观亦同一致者也。若夫间架未立，才由笔生，由前幅生中幅，由中幅生后幅，是谓以文作文，亦是水到渠成之妙境也。然但可近视而不耐远观；远观则襞襀缝纫之痕出矣。书画之理亦然。名流墨迹悬在中堂，隔寻丈观之，不知何者为山，何者为水，何处是亭台树木，即字之笔画不能查辨，而只览全幅之规模，便足使人称许，何耶？气魄胜人；而无全体章法之谬也。至叠石成山之法，大半皆无成局。犹如以文作文，逐段滋生者。名手亦然，况于庸匠耶。然则欲叠巨石者，将如何而可耶？必俟唐宋诸大家复出，以八斗之才变人为五丁之力士，而后运斤可乎？抑分一座大山为数十座小山，穷年俯视以藏其拙乎？曰：不难。用以土代石之法，既减人工，又省物力，且有天然委曲之妙。混假山于真山之中，而人不能辨者，其法由此为妙。叠高广之山全用碎石，则如百衲僧衣，不得求一无缝之处，此其所以不耐观也。以土间之，则可泯然无迹，且种树便于树根磐固，与石比坚，且树大叶繁，混然一色也，不辨其谁石谁土，列于真山左右，亦能辨其为积累而成者乎？此法不论石多石少，亦不必定求土石相半。土多，则是土山带石；石多，则是石山带土。土石二物原不相离，石山离土则草木不生，是童山也。”

小山 “小山亦不可无土，但以石作主，而土附之。土之不可胜石者，以石可壁立，而土则易崩，必仗石为藩篱故也。石外而土内，此从来不易之法也。”

“言山石之美者，俱在透、漏、瘦三字。若道路之可行，所谓透也。石上有眼，四面玲珑，所谓漏也。壁立当空，孤崎无倚，所谓瘦也。漏则不应太甚，如若处处有眼，则窑内烧成之瓦器其眼在尺寸中，似不容一隙偶闭者矣。塞极偶然一见通，始与石性相符。瘦小之山全要顶宽麓窄。根脚一大，虽有美状，亦不足观矣。”

“石眼忌圆。有生成之圆者，亦旁粘碎石，有棱角，以避混圆之体。石纹石色取其相同，粗纹与粗纹者当并一处，细纹与细纹者宜在一方。紫碧青红各以类聚是也。然分别太甚，至其相悬接壤处反觉异同。莫若随取随得，变化从心为便。至石性则不可不依。拂其性用之，非止不耐观，且难持久。石性维何？斜正纵横之理路是也。”

石壁 “假山之好，人有同心，独不知峭壁，是可谓叶公之好龙者也。山地非宽不可，壁则挺然直上，有如劲竹孤桐。斋头但有隙地，皆可为之。且山形曲折，难为取势，手笔稍庸，便贻大方之诮。壁则无他奇巧，其势有若叠墙，但稍纡回出入之。其体嶙峋，仰观如削，便无异穷崖绝壑。且山壁与其势相因，又可并行不悖者也。凡累石之家，正面为山，背面皆可做壁。特非前斜后直，物理皆然。如椅榻舟车之类，即山之本性亦复如是。逶迤其前者，未有不崭绝其后，故峭壁之设诚不可已。但于壁后作平原，忌一览而尽。须有一物蔽之，使坐客仰观，不能穷其颠末。斯有万丈悬崖之势，而绝壁之名为不虚矣。蔽之者维何？曰：非亭即屋也。或面壁而居，或负墙而立。但目与檐齐，不见石丈。人脱巾露顶，则尽致矣。石壁不定在山后，或左或右，一无不可，但取其地势相宜。或原有亭屋，而以此壁代照墙，亦甚便也。”

石洞　“假山无论大小，其中皆可作洞。洞亦不必求宽。宽则藉以坐人。如太小不能容膝，则联之以他屋，屋中亦置小石数块，与此洞若断若连，是混屋与洞而为一，虽居屋中，与坐洞中无异矣。洞上宜空少许，贮水其中。而故作漏隙，涓滴之声自上而下，旦夕皆然。”

零星小石　“贫士之家有好石之心，而无其力者，不必定作假山。一卷特立，安置有情。时时坐卧其旁，即可慰泉石膏肓之癖。若谓如拳之石亦须钱买，则此物亦能效人用，岂徒为观瞻而设耶。其平可坐，则同椅榻之功；其斜可倚，则并栏杆之力。其肩稍平，可置香炉茗具，则又可代几案。花前月下有此待人。又不妨于露处，则省运动他物之劳。得久不坏，名虽石也，实则器也矣。且捣衣之砧同一石也，需之不惜其费。石虽无用，独不可作捣衣之砧乎。王子猷劝人种竹，予复劝人立石。……以人之一生，可有他病，不可有俗。得此二物，便可当医。施药饵以济人，同一婆心之自发也。”

第六节　威廉·钱伯斯的中国庭园观

这里简单介绍威廉·钱伯斯（William Chambers）的经历。他于1726年生于斯德哥尔摩，后来到伦敦以建筑家而出名。据说他参与皇家园庭设计时，曾指导乔治三世学习绘画。他设计的伦敦建筑物很受公众称赞。他不但长于实际工作，而且有卓越的见识，于1774年出版了一部著作，名为*Dissertation on Orient Gardening*。他死于1796年。由于他写的著作，英王命他航行东方，住在中国广东地方，研究中国的建筑和庭园。他作了大量实测图，画了许多写生画，并进行调查研究，因此他的认识十分确实。

本书著者没有机会阅读这部*Dissetation on Orient Gardening*，因而不能介绍其内容，这是觉得遗憾的。不过他还有另一部著作，名为*Design of Chinese Buildings，Furuiture，Dresses，Machines，and Utensils*，出版于1772年。该书中有一项是*Design* of the Art of Laying Out Gardens among the Chinese。这段文章简明扼要地谈出了著者Chambers对于中国庭园的认识达到什么程度。

他来到东方时的形势是这样的，当时欧洲的英国和法国继荷兰和西班牙之后，相继经营东方，争相要求与东方诸国通商。英国征服印度，以东印度公司为中心，不断巩固和发展。那时中国正值乾隆皇帝在位，处于清朝全盛时期。北美大陆则处于美国独立战争的前夕。在那以后，鸦片战争结束，香港借于英国，更于1842年开上海和广州为通商口岸。这些是在他来广东之后大约八十年。英国于那样多年之前就派第一流的建筑学家到中国来，以便研究东方文化，说明英国处心积虑向东方扩张。

威廉·钱伯斯说："我在中国观察的仅是一些小规模的庭园。"从他的这句话看，想必是他研究的仅限于广东地方的第宅园林。以观察英国式宽大庭园的眼光看，自然感觉来到中国所见的庭园都是小规模的。我们读他的书，可以看出他对于细小的景致和手法观察得十分中肯，但是对于中国园林的宏大的方面，亦即对于中国园林本身融合着天然风致这一点，并没有深入观察。如果他更进一步向北航行，能够接触到杭州的西湖和苏州的太湖，再到燕京看看禁苑太液池的景致，对这些进行调查研究，则他对于中国庭园的视野必将更加扩大，其明确的观察力将得到更多的了解。那个时代从欧洲航海到广东，是件了不起的大事，所以不必多加评论，只了解他的中国园庭论是以广东的第宅园林为基础而做出的就可以了。

威廉·钱伯斯与当时的著名画家Lapqua交谊甚笃，曾就庭园问题向这位画家请教，并受到指教。Lapqua是怎样一位画家，现在还没有机会弄清楚，大概是在广东很有名的人。威廉·钱伯斯不仅靠观察和写生，当他知道画家对于中国庭园的研究最有造诣，于是就求教于画家，以免陷于来自臆测的推断，这是很有见识的。由此可见，在他的中国庭园论中，大量地采取了中国画家对于庭园的认识。在威廉·钱伯斯的著作中，我们发现有些说法与《园冶》和《长物志》等书中的说法相似，这些说法在欧洲人的文笔之下是会说成那样的。当然其中有不少是他自己的体会。他主要是叙述对于小规模园林的观察。现在介绍他的一段话如下。

"我在中国观察的庭园仅仅是小规模的。我与著名的画家Lapqua交成亲密朋友，关于庭园问题也曾进行了种种交谈，目的是充分领会中国人对于庭园具有什么样的观念。"

"天然风景是他们的范本，他们的目的是模仿天然风景，以创造出有变化的美。首先是考虑地相，就是考虑地势是否平坦，还是倾斜的山坡；考虑是广阔的处所，还是狭小的区域；是干燥还是卑湿；是河流涌泉丰富之地，还是水源不足之区。对诸如此类的状况加以很大的注意，根据地势地形而选择配置。而且要尽量节省建设费用，并能隐藏缺点短处，而能最明显地表现优点长处。"

"中国人似乎不大喜欢散步，所以很少像欧洲公园中常见的那样铺设散步道和广阔的道路。目标是在全地面建成有变化的景色。他们在树林中筑成曲折的小径，与我的看法显然不同。而且在其间设置极古雅的艺术品和建筑物，这给我很深的印象。"

"在精致的庭园中，有许多美丽而且多样的景致。中国的造园师如同欧洲的画家，从天然风景中收集最好的东西，不但将它们区分，使得充分表现，而且努力将它们作为整体而配合起来，使它们美观动人。我称之为有趣、恐怖、魅惑。我们将魅惑的景致一般称为浪漫式的，就是采取种种手段，使人看见想不到的光景，而使人感到惊讶。有时建成急湍，由地下喷射而出。刚一来的人只听见轰轰的声音，好像不知道它是从什么地方喷出来的。有时建成假山，筑成建筑物，而且排列适当而匀称，通过各种姿态的间隙和洞穴使风吹过来。这种做法是极不一般的。在这样的景致中，种植珍奇的树木和花卉等植物，人工地造成复杂的反响，并在槛中养着珍禽异兽。恐怖的景致是筑成悬崖峭壁，以及黑暗的大洞窟，猛烈的瀑布自山上向四方飞散，树木好像经受暴风雨的侵袭一般。又好像有什么东西投掷出来，又好像有什么东西阻挡激流而使水花奔散，又好像有什么东西受雷击而破坏。呈现出建筑物的某一部分倒塌或遭受火灾的情景，凄凉的茅屋散在于山中，好像看出居民过着悲惨的生活。中国的艺术家们懂得对照是如何强烈地激动人心，因而不断地采取急剧转变，在形态和色彩阴影方面也施用有力的反面的手法。于是在眺望所及的茫漠的景色中，将恐怖的环境转变为光明的景物，从湖水和河川引向平原、丘陵和森林。他们使阴暗的色彩与灿烂的景物相对立，复杂的配合以单纯的；在光和影分布不同的场合，十分注意考虑如何配列，以便描出构图。在明朗的部分，从整体看也表现明显。"

"在地面宽广，景致重复的地方，即加以简单化，以便于观赏。但是在地面有限，没有变化余地的地方，则为了矫正这个缺欠，就配置不同角度得看的东西，以为不同的表现。"

"在大规模的庭园内，设置早晨，白昼、黄昏各有不同的景致。在正确合适的考案下，建造亭榭考虑一天中适合休息的时间。而在小规模的庭园内，用一个配置法表现许多内容，有时也为了种种目的而建成同一亭榭。这些建筑物只于一天之中某一时刻使用，那一时刻是最能享受景色之美的。"

"中国的天气很热，所以他们在庭园内使用相当大量的水。在小的庭园中，如果地面大小允许的话，就只留下小岛和叠山，此外几乎全部常常是水面。而在大的庭园中，常常建成宽广的湖和河。湖水和河的坡塘形成天然风致，有的地方则敷有砂砾，有时沿汀种满树木。在某些平坦的地方，以花卉和灌木增饰；在险峻而多山石的地方，则筑成洞窟，使溪流发出声音。有时也借用饲养家畜的牧场和稻田，在那些地方只留下仅可行船的通路，使通于湖中，又在密林深处有河口，其深度仅可停泊小船。坡塘上种植树木，枝条扩展。有些地方筑圆亭，小船行驶其下。这些设置引出十分有趣的景致。在山顶上砌成平坛，在坛上建造大的建筑物，在湖水中央设置娱乐场，还有洞窟等种种变形的小屋，以及人工假山等等。除此以外还另有许多设置。"

"那里的河川几乎没有一条是笔直的，大多是曲折呈不规则形的。有时很窄，水声很大，形成激流。又有时变成深流，宽度增大，水流变缓。不论是河流还是湖沼，都是芦苇丛生，生有水边植物和各种花草。莲花是他们最喜爱的。也常常设有水车和汲水机，这些东西一动，就打破了景色的静止状态，而呈现生气。有时也航行各种船只，它们的形状和大小各有不同。湖水中点缀着一些岛屿，有些受岩石和浅洲围绕，没有什么趣味，但是有些则由于艺术加工和天然景色而装点得十分美好。"

"他们还善于建造人工假山，在这一方面超过任何国家的人。在中国，建造假山是一项非常好的职业。不但广州如此，其他城市大概也是如此，许多这种工匠忙得没有闲暇。他们使用的石材是从中国南方海岸运来的，带青色，凝结而由于波涛摩擦形成不规则的形状。中国人很巧妙地为它们选取名称。在我所见到的石材中，有的还不及人的拳头大，形状美，色彩鲜明，其价格竟达数两银子。在共同住宅的庭园里和别的地方常用这样的石头，其粗大者有青泥包裹，可以叠筑很大的假山。我看见过十分精巧的假山，同时又发现这些石匠工人们具有非常优雅的趣味。在大型庭园中，设有洞窟，开洞孔，可以从洞窟中眺望外面的远处景色。还可以在洞窟上面种植树木和灌木，覆盖苔藓，在洞顶上筑造亭榭，从假山的不规则的石磴攀登上去。"

"在地势良好而且供水充足的地方，在庭园里的上方建造瀑布是绝不会失败的。他们在山丘地方观察天然造化的妙处，模仿其妙而应用于庭园建造中。水从大洞窟和形状复杂的假山中奔流而出。在有些地方，则出现猛烈的大瀑布，再变为许多细流，时常有树木遮住水流，树木的枝叶使水见不到阳光。在另外一些地方，则有水沿山而流。时常看见粗木造的桥由一座假山架到另一座假山，桥下有瀑布的激流流过。在水流经过的途中放置树木和石块，以阻挡水流通畅，而形成激流飞溅。"

"树木的形状和色彩要有变化。将枝条扩张的树和锥形的树相混而植，将浓绿的树与淡色的树相杂而种。在树木之间杂植花卉，处处点缀，以便永保开花期。垂柳是他们喜爱的树种之一，多植于湖沼和沟渠的岸旁，枝条很长，托垂于水面之上。他们还将朽树的树皮和枝干拿来，放在庭园的地面，或横或立，以观赏上面生长的苔藓。"

"他们所用的办法有许多是很惊人的。有的时候在清早或黄昏不很明亮的路上走着，突然在路口出现很好的风景，眼前展开了一派天然繁茂的景致。有的时候在路上走着，路忽然狭窄起来，高低起伏不定，这时突然在面前呈现美景，真是罕见的奇观。"

"在他们掌握的技术中有一种方法，就是用树木和其他中间物将庭园中的某一组成部分掩蔽起来。这种方法激起观赏者的好奇心，引起更加靠近细看的念头。及至走至近前，会使人大吃一惊，原来与你预料的完全相反，出现了预想不到的东西。将湖水的末端这样隐蔽起来，为人留下想像的余地。这种意义的做法在另外一些场合也常应用。"

"中国人似乎不太了解视觉的问题，但是根据经验而知道东西离人的眼睛越远，其形体就变得越小，而且其色彩也越朦胧。这一发现促进技术的提高，他们时常用之于庭园设计方面。建筑物和船只等物离开视点渐远，随之而逐渐变小。看见这一现象，而用透视画的方式创置景物。这对于隐蔽景物的显示也很有效。他们在构成庭园的较远部分施用灰色，又在这种景物较远的部分种植色淡的不大的树木，靠近面前之处则种植色强的大树。这看起来似乎是不足道的想法，但是对于景物的表现确实甚为有效。"

"中国人虽然一般喜欢避免直线，但也不是绝对不采用直线。在表现有趣味的事物时，常常设置步行道。只要地盘不是凹凸不平，只要地面上没有障碍物，就无论如何也要筑成笔直的路。如果土地是完全平坦的，就认为筑造过于曲折的路是不合理的。在上述任何场合，人们照直行走的时候，选择曲折的线是不自然的。”

“我们所说的灌木丛，似乎中国的造园家不十分了解它的做法，但是他们的做法比我们的更为简单省事。他们绝不在全部地面栽种灌木丛。他们对于树木的看法就如同画家对于绘画的态度一样，首先布置主景和客景，对构图中的树木合起来看，又分开来看。”

“以上是我中国居留期间得到的主要体会，其中一部分得自我自己的观察，而其中一大部分是受到Lapqua的指教而得到的。从上述的内容看，为设置庭园而处理土地，加以种种研究设计，这种技术按中国方式实行，是极为困难的；智能低、见识浅的人终难胜任。造园的方法虽然简单明显易懂，但付诸实施则需要判断能力和经验，而且必须具有透彻的想象力和充分的智能。这种方式并不局限于固定的成规定型之中，自然造物中各有其不同的各种排列组合，这方面的变化是很多的。”

以上摘引了威廉·钱伯斯的文章，这段文章写得很简洁，从一切角度观察了中国的庭园，并将《园冶》和《长物志》中所谈的园林构筑几乎无遗漏地包罗在内，这是这段文章的优点。首先在论地形时，一定是出自《园冶》一书中的地相部分。提出天然风致分为有趣、恐怖、魅惑三类，各加说明和解释。在谈论水的时候，不忘讲解湖池和湍流，以说明河川风致。又从假山和洞窟的风趣谈到石的观赏，也有品石的意义。论及庭树时，讲到树木形状和色彩，及其与灌木丛和湖沼之间的关系。甚至连用树木遮蔽一部分景物这一点也都谈到了。大体看来，不论谁讲述中国庭园，因为执笔者总有自己的个人见解，所以不可能期望写得完全，不可能要求写出全貌。这是理所当然的。我们东方人由于自幼耳濡目染看惯了，对有些事物反倒不加注意，视而不见，放了过去，但是欧洲人却以新的观察而发现，指出了这些事物。例如威廉·钱伯斯的文章中说“从假山的不规则的石磴攀登上去”。我们觉得这是很平常的事，但看了这段文章才感到这样写出来是有道理的。

对于这段文章所叙述的庭园构筑没有必要多加评论。只是文章中提出恐怖、魅惑的说法时写道：“中国的艺术家们懂得对照是如何强烈地激动人心，因而不断地采取急剧转变，在形态和色彩阴影方面也施用有力的反面的手法。”关于这一点，希望读者加以思考。作为对于中国艺术的看法的一个方面，恐怖和魅惑被视为奇怪而加以强烈表现，从而现出对比的急剧转变，这样的做法确实是存在的，但并不是完全用于园林风致中。他认为明朗的景色突然与阴暗的茅屋相连，仅仅是为了追求强烈的对照而采取的手段，但是中国自古以来就有栖逸和山居的传统精神，日本则将带有禅味的幽寂和闲雅的精神用于造园的基本观念中，这怎能像他那样一概单纯看成阴暗呢？要领会中国文学艺术的传统精神，必须十分了解诸子百家和经史诸书，十分通晓中国文字。欧洲人在这方面处于相当不利的地位，是不得已的。威廉·钱伯斯在这方面精通到何种程度呢？

正如他在文章结尾时所说的那样，认为中国庭园是很难懂的，知识狭浅的人终难领会。结尾的这段话，意思是说如果不是在智能上有透彻想像力的人，就难以了解中国庭园。他以这样的话结束这段文章，是他在当时十分不便的条件下调查研究而得出的结论，也是由其卓越见识看出来的。

第七节　关于乐嘉藻的庭园建筑论

乐嘉藻所著《中国建筑史》一书出版于1933年。书中对诸种建筑进行史考论述，其中有庭园论、苑囿园林及其他章节，使该书内容充实而且有比较。这部书的优点是具备现代人的观察和研究。读这部书，使我们了解继前面介绍的《园冶》、《长物志》、《一家言》之后，自康熙时代以来经过三百余年，接触一定程度的西方科学文化以至于今日，对于园林的认识发生了什么变化。所以说看这本书不是没有意义的，因此在这里加以介绍。

乐嘉藻是贵州黄平人，曾任贵州教育总会会长，并曾任其他诸职务。1915年应直隶官绅的聘请，到美国旧金山参观巴拿马博览会，后来到日本调查实业，写了报告书数万言。他自幼年时即留心建筑问题，阅读了《长物志》和《笠翁偶集》等古籍。因不满于这些书研究不深，遂专心广为搜集材料。后来往来于京津一带，观察世界建筑研究。他了解世界上建筑学已经成为一门专门学问，而中国建筑学则尚未得到反映真实全貌。又看见巴拿马博览会展出的中国馆的建筑完全是由外行设计的，徒惹外国人讥笑，于是越发加意整理中国建筑学，迫切感到这是绝不可等闲视之的要务，从而努力研究。这样，到了1929年，他年已超过六旬，开始将零星散稿着手整理。由于他那时已经精力衰退，费时十三年仅仅完成历史叙述两编，加上其他杂文，共为三编出版。他在该书的绪言中谈了这个过程。

他又在绪言之后，接着指出中国建筑与欧洲建筑之不同；从历史上分别观察，以说明二者必然不同；这个论点很有价值。书中写道："欧洲宅舍无论间数多少，皆集成一体。中国则由三间五间之平屋，合为三合四合之院落，再由两院三院合为一所大宅。此布置之不同也。欧洲建筑分宫室寺院民居等，以其各有特殊结构也。中国则自天子以至庶人，旁及宗教寺庙，皆由三间五间平屋合成，有繁简大小之差异，而无特殊之结构。而于平屋之外有台楼阁亭等，与平屋之形式迥异，亦属人尽可用。此实用上之不同也。至于建筑物上之部分，……尤多与欧洲不同之处。故本书第一编专取一部分之研究，曰屋盖，曰庭园。第二编之上就形式上分类，曰平屋、台、楼、阁、亭、塔、坊、桥、门。第二编之下仿欧人就用途上分类，曰城市、宫殿、明堂、园林、庙寺观。第三编为关于建筑之文，皆属历史之一方面。"

学术界一般的历史论述大多依时代顺序而排列，读中国文化史方面的著述，总是按周代、秦代、汉代的顺序；谈建筑和美术史的著作特别有这样的倾向。乐嘉藻写这部《中国建筑史》则完全与这个倾向不同，他将问题区分种类，而分门别类地处理，这是这部书的特长。反复观察中国建筑史，发现远自周、秦，汉以至于今日，中国建筑物的式样始终一贯，其姿态几乎没有变化。由于西域文化输入当然也发生了或多或少的变化，有了某些发展，但是欧洲建筑史上由古典经俄特至复兴那样明显的形式变化和发展，在中国建筑史上是没有的。因此，如果比较简单地整理中国建筑史，是按类别比按时代顺序处理更方便合适，但是如果相当广大范围地整理，则必须按时代顺序处理。通览乐嘉藻写的这部《中国建筑史》，其内容比较简单，这样范围的著作，似以按类别处理为宜。不论采取什么办法，整理中国建筑史有时要接触很广的范围，由于它的时代变化少，反而难以处理，这一点确是显然可见的。

在中国建筑中，寺庙和住宅等等不论是何种建筑物，平面观看几乎是各无变化的，只是在配列集成的方法上有特点。乐嘉藻指出这一点，是很有见识的。但是他并未提到建筑物排列的左右对称齐整。这是出自代表中国文化所不可缺少的对称整齐的观念。中国人究竟以什么样的心情在一切方面必须发展这个观念，我们愿意听听中国人自己说个实情。是否因为这是中国人过于习惯的事，反而难以用言语表达出来呢?这些问题有待日后弄清楚吧。

现在介绍《中国建筑史》第一编关于屋盖和庭园建筑的内容。

该书关于屋盖的论述，指出屋顶从单纯向复杂变化而成为各种各类，附以简单的图式以资说明。这样的做法不见于别的著作中，而且充分有它的妙趣。如果只关于屋盖就论述到这样的程度，那么就想触及建筑的轴部(壁体和基坛)的若干问题。但是深入谈论这些问题，恐怕超出我们这部园林史考的范围，因此控制在此处，不继续谈这些问题了。

中国的建筑物本身在平面和立体两方面，自宫室寺庙至民间住屋，并没有形体变化，只是规模大小和使用的材料不同而已。宫室、寺庙、斋院作为建筑物群，其集合配置的方法只有与园林结合才能发扬其特点，特别是庭园与宫室和民房等各种房屋的关系是密切而不可分的。在欧美的建筑论中，大多将庭园完全分开论述，但是谈中国房屋时，如果忽视庭园和院子的问题，则大部分论述不能成立。这是计无否、文震亨、李渔诸人的主张，乐嘉藻当然也考虑这个传统，而将庭园纳入中国建筑史中。而且关于庭园的论述与屋盖及其他诸项比较起来，详细到不成比例的程度。这是由于接受了前辈诸家议论的缘故。

乐嘉藻多年研究欧洲建筑史，我们看他的《中国建筑史》一书的内容，在庭园建筑的分类法、考察、计划等方面，由于是出自接受了西方文明的现代人之手，所以十分确切易懂，因而可以说是一部很出色的庭园论。只因本文的记述从历史的角度看是完全不得体的，完全属于庭园论的范围之内。关于史述的内容另有第二编下题为苑囿园林的部分，其内容虽嫌简单，但总算是自周秦时代的苑囿说起，谈到清朝康熙、乾隆时代的园林。这一部分关于史述的评论加上叙述，有《园冶》和《长物志》等书不曾谈到之处。这方面的论述实自该书始，在这个意义上是有价值的。因其内容不太繁，所以介绍于下。

这里对于庭园一词加以简单解释，该书关于中国建筑史开始即谈庭园一词的意义。庭园一词包括自古所说的园林、林木、泉石、院子、园圃的意义，是个概括的总称，这一定是中国从日本的学术用词借用来的。现代不仅乐嘉藻所著的建筑史使用此词，一般也使用庭园这个词；公园一词也以同样的意义作为一般用词而通用起来了。

我们在介绍《中国建筑史》一书中关于庭园建筑部分的全文以前，这里先试作一些评论，就是说这段文章丝毫不曾触及历史问题。姑不论历史系统如何，我们觉得现时的庭园概况是否能这样直率地提供事实，而且该书中的分类方法与《园冶》和《长物志》完全不同，有些方面是前人未得之处而由现代人的观察力分析而得的，这对于明确关于园林的认识起着一定作用。

再对其下面的内容稍加评论。庭园的种类分为一庭、二庭园、三园、四园林，这样的分类是合适的，但不知为什么在后面加上五别业、六别庄。论述别业和别庄自应从第宅出发，才是正论，而该书在这里附加别业和别庄，是否将庭园的意义弄混了呢?别业和别庄自然是与庭园有密切关系，从建筑方面谈，应该与庭园对照而论。再如其最后的分类表，从这个意义上看，似乎还应再加探讨。

庭看做堂前的空地，这是自古以来的观念，该书中这里这样用庭一词，其意义大体上是适合的。

该书中用庭园一词，其意义并不是概括的总称，而指的是城内以天然林木泉石为主而建成的一区；这是自古以来绝未用过的名称。林泉自然是继承古代传统的东西，只是在古时候，它主要是附属于城内的第宅之中，而现在与古时不同之处，是也用于第宅以外的东西了；这一点是古今不同之处。但是这个意义的东西自古以来也不是仅限于设置在城内，在城外构筑一区以营第宅者绝非少数。我们从《南巡盛典》可以看出，行宫就可以看成一种第宅，该书的图中所画的建筑物、墙垣、林泉的配置等等，在一定程度上是可靠可信的。本书第十三章第二节谈到圆明园的绘图，它与平面图完全一致。因为是画成而呈献皇帝的，所以绘制时十分用心谨慎。《南巡盛典》是记载乾隆皇帝巡狩，绘图也是呈交皇帝的。我们看出那些图都是极为用心画成的。从这个意义上说，这些图比一般地志类著作中的图应该说是更为正确。

我们看这些绘图，作为第宅的建筑物群排列得总是井井有条，只在堂前的庭中设置若干林木和假山，在建筑物近处的是厅山、楼山、阁山之类。然后靠着建筑物群筑墙垣围绕，划出一区，在那里才经营以林泉为主的景致。其规模之大者，有热河避暑山庄和燕京圆明园那样宏丽之物。《南巡盛典》中所载的行宫，几乎没有一处不设这种性质的林泉。这种大规模的可以称为园林，小规模的可以单称为林泉。按照乐嘉藻的说法，将这些用现代的说法称为庭园亦无不可。总之，如果过于严格地计较在城内还是在城外，将会反而引起误解。

关于园的问题，该书中写道："中人之治园，专尚幽深。此林也，非园也。"这可谓一语道破。又说："平旷处可如西人之草地。"这不见于《园冶》和《长物志》诸书，而是乐嘉藻的卓越之见。说这是"家宅附近游乐之处"，这出自现代式的思考，如果将它扩大，则也可适用于设在城内的宅旁公园。园的词义解释为“有藩曰园”，是用简单的篱笆之类围起来的地方，古时专指种植果树园之类的处所，到现代才有了以上所说的意义，这是可以肯定的。

根据乐嘉藻的分类法，园林只限于城外。城内像现在这样房屋栉比而少有空地，当然不可能在城内营建园林。但是古代都市里有很大的空地，园林曾设置在城内，所以说乐嘉藻的这个想法似乎只适用于现代。该书关于园林构筑的叙述甚为精练，故加评论。

乐嘉藻所著庭园论包括庭园建筑、庭园中之种类、总论，共三部分。下面录出庭园建筑一段的全文，其他则在另节介绍。

庭园建筑

“《说文》谓庭宫中也。《玉篇》谓庭堂阶前也。《礼记》曰儒有一亩之宫，环堵之室。所谓宫者，即围墙内一片空地也。然则庭者即院墙内堂室以外之空地，即今所谓院子者也。”

“园，《说苑》曰所以树果也。《初学记》曰有藩曰园。藩即今之所谓篱也。园本为种植果树之处，初与庭院不相关也。”

“庭园之名自后人起。盖人之居处皆由建筑而成，而自周以后，居宅皆左右相对，方整板滞，千家一律。居其中者，每嫌人为之太过，故反求之天然，以救其失。天然之物，最易致者，无过于草木花果，故于堂室之前种植草木花果，以为观赏之用。庭而具园之风趣，于是庭园遂成一种建物矣。”

“以庭而具园之风趣，非有植物不可也。周制皋门之内、应门之外有三槐，曰三公之位也。《周礼》注曰：槐怀也，怀来人于此也。此虽在门庭之内，然有所取意焉，非以为观赏之用也。《左传》：钜魔往贼赵盾，寝门辟矣，触槐而死。此槐自当在庭内，此为居室前有植物之证。《诗经》：焉得萎草，言树之背。注曰：背北堂。余意此有脱字，应作在北堂前，即后院也。今人于庭院内点缀花木，此风盖由来久矣。”

“园为植果木之处，本一种产业而不带娱乐性质。兹之所谓园则纯为游观用也。其初本名曰囿，今则囿之名废，皆谓之园矣。由庭推而广之至园，由其地域之大小、其中物类之繁简，可以分为多种，而其性质则皆相似。故统谓之曰庭园，亦无不宜。而其中可分之为六类。”

“庭园之种类 一庭，二庭园，三园（纯粹的园），四扩大的园，五别业，六别庄。”

“庭 为堂前之空地，有大有小。虽贫家小户，但有隙地，莫不设法点缀少许植物以为美观。中人习性大率如此，此即庭园之滥觞也。贫者断砖块石，砌以成坛，所植者率为一年生植物。此中习惯亦分两类。老人妇孺喜种有果实者，如向阳葵、玉蜀黍及瓜豆等，取其不费一钱而又略有收获也。青年男女则喜观赏植物，其类甚多，不能具述。至于中等生活以上之人家，则多就地植花木两株或四株，草花则多用盆景。花木之外，有养金鲫之缸及可上水之石。亦有配太湖石一类者，但甚少矣。此类人家更有划地为阑以种草花仅留周围小路以通行人者。此法甚不相宜，盖庭前有花石固可增加雅兴，仍须多留余地，以为闲中散步及小孩游戏之处。若皆为花石所占，不免影响家人之健康也。”

“庭园　多在别院，惟富裕者有之。屋宇率为厅堂或书斋，空地常宽绰有余，其布置之法最简者亦须具有竹木及太湖石等，地平不用砖石墁成，而以留出土面生草为便。但用砖石等材，砌成宽窄等路。木石之外兼有小池沼，又有石案石墩等物。石案用圆形或等边者，以著棋或陈食具。长者则于其上置精致之花盆，或供玲珑小巧之石。固此类观赏设备即为其家宅中之一部分，故起居最为便利，且便于时时整理，而且地面不须甚多，布置亦不甚费事，并易得良好之效果。”

“庭以屋宇为主，花木之布置不过就所余地面用之。庭园则应以天然物为主。厅堂或书斋之建筑皆须预为花木水石，留出地位以便利用。善为庭园者，建筑物之地位方向，四面之走廊或垣篱，或邻屋之侧面，皆须以善法利用之，变之为庭园中之一种装饰物。若不善利用，则虽有好花石，不能得佳胜之风景。

“园为家宅附近之游乐处。其地面愈宽愈易布置。建筑物不限厅堂书斋，如楼阁亭台者，皆择相宜处用之。池沼面积能得全面积之十分之四或五尤佳。花木有丛集之处，有分散之处，更以之叠土成山，委宛曲折，愈增幽深之致。更须注意者，有平旷处可如西人之草地等。中人之治园，专尚幽深，入其中者如在森林，此林也，非园也。至石案石墩，在此非必要之物，偶于相当之处置一两具可也。”

“园中交通宜有大路有小径，前有门通大厅，以便男客来往，后有门通内院，以便内眷来往。更须有通大街之门，以便宴会时开放。园虽以雅趣为主，但实用上亦须不妨害。此等处宜特别注意。又花窖处、肥料处及厕所等，亦须安置妥贴。否则风景虽佳，有时亦受此等之累。”

“园林为在城外之园，其地域可大可小，然无论大小，其计划与城中之园自要不同。城中之园因其在人为太过之中，故取其义多偏天然方面，如叠石也，土山也，皆勉强而为之。若城外之园则已在天然环境之中，此在大自然中犹人力之仿天然，是所谓日月出而爝火不息者也。故除奇偃远致之外，叠石可以少用，累山一事竟可废去。要在因其天然地势，高者为山林，低者为溪谷，平者为原隰，窪者为池沼。然后选最胜之处，疏疏落落位置亭馆数处，点缀林木，则不厌其多。至花草等，亦随意栽种，得以盆景充数。此园林布置之大概也。”

“……城中之园因在家宅附近，故其中之建筑物须较家宅中之所有者较为简索。使人一入其中，别有天地，更有划出一部分，作竹篱茅舍，肖乡村风景，如小说中所谓大观园之稻香村者。此在城市繁华之中，比较相形之下，故使人感一种萧闲之意味，所谓闹中之静也。若城外之园，则所处境地即是乡村，竹篱茅舍举目皆是，再相仿效，了无意味。故此种施设亦可废去。至亭馆之建筑，虽仍以简素为主，但工料不可草率，器具亦然，无繁碎之装饰，无富贵之习气而精整雅丽，使人一望而得一种安慰，乃为合作。城中甚大之园，更有纳一所寺观于其中，以作一种特别之境界也。城外之园则不宜有此，但为之比邻，借之作陪衬，而气象则又各有相侔，所谓离之两美，合之两伤者也。”

“因城外之园有此特殊性质，故选地为最要，相宜之地并无一定格式，但凭审美之眼光摘取最胜之处。大抵崇山峻岭之旁宜去山稍远之平处，洪流大泊之上宜去水不远之处，呒谷回环坡坨起伏之区则宜稍旷朗处。以农村小市所在，至樵人渔户之栖所，无不可以安置园林。而工厂附近则往往不相宜。”

“城外之园而所得观赏者不仅在范围以内也。垣篱之外，四围之山光水色实为观赏之大部分。此在天然环境中安置此一片园林。要何始能揽尽朝夕之胜概，如饱饫四时之变态耶。然则此园者，不过游览之时一种托足之区，安息之所，故天然风景中有是园，亦如卧室中有床榻，书斋中有几案然。而卧室书斋中之床榻几案，与其中各处窗户及各种器具装饰皆应互有照应，相得益彰也。天然风景中之园亦应若是。”

“别业　园林之外又有所谓别业者。大抵茔墓所在，就其处经营一所闲适之居处。此应以暂居之室为主，而以花石树木为品缀之品。”

“别庄　又有所谓别庄者，则多为田庄之所在，岁时省耕往来之处。此则完全可用乡村形式，茅檐土壁、竹篱石垣无不可用。但工料之上以精整，并在以美术上之眼光，其配合得宜。而牛牢豕笠及存肥料之处则须尽力避去，以免薰犹同器。至菜圃果园豆棚瓜架则正可利用之也。”

“故庭园之种类可分为城内城外两大类。城内者又可分为庭与庭园及园三类。城外可分为园林、别业、另庄三类。在城内者用人为之力，以接近天然为主。在城外者则以善于利用天然为主。若居宅之原在城外者，则庭之三类仍适用城内之例也。

- 庭园
  - 城内
    - 庭 ——院内
    - 庭园 ——别院
    - 园 ——附于家宅
  - 城外
    - 园林 ——独立
    - 别庄 ——农庄所在
    - 别业 ——茔地所在

第八节　关于乐嘉藻的庭园种类论

本节讨论乐嘉藻所著《中国建筑史》一书第一编关于庭园种类的论述。其内容极为充实，编排得体，这一点在中国建筑史著作中可称第一。只是其中几乎看不到史实的记述。如果将庭园也看做建筑的一部分，或许可以如此，但其文章的做法绝非叙述史实，而讲的是庭园的设计法，指导如何处理花木泉石之类庭园构筑材料，这分明是参考《园冶》和《长物志》而编写的。

因此与其理解为史述，反而不如与《园冶》和《长物志》加以对比，将它看为乐嘉藻的庭园论更为适当。我们阅读这段文章，可以了解自明末至于清朝康熙乾隆时代灿烂至极的园林到了近代发生了什么变化，可以了解接触了欧美文化的现代人懂得了近代建筑和园林的做法后是否想对旧有的园林试加改造，可以了解即便不思改造而其态度是否仍然照旧不变。探讨这段文章即可弄清这几个问题。这里虽也有乐嘉藻个人的议论，但它并不是欧美庭园论的翻译，文章处处以中国传统的园林泉石为主体，使这些材料充分发挥主动作用。虽然也有纯欧洲式的建筑设计，甚至庭园的造法也以欧洲几何学为根据，但这不是中国人所难以接受的；强调假山泉石等必须布置，也就是强调中国庭园的传统的特长。

该书这部分题为《庭园中之种类论》，分为花木、水泉、石、器具、建筑物、山和道路，共六项。这六项还包括门窗、墙垣、铺路等，并谈到装折栏干。总论中已经叙述了墙垣，本节想加以补充，作为补遗，但嫌过简。阅读《园冶》和《长物志》，似可补其不足。

关于花木的问题，在《长物志》一书中也有同样的题目，论述自古庭园树木花卉类的研究，记载了许多种类。该书中细分为花、树、藤、草四项，并不是讨论各种花卉，而总地说成“花以盆花为最便”，特别加意讨论花坛、花畦、花圃、树圃等等，提出高四五尺者为花，高一丈以上者为树；这个说法不见于《园冶》和《长物志》。虽然得不到确实证明，但我们觉得这分明是受欧洲庭园做法的影响所致。在《长物志》一书中，在花木标题下列举梅、桃、牡丹、芍药等各种花卉树草的名称，对多数种类进行议论，这已经进入园艺的范围之内，从庭园的立场看，应该说是超出了界限。根据这个观点，乐嘉藻在这部书中讨论花坛和花畦之类，其次指出庭园中之地面以露土为最宜。然后分类讲解树的种植法、老树的特长、藤的种植法、草的种法。从庭园论的立场出发，这样的做法最为妥当。

该文开头即提出水泉是庭园中的血脉，这一定是个重要问题。这是古来的传统说法，绝不是新创之论。接着讲庭园中处理水的方法，详细分别种类，说不以人力生造之而有源者共有三种，即悬瀑、自溢、潜流；以人力生造之者共有三种，即分枧、分导、挹注。又说蓄水共有五种，即湖泊、池沼、闸堰、溪涧、器蓄（高池）；将水泉分为三大类。编出这样的分类法是现代人才能，在前人的著作中不曾见过。

如果在《园冶》中探求关于水泉的问题，则可以举出池山、山石池、金鱼缸、涧、曲水、瀑布等项。讨论处理水泉最值得注意的问题，例如“假山以水为妙。倘高阜处不能注水，理涧壑无水，似有深意”。这段文意可用以描写日本的“枯山水”的景致。文字说明甚为简单，但包含着很深的意思。

我们看看《长物志》水石一项，其中有广池、小池、瀑布、凿井、天泉、地泉、流水，但是天泉、地泉、流水是为点茶而选定水质，几乎与庭园毫无关系。

因此该书关于水的问题所谈范围很小。

在乐嘉藻的书中，并未将假山的处理立为一个项目，而只是详细论水。这一点带有现代性质，有它的特色。又谈到蓄器的问题，这是在建筑中处理水泉，主要是设置在庭前。《园冶》中的金鱼缸与此相似，其他则完全没有；可以认为这是后来发展而普遍起来的东西。

将石移置于庭园中，是中国人自古以来就喜欢的事。书中自汉代在洛阳北邙山下筑园的袁广汉的山石林泉说起，以至于唐、宋，记载决不能说完全，但总算是试加以历史评述。然后指出石的布置方法分为四种，分成特置、群置、散置、叠置，各加解释。这是关于山石布置法的最初的记载，必须注意。

李渔在其所著《一家言》中指出山石之美在于透漏瘦三个字。这个说法诚然巧妙有趣，但是他的书中并未谈到山石布置的问题，是令人遗憾的。在乐嘉藻的书中明确地解决了这个问题。该书中这一部分虽未谈水石的问题，但在前面的水泉项中做了不少叙述，而且这个问题在《园冶》和《长物志》中皆已谈到，所以用不着重复。这样，《园冶》、《长物志》、《一家言》中关于山石问题的论述加上乐嘉藻所论的水泉山石，自然使我们能够完全看清山石问题的全貌。不过乐嘉藻丝毫未谈选石和品石，完全不曾涉及太湖石、灵璧石之类石头的赏玩问题。是否他认为这与庭石布置问题有别，应另作处理，或者他是有意识地避开前人论处，这是不得而知的，总之他在书中未曾列出一石。

关于特置、群置、散置、叠置等问题，在介绍其本文时当有说明，此处暂且不谈，只是不知这种分类法究竟是不是乐嘉藻独创的，特置山石如用座者，在北京屡屡散见，并不足奇。这属于康熙乾隆以后之物，来自李渔所说的“坐卧其傍，可慰泉石膏肓之癖”。清代的山石布置法大体上似乎是据此而来的。

器具并不是室内之物，而说的是地面露置的石案石墩、石床石屏、石盆石灯，桔槔水磨。石盆石灯见于日本庭园中，中国几乎不用，但是古时候决不是没有，从古诗古文中可以找出例证，这是很有趣的。不过因为是从诗文中看到的，所以不能轻率地断定它们与日本的形式相同，况且园林中的石盆石灯之类有时可以为了实用目的而设置，所以没有必要立即将它们与日本的互相联系。总而言之，庭园中的石盆石灯在日本庭园中几乎是必不可少的，它们与中国庭园分别发展而来；这样看似乎是合适的。与此相反，石案石墩、石床石屏之类，自古以来就设置在中国庭园中，是十分重要之物。日本的庭园大多为了观赏，另外设有休息的处所，所以没有必要在庭中设置石案石墩。日本筑山的山石有“上座石”，但其意义与石案石墩根本不同，它们之间全然没有关系。

桔槔水磨是为了在园林中增添田野情景而设的，在庭中设辘轳，供取饮水和灌溉，也有实用意义。这见于日本庭园中，欧洲庭园中也有形状不同的这类东西，这是古来庭园中的器物，不论哪里的庭园设计，都有从实用目的出发而设置的东西，不必勉强考察它们之间的联系。

该书中关于建筑物下定义说：“庭园者以建筑为主体之园，园及园林者则以园为主体之园也。”主张厅堂书斋皆宜一层之平房，楼台之属以不多用为好。

此外还提到楼、阁、亭之类园中常建的建筑物。读过《园冶》和《长物志》以后，再读这些必然感到平淡无奇，故无需特加评论。只是有一点不了解，《园冶》和《长物志》等书十分重视窗格和栏杆，可是在乐嘉藻的书中丝毫不曾提到这些。乐嘉藻不应该不懂得不可忽视使中国庭园具备特色的窗栏。如果认为这些东西与其说是属于庭园和园林，勿宁说是属于建筑物，由此观点出发而在书中不提它们，那么这种议论也许不是不能成立的。

在《园冶》一书中，山和道路等问题在《铺地》和《掇山》的题目下论述，李渔的《一家言》则将它归在《山石》的题目之下，以各自的见解指出其特点而加以评论。乐嘉藻的书中关于造山的说法与李渔《一家言》的山石部似乎差不多，只是"造山不宜过小，而叠石不宜过大"这一点，更进一步发展了李渔在《一家言》中所说"土多则是土山带石，石多则是石山带土"的意思。该书介绍造山的历史较少，而多为概括之论，这是它的特点。不过在这方面，由于议论范围太广反而有失气魄，在这个意义上似较《园冶》和《一家言》逊色。

关于道路的问题，论述了全园地面的关系、园中各建筑物的关系、交通的性质。

乐嘉藻提出庭园建筑论和庭园中之种类论，加以若干评论。还有一个题目叫做《总论》，大致讲解各种庭园的沿革，附图加以说明，并附加记事二三，以作为补遗。这些材料并不必特加介绍，所以略去。最后解释该书中的附图，从而结束乐嘉藻所著庭园论的介绍。

下面录出乐嘉藻的《庭园中之种类论》一段文章的全文。

庭园中之种类

"一花木，二水泉，三石，四器具，五建筑物，六山及道路。"

"花木　花木为庭园中之要素。无花木则无庭园。庭园之种类既如上述，花木亦分为以下四类：甲花、乙树、丙藤、丁草。"

"花以盆花为最便，但其用亦只宜庭与庭园两处。盖人家庭院之地面多以砖石墁平也。栽植花草非惟不便，且时土时石，亦嫌零碎不成片假。故砖石地面最宜置盆花。若在别院，则因地面不宜全用砖石遮蔽，不患无地种花，已无需花盆之必要。至园以下之四种，则花盆一物大可废却。盖盆花本非善制，不过室内及庭院所需用之。其实矫揉造作，大悖植物之天趣。苟非必要，宁阙勿滥。"

"花盆之外有花坛之制，亦仅宜庭与庭园两处。有于庭心置一坛者，或左右分置两坛者，多为珍贵之花。故置之高处，以表示异。又有长形之坛缘墙根而为之者。此三者不可兼用，以用其一式为宜，亦止宜砖石墁平之地。"

"砖石墁平之地亦应留出一两处土面种花卉，其形式常为圆形、等边、两等边三种，立置砖石以为缘。亦可缘墙根作长形。或绕叠石之根而作不规则形。此名之曰花畦，亦惟庭及庭园两处适用之。至一丈以外之规划，四围护以短篱者，名之曰花圃，则可适用于园及园林等处。"

"花与树在植物上本非对立之名词，兹之区别不过在庭园计划上。就其形态分为两种，以便应用。即多年生或一年生而其高在四五尺者谓之花，多年生而其高在一丈以外者谓之树。”

“庭中之树一株者，宜在一隅或一方，两株者可并列堂前。若庭甚修广，则仿制花畦，划成一丈以内之宽区域，丛植各种不同之树，此名曰树畦。其数以成对为宜。或作横长形，置之堂前内外，借作屏风之用。或依墙根为之亦可也。依墙根者，种竹尤佳。”

“庭园之树可较庭中为多，但宜偏重一方一隅，不可左右对称。庭园建物如为厅堂书斋，则建物之后亦宜有树，而辟北窗，以揽其胜。”

“庭园中之地面以露地为宜。时于近堂两三丈内铺以砖石，则树畦之制亦于此中适用之。”

“庭以花为主，庭园花树并重，至园及园林，则树实为此中之主人翁，花此处不过点缀品。树之植法分四种：一成林者，二成丛者，三成行列者，四依附他物之侧者。成林者宜在山谷，成丛者可在平地，为行列者应在水边路侧。至依附他物之侧者，则宜大小相间，数尤不能预定。”

“庭园之内有老树，此难遇而可至贵者也。利用之法在庭则更不容加他物，但地面则须修整。以不规则之石片砌成者为佳，四面之建物亦应装饰相称之。盖纯以树为主体矣，此古人之所以因树有名也。在庭园者自可配置他物，但须注意不可使老树之佳胜受妨害之影响。在园及园林者则有数法，因其过于高大而与环境不太相称，则于附近配植较小之树多株，以渐为小，使与四围之花石互相融洽，此一法也。或附近不植一树，以充分发表其奇伟之观，此一法也。或于其下配置奇石，或作茅亭，或构平屋两三间，此又一法也。总之，既有此树，即须善为配置，使其佳胜处完全呈露吾人心目之前。若在别业或别庄，则区域之狭者适用庭及庭园之法，广者可适用园及园林之法。”

“藤之植法有盘高架者，有依附墙壁篱落者，有缠老树者。高架宜架空旷之处。若在庭院中用之，则藤架与檐宇之间应有相当空处；若檐直接，则只能用其狭长者以代廊棚之用，且架顶须较檐高出，架式总宜平架，不可作亭楼等式，以免与建筑物相犯。园林内路口交叉处亦用之，以作休息之所。其依附墙壁篱落者，须注意彼此之颜色，其缠于他树者，尤须注意寄主之健康。”

“草之植法有三种。其铺地面者，宜长短一律，昔人所谓规矩草也。修逵两旁，尤属相称。古诗‘有一带裙腰绿草齐殆’即指此。临水斜坡之上绿细如茵，可以坐卧，亦一适也。其附石上石根者，则宜长短不齐，且不可专用一种。又有植盆中者，如石菖蒲之属，亦称雅制。”

“水泉　水泉之在庭园，如血脉之在身体。其重要不亚于花木。源不易得也。以人力生造之有源者有三种：一曰悬瀑，二曰自溢，三曰潜流。以人力生造之者有三种：一曰分枧（高处之水），二曰分导（低处之水），三曰挹注。其蓄水之形式有五种：一曰湖泊，二曰池沼（两者以大小别之），三曰闸堰，四曰溪涧，五曰器蓄。”

“有源者不易得。悬瀑、自溢二种尤不易遇，以其较地面高也。惟所用之，无不如志，故尤觉其可珍。潜流自较易遇，凡有井处皆潜流也。较其水面之地面低下之尺寸，以定其可否利用之价值。与地面平者无论也。愈低下则利用不易，若在一丈以下，几不能有利用价值。倘在高处之凹处，则在其较下之处可作园。变低者为高，则反得无数便利。譬如用分枧之法，引之至壁立处坠落，则俨然瀑布也。分枧之法可以行之数里之外。在水低处则不能用枧，而只能用导。若其上流较高处，堰更高之，则亦可以得园中地面之水较高，否则水已在低处，导来之后更低，则亦无利用之法也。"

"挹注之法可任自便，但仅器蓄及池沼之小者可用之。无来处无去处，停蓄日久，则易腐败，案日期更易之，则又不堪劳扰甚之也。井中之水虽亦有源，因其过深，亦只能作挹注之用，不过较自远处汲之者省往返之劳。"

"今假定作园之处，其附近高地发见源泉，因引之至园中高处，由石壁之上坠落而成为瀑布，则得一景矣。又于其下筑之为堰，作闸以司启闭，则得第二景矣。由堰流之为溪，纡折萦带，可平添无数风景，则得第三景矣。由溪放之为沼，则得第四景矣。由沼分之为港，或又别之为溪以出园，则得五景六景矣。故在源泉高处者，其利用之法无穷。若不能甚高，则不能作瀑，然未尝不可作闸及以下诸式。若仅高于地面，则仅可流之为溪。若再仅能与地面平，则但可蓄之为池；然能使池水与池水平，则已是不易得之佳池也矣。"

"普通池岸皆高三四尺，若池面甚宽，则岸虽稍高犹之可也。池面甚窄而岸又甚高，则谓之曰井可也；坐井旁而观，固无甚乐趣可言也。故类井之池不可以设，作井以便汲而已。作池之法，池面须宽，池底须平，池水须浅，以免危险，至池面水以低予岸二尺内外为宜。韩退之诗曰：'曲江河滢水平盆'，亦形容其水之与岸平也。"

"分导而来之水大率甚低，有将全园之地改低以就池面者矣。如此则园四面围墙皆较园高，有如盆地，但能于附墙二丈内外变作斜坡，满种竹树，在园中视之，宛如四山合沓，亦得一种幽胜。但仍须选一方较低之处辟作园中之正门，使园中结构由此方向露出，变四合为三合，犹是一种补救之法。"

"园中之水既有出口入口，则堰闸乃应有之者，但治园者向不注意此事，其实以善法布置，得一种活泼清丽之境界。其中有专用堰者，有专用闸者，有合用之者。但此等之处最忌以亭榭之物杂置其间，反成小家暴发气象。"

"于园中作溪涧为甚易致之工。然水源不高，无来处，无去处，则尚不能作溪涧也。一丈宽之溪漕白沙碎石，间以小草，只要中槽能有数寸之水，涓涓而流，不竭不息，足已清人耳目，动人心魄。若并此不能得，则但蓄为池沼。盖小溪积水最易污浊，不如池沼比较宽大尚能藏垢也。"

"二三尺宽之溪引长之，使于竹树之间萦回曲折，时隐时现，或大或小，放而为池，或分而为洲，又或仍复为溪，于大回转处为堂，所谓溪堂也；小回转处为亭，所谓溪亭也。但有相宜之地，则即以一溪之制为全国之胜，全园之主人翁，亦未尝不可。溪也，池也，相间而用之，亦未尝不可。"

"器蓄之法最小者为盆，稍大者南方谓之石缸，于平石面合植四石片而成之，其实非缸也，池也。今日名之曰高池，高池有埋下半于地面者，则可以较大矣。又有砌砖为之者，则更大矣。但愈大则高度宜愈小，否则有奔溃之虞。黔中有用天然石板（贵阳名合明石）镶之者，甚有清整之致。以高池之法砌为狭长之溪，弯环而作半月形，或曲折花坛竹坡之下，亦庭园中之俊物也。"

"庭中蓄水只能用盆，即以养金鲫者也。稍广者亦可用高池之法。高池甚宜庭园。池沼之小者，亦合庭园之用，用盆反嫌小样。至于园，则器蓄之法皆不适用。"

"园及园林之于水为不可不备之物，城中之园尤有需水之必要。无水源之可利用者，自不得不以人力为之，然亦不必过于勉强，力求宽大，苟布置得法，虽一丈两丈之池亦可也。有泉源之用，蓄水之法亦不定求完备。要相其地势为之。如泉源甚高之所，瀑也，堰也，溪也、池也，港也，皆可取之不尽，用之不竭。然苟地势过隘，不能相容，而必事事求备，丛集一处，则反成水利标本陈列室，使人一览而尽矣。故在此两种情形下，宜因其环境自然之势，择其相宜者用之。果地势宽绰，为之甚易，亦须各方布置，使其各据一胜。要之为瀑之处必不见堰，为堰之处不可见溪之全流，为溪之处必不见沼，为沼之处又不可见导溪水自园出也。"

"城外之园情势又变，因其主要在利用天然，而不在模仿天然也。故园中布置应与园外相较，而力避其重复。故近山之园，水之需要较切也，而近水之园则不然。再推而论之，固之临湖泊大川者，园中不必有大池沼（荷池不在此限）。园外有瀑，园中不必有瀑。园外有溪有堰，园中不必再有溪堰。然此所言之，但指用人力为之者，若以天然之水及地势已可利用，则又不在此限也。别业别庄其性质较近居宅，除天然形势之可以利用者外，水之点缀不必更以人力为之。此时于器蓄之法反觉相宜矣。高池之做溪形者，尤为用称，因其工程简单。"

"石　庭园中移置奇石以作点缀品，恐是我国人特别之嗜好，世界皆谓东方人好天然美，此事亦其一也。《西京杂记》有茂陵富人袁广汉于北邙山下作园，构成为山。此不过以石为造山之材，尚非后世用石之法。《南史》曰：郢溉居近淮水，斋前山池有奇礓石，长丈六尺。诏即迎至华林园殿前。移石之日，都下倾城纵观。此当是石癖者，为见于史传之始。礓石为含砾石之石，今所谓松皮石者也。"

"《旧唐书》曰：白乐天罢杭州，得天竺石二，得苏州太湖石五，置里第之池上，此太湖石之初见载籍者也。《长庆集》曰：石有族太湖为甲，罗浮天竺之属次焉。同时牛僧儒洛阳归仁里第多致佳石美木，白居易有和《牛太湖石诗》。李赞皇之平泉庄怪石名品甚多。《会昌一品集》曰：德裕之平泉庄，天下之奇珍靡不毕致，日观、震泽、巫岭、罗浮、桂水、严湍、卢阜、漏潭之石在焉。台岭八公之松石，巫峡严湍琅邪台之石布清渠之侧，仙人鹿迹之石列佛榻之前。是太湖石之外，可用者尚多也。大抵癖石之风气始于六朝，盛于唐，至今犹然。"

"石之美无一定之标准，癖石者之心理则由一定规则之反动。中国文化至两汉极盛，魏晋承之。事事皆有轨道及途径。才智之士于此中生息既久，则厌恶之心起而念生反动。观轻视礼教与崇尚清谈之习亦于是时发生，可以知之矣。石者，最无一定之规则者也；无一定规则中，又往往而得人意外之奇趣。故选石者心中不能悬一形象以为目的，但能就实物中选择之。大抵取欹侧不取平正，取丑怪不取端好，取惊奇不取故常，取空灵不取平实，而古今佳石亦必无两具互相类似者。”

“置石之法有四种：一特置，二群置，三散置，四叠置。特置之在砖石地面者，宜有座。在土面者，不宜用座，座之形式宜简单平正，不可有层叠之环带，工细之雕饰，尤不可有拟石皴及树皮之花纹。置土面者即有需座之必要，亦须以土拚之。群置散置皆自二枚以上相近而不相切，要须大小不等，疏密相间。群置取侧面之势，散置取平面之势，叠置合多石以成一姿式。自群置以下皆忌左右相称，或布置成一几何形。俗人更有做做一事物之形者，尤当力避。”

“庭中之石多为特置及二三石之群置。群置叠置可择一用之。园中固可多用，但亦须布置得法。要之使人园中见石，不可使人石中求园也。若但见石不见园，亦不免触目生厌。城外之园尤不可过用，前已言之矣。至别业别庄等，可偶一用之。”

“器具　此非室内之器具，乃露植地面者也。最通行者为石案石墩等，古人有之，今人亦用之。至如石床石屏等，常见于旧画中，今不见有用之者。又日本庭园中之点缀以石盆石灯为最普通，国人今日用者绝鲜，然古固有用之者。古诗曰‘石上自有尊罍洼’，此即指石盆也。唐人小说中有记灯久为怪者，曾有诗曰：‘湮灭石楼空，悠悠永夜中，虚心愁夜雨，艳质畏飘风’，云云。相其形式，亦即今日日本之石灯也。北京有地名曰石灯庵，则是物国中犹有用之者，但甚少。古人又有桔槔水磨等设置，两者本田野中物，园之大者，每以一部分饰为田野风景，则农具亦应少备。明时中海南岸即有如是之境界，其东有乐成殿，有水磨，亦即此物。李西涯《桔槔亭诗》曰：‘野树桔槔悬，孤亭夕照边。闲行看流水，随意满平田。’是园中有桔槔之证。既有田野风景，则酒帘亦可助兴。小说《红楼梦》记大观园有曰杏帘在望者，是又人所习知者也。若在昔人诗文中搜求，其种类当更不少也。”

“石案石墩可以起居。人所习见，前文亦已言之。石床可以休憩，石屏之见旧画中者，或为石制，或为砖砌，未能定也。大抵依山之台，或庭院中之空旷处，屏前常为石案石床等。此制整洁高华，尤宜清夜玩月，不知今人何以不见采用。石盆盛少水可做盥洗之用，石灯特以可照夜，其形式尤峻耸可观。至水磨桔槔之属，有天然地势始能配置，果其相宜，不必定有田野设备。”

“石案石墩庭园中之物，石床石屏与盆灯等皆园林中之物，水磨桔槔等亦然。井上亦有用桔槔者，然庭中之井则大率用辘轳，于别业别庄之器具亦与庭园相同。”

“建筑物　庭园中之布置在庭一方面无所谓建筑物，因其先有建筑物后有庭也。在庭园则建筑物已成问题，在园及园林中，建筑物与花木泉石处平等地位。至别业别庄之庭，则又与居室之庭无异，故建筑物亦不成问题。”

“于庭园之建筑物，虽亦先有建筑物后有庭，然此庭者非仅以为庭之用，为园之用。故当其计划之始，一方面计划建筑物，一方面即计划建筑物以外之园。故庭园者以建筑为主体之园，园及园林者则以园为主体之园也。”

“庭园中之建筑物即所谓厅堂书斋者也，皆以一层之平房为宜，间有做两层者。若正屋为两层，其旁必须一层者数间做陪衬，否则以曲廊代之。若正屋为一层，亦可就一部分配置两层之屋一两间，或竟不用亦可也。要须屋宇无多，曲折有情致。楼台之属以不用为宜。”

“楼台与平屋之别由形式分者也。中国主要建筑物皆为一层之平屋，其后因受南方水乡之影响，又有两层之平屋。然用者亦尚限南方，北方则惟繁盛街市之店肆始用之。平屋之外两层之建物名曰阁。其发达之历史与两层平屋不同。而中国之建筑当其尚未有两层建筑物之先，平屋之外高台之制最早。台者积土而成之建筑物也。其后在台上做屋，终名曰楼。是皆起周秦两代，至汉始有阁之名，则为地上之两层建物。其历史由器物中之阁演变而来，故与两层平屋之历史不同。至所谓亭者，其字早见于史。至今式之亭，则至唐始盛也。其他又有附属之建物，如廊与门等，皆各有其演变之历史。此外如堂馆轩庵诸名词皆由文人墨客随意用之，其实皆平屋也。”

“以上各种形式之建物，园及园林皆适用之。其中自仍以平屋居多数，且随时多占主要部分，台楼阁亭则恒居点缀地位。”

“台楼阁亭等皆游观之建筑也。四者中台之发达最早，然自明以来，单用者甚鲜，今日北京建物中可称纯粹之台者惟东城之观象台也，然不在园林中。其在北海者，如琼岛东面之般若台，又西北之庆霄楼，中顶之白塔，其下之基址亦皆台也，但其上已有建物，故皆不以台名。颐和园中之佛香阁五方阁等，其下之崇基性质亦复如此。总之古之所谓台者，其上皆无建物，若有建物，属楼之一类也矣。合称之曰楼台较协。”

“楼，台上之建物也。故城垣城角上之建物皆名曰楼，因其处之城垣皆博厚如台也。其在园林中者，惟北海琼岛之庆霄楼名实相符。至北岸之万佛楼，中海之听鸿楼实际上皆阁也。”

“阁为两层以上建物之在地平面上者。中海之紫光阁可为代表。”

“亭之物较易认识。其平面多为各种等边形，周围有檐，中集高顶，其与阁之分别仅在限于一层。但亭有重檐三檐者。由外观观之颇近于阁，实际上与两层三层之重檐三檐亦易辨也。”

“无论城中之园与城外之园林，其中之建筑物在地面上皆应占最少数。至就各种形式之建筑论之，在城中者以楼阁等较为需要。盖深锁万户鳞鳞之中，每思占较高地步，登临纵目，以延揽城外之山光水色。故城中之楼阁，在其观赏上之效率，较之城外者自应宏大。在城外者以用亭为最切。因其不安四壁，易与四周之天然风景接近，且形式简单，于天然风趣亦复易融洽也。”

“别业别庄之性质为近居宅，于园林较远。别业，第二之居宅也，祖宗父母灵爽之寄所，时一定省焉。藉此以息心远虑求精神上之宁静。以此与今日西人避暑之居相似。别庄，改良之农舍也。在城为士大夫，过士大夫生活。在乡为农夫，过农夫生活。用士大夫之精神整理农村之物质，以别成一种优秀简质之境界，是别庄之布置法也。别业别庄皆有庭，其地面常较城中之居宅为宽绰，而在天然环境之中，即不植一树，园之风趣固已自足矣。游观之建物如亭阁等更非必要。果有十分相宜之地，偶一为之亦可也。”

“山及道路等　城中之园若型式相宜之时，园中造山则于心理上使地面之狭者变宽，宽者愈可加其宽之程度。此指山在中央而言也。若在一方一隅，则可以遮蔽此一方隅之邻舍，使园之四面皆不为墙壁瓦所之包围。若三面环山，于山之中央为幽居，山后为微径，多植竹树。掩其边际，则居其中者亦以隔绝尘嚣，自成一径，此指大规模之造山也。若就小者言之，则坡陀一曲，峰岭一两处，亦能使竹树生色，泉石有托。故造山者对平衍散漫之补救方法也。若不相宜，则以叠石代之。”

“叠石与造山原为两事，然两者相须，用处正可为多。或山头戴石，或山麓散置奇石，此山之有须石者也。时有叠石过高，则与地平相接处须做斜坡以缓其势，此石之须山者也。类此者甚多，不胜枚举。但就其各个之性质言之，则造山宜不可过小，而叠石宜不可过大。故宜造山时不可以叠石代造山之用。而用叠石则嫌其过大时，则造山或正合宜也。”

“园中造山始见于汉。《汉宫典职》曰：宫内苑聚土为山，十里九坂是也，然此尚帝王之居也。《汉记》曰：梁冀聚土为山，以象二崤。《西京杂记》曰：茂陵富人袁广汉于北邙山筑园，构石为山，高十余丈，连延数里。是贵戚可任意为之，并无限制。然须有大力者始能胜任，则可断言也。至于城中之园，山之需要较重；城外之园，山之需要较轻。此在古无征，不过就心理上之测验以为应如是。除上节所言外，天然与人为之两种需要互为消长。城园于山之需要，又与于楼阁之需要相同，因其于望远上皆有补助也。城外之园但启户牖，而园外山色已呈于目前。有天然之山在，则庭前覆篑自觉多事。然在平原之地，附近数百里无山，则园虽处城外，在心理上亦有造山之必要。要之造山一事，一须相其地位（如城内城外等）为之，一须相其地形（平与不平）为之。平衍之处需要之程度较多，坡坨起伏之处需要之程度较少。而坡坨起伏之上，假令善于利用，以之为山，亦未尝不可借以增加气势之峻整，根盘之回互。是又不可拘一说矣。”

“建筑之属住的方面者不能包括道路。道路平面的建筑物也，其重要不亚于纵面的建筑物。分而言之，一为全园地面之关系，二为与园中各建筑物之关系，三为交通上的性质与全园地面的关系。犹之植物叶的筋脉与叶面之关系也。是在计划时即应注意者，犹之植物枝茎与花果之关系也。是固应以各建筑物为主，而有道路上之大小曲直，亦有斟酌之余地。至于交通上之性质，亦与其他道路不同。普通道路但求便利，园中之道路则如铁道上之风景线然，以行道者之眼福为主。”

“以上六种所谓园中之种类亦组成庭园之要素也。其对各级庭园有居重要地位者，亦有适相反对者。分观之既得其各特性之所在，迨至合而用之。庶几较有把握矣。古人有言：神而明之，存乎其人。”

总论及附图说明的拔萃

“建筑之形式不一，则庭之情形亦不一。如南方城市之居宅率为两层。檐距地常有一丈八尺上下，庭之面积不过每方一丈上下，人处其中与坐井观天无异，故俗名之曰天井。此天井式之庭须相其四方纵面如何。若四面皆檐及窗，则无点缀花木之必要矣。若每方广二丈以上尚可设计。”

“若一方为墙，则尚可设法，亦不过附墙一面之花坛及鱼缸之配置而已。此就城市言之也。其乡居则不然，其庭常甚广者，与北方庭院之情形相近。”

“但若四面皆檐窗，则终不如一面为墙者之易于布置。若能两面为墙，则可得甚佳之风趣。”

“总之无论庭与庭园，其环境每喜遇墙，不喜与檐窗立壁等相遇。最相宜者两方为墙者也。”

“园林之墙以石砌者为上，土墙次之，砖墙为下。城外之园更用篱代之。或界上植短密松柏，其中隐藏铁篱，亦是一法。”

“庭园之墙涂垩，其色白或以淡灰为宜。园林之墙不可涂垩。今世亦可涂以洋灰，取其近土墙之色也。”

“园中有平旷处即须有幽深处。有阔大处即应有小巧曲折处。有高耸处即应有低平处。”

“建筑物与地势应有配合。如临水宜树，山顶宜亭，依山处宜台观，宽平处宜楼阁是也。”

“建筑物与花木应有配合。如梧桐宜庭院，杨柳宜楼台溪沼。”

“小园之布最须留出活动散步之余地。”

下面从乐嘉藻著《中国建筑史》一书中选出十二幅图。

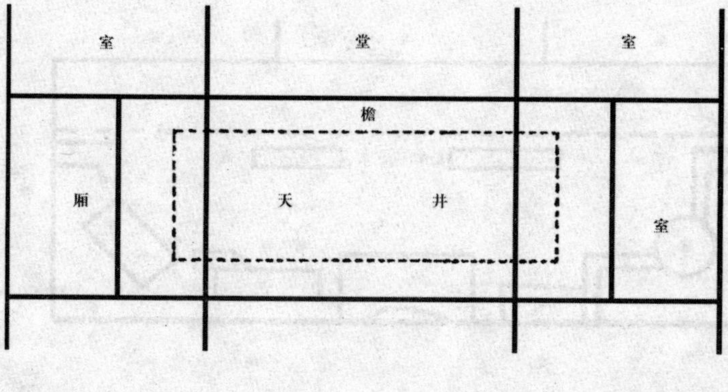

▲ 图一

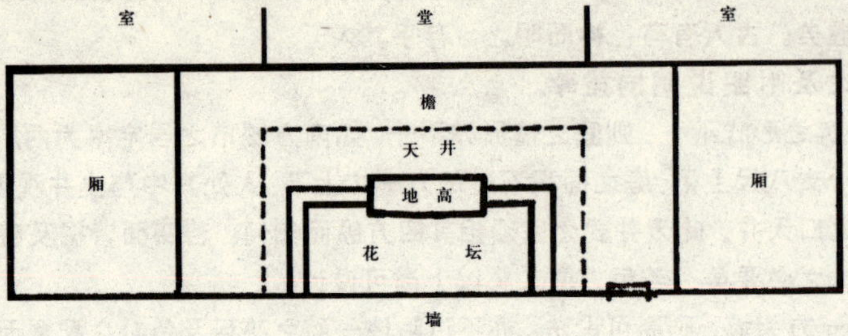
室
堂
室
檐
天井
厢
地高
厢
花坛
墙

▲ 图二

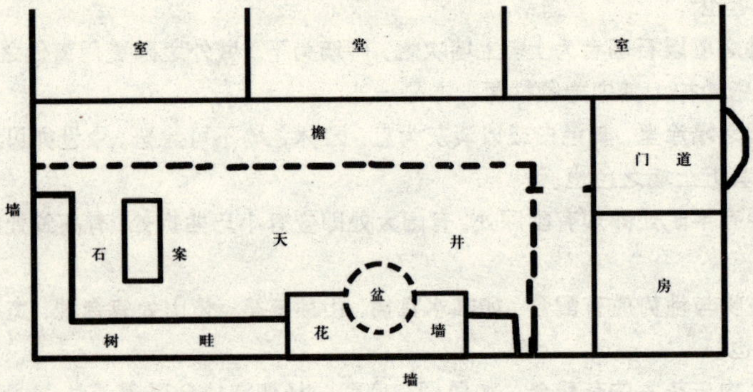
室
堂
室
檐
门道
墙
石
案
天
井
房
盆
花
墙
树
畦
墙

▲ 图三

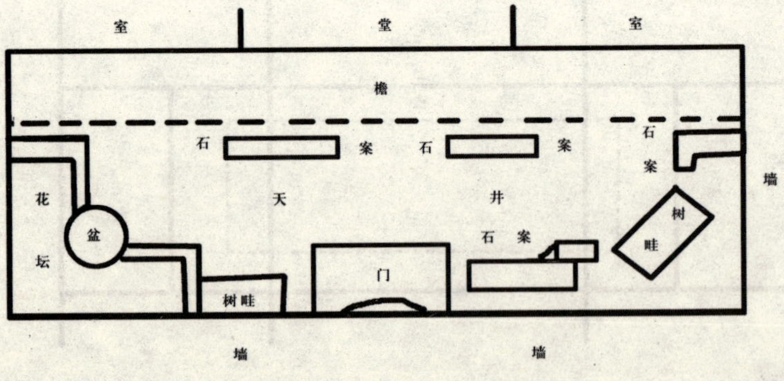
室
堂
室
檐
石
案
石
案
石
案
墙
花
坛
盆
天
井
石
案
树
畦
门
树畦
墙
墙

▲ 图四

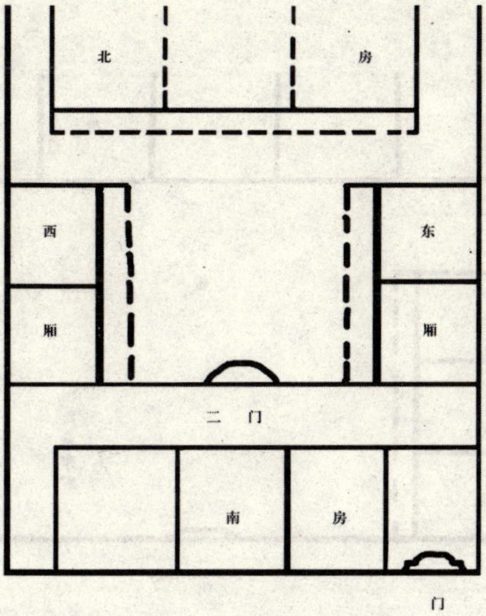

▲ 图五

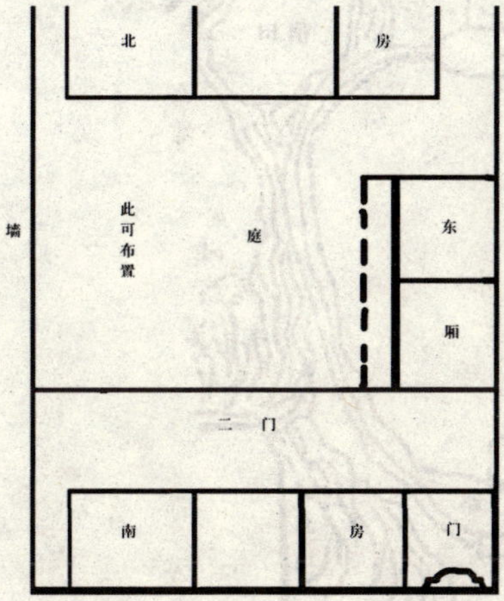

▲ 图六

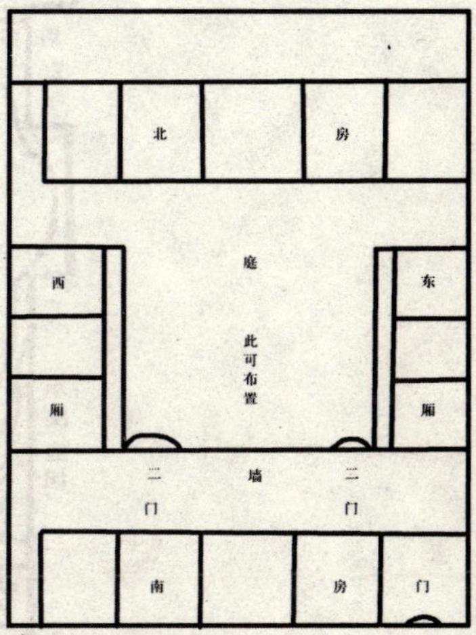

▲ 图七

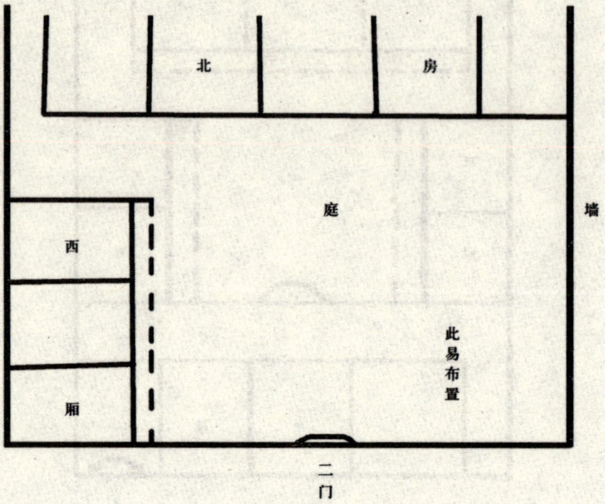
北
房
庭
墙
西
厢
此易布置
二门

▲ 图八

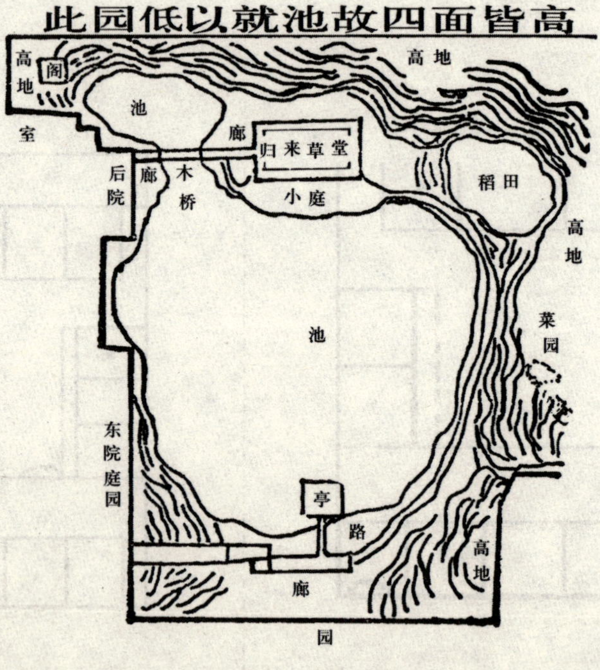
此园低以就池故四面皆高
高地
阁
高地
池
室
廊
归来草堂
稻田
后院
廊
木桥
小庭
高地
池
菜园
东院庭园
亭
路
高地
廊
园

▲ 图九

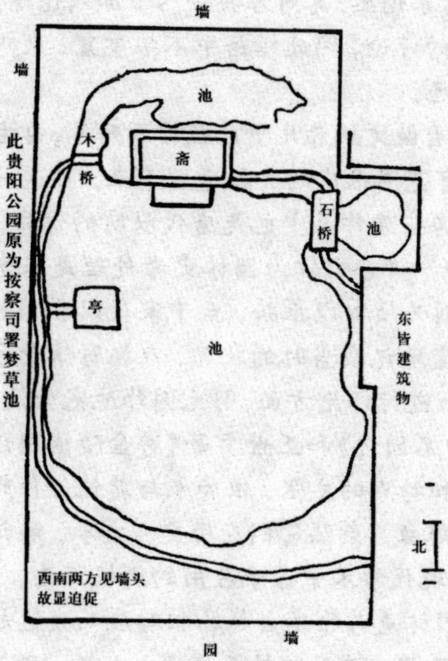
墙
墙
此贵阳公园原为按察司署梦草池
池
木
桥
斋
石
桥
池
亭
池
东皆建筑物
北
西南两方见墙头
故显迫促
园　　墙

▲ 图十

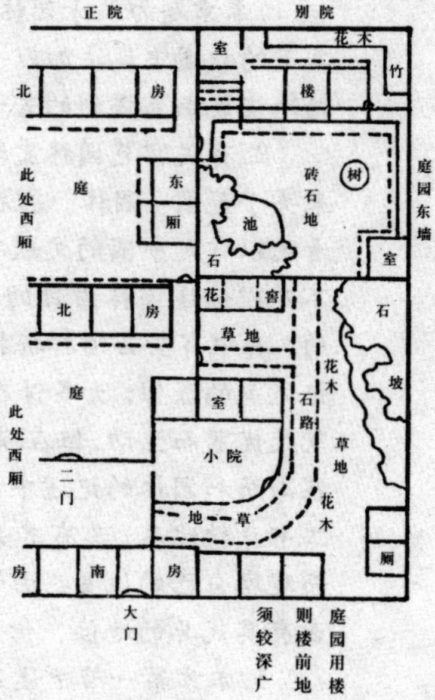
正院
别院
室
花木
竹
北
房
楼
此处西厢
庭
东
厢
砖石地
树
池
石
庭园东墙
室
花
窨
北
房
草地
石
花木
石路
坡
室
庭
此处西厢
小院
草地
二门
地　草
花木
厢
房
南
房
大门
庭园用楼
则楼前地
须较深广

▲ 图十一

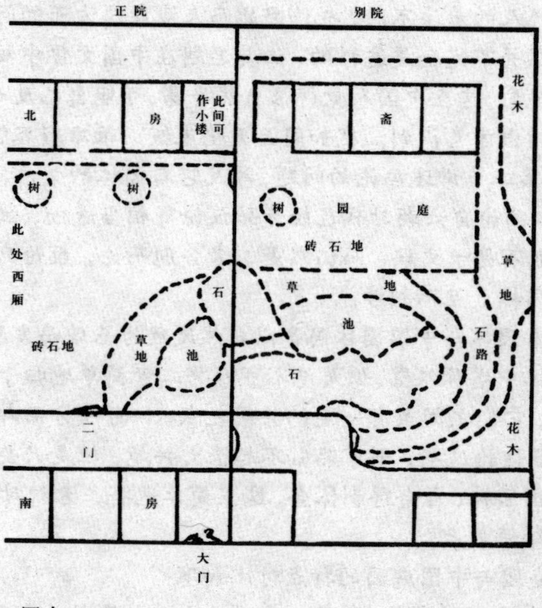
正院
别院
北
房
此间可作小楼
斋
花木
树
树
树
园
庭
此处西厢
砖石地
草地
石
草
地
池
砖石地
草地
池
石
石路
花木
二门
南
房
大门

▲ 图十二

结语

1.本章题为关于园林构筑的诸家论丛，其内容共分八节加以论述。在各节的叙述中设法加以一定程度的评论，因此结语中不拟重复，只想概括地谈谈尚未提到的若干感想而已。

2.有关宫苑园林史考凡可以看做文献者几乎已经搜罗殆尽，自古以来关于苑囿、园林、泉石、山居有范围很广的文献遗留下来，从这一点看足以肯定中国的文献丰富。但这些著作至少也是唐代以前的作品，并不是以叙述园林为目的而写成的，将它们作为园林史考处理是很勉强的，其中有些必须打折扣，有些则必须加以推断。至于宋代以后的园林记之类的著作，大多保存原状不变地记载当时的状况，在描写情景方面笔致优丽而生动，但在联系比较而进行评论方面，则无例外地完全没有。在山居和园林的记述中，有《洛阳名园记》和王世贞著《游金陵诸园记》，二书竞艳比美，各有其关于观点和特点的主张，但皆未与其他著作比较而观察自己的位置。由于这样的缘故，虽然它们在历史、文学、游记方面有其优异的地位，但完全缺乏现代学术中善于应用的比较评论。

3.本章第一节中谈到，中国园林是与原始自然物相对应而发达起来的，其思想根源可远推至老庄、清谈，进而归结于栖逸、山居。研读这些文章，各个时代无不强调自己的立场而不考虑其间的联系。甚至如《园冶》、《长物志》、《一家言》那样有权威性的著作，也根本未谈这个问题，这是令人不解的。当然这些书并不是作为史论而写的，况且古人的评论观点与现代人的看法不同，也许因此而未涉及这方面的问题。老庄思想和清谈虽然并不完全是这样的，但其思潮在中国文化中相当有影响，形成牢固的观念。这在中国人觉得很自然平易，可能自己反而不容易察觉，需待别人指出才意识到。就如同天天吃米饭，很难形容它是什么滋味。

4.本章第二节讲述画论的问题，涉及它与园林的关系。这些问题彼此有关。山水画论自六朝时代已经开始议论得相当透彻，但关于它与园林的关系，则不见于文献，而仍然是二者分别而论，画论只谈画论，园林论述只谈园林，互不相涉。

5.日本园林与中国园林同是以自然风致为基础而发展起来的，二者在世界园林中堪称双璧，但是绝不可以将二者简单地归于东方庭园的名义下讨论。它们之间虽有一定的共同之点，但另一方面却有完全不同之点。如果多谈论这些，则可能引不起很大兴趣。但是只要充分研究日本园林和中国园林，自会得到体会。这里简单地将二者相对比，不做评论，附于这段结语之后。

日本庭园与中国庭园的特点对比如下：

(1)日本庭园的筑山“一之山”、“二之山”等以土为主体，配置山石和庭树，几乎完全没有仅以叠石筑成的。

中国庭园的假山以叠石为主体，呈现出峦、岩、洞、涧等变化。又根据其筑成的位置而分为厅山、楼山、阁山等等。

(2)日本庭园的庭树施加剪枝和剪定，不断地用剪刀加工。因此有人指出，日本庭园过于施加人工，反而损伤自然风致。但也有人认为，正是因此而发扬出日本庭园的美。由于观察事物的程度和看法不同，自然会产生不同的意见。从这个意义上看，似乎可以说日本庭园与西洋式庭园有某种程度的相同，西洋式庭园是以施加人工为主的。

中国庭园中栽植的树木则任其自然生长，不加人工以妨碍它的成长。原来与泉石相配而种植的小树成长起来，终于在苍郁的树林中观赏泉石。在中国庭园中，对于一经形成的东西就不轻易加工，以便看出真正的天然情趣，崇尚古雅。如果由于树木成长而出现不调和之感，则于阶前列置大小花盆，以此为补救的办法。

(3)日本庭园内的建筑物常是不多的，虽有"金阁"、"银阁"等二三种建筑物，但一般只是建筑草庵和四阿亭而已。只有茶室是与茶庭一同设计的，这是日本特有的建筑物，配置调和得体。

中国庭园内建有山斋、佛堂、茶寮、琴室，此外还建有楼、阁、榭、亭等等。这些建筑物与泉石相映，构成十分丰盛的景致。回廊和栏干之类，使庭园与建筑物调和一致。

(4)日本庭园周围的垣、篱等一切皆为木制，庭门等也与此一同现出匀称的风致，其装饰加工也与这一切相配合。

中国庭园当然也建有墉壁，它们完全是用砖石砌成的。庭门和墉的造法也在砖石的基础上发挥效果。

(5)日本庭园的铺路从未用过砖瓦，而是以"延段"、"短尺石"、"飞石"之类为主。其他一段的路均为"砂道"。

中国庭园的铺路有直线，有曲线。所用的材料为砖、瓦、砂等等，并做成各种纹样。"飞石"则不常见。

(6)日本庭园中的器具有"手水钵"、"井筒"、"石灯笼"等等，有其特色。石桥只有简单的，多以木桥为主。虽然也有拱桥，但比中国的简单。

中国庭园中有几榻、棋台、盆类、选石、石栏、盆花等等诸种器具，比日本庭园中的器物丰富。桥则以石造者为主，拱桥之类的建造技术极为精巧细致。

(7)讲求池沼的自然风致，在中、日两国庭园中完全一样。只是日本庭园池边堆石的处理方法有其特色。特别是模拟海滨岛屿而筑的"平庭"等等，无疑是日本特有的。

中国庭园的池沼比日本的大，池边自然也有石组，特别是翠柳靡汀尤为动人。如果是具有相当规模的池沼，多筑有塘堤。

(8)日本住宅建筑自古虽有“寝殿造”，但自镰仓时代以后，大体上从“武家造”和“书院造”发展起来，以至于今日。在宅内建园时，建筑物的前面有庭园阔然开畅，坐在厅中即能一览无遗地观赏景物。日本庭园是席地而坐着看的，中国庭园则或是倚几案而观，或是逍遥而游观的。这是由于两国风俗习惯不同而产生的差别，必须加以比较。

中国住宅到处都是排列着有矩形平面的房子，房的前面是院子，也就是庭，但没有相当于日本的“玄关车寄”的处所；这是中、日两国建筑大不相同之点。中国的庭虽也能在室内透过窗户向外眺望，但大多是走到室外，站在月台上，步行于回廊中，或站立在庭前，逍遥地观赏景物。在建庭方面，建筑物与生活起居的风俗习惯在两国间是很不相同的。

(9)从情操方面观察日本庭园，虽然它与中国庭园同样是处理自然风致，但在日本总是考虑淡泊之念，在枯淡之中寓洒脱之意。其中虽也有华丽优美，但总不忘保持端正。这是从日本民族古来的性格而来的。

中国庭园则正如威廉·钱伯斯所指出的那样，确有有趣、恐怖，魅惑的方面，它比日本庭园更为浓艳，而且附设之物过多。这来自汉民族的趣味，不仅限于园林如此。

如果继续讨论中、日两国庭园的异同，问题将是很复杂的。这些问题有待日后研究，这里仅大体谈到这个程度。